工业产品儿童危害与防护

Hazard and Prevention of Industrial Products for Children

李　晶　费学宁　主编

科学出版社

北　京

内 容 简 介

本书从儿童可接触到的工业产品角度,系统介绍工业产品中潜在的儿童安全危害与防护知识。本书分两部分,第一部分包括第 1～3 章,从理论上阐述儿童的行为特点及常见儿童伤害类型,总结不同年龄阶段儿童可能接触到的常见工业产品。第二部分包括第 4～8 章,从机电类产品、纺织类产品、轻工类产品、化学类产品及产品包装五个角度提供具体的产品安全指导,包括每类产品危害儿童安全的因素来源、相应的常用风险评估方法和产品安全防护措施。本书涵盖的产品类型从典型的儿童产品扩展到儿童可接触到的所有工业产品,在充分调研国内外产品儿童伤害事故及产品召回事件类型的基础上,结合我们对部分产品儿童安全性的研究结果,对儿童可接触工业产品涉及儿童的潜在危害及防护方法进行全面的研究与总结。

本书主要面向工业产品生产企业、从事检验检测和产品安全控制工作的政府机构及第三方检测机构,旨在为产品生产企业、检测机构等提供产品儿童安全设计与评价参考。此外,本书也为消费者家长提供产品的儿童安全指导,提高消费者对产品的儿童安全意识。

图书在版编目(CIP)数据

工业产品儿童危害与防护/李晶,费学宁主编. —北京:科学出版社,2016.3
ISBN 978-7-03-047004-1

Ⅰ.①工… Ⅱ.①李…②费… Ⅲ.①儿童-接触-工业产品-安全管理
Ⅳ.①X92

中国版本图书馆 CIP 数据核字(2016)第 009944 号

责任编辑:周巧龙 赵 慧/责任校对:何艳萍
责任印制:赵 博/封面设计:耕者设计工作室

科 学 出 版 社 出版
北京东黄城根北街 16 号
邮政编码:100717
http://www.sciencep.com
文 林 印 务 有 限 公 司 印刷
科学出版社发行 各地新华书店经销

*

2016 年 3 月第 一 版 开本:720×1000 1/16
2016 年 3 月第一次印刷 印张:28 3/4
字数:576 000
定价:150.00 元
(如有印装质量问题,我社负责调换)

《工业产品儿童危害与防护》编写组

编写人员名单

主编 李 晶 费学宁

编者 （按姓氏汉语拼音排序）

曹凌云 陈振玲 丁 宇 兰云泉

林大勇 邢达杰 杨 磊 杨永超

于智睿 张晓红 张寅鲍 周永柱

参 编 单 位

天津出入境检验检疫局工业产品安全技术中心

天津城建大学

天津天狮学院

序　一

　　儿童安全一直是全球关注的热点问题。儿童所处环境、接触的物品、用具、服装、食品等是否适应儿童特点？是否可能由于缺乏对不同年龄儿童的特点与适应性的研究，导致儿童受到伤害？是否可能由产品缺陷导致儿童损伤？近年来，上述问题越来越多地受到重视。目前，世界各国均致力于完善儿童产品的危险预警体系和安全防护体系，以此来提高对儿童的保护。有效的产品预警和防护措施对于保护儿童安全至关重要。

　　近年来，儿童安全事故的发生频次趋高，儿童产品安全体系的重要性不断凸现，随着我国对儿童产品安全研究的不断深入，我国政府大力加强了针对儿童的产品安全管理，出台了多项法规、标准来规范产品质量、保护儿童安全。然而，纵观各类研究及相关法规、标准，其产品对象均集中在专门针对儿童设计的产品上，对于儿童生活环境及环境中可接触到的其他产品的安全防护研究可以说是凤毛麟角。然而，儿童伤害事故的发生恰恰在很大程度上源于儿童在生活环境中接触到的更多、更广阔的产品领域，儿童环境产品与儿童特点的匹配性，以及是否存在潜在危险，是我们不得不深入研究的领域。

　　《工业产品儿童危害与防护》一书不拘泥于针对儿童所设计产品的局限，从儿童可接触到的工业产品角度，重视环境、产品与儿童特点的匹配性，比较全面地介绍了多类工业产品中存在的可能危害儿童安全的因素及来源，力求从风险分析和安全标准体系建立的角度，一方面，为产品生产企业和检验检测机构进一步加强产品儿童安全提供较新的思路和指导；另一方面，也为广大消费者根据自身需要合理选择日常儿童接触类的工业产品提供参考。

　　相信该书的出版能为我国产品安全体系的逐步完善做一些有益的基础工作。

　　谨为此书的问世表示衷心祝贺！

谷　旭

2015 年 11 月

序　二

　　《工业产品儿童危害与防护》一书的主编——天津出入境检验检疫局工业产品安全技术中心李晶主任和天津城建大学费学宁教授均长期从事工业产品安全性评估方面的研究,承担多项儿童安全相关的科研专项,在产品的安全性方面积累了丰富的经验。

　　该书提出了一个全新的理念,即涉及儿童安全的儿童可接触产品种类不仅包括如玩具、儿童服装、儿童家具、儿童自行车、儿童洗护产品、儿童食品接触材料、文具等专供儿童使用的产品,还包括其他工业产品,如儿童可接触产品包装(药物产品包装等)、打火机、家具、油漆、涂料等。而这些工业产品,并非针对儿童设计,存在潜在的儿童安全设计缺陷,这不仅有损于企业产品品牌的树立和提升,对于儿童的安全也造成潜在的威胁。因此儿童产品及儿童可接触产品的安全检测和各类产品的儿童安全性评估研究具有重要的意义。产品的儿童伤害判断是预防与解决产品儿童伤害的前提与基础,产品的安全性评价技术是有效减少产品伤害发生的手段与方法。在欧美等发达国家,产品造成的"儿童安全"问题早已引起了高度重视,这些发达国家已建立完善的产品伤害监控与安全预警系统,及时获取并发布产品的安全信息,极大地减少了产品造成的儿童伤害事故。

　　该书从儿童可接触到的工业产品角度,在充分调研国内外产品儿童伤害事故及产品召回事件类型的基础上,借鉴国内外相关领域的研究经验,并结合作者对部分产品儿童安全性的研究结果,系统介绍了工业产品中潜在的儿童危害与安全防护知识。

　　简而言之,这本书最基本的价值在于,使读者对生活中的工业产品所隐藏的儿童危害有所了解,并从专业的角度全面、系统地学习儿童可接触工业产品相关的法律法规及标准等知识;使家长们在学习儿童安全防护知识的基础上,能够合理正确地选择日常儿童可接触类的工业产品。另外,该书也为产品生产企业和检验检测机构进一步加强产品儿童安全提供了比较新的思路和指导,突破技术贸易壁垒,提高产品质量,树立品牌形象。

　　本书内容翔实,可读性强,值得大家阅读。

苑立新

中国儿童中心主任

前　　言

随着时代的迅速发展,物质生活极大丰富,现代化工业产品的应用为我们的生活提供了极大便利。然而,工业产品在带来方便的同时也造成了诸多安全问题,其中"产品儿童安全"更是成为全球关注的热点问题。近年来,由产品缺陷导致的儿童伤害事故屡见不鲜,有效的产品预警和防护措施对于保护好儿童的安全是至关重要的。

本书从儿童可接触到的工业产品角度出发,在充分调研国内外产品儿童伤害事故及产品召回事件类型的基础上,借鉴国内外相关领域的研究经验,结合我们对部分产品儿童安全性的研究结果,系统介绍了工业产品中潜在的儿童危害与安全防护知识。本书共分两部分:

第一部分为理论部分,共分为三章。第1章对本书涉及的概念、范围及目前国内外研究进展进行介绍;第2章从理论上阐述了儿童的行为特点,总结了不同年龄阶段儿童可接触到的常见工业产品类型;第3章从三个方面介绍了工业产品可能涉及的儿童伤害类型。

第二部分共五章,分别从机电类产品、纺织类产品、轻工类产品、化学类产品及产品包装五个角度提供具体的产品安全指导,包括每类产品危害儿童安全的因素来源、相应的常用风险评估方法和产品安全防护措施。

另设四个附录,分别总结了儿童可接触工业产品检索目录,列举了儿童伤害事故类型和预防措施实例,汇总了涉及儿童安全的相关产品标准,并以打火机的儿童安全研究为例,向读者介绍了产品儿童安全的研究方案。

本书涵盖的产品类型从典型的针对儿童生产的儿童产品扩展到儿童可接触到的所有工业产品;全书从儿童行为学角度,根据不同年龄阶段儿童行为特点,对不同类型产品的潜在儿童危害及防护措施进行研究和介绍。

《工业产品儿童危害与防护》由天津出入境检验检疫局工业产品安全技术中心和天津城建大学等单位联合编写。本书的作者均多年从事产品安全及儿童安全问题的检测及研究,对产品的儿童安全问题具有丰富经验,并为本书的编写付出了大量的努力。

本书在撰写过程中特别是在相关项目的研究过程中,得到了国家质量监督检验检疫总局公益性行业科研专项基金(201310067)的资助,对此表示衷心的感谢。天津出入境检验检疫局工业产品安全技术中心儿童安全实验室及其他科室人员和天津城建大学等单位研究人员在本书编写过程中提供了大量的帮助和支持,在此向他们表示诚挚的感谢。

此外,本书部分章节参阅了参考文献中所列的著作和文献,在此向所引用的参考资料的原作者一并表示感谢。

由于编者水平和经验有限,书中难免存在不足之处,恳请广大读者和专家不吝赐教。

编　者

2015 年 9 月

目　　录

第1章 绪 论

1.1 儿童安全与防护

1.1.1 儿童安全

1.1.1.1 儿童安全基本概念

1) 儿童

关于"儿童"一词的定义,目前使用最频繁的是 1989 年正式签署的联合国《儿童权利公约》中对儿童的定义,即"凡 18 岁以下者均为儿童,除非各国或地区法律有不同的定义"。《儿童权利公约》是第一部有关保障儿童权利且具有法律约束力的国际性约定,目前已获得 193 个国家的批准,是世界上最有权威及最广为接受的公约之一。《儿童权利公约》中对于儿童年龄定义为 18 岁以下,实为广义的概念,儿童年龄范围的界定在各个国家、各个领域都不完全相同。

我国法律中对于"儿童"的定义以及对儿童年龄的界定,并没有作出明确的规定。《中华人民共和国义务教育法》、《中华人民共和国未成年人保护法》等与儿童直接相关的法律均未明确提到儿童的定义。《现代汉语词典》第五版给出儿童的定义为"较幼小的未成年人"。其中,未成年人在我国《未成年人保护法》中的规定是 0~18 岁,而在《中华人民共和国收养法》第四条中提到:"不满十四周岁的未成年人可以被收养",因此,可以理解为儿童的年龄上限为 14 周岁。此外,在儿童医学界,儿科的研究对象为 0~14 岁的儿童。中国的儿童组织少先队的队员年龄在 14 岁以下,共青团员的入团年龄为 14 岁以上,因此,可以理解为 14 岁即为儿童的年龄界限。

在我国国家标准 GB/T 20002.1—2008《标准中特定内容的起草 第 1 部分:儿童安全》中,将儿童定义为"从出生到 14 周岁的人",在国际上,国际标准化委员会及欧盟的相关标准中对儿童年龄范围的定义也均为 0~14 岁,而在美国《消费品安全法案》中对儿童产品的定义为供 12 岁及 12 岁以下人群使用的消费品,即在美国儿童年龄范围为 0~12 岁。

由于儿童生长的文化背景、家庭情况等均不相同,文化、家庭、社会等对儿童成长的影响是不可忽略的,不同环境下的儿童体力、智力发展程度及心智成熟度均不相同,因此对于儿童的界定不可根据定义的年龄范围一概而论。然而,在讨论儿童时,用年龄作为一种限制是临时但却必要的,它表示人所经历的一个时期。本书主要针对产品的儿童安全进行说明,因此,本书采用我国国家标准中对儿童的定义,即"14 岁以下的人"。

儿童的成长是缓慢的,儿童的发展可以看作是由缓慢的量变到质变的突破。这种阶段性的变化伴随着年龄的增长,当达到一定程度或一定年龄时,儿童的生理和心理的成长就会达到质的飞跃。但在不同的年龄阶段,儿童的发展并没有明显的界限。在不同国家、不同研究领域,对儿童年龄阶段的划分也不同。在本书中,我们主要以发展心理学为依据,将儿童年龄段分为以下四个阶段:婴儿期(0~1 岁)、幼儿期(1~3 岁)、学前期(3~6 岁)、学龄期(6~14 岁)[1]。

儿童的成长和发展不仅受到儿童个体素质差异的影响,还受到环境、社会等背景因素的影响。由于儿童个人素质不同,生活的家庭环境不同,成长的社会背景也不同,任何儿童之间无论是身体发育还是心智发展都存在差异。但从整体上来说,儿童的发展具有一定的阶段性和顺序性,儿童各年龄阶段的生理、心理及行为特点基本遵循着儿童各年龄阶段的划分,即在每一年龄阶段,儿童的生理发育情况、心智发展水平及行为习惯在整体上都表现为相同的特点。例如,就行为特点来说,4~6 个月的婴儿可以使用大拇指和 4 个手指一起抓住物体,6 个月的婴儿可以抓到面前的玩具,10 个月的婴儿就可以从瓶中倒出小球,1 岁左右的儿童就基本会走路等[2]。本书也正是基于这一点开展对不同阶段儿童可接触产品的安全研究。

2) 安全

a. 基本概念

"安全"在汉语词典中解释为没有危险,不受威胁,不出事故,与"威胁"和"危险"是相对应的,即不发生事故、灾害,不造成损失、伤害,表达的是一种状态。《辞海》对"安"字的第一个释义就是"安全"。在古代汉语中,并没有"安全"一词,但"安"字却在许多场合下表达着现代汉语中"安全"的意义。例如,成语"安不忘危",这里的"安"与"危"是相对的,"危"代表了"危险"之意,"安"所表达的就是"安全"的意思。与此相近的还有源自《左传》的"居安思危"。在英语中,安全的词义较汉语更宽泛些。security 一方面指安全的状态,即免于危险,没有恐惧;另一方面还有维护安全的含义,指安全措施与安全机构[3]。国家标准(GB/T 28001)中对"安全"给出的定义是"免除了不可接受的损害风险的状态"。即在人类生产过程中,将系统的运行状态对人类的生命、财产、环境可能产生的损害控制在人类能接受水平以下的状态。

安全是人类基本需求之一。早在战国初期,我国古代的著名思想家墨子就指出"食必常饱,而后求美;衣必常暖,而后求丽;居必常安,而后求乐",强调了安全对于人类的重要意义。美国著名行为学家马斯洛在其需求层次理论中也将安全需求列为仅次于生理需求的人类基本需求[4]。因此,安全是人类生活品质提高和综合价值实现的基本前提。

儿童安全,显而易见就是使儿童免于伤害的状态。儿童作为自我保护最弱的群体,由于其感知、认知等能力发育还不成熟,对于潜在的危险无法预知,因而也极易受到伤害。

b. 安全的属性

安全是一门科学[5]。安全科学是从安全需要(目标)出发,研究人-机(物)-环境之间的相互作用,求解人类生产、生活、生存安全的科学知识体系。安全的属性可以分为自然属性和社会属性两种,见表1-1[6]。

表 1-1　安全的属性[6]

	特点	内涵
自然属性	是其存在基础,但具有盲目性	主动因素:是人的生理和心理需要,由生命及生的欲望决定的自我保护意识
		被动因素:是人对天灾的无奈以及对新陈代谢、生老病死规律的不可抗拒
社会属性	后天形成,通过社会生活、社会教化获得,具有指导作用	主动因素(政治):社会追求的目标——社会安定、有序、进步,实现标志——安全
		被动因素(经济):人类从事经济活动带来的安全问题

安全的自然属性可以从其包含的主动因素和被动因素两方面来理解。主动因素为人类的生存欲望产生的与生俱来的安全意识,而被动因素则是人类对天灾的无奈以及新陈代谢、生老病死等自然规律的不可抗拒,使人们不得不把生命安全提上日程。主动因素与被动因素结合,就决定了安全是自古以来人类生活、生存、进步的永恒主题。

人作为单独的个体,自然属性是他存在的基础。对于儿童来讲,儿童本身生理、心理发育和成熟情况决定了儿童本身的自我保护意识较弱,这是儿童这个群体安全属性的一大特点。但是由于自然属性的盲目性特点,因此需要社会属性的指导。安全的社会属性则是指安全要素中人与人的社会关系及运动的演化规律和过程。

安全的社会属性同样可以从主动因素和被动因素两方面来阐述,即安全社会属性的政治因素和经济因素。自从人类有组织活动以来,社会安定、有序、进步始终是社会追求的目标,而这一目标实现的主要标志之一就是安全,这是社会促进安全的主动因素。然而,人类经济活动所导致的高技术灾害(化学品致灾、核事故隐患、电磁环境公害、航天事故、航空事故)、交通灾害、环境恶化等,则是自人类开展经济活动以来就存在的突出安全问题,且由于政治和经济利益的驱使,安全技术管理措施往往是被动的。就儿童安全来说,政府、社会等不断推动儿童安全的发展,通过法律、标准及宣传活动等规范人们的生产和生活,旨在减少儿童的伤害,但由于受到经济利益等的驱使,儿童安全问题时有发生,而安全控制措施总是在出现问题后才得以提出。

c. 安全的基本特征[7]

安全的本质是实现人-物-环境三者之间的相互协调。要认识安全的本质,首先需要探讨其基本特征,安全的基本特征主要表现为安全的必要性、随机性、相对性及复杂性,见图1-1。

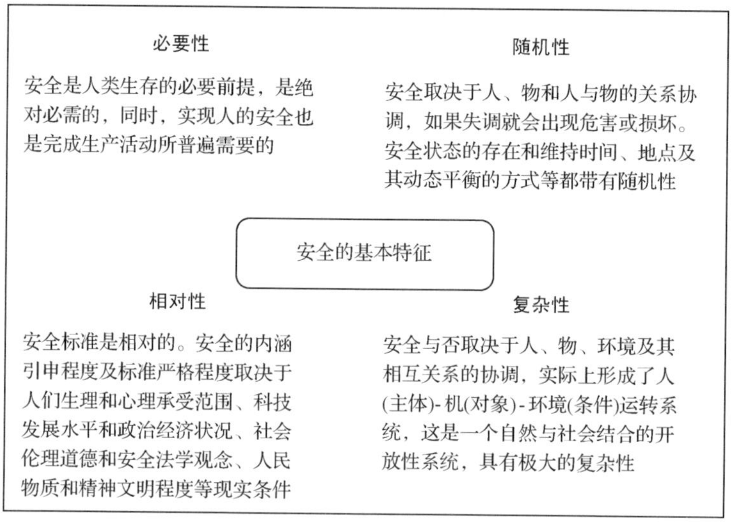

必要性	随机性
安全是人类生存的必要前提,是绝对必需的,同时,实现人的安全也是完成生产活动所普遍需要的	安全取决于人、物和人与物的关系协调,如果失调就会出现危害或损坏。安全状态的存在和维持时间、地点及其动态平衡的方式等都带有随机性

安全的基本特征

相对性	复杂性
安全标准是相对的。安全的内涵引申程度及标准严格程度取决于人们生理和心理承受范围、科技发展水平和政治经济状况、社会伦理道德和安全法学观念、人民物质和精神文明程度等现实条件	安全与否取决于人、物、环境及其相互关系的协调,实际上形成了人(主体)-机(对象)-环境(条件)运转系统,这是一个自然与社会结合的开放性系统,具有极大的复杂性

图 1-1　安全的基本特征

1.1.1.2　儿童安全现状

在我国,对儿童安全认识是一个逐渐变化的过程。传统意义上,我们对儿童安全都是从它的反方面来理解,即从对儿童伤害的角度来理解儿童安全问题。例如,我国教育部2002年颁布的和儿童安全问题最为紧密相关的《学生伤害事故处理办法》规定,"学生伤害事故"是在学校实施的教育教学活动或学校组织的校外活动中,以及在学校负有管理责任的校舍、场地、其他教育教学设施、生活设施内发生的,造成在校学生人身伤害后果的事故;同样,我国《未成年人保护法》和上海市人民代表大会常务委员会发布的《上海市中小学校学生伤害事故处理条例》也都采取了"人身伤害"的定义。当然,对于儿童安全的界定应是儿童在人身、精神和网络等各方面都免于侵害,但本书讨论范围为儿童的人身安全方面,且本书所指的"人身伤害"是指除家庭暴力、疾病等伤害外的可预防的意外伤害范畴。

在我国,意外伤害是 0～14 岁儿童的首要死因[8]。儿童意外伤害已经超过 4 种常见儿童疾病(肺炎、恶性肿瘤、先天畸形和心脏病)死亡的总和。我国平均每年近 50 000 名儿童因意外伤害而失去生命,也就是说平均每天近 150 名儿童因意外伤害而死亡。每年因意外伤害造成儿童死亡占我国儿童死亡总量的 1/4,即每 100 名死亡儿童中有 25 人死于意外伤害。

在所有意外伤害事故中,在家中发生的意外伤害事故就占到了 61.2%。在家中,儿童并不是按照成人的方式使用物品,因而更易引起意外伤害事故的发生。儿童在家中发生的意外伤害事故包括跌倒/坠落、烧伤/电伤、锐器伤、溺水、中毒等。儿童跌落、坠落伤害多由于家中阳台无护栏或将桌椅放置在了阳台或窗边、窗户没有上锁、楼梯栏杆间距较大、地板太滑等原因,是儿童在家中发生最多的一种意外伤害。在家中,家长通常将烹饪器具,如电饭锅、电磁炉、电饼铛等表面温度较高的器具放置在儿童可触及的地方,或没有及时将插头或插座的盖板盖好,又或者将打火机等点火器具放了儿童触手可及的位置,也可能取暖器表面温度过高,这些都会造成儿童烧伤、烫伤或触电的危险。家中的一些桌脚、家具棱角等存在锐利尖端,还会造成儿童的划伤,或者家长将刮眉刀等有锐利边缘的危险物品放置在儿童可触及的地方,也会使儿童割伤或划伤。若家中房门、柜门等未关闭,又常会夹伤儿童。在家中,家长常将洗涤剂、洁厕剂等放在饮料瓶中,或药物等没有专门存放收好,也可能家中煤气开关没有及时关掉等,很容易造成儿童中毒事故。此外,儿童在家中甚至会发生窒息等严重伤害事故。例如,儿童被可一口吞掉的果冻卡住喉咙而造成窒息,或一些微小的物件(如纽扣等)不牢固而被误吞,豆类、花生等食物未能妥善保存被儿童误食而卡住,也可能是电线等没有妥善整理,儿童玩具吊绳过长使儿童在玩耍时缠绕到颈部,都会造成儿童的窒息。这些都应及时引起广大家长的注意。

此外,在外部环境中,儿童伤害案例也经常发生。例如,儿童在乘坐电梯时发生意外,家长在车内没有正确使用儿童安全座椅造成儿童伤害事故等。

1.1.2 儿童安全防护

对于目前儿童安全的现状,政府、社会、学校和家庭都应重视儿童安全教育,均有责任开展各种措施保护儿童的安全。

首先,政府应高度重视儿童安全工作。政府应当给予儿童安全有效的预防措施和明确的法律保证。例如,政府应完善产品安全法律、标准中涉及儿童安全的规定。近年来,随着对儿童安全的重视,我国对于涉及儿童相关的安全标准也越来越多,对于儿童产品的安全限量均作出了严格的规定。例如,玩具标准中对于儿童玩具中锐利尖端、小零件、锐利边缘、孔隙、阻燃性、产品包装、安全警示,以及产品中化学有害物质(重金属、邻苯二甲酸酯类增塑剂等)等均作出了明确的要求,且我国对玩具类产品实施强制性认证制度,因此玩具产品必须有"CCC"(3C)认证标志(图1-2),这对于规范玩具产品市场、保护儿童安全起到重要作用。对于儿童自行车、儿童推车、儿童三轮车等我国均设有专门的标准规范产品的安全。对于儿童使用的文具用品,我国标准对于文具中化学重金属等化学有害物质、笔帽安全、笔帽通气面积、边缘尖端均有详细的安全规定。此外,一些儿童可接触产品,如打火机、可移动灯具这些可能给儿童带来伤害的用品,标准中也对儿童安全防护方法作出了推荐。尽管目前我国政府对于儿童安全问题的重视程度不断加强,对于儿童食品、用品及其他各个方面的安全监督机制逐渐健全,但是我国整个风险预警系统及产品召回系统还不够完善,对于一些安全问题通常只有在问题发生后才能得以认识,而往往这个时候已经造成了严重的不可挽回的后果。

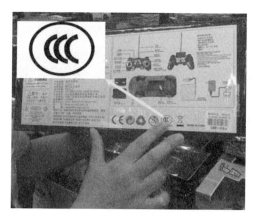

图1-2　玩具产品中国家"3C"强制性认证标志

学校作为实施儿童安全教育的主要场所,担负着对儿童实施具体系统安全教育的重任,是保护儿童安全的实施路径。学校应充分考虑到儿童年龄、环境等因素差异实施管理,形成符合实际、切实可行的校本管理制度,并建立健全各项安全工作制度(表1-2)。此外,学校应该组织儿童、教师学习相关的安全知识及技能,在学校中发挥传播儿童安全教育作用的同时,应定期为学校教师培训儿童安全伤害的预防和应急措施,在儿童的安全受到威胁时能够保证从容应对。

家是儿童意外伤害发生最多的地点,也是儿童活动最多的地方。在家中,家长不仅要了解家中产品的特点,还应了解家中儿童的行为特点和兴趣,才能有效地减少儿童伤害。"儿童家居用品安全5S检查原则"(图1-3)是由全球儿童安全组织首先提出的[9],这5条检查原则是:①看(See),从儿童的视角审视物品,保障儿童安全的方法之一就是让自己用儿童的方法去思考。例如,蹲下身体,用孩子的高度去看世界,观察有多少家具的台面你看不到,需要你爬上去,用儿童的高度,找到所有家具的尖角。②尺寸(Size),越小的孩子给越大的物品。要给孩子直径大于

3 cm的物品,避免孩子吞食物品造成危险。③绳(String),拉伸后的绳长度不超过22 cm,避免绳子过长,使儿童缠绕在颈部造成窒息。④表面(Surface),应尽量确保物品表面平滑柔软,无安全隐患。⑤标准(Standard),了解熟悉儿童用品安全标志与标准,我国5大类玩具产品与儿童用品必须有"3C"认证标志,在购买与使用时应仔细检查。

表 1-2　学校应健全的各项安全工作制度

序号	措施	目的
1	建立安全检查制度	及时排除事故隐患
2	建立卫生制度	避免外来因素对学生造成不必要的伤害
3	建立卫生保健制度	防止特殊体质儿童在正常教育教学活动中的意外伤害
4	建立体育场设施的安全检查制度	及时修复、处理损坏器材,防止体育运动中伤害事故的发生
5	建立儿童活动前安全教育制度	增强儿童安全意识
6	建立安全防范值班制度	及时发现、处理安全事故
7	建立医疗卫生安全制度	确保意外发生时可及时救治处理

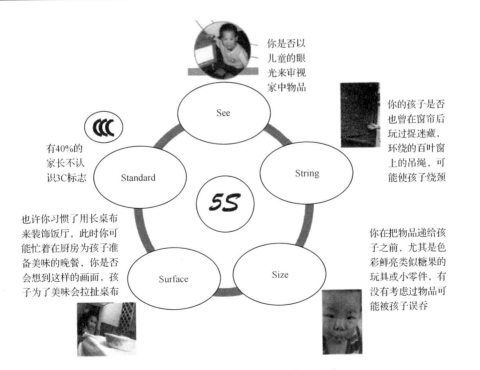

图 1-3　儿童家居用品安全 5S 检查原则

1.2　工业产品安全与风险评估

1.2.1　工业产品

1.2.1.1　产品

产品作为人类社会发展到一定历史阶段的产物,是人类运用生产资料对劳动对象加工、改造而成的物质成果,是人们和社会需求的物化体现。随着科学和经济的快速发展,产品市场随之不断完善和丰富,产品种类繁多、功能复杂。然而,大量的劣质产品也充斥着消费品市场,给人们的生产生活带来极大的隐患,甚至造成严重的人身伤亡事故。

对于产品的定义,由于经济发展水平、公共政策及出发点不同,不同国家的定义也不相同。在美国,产品是指任何具有内在价值,能够整体或部分转让,用于贸易或商品销售的物品,但人体器官、组织、人的血液和成分除外。英国对产品的定义为,任何可移动的有形物品及其组装于其他物品内的部件和原材料,或者作为其他东西组装到另一产品中的产品。在《中华人民共和国产品质量法》中,对产品的界定是经过加工、制作,用于销售的产品。因此,产品首先必须经过加工,不能是初级产品或是未经加工的天然品;其次产品是必须用于销售的,不为销售而加工的物品就不是产品责任法意义上的产品。我国《产品缺陷风险评估标准》中将产品定义为"经过加工、制作,用于销售的产品,具体是指食品、药品、化妆品、烟草、军工产品,以及专用于生产的产品之外的供消费者在家庭、学校、娱乐场所、办公场所等个人使用的商品,包括家用产品、儿童用品、体育与娱乐用品、汽车及相关产品,也可称为消费品"。

1.2.1.2　工业产品

工业产品又称工业品,是指购买者购买后以社会再生产为目的的产品,包括商品和服务。《现代汉语词典》解释为"工业企业生产活动所创造的符合原定生产目的和用途的生产成果"[10]。依据工业品的广义定义,按生产活动成果的形式,工业品可分为物质产品和工业性作业。在物质产品中,按其完成程度,又可分为成品、半成品和再制品。从生产目的的角度,工业品可以分为两大类:第一类是工业中间品,也可以称为中间型工业品(如原辅材料、零部件等),服务于下游工业品企业,但最终的产品可能是工业品也可能是消费品,其中消费品可能是耐用消费品也可能是快速消费品;第二类是最终工业品,主要服务于工业或工程,但也有可能是民用产品。

在检验检疫范畴内,工业品指的是物质产品,属于狭义范围的定义,是上述"产品"定义范围内的一类产品,也可以说是消费品中的一类产品。对于工业产品的范围界定目前还没有明确的规定,本书中所指的工业品为除食品外的其他消费品。根据欧盟 REPEX 系统对产品的分类,我们将工业品分为以下几类:机电类产品、纺织类产品、轻工类产品、化学类产品、包装及其他类产品。

1.2.2　产品安全

1.2.2.1　产品安全与缺陷

产品由于设计上的缺陷、制造上的失误、技术上的限制以及其他各种原因可能导致产品存在着危及人身、财产安全的风险,当这些缺陷产品未经评估直接完成设计、制造并流入市场到达消费者手中,很可能给消费者带来严重伤害。产品安全问题的发生多数是由产品缺陷引起的。

产品缺陷是指产品因设计、生产、指示、提供(包括运输、维修)等原因在某一批次、型号或者类别中存在具有同一性的、危及人体健康和生命安全的不合理危险[11]。根据《中华人民共和国产品质量法》第 46 条的规定,产品缺陷是指产品存在危及人身、他人财产安全的不合理的危险。有关"产品缺陷"的定义,我国法律采取了双重标准,即产品具有不合理危险且不符合安全标准,但在实践中,往往有产品符合相关标准但仍具有不合理的危险,这些产品也属于本书的研究范围。

依据产品缺陷特征将产品缺陷分为制造缺陷、设计缺陷、指示和警告缺陷[12]。制造缺陷是指在制造过程中,因原材料、配件、工艺程序等方面存在缺陷,导致最终产品具有不合理的危险性。其特点是不按照制造者的主观意志而产生,但可以通过检验或严格的质量管理控制措施减少出现。例如,制造儿童玩具的塑料原材料中邻苯二甲酸酯含量超标,导致最终儿童玩具产品中邻苯二甲酸酯含量不符合要求,该玩具就存在制造缺陷。设计缺陷是指产品设计时在产品结构、配方等方面存在不合理的危险。其基本特征是生产者在产品设计时未将产品的使用风险最小化,分析产品设计是否风险最小化的因素有产品不同设计的安全性、所能达到的效用、成本、市场需求、市场对象等。考察设计缺陷时应结合产品的用途。例如,一些玩具会附带部分小零件,若设计时没能考虑小零件的稳固性,造成使用时小零件脱落,给儿童带来危险,该玩具就存在设计缺陷。指示和警示缺陷指产品提供者对产品的危险性没有作出必要的(适当的、明确的、易理解的、详细的)说明、警告或者安全使用方面的指导,从而对使用者构成的不合理危险。此种缺陷不是产品本身的缺陷,是一种产品信息不适当的、不充分的传递,是指示和警告的范围、对象、强度和方法不能满足消费者安全预期而存在的缺陷。例如,产品没有适当的警示与说明而使产品产生不合理危险。目前对于缺陷产品的处理,国际通行的方法为产品召回制度,即统一召回有缺陷的产品。在美国、欧盟等国家或组织所有的召回产品中,针对儿童所召回的玩具、服装、家具等产品所占的比例最大。

1.2.2.2　产品安全的特征[13]

随着工业技术的高速发展,工业生产日益连续化、规模日益大型化,特别是近年来新设备、新材料、新工艺、新技术的出现,安全问题越来越引起社会的注意。人们在关注产品安全的同时,也逐渐认识到产品安全的本质和基本特征(图1-4)。

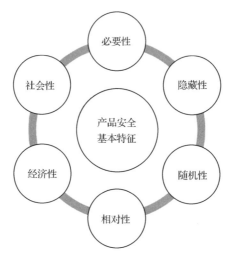

图1-4　产品安全的基本特征

产品安全具有必要性。安全是人类生存的基本前提。在现代人类生活中,产品是满足人类物质生活需要的必需品。因此,为了满足人类的安全需求,必须尽力降低产品带来的风险,保证产品的安全就是极其必要的。

产品安全具有隐藏性。几乎所有的工业品都存在着许多潜在的危害,然而这种危害往往没有表现出来。大多数缺陷产品的危害性都是隐藏的,只有通过探索实践,才能找到实现产品安全的正确途径和方法。

产品安全具有随机性。产品安全取决于使用产品的人的行为特征、产品本身的安全性以及产品安全与人的行为特征的匹配性三方面,这三方面分别对应"人"、"产品"、"产品和人",以及它们之间的协调关系,如果失调就会出现危害或损坏。产品安全状态的存在、维持时间及其动态平衡的方式等都带有随机性。因此,保障产品安全的条件是将其限定在某个相对时空,若条件发生改变,则产品安全状态也将改变。

产品安全具有相对性。某一产品的安全性是以一定条件为前提而言的,在另一种环境下则不一定安全,甚至可能是危险的。产品安全取决于人们生理和心理承受的程度、科技发展的水平和政治经济状况、社会的道德和安全法观念、人们的物质和精神文明程度等现实条件。在实践中，只有产品的实际情况达到人类认可的安全水平，才是安全的，若低于这一水平，则认为是危险的。然而，人们接受产品的相对安全与产品的本质安全之间也是存在差别的。

产品安全具有经济性。产品安全与否直接与经济效益相关，产品安全的实现是以必要的经济投入为前提，包括产品的安全设计、安全制造等。而产品本身的安全性及可靠性就具有潜在的经济价值，安全的产品在避免伤害和损害的同时减少了经济损失，相当于创造了经济效益。一方面，产品安全能够直接免除或减轻产品缺陷事故，实现保护人身财产安全，减少无益消耗和损失；另一方面，产品安全能够保障劳动条件和维护经济增量，实现间接为社会增值的功能。

产品安全具有社会性。安全与社会的稳定直接相关。由产品缺陷或其他产品安全问题引起的伤害，都会给个人、家庭、企事业单位或社团群体带来精神和物质上的危害，这将成为影响社会安定的重要因素之一。产品安全的重要性不仅包括为企业带来的经济效益，更为重要的是还包含了非价值因素的社会效益，即保证了消费者的健康、安定和幸福。

1.2.2.3　产品安全现状

随着现代科技与社会经济的快速发展，产品技术构成日益复杂，产品种类不断丰富，极大改善了人们的物质生活。然而，因产品缺陷或使用问题导致的危及消费者人身、财产安全的产品伤害也日渐增多。产品伤害的高发病率和高致残率消耗着大量的卫生资源，给国家、社会、家庭和个人带来了沉重的经济和精神负担，已成为世界各国面临的一个重要的公共安全问题，预防与控制产品伤害的迫切性日益凸显。

我国每年有 70 万～80 万人死于各种伤害，占死亡总数的 11%，居死因顺位第 5 位，每年需急诊及住院治疗的伤害患者估计超过 2000 万人。中国质量协会用户委员会表示，目前汽车质量问题中，引起安全隐患的占 20.3%，质量问题造成交通事故的占 1.5%。

国家产品伤害信息监测系统监测产品包括汽车、玩具、家用电器等多个产品大类。由该系统对几类产品监测的数据显示，2012 年度，因汽车产品安全问题造成轻度产品伤害达 8627 人次，中度产品伤害 2870 人次，重度产品伤害 456 人次；玩具产品伤害中轻度产品伤害 32 人次，中度产品伤害 5 人次，其中，童车类产品造成 28 人次伤害，塑胶玩具伤害 9 人次；家用电器共造成轻度产品伤害 123 人次，中度产品伤害 84 人次，重度产品伤害 5 人次，其中，家用通风电器具伤害 84 人次，家用清洁卫生电器具伤害 68 人次，家用厨房电器具伤害 21 人次；家用日用品伤害中轻度产品伤害 5648 人次，中度产品伤害 1013 人次，重度产品伤害 22 人次；家具伤害中轻度产品伤害 2116 人次，中度产品伤害 315 人次，重度产品伤害 8 人次，其中，手工工具、五金制品伤害 5828 人次，日用陶瓷制品伤害 690 人次，日用杂品伤害 99 人次[14]。

近年来，国内发生多起儿童玩滑梯时被衣服上的帽带勒住脖子导致窒息死亡的事件。原因为儿童穿带有兜帽、绳带的童装玩滑梯时，兜帽、绳带以及童装腰部和下摆的绳带很容易被滑梯突出物、缝隙缠住或者夹住，可能会导致儿童受到伤害甚至死亡，存在较为严重的安全隐患。2007 年 1 月，广西某幼儿园 4 岁女孩在玩滑梯时，衣服帽子上的拉绳纽扣被滑梯缝隙卡住，绳子挂住她的颈部，导致窒息死亡；2011 年江西一名 3 岁男童，因一端帽绳卡在滑梯上，一端缠绕颈部，导致窒息死亡；2012 年 11 月 5 日，东莞一幼童滑滑梯时被拉绳勒死；2013 年 9 月，河南太康县一 3 岁男孩在幼儿园滑滑梯时不幸身亡，元凶又是拉绳……尽管该问题已造成多起严重的儿童伤害，但由于对于衣帽上的绳索、纽扣规定只是推荐性的，无法要求企业必须遵守。尽管媒体多次曝光童装拉绳的问题，有关机构也进行了抽查，风险警示也出了，可是企业依然我行我素，毫无约束可言。许多企业还按照国内标准出口，结果是中国的童装因拉绳问题而经常被美国、欧盟、加拿大等通报退回。

折叠婴儿车的锁紧装置若存在缺陷，会导致婴儿车没有完全锁紧，在使用过程中可能造成婴儿车中的婴儿及推婴儿车的消费者骨折、划伤、撞伤或其他伤害。我国已发生数百起此类伤害事故，造成儿童身体、头部撞伤、擦伤、肌肉拉伤等不同程度的伤害。

2013 年 9 月 21 日，江西南昌新建县樵舍镇一对年幼的姐妹在家玩耍时，不慎爬进洗衣机被绞死。事件刚发生时，大家都觉得是一场意外，是家长的疏忽。然而，随着调查的深入，却发现这款洗衣机本身有问题，盖上盖子洗衣机会自行启动。

以上这些事例和数据暴露了国内生产企业在产品安全管理上存在需要改进的问题，提醒我们有必要重新审视国内产品的安全质量状况，加快我国缺陷产品管理的立法步伐，尽快建立并完善缺陷产品召回制度，建立国家产品伤害检测系统，完善产品安全标准体系。以此来规范和监控有关企业对缺陷产品的处理，消除缺陷产品对公共安全的威胁与危害、保护公众利益，同时促进企业遵纪守法，减少缺陷产品流入市场，并防止企业消极行为的出现。通过缺陷产品管理，还可以促进企业之间公平竞争，维护正常的市场秩序。

1.2.3　风险评估基本理论

1.2.3.1　风险评估

1）定义

风险评估理论萌芽于 20 世纪 30 年代的美国，最早运用于保险行业[15]。第二次世界大战后，工业化进程加快，工业生产体系日趋大型化和复杂化，在生产规模和产品种类迅速发展的同时,生产过程中重大事故也不断发生,进而推动了对企业、装置、产品等的安全评价工作的开展。如今,风险评估理论已逐步成为一套完整的科学体系。

风险评估就是采用多种技术手段和科学方法,衡量已检测出的风险活动发生概率大小和可能产生的严重后果,继而确定各风险的重要等级,为决策者风险管控提供政策性建议。也就是说,风险评估就是量化测评某一事件或事物带来的影响或损失的可能程度,是对伤害的一种综合衡量,包括伤害发生可能性和伤害的程度。评价风险程度并确定其是否在可承受范围的全过程,就称为风险评估。

风险评估的目的在于为有效的风险应对提供基于证据的信息和分析,涉及的内容包括:识别过程中可能出现的风险;分析导致风险出现的各种潜在因素;讨论某种改变对系统安全性的影响;判断分析对象是否满足要求的风险准则等。

2) 风险评估国内外现状

目前,风险评估技术在欧盟、美国这些发达国家和地区已非常成熟。这些发达国家不仅风险评估的法律、标准已非常健全,还建立了完善的风险评估体系。就工业品、消费品领域,美国依据《消费品安全法案》设立了一个独立的联邦政府机构——消费品安全委员会(CPSC),它的责任是保护广大消费者的利益,通过减少消费品存在的伤害及死亡的危险来维护人身及家庭安全。其"消费品安全委员会风险评估管理体系"管理包括玩具、家用电器、儿童用品及其他种类的过万种的消费品,对可能引起火灾、爆炸、电击、化学或物理危害以及导致儿童伤害的产品进行重点监管[16]。欧盟则建立了"非食品类消费产品的快速警报系统",能够及时有效地对可能存在安全风险的产品进行召回处理,减少了不必要的伤害。而在这些召回的产品中,有很大一部分则是由于对儿童存在潜在伤害。

我国的风险评估研究起步较欧美等发达国家晚。我国与风险评估相关的标准有 GB/T 23694《风险管理 术语》、GB/T 24353《风险管理 原则与实施指南》、GB/T 16856.1—2008《机械安全风险评价 第 1 部分:原则》、GB/T 16856.2—2008《机械安全风险评价 第 2 部分:实施指南和方法举例》、GB/T 22760—2008《消费品安全风险评估通则》等。这些标准基本等同采用国际标准,其中 GB/T 22760—2008《消费品安全风险评估通则》借鉴了欧盟《非食品类消费品风险评估指南》的很多内容,对开展风险评估很有指导意义。此外,我国国家质量监督检验检疫总局(以下简称国家质检总局)还成立了"缺陷产品管理中心",具体负责组织实施缺陷产品召回的日常管理工作,管理的消费品种类从汽车扩展到儿童玩具,并逐渐扩展到更多的消费品。管理中心还建立了电话投诉中心,接受消费者就汽车、儿童玩具等消费品的缺陷投诉,同时向消费者和社会各界人士提供有关汽车召回、玩具召回,以及一般消费品召回等相关问题的解答。但与欧美等发达国家相比,我国对于产品风险的应对机制仍不够完善,产品安全事故屡见不鲜。因此,建立完善的风险评估体系是非常重要也是极其迫切的。

1.2.3.2　风险评估基本流程

产品风险评估的一般程序包括评估前准备、风险识别、风险分析、风险评价等步骤[17]，如图 1-5 所示。

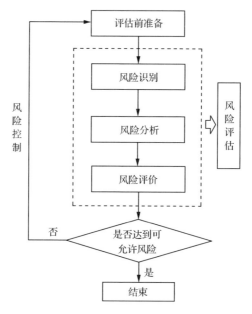

图 1-5　产品风险评估的一般程序

1）评估前准备

评估前准备包括确定目标消费品的使用环境、使用寿命、使用人群、使用数量等。在风险评估前，应根据国内外相关法律、标准、文献、专家经验等信息，综合考虑社会及经济发展水平的影响因素，确定产品安全风险评估的可容许风险。

2）风险识别

风险识别是发现、列举和描述风险要素的过程。风险识别的目的是确定可能影响系统或组织目标得以实现的事件或情况。其过程包括对风险源、风险事件及其原因和潜在后果的识别。风险识别方法（表 1-3）的关键在于认识到人为因素和组织因素的重要性。因此，偏离预期的人为及组织因素也应被纳入风险识别的过程中。

3）风险分析

风险分析是要增进对风险的理解。它为风险评价、决定风险是否需要应对以及应对策略和方法提供信息支持。风险分析需要考虑导致风险的原因和风险源、风险事件的正面和负面后果及其发生的可能性、影响后果和可能性因素、不同风险及其风险源的相互关系以及风险的其他特性,还要考虑控制措施是否存在及其有效性。

表 1-3 风险识别方法

方法	举例
基于证据的方法	检查表法,对历史数据的评审
系统的团队方法	专家团队遵循系统化的过程,通过一套结构化的提示或问题来识别风险
归纳推理技术	一个专家团队遵循系统化的过程

为确定风险等级,风险分析通常包括对风险的潜在后果范围和发生可能性的估计,该后果可能源于一个时间、情景或状况。然而,在某些情况下,如后果很不重要或发生的可能性极小,这时单项参数的估计可能就足以进行决策。在某些情况下,风险可能是一系列事件叠加产生的结果,或者由一些难以识别的待定事件所诱发。在这种情况下,风险评估的重点是分析系统各组成部分的重要性和薄弱环节,检查并确定相应的防护和补救措施。

用于风险分析的方法可以是定性的、半定量的、定量的或是以上方法的组合(表 1-4),其所需的详细程度取决于特定的用途、可获得的可靠数据以及组织决策的需求。值得注意的是,全面的定量分析未必都是可行或值得的,当遇到相关信息不够全面、缺乏数据、人为因素影响等,或是因为定量分析难以开展等情况时,具有专业知识和经验的专家对风险进行半定量或者定性分析可能已经足够有效。

表 1-4 风险分析方法

分析方法	内容	注意事项
定性分析	通过重要性等级来确定风险后果、可能性和风险等级,如"高"、"中"、"低"3 个重要程度。可将后果和可能性两者结合起来,并对照定性的风险准则来评价风险等级的结果	应清晰说明所使用的术语和概念,并记录所有风险准则的设定基础
定量分析	风险后果发生可能性的实际数值,并产生风险等级的数值	获得的风险等级值仅为估计值,应确保其精确度与所使用的原始数据及分析方法的精确度无偏差
半定量分析	利用数字评级量表来测定风险的后果和发生的可能性,并运用公式将二者结合起来,确定风险等级	量表的刻度可以是线性的,或是对数的,或其他形式

4)风险评价

风险评价包括将风险分析的结果与预先设定的风险准则相比较,或者在各种风险的分析结果之间进行比较,确定风险的等级。风险评价利用风险分析过程中所获得的对风险的认识,对未来的行动进行决策。决策包括某个风险是否需要应对,风险的应对优先次序,是否应该开展某项应对活动,应该采取哪种途径。道德、法律、财务以及包括风险感知在内的其他因素,也是决策的参考信息。

依据风险的可容许程度,一般可将风险划分为不可接受区域、中间区域及广泛可接受区域 3 种,针对不同区域的风险,采取的风险应对方法均不相同,具体见表 1-5。

表 1-5　风险区域划分

区域	应对措施
不可接受区域	该区域内风险等级无法承受,无论相关活动可带来什么收益,都必须不惜代价进行风险应对
中间区域	对该区域风险的应对需要考虑应对措施的成本与收益,并权衡机遇与潜在后果
广泛可接受区域	该区域中的风险等级微不足道,或者风险很小,无需采取任何风险应对措施

1.2.3.3　风险评估技术选择[18]

选择合适的风险评估技术和方法,有助于及时高效地获取准确的评估结果。而在具体的实践中,风险评估复杂程度往往千差万别,因此风险评估方法的选择是至关重要的。

一般来说,若风险评估方法适应组织的相关情况,得出的结果能加深风险性质及如何应对风险的认识,且能按可追溯、可重复及可验证的方式使用,即认为该方法为合适的。

一种或多种评估技术的选择一般应综合考虑风险评估的目标、决策者的需要、所分析风险的类型及范围、后果的潜在严重程度、专业知识、人员及所需资源程度、信息数据的可获得性、修改风险评估的必要性、法律发挥及合同要求等多种因素。

此外,其他几类因素对风险评估技术选择的影响也值得关注,如资源的可获得性、现有数据和信息中不确定性的性质和程度,以及在应用方面的复杂性。可能影响风险评估技术选择的资源和能力包括风险评估团队的技能、经验及能力,信息及数据的可获得性,时间和组织内其他资源的限制,需要外部资源时的可用预算等。不确定性可能产生于信息的质量、数量和完整性,如交叉的数据质量或缺乏基本的、可靠的数据;某些风险可能缺少历史数据,数据收集方式的有效性,或是不同利益相关方会对现有数据做出不同解释,这些都是可能存在的不确定性质,进行风险评估的人员应理解不确定性的类型及性质,同时认识到风险评估结果可靠性的重大意义,并向决策者说明这些情况。风险自身经常具有复杂性的特征。例如,在复杂系统中进行风险评估时,应对其系统总体进行评估,而不是孤立地对待系统中的每个部分,并忽视各个部分之间的相互关系。在某些情况下,对某一风险采取应对措施可能会对其他活动产生影响。需要认识后果之间的相互影响和风险之间的相互依赖关系,以确保在管理一个风险时,不会导致在其他地方产生另一个不可容忍的风险。因此,理解组织中单个或多个风险组合的复杂性,对于选择适当的风险评估技术和方法至关重要。

1.2.4　产品的风险评估

1.2.4.1　产品风险评估的特点

产品的风险评估是提高产品质量、减少意外伤害的必要措施。综合考虑产品的危害类型,通过实验模拟和使用后的数据收集,在产品投入市场前和消费者使用产品后对产品安全性进行评估,可以使生产厂家根据风险评估结果对产品进行安全性改进,从而提高产品的安全性,减少了产品潜在危险所造成的意外伤害,也增强了我国产品的竞争力。同时,通过对产品从设计到使用全过程评估,将各个阶段已经发生或可能发生的危险进行分析、分级和评估,还可为具体安全标准的制定提供必要的技术支撑。因此,对产品实施风险评估是极其必要的。

然而,产品由于其种类繁多,用途广泛,可能导致的对人的伤害模式也各有不同,因此产品的风险评估又不同于其他的风险评估,其特点主要表现为[13]:

(1)产品种类繁多,覆盖范围极其广泛,从复杂的电子类产品到简单的日常用品、儿童玩具等均属于产品。

(2)产品的使用对象复杂,有儿童、老弱病残等易受伤人群,也有正常的成年人。同样的产品缺陷对于不同人群产生的影响差别很大。

(3)产品风险评估是规模性的评估,而非针对单独的产品进行评估,因此缺陷产品的总量也会对最终评估结果产生影响。

要评价某一产品存在的伤害风险,首要任务就是要分析、识别该产品可能产生哪些危险,这些危险会导致哪种伤害。

1.2.4.2　产品风险评估常用方法

对于产品的风险评估可以分为直接评估和间接评估,也可以分为定性评估和定量评估等。对于风险评估的方法常用的有专家评议法、风险矩阵法、风险指数法、层次分析法、蒙特卡罗模拟方法等。

1)专家评议法

专家评议法是一种吸收专家参加,根据事物的过去、现在及发展趋势,进行积极的创造性思维活动,对事物的未来进行分析、预测的方法。

专家评议法可分为专家评价法与专家质疑法两种。专家评价法是在一定的规则指导下,组织相关专家进行积极的创造性思维,共同对具体问题进行探讨的一种方法。专家质疑法需要进行两次会议。第一次会议是专家针对具体的问题直接进行探讨;第二次会议则是专家对第一次会议提出的设想进行质疑。专家评议法的主要工作见图1-6。专家评议法一般包括四个步骤,见图1-7。

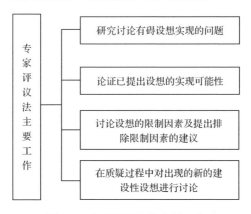

图 1-6　专家评议法的主要工作

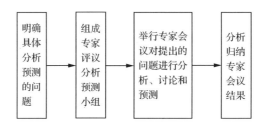

图 1-7　专家评议法的一般步骤

专家评议法适用于类比工程项目、系统和装置的安全评价,能充分发挥专家丰富的实践经验和理论知识。专项安全评价常采用专家评议法,该方法可以将问题研究讨论得更深入、更透彻,并得出具体执行意见和结论,便于进行科学决策(表1-6)。

表 1-6　专家评议法的优点与局限性

优点与局限性	内容
优点	简单易行,较为客观
	结论一般较为全面、正确,尤其专家质疑通过正反两方面的讨论,问题更深入、更全面和透彻,所形成的结论性意见更科学、合理
局限性	对专家水平要求高,不是所有工程项目均适用

2)风险矩阵法

风险矩阵法是通过定性分析和定量分析综合考虑风险影响和风险概率两方面

的因素,对风险因素对项目的影响进行评估。通常,风险矩阵是作为一种筛查工具来对风险进行排序,根据其在矩阵中所处的区域,确定哪些风险需要进一步分析或首先处理。风险矩阵方法分析因素包括产品风险所导致的伤害严重程度、发生可能性、涉及人群以及缺陷的发生是否明显、是否有预警和保护措施等。风险矩阵法也包含定性分析方法和定量分析方法。

伤害结果严重程度通常从轻微到严重分为 I~V 五个等级。

伤害可能性的划分是根据产品出现缺陷的概率和常规情况下与危险产品接触每年发生伤害的可能性决定,一般从低到高分为 1~5 五个等级。

风险评价图谱则是对伤害发生可能性与伤害严重程度进行定性定量评价后得到,绘制风险评价图时,一个坐标轴为伤害可能性,另一个坐标轴为伤害结果严重程度,如图 1-8 所示。

风险等级		伤害可能性				
		1	2	3	4	5
伤害严重程度	I	极低	极低	低	低	中
	II	极低	低	低	中	高
	III	低	低	中	高	高
	IV	低	中	高	高	极高
	V	中	高	高	极高	极高

图 1-8　风险矩阵图谱

此外,在采用风险矩阵法进行风险评估时,还应考虑涉及人群、产品是否有预警或者保护措施以及产品可能产生的危害是否是明显等因素。涉及人群包含正常人群以及易受伤人群等,如儿童和老人。对于同一伤害,正常人群和易受伤人群所导致的伤害结果会有很大不同。同样,对于同一危害,有预警以及保护措施和没有所导致的伤害结果也会出现很大不同。

风险矩阵法的优点是方法简单,易于使用;显示直观,可将风险很快划分为不同的重要性水平。而局限性在于必须设计出合适具体情况的矩阵,因此很难有一个适用于组织各相关环境的通用系统;很难清晰地界定等级;该方法的主观色彩较强,不同决策者之间的等级划分结果会有明显差别;无法对风险进行累计叠加。

3) 风险指数法

风险指数(risk indices)法是对风险的半定量评测,是利用顺序尺度的记分得出的估算值。风险指数可以用来对使用相似准则的一系列风险进行比较。尽管是风险评估的组成部分，但风险指数主要用于风险分析。尽管可以获得量化的结果，但风险指数本质上还是一种对风险进行分级和比较的定性方法，使用数字完全是为了便于操作。

风险指数可以作为一种范围划定工具用于各种类型的风险，以根据风险水平划分风险。这可以确定哪些风险需要更深层次的分析以及可能进行定量评估。如果充分理解系统，可以用指数对与活动相关的不同风险分级。指数允许将影响风险等级的一系列因素整合为单一的风险等级数字。

由于风险指数的数据来源于对系统的分析或者对背景的宽泛描述，这就要求很好地了解风险的各种来源、可能的路径以及可能影响到的方面。例如，故障树分析、事件树分析和一般的决策分析工具都可以用来支持风险指数的开发。

在进行评估时第一步是理解并描述环境。一旦系统得到确认，就要对各组件确定得分，再将这些得分结合起来，以提供综合指数。例如，在环境背景中，来源、途径及接收方将被打分。在一些情况下，每个来源可能会有多种路径和接收方。根据考虑系统客观现状的计划将单个得分进行综合。关键是系统各部分的得分（来源、途径及接收方）应在内部保持一致，同时保持其正确的关系。对风险要素（如概率、暴露及后果）或是增加风险的因素打分。

可以设计合适的指数模型对各因素的得分进行加、减、乘、除的运算。通过将得分相加来考虑累计效果（如将不同路径的得分相加）。严格地讲，将数学公式用于顺序得分是无效的，因此，一旦打分系统得以建立，必须将该模型用于已知系统，以便确认其有效性。确定指数是一种迭代方法，在分析人员得到满意的结果并确认之前，可以尝试几种不同的系统将得分进行综合。

风险指数的优点在于可以提供一种有效的划分风险等级的工具；可以让影响风险等级的多种因素整合到对风险等级的分析中。局限性在于如果过程（模式）及其输出结果未得到很好确认，则可能使结果毫无意义。输出结果是风险值这一点可能会被误用和误解；在很多使用风险指数的情况下，缺乏一个基准模型来确定风险因素的单个尺度是线性的、对数的还是某个其他形式，也没有固定的模型可以确定如何将各因素综合起来。在这些情况下，评级本身是不可靠的，对实际数据进行确认就显得尤为重要。

4）层次分析法

近年来，在分析社会、经济及科学领域科学问题中，常面临众多相互关联、相互制约的因素构成的复杂的却缺少定量数据的系统。层次分析法（analytic hierarchy process，AHP）为这类问题的决策和排序提供了一种简洁而实用的建模方法，它特别适用于难以完全定量分析的问题，被广泛用于社会、经济、科技、规划等很多领域的评价、决策、预测、规划等，其建模的一般步骤及其优缺点如图1-9和表1-7所示。

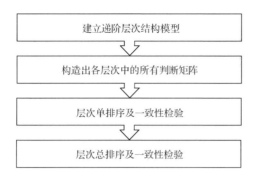

图 1-9 利用层次分析法建模的一般步骤

表 1-7 层次分析法的优点与局限性

优缺点	内容
优点	决策者直接参与决策过程
	定性思维过程被数学化、建模化
	有助于保持思维过程一致性
局限性	主观因素影响较大,无法排除决策者个人可能存在的片面性
	比较、判断过程较为粗糙,不能用于精度要求较高的决策问题

5) 蒙特卡罗模拟方法

蒙特卡罗模拟(Monte Carlo simulation)方法又称随机模拟法,广泛用于计算各种领域的风险,是预测和估算失事概率常用方法之一。该方法的主要思路是:按照概率定义,某事件发生的概率可用大量实验中该事件发生的频率进行估算。因此可以先对影响其失事概率的随机变量进行大量随机抽样,获得各变量的随机数,然后将这些抽样值一组组地代入功能函数式,确定系统失效与否,统计失效次数,并计算出失效次数与总抽样次数的比值,此值即为所求的失事概率。蒙特卡罗模拟方法就是依靠上述思路求解系统失效概率的,该方法处理手段是计算机模拟与仿真。

蒙特卡罗模拟方法通常用来评估各种可能结果的分布及值的频率,如成本、周期、吞吐量、需求及类似的定量指标,其应用范围包括财务预测、投资效益、项目成本及进度预测、业务过程中断、人员需求等领域的风险评估。此方法可以用于两种不同用途:传统解析模型的不确定性分布;解析技术不能解决问题时进行概率计算。

进行蒙特卡罗模拟方法分析时,需要构建一个可以很好地描述系统特性的模型。模型中各变量的输入数据需要依据其分布随机产生。为此,均匀分布、三角分布、正态分布和对数分布经常被使用。其分析过程如图 1-10 所示,其优点与局限性如表 1-8 所示。

```
┌─────────────────────────────────────────────────┐
│        确定尽可能准确代表所研究系统特性的模型或算法        │
└─────────────────────────────────────────────────┘
                        ↓
┌─────────────────────────────────────────────────┐
│   用随机数将模型运行多次，产生模型(系统模拟)输出。模型       │
│   以方程式的形式提供输入参数与输出之间的关系               │
└─────────────────────────────────────────────────┘
                        ↓
┌─────────────────────────────────────────────────┐
│   在每一种情况下，计算机以不同的输入运行模式多次并产生多      │
│   种输出。这些输出可以用传统的统计方法进行处理，以提供均      │
│   值、方差和置信区间等信息                             │
└─────────────────────────────────────────────────┘
```

图 1-10　蒙特卡罗模拟方法分析过程

表 1-8　蒙特卡罗模拟方法的优点与局限性

优缺点	内容
优点	该方法适用于任何类型分布的输入变量
	模型便于开发，并可根据需要进行拓展
	实际产生的任何影响或关系都可以进行表示，包括微妙的影响
	敏感性分析可以用来识别较强及较弱的影响
	模型便于理解，因为输入数据与输出结果之间的关系是透明的
	提供了一个结果准确性的衡量
	软件便于获取且成本较低
局限性	结果准确性取决于可执行的模拟次数
	依赖于能够代表参数不确定性的有效分布
	大型复杂的模型可能对建模者具有挑战性，很难使利益相关方参与到该过程中
	由于抽样效率的限制，该方法对于组织最为关注的严重后果/低概率的风险事件预测效力不足

　　蒙特卡罗模拟方法得到的结果可能是单个数值，也可能是表述为概率或频率分布的结果。一般来说，蒙特卡罗模拟方法可以用来评估可能出现的结果的整体分布，或是期望结果出现的概率，或是在某个置信区间下的结果值。

1.2.4.3　产品儿童安全的风险评估

　　产品家族纷繁复杂，潜在的风险各不相同，风险分析异常困难，涉及法律法规、标准、技术、经验、信息等多方面的要求。在家居或户外环境中，许多产品并不是专为儿童设计生产的，常对儿童安全存在潜在的威胁，儿童由于对潜在的危险无法预知，受到伤害的概率极大。因此，产品的儿童安全风险评估不仅是针对儿童产品安全的风险评估，对于所有儿童可接触到的产品进行儿童安全的风险评估都是很有必要的。近年来，对于儿童安全的风险评估已有研究，对于不同产品所采用的风险评估方法也是不同的。

产品的儿童安全风险评估一般流程与风险评估的流程相同，包括评估前准备、危害识别、风险分析、风险评价等。

以纺织产品的风险分析为例[19]，产品评估前的准备包括了解产品分类，熟悉国内外标准中纺织产品安全指标，统计儿童伤害案例，查询了解消费者投诉案例，收集国内外产品召回信息、预警信息及国内产品监督抽查结果，收集生产厂家、经销商及销售企业的反馈信息，汇总检测机构在检测过程中发现的安全风险隐患信息等。

危害识别一般包括物理机械危险、燃烧性能、化学危险、生物卫生危险、电危险、辐射危险、不充分保护危险等。针对纺织产品，可能对儿童造成危害的有物理机械危险、燃烧危险、化学危险及生物卫生危险。物理机械危险主要包括服装的纽扣及装饰亮片等小部件的脱落，尖锐装饰物及拉链伤害等。燃烧危险主要是指纺织品（如睡衣、床上用品等）需满足一定的阻燃条件，否则有导致儿童烧伤的潜在危险。化学危害主要指纺织品中一些化学物质过量或违规使用给儿童造成的伤害。包括：①致癌，目前，一些染料和整理剂已被证实有致癌危险，如可分解芳香胺等染料；②内部器官损伤，如重金属在被皮肤吸收后可在人体内部器官积蓄；③激素类物质影响发育，如邻苯二甲酸酯类物质，过量则会影响儿童发育；④皮肤过敏，pH超过限制，或使用了致敏染料都可能造成皮肤的过敏；⑤其他不适症状。生物卫生危险主要是指纺织产品中填充物的卫生指标，若不符合标准要求，可能引起细菌感染。

风险分析主要分析纺织品可能对儿童造成伤害的严重程度及发生的可能性。某一危险所导致伤害的严重程度应该根据该产品在可预见的合理使用和合理滥用过程中所能导致的伤害来加以判断。使用过程的预计应当考虑使用的环境，以及产品正常使用和误用。对于严重性的判断应当是类似产品所能导致的最严重的伤害，一般分为非常严重、严重、一般和微弱。而依据产品使用者在危险情况下发生伤害的可能性，将伤害发生可能性进行分级如下：①Ⅰ级，经常存在危险并且在日常生活正常使用产品时很有可能发生伤害；②Ⅱ级，间歇性地存在危险并且很有可能发生伤害；③Ⅲ级，间歇性地存在危险并且可能发生伤害；④Ⅳ级，会发生少数伤害事件；⑤Ⅴ级，在任何情况下都不会发生伤害事件。

风险评价。首先，应结合伤害的严重程度和伤害发生的可能性确定风险水平，一般定性评价采用风险矩阵方法对风险进行分级,如表 1-9 所示。其次,对于易受伤害的人群应进行二次风险评价,此处主要针对儿童。由于不同产品、不同消费群体对产品风险的可接受程度不同,成年人对于危害的识别能力及自我保护意识远高于儿童,如两者都使用水果刀切水果,儿童产生的安全风险要高于成年人,因此,针对易受害人群的二次风险评价是必要的,这能体现产品存在的实际安全风险。其中,易受伤害的消费者群体还可分为非常容易受伤害人群和容易受伤害人群。非常容易受伤害人群主要指失明或者年纪非常小的儿童,而容易受伤害人群则包括身体有部分残疾、部分失明、年纪较小的儿童。此处非常容易受伤害的人群为 36 个月以下的婴幼儿,容易受伤害的人群为其他 14 岁以下儿童。在结合伤害严重程度和伤害发生率进行风险评价的基础上,考虑易受伤害群体对风险的可接受程度,进行风险等级二次划分,见表 1-10。

表 1-9　风险等级划分

项目		严重程度			
		非常严重	严重	一般	微弱
可能性级别	I	严重风险	严重风险	严重风险	中等风险
	II	严重风险	严重风险	中等风险	低危险
	III	严重风险	中等风险	低危险	可容许风险
	IV	中等风险	低危险	可容许风险	可容许风险
	V	低危险	可容许风险	可容许风险	可容许风险

表 1-10　风险等级二次划分表

原风险评价等级	36 个月以下的婴幼儿	14 岁以下的儿童
严重风险	严重风险	严重风险
中等风险	严重风险	中等风险
低危险	中等风险	低危险
可容许风险	低危险	低危险

以儿童玩具中铅的风险评估为例。儿童玩具中铅对人体可能造成的危害与铅剂量的大小、与人体接触方式、接触频率等直接相关。对儿童玩具中铅的风险评估就是对儿童玩具中铅可能对儿童造成伤害的风险水平进行评估。

根据儿童玩具中有毒有害化学物质的伤害特点以及儿童玩具风险评估的特点,儿童玩具中铅的风险评估流程为信息收集、影响评估(危害识别和剂量-反应评估)、暴露评估、风险特征描述四步,如图 1-11 所示。

影响评估包含两部分:①危害识别,即辨别出铅固有的可能导致的不良影响;②剂量(浓度)-反应(影响)评估,即评估剂量或者铅的暴露水平,伤害发生率以及影响的严重度的关系,得出铅的安全阈值。暴露评估则是评估铅对人群,这里即指儿童,可能暴露的浓度。风险特征描述为综合影响评估与暴露评估的评估结果,得出儿童玩具中铅的风险水平。其中,影响评估与暴露评估是最为主要的。

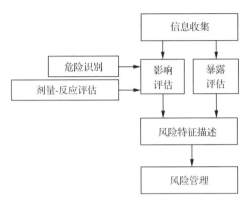

图 1-11 玩具中铅的风险评估一般程序

影响评估分为危害识别和剂量-反应评估两部分。危害识别即结合毒理学实验数据和流行病学研究结果等数据确定重金属对儿童健康的有害效应,主要为定性评价。剂量-反应评估则是通过动物或人体的毒理实验等方法来确定出某种有毒有害物质对于特定人群的伤害阈值或其发生伤害的可能性,即由实验得到的剂量-反应关系推导儿童玩具中铅的最大限量,即建立每周耐受量(PTWI)或每日耐受量(TDI)。通过剂量-反应关系曲线确定未产生有害效应的最高剂量(NOAEL),考虑不确定因子,最后以 NOAEL 除以不确定系数(UF)得出最大 PTWI。

暴露评估是风险评估的核心之一,不同的暴露事件中暴露范围、暴露频率、暴露剂量等数据的获取是评估所必要的信息。暴露评估是指生物性、化学性及物理性因子通过食品或其他相关来源摄入量的定性和/或定量评估。

暴露评估主要是确定可能产生接触的途径,并估算在一定条件下的接触量大小、接触时间长短、接触频率等。此外,对于不同的年龄、性别的人群暴露可能性也不同。

有毒有害化学物质对于人体暴露途径一般包括三种,即经口腔、皮肤以及吸入。我们以三岁以下儿童为评估对象,玩具中铅的暴露途径则主要通过口腔接触到儿童玩具中的有毒物质,因此,三岁以下儿童接触玩具中铅的风险评估只需考虑口腔暴露途径的风险。

此处铅暴露量估计,即为儿童从玩具中获得铅的一般水平。儿童玩具中铅对三岁以下儿童的暴露评估,由经口腔的暴露途径的计算模型确定。具体计算公式如下所示:

$$C_{\text{oral}} = \frac{C_{\text{prod}}}{n} = \frac{\varphi_{\text{prod}} \cdot \text{Fc}_{\text{prod}}}{n} = \frac{Q_{\text{prod}} \cdot \text{Fc}_{\text{prod}}}{V_{\text{prod}} \cdot n} \qquad (1\text{-}1)$$

$$I_{\text{oral}} = \frac{F_{\text{oral}} \cdot V_{\text{appl}} \cdot C_{\text{oral}} \cdot n}{\text{BW}} \qquad (1\text{-}2)$$

式中,C_{prod}——儿童玩具中的铅在稀释前的浓度,kg/m^3;Q_{prod}——稀释前儿童玩具中含铅部件(或涂层)总量,kg;φ_{prod}——稀释前儿童玩具中含铅部件(或涂层)密度,kg/m^3;Fc_{prod}——稀释前儿童玩具中含铅部件(或涂层)中铅的残留质量,kg;V_{prod}——稀释前儿童玩具中含铅部件(或涂层)的体积,m^3;V_{appl}——每一口腔接触事件中稀释的儿童玩具中含铅部件(或涂层)的体积,m^3;F_{oral}——V_{appl} 的摄取分数;BW——体重,kg;n——每日事件的平均数,d^{-1};C_{oral}——产品摄取浓度,kg/m^3;I_{oral}——进入量,$\text{kg}/(\text{kg}_{\text{bw}} \cdot \text{d})$。

在暴露评估的计算模型中会考虑到儿童玩具在稀释前所含重金属铅的浓度 C_{prod} 这一参数,对于这一参数的获取,通常是通过原子吸收法进行测定。

1.3　工业产品儿童安全防护研究进展

近些年来,全社会对儿童安全的保护越来越重视,对儿童安全保护的范围也不断扩大,涵盖儿童人身安全、精神安全、网络安全等各个方面。儿童人身安全是儿童安全的基础,其重要性不言而喻,儿童人身安全越来越受到普遍和广泛关注。2011 年 3 月 5 日起,全球儿童安全网络正式更名为全球儿童安全组织(Safe Kids Worldwide),该组织是以致力于预防儿童意外伤害为使命的非营利性的全球性组织,通过宣传等各种方式,促进社会对儿童安全的态度和行为的提高以及环境的改变,从而预防儿童意外伤害。我国卫生部于 2011 年组织编写了《儿童道路交通伤害干预技术指南》、《儿童溺水干预技术指南》、《儿童跌倒干预技术指南》等宣传手册,来预防儿童人身伤害。世界各国的儿童安全防护研究也取得了阶段性的进展。

1.3.1　欧盟工业产品儿童安全防护研究进展

2004 年,在欧洲儿童安全联盟的领导下,欧盟 18 个国家开展了儿童安全行动计划,目的是协调成员国儿童伤害预防措施实施的行动。行动采取统一系列指标评估伤害,以便在不同国家进行比较。联盟会搜集合作国中最好的实用措施案例,将其在各成员国之间分享。在秘书处和相关专家小组协助下,鼓励每个国家建立国家儿童安全计划目标,以确定儿童安全的优先行动。

以儿童安全座椅为例,关于儿童安全座椅的引入以其强制使用法律的出台,在很大程度上保障了儿童作为汽车乘员的安全。儿童安全防护系统、儿童强制保险和相关约束法律是欧洲儿童交通安全措施更进一步的里程碑。1995~2005 年,德国道路交通死亡和受重伤儿童(小于 15 岁)总数减少一半多。欧洲儿童汽车座椅标准(ECE R44)规范了不同的儿童防护系统按质量、等级进行批量生产。儿童防护系统及其组成构件要经过很多检测,如对儿童防护系统模拟 50 km/h 的正面碰撞,采用真实车辆、有车身的雪橇或座梁进行测试等。1990 年,瑞典就建议在汽车和儿童座椅之间建立一个标准的刚性连接(ISOFIX)。1997 年 9 月第一辆有 ISOFIX 锚固的汽车才进入市场,同时,第一批汽车特许的 ISOFIX 儿童座椅大量销售。2006 年 2 月 26 日起,新型机动车强制使用 ISOFIX 锚固点(ECE R14),见图 1-12。1989 年德国引入了儿童防护系统的设计授权,1993 年 4 月 1 日引入了儿童强制保险。目前,法律规定的儿童防护系统适用于 12 岁以下和身高小于 1.5 m的儿童。对汽车中有儿童乘客不采用法律规定的束缚设备的情况,将被罚款 40 欧元。由欧盟委员会发起、欧洲国家政府参与的儿童座椅评价新项目在未来将以广泛的测试项目为基础,对儿童防护系统的安全性给出全欧洲范围内的、可信的信息。这里除了对不同的动力测试结果评价外,还特别对儿童防护系统的使用和管理作出评估,以便减少误用所带来的危险。儿童座椅评价新项目还使用了新发明的 Q 家族假人进行测试。

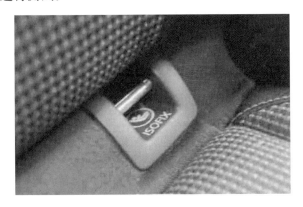

图 1-12 机动车 ISOFIX

此外,欧盟国家为了确保在市场上流通的消费品特别是儿童消费品安全可靠,建立了 RAPEX(the rapid alert system for dangerous non-food products)风险监测系统,该系统将产品质量缺陷列为风险产生主要原因,对存在缺陷的产品,系统会进行及时、准确的通报,对消费品所产生的不同程度的危害进行相应程度的处理。所有被通报在 RAPEX 风险系统上的产品都会有详细的基本信息(类别、名称、款号、批号、品牌、生产地),同时 RAPEX 风险系统会对产品存在的质量缺陷进行描述以及公布申报国家对缺陷产品的处理方式。通过 RAPEX 可确保:当一个成员国发现了不安全的非食品类消费品,这一信息能够在所有成员国的相关职能部门、欧盟委员间共享并进行追踪,以阻止这些产品继续流向消费者。

RAPEX 建立的法律依据是欧盟《通用产品安全指令》(GPSD,2001/95/EC)。涵盖的国家包括 30 个,即当时的所有欧盟成员国再加上属于欧洲经济区的三个国家:冰岛、列支敦士登和挪威;覆盖的产品范围是非食品类消费品,如玩具、化妆品、电器、个人防护装备、机械、机动车等。根据 GPSD 要求,当对消费者健康和安全构成严重风险的相关消费品可能扩散至两个以上欧洲国家时,各成员国相关职能部门通过 RAPEX 系统,向欧盟委员会通报本国为防止或阻止这一后果所采取的措施。这些措施可以是强制性措施,如禁止/停止销售、勒令危险产品退出市场;也可以是生产商和经销商自愿采取的行动,如向消费者召回危险产品。被频繁通报的消费品包括玩具、机动车、电器、照明设备、化妆品、儿童用品、服装和家居用品。欧盟委员会卫生及消费者安全保护总理事会负责 RAPEX 系统的运作。RAPEX 的功能依赖理事会和各成员国相关职能部门之间的紧密合作。一般来说,各成员国委任本国的市场监督机构(如在德国是 BAUA,法国是 DGCCRF,英国 BERR),并赋予其必要的权力,在市场中对消费者具有风险的消费类产品进行采样和检测,当发现危险产品时可以要求生产商和经销商停止销售,退出市场或向消费者召回可能产生危害的产品。每个加入 RAPEX 系统的国家均已建立了单独的 RAPEX 联络点,当成员国的相关职能部门或产品生产商、经销商采取措施阻止或限制一种危险消费品的销售或使用时,该成员国的联络点就会以标准的通报形式,向委员会提交关于该产品的信息。标准的通报内容包括:产品信息名称、商标、型号、详细描述和图片;产品风险类别、实验室检测结果以及风险评估;防范措施类型、适用范围、持续时间以及开始实施的日期;被通报产品的分销渠道生产商、进口商、出口商、经销商以及目的地国家。理事会审查各成员国提交的信息,经过确认通报信息将会被传播到 RAPEX 系统。所有成员国的 RAPEX 联络点,向本国的相关职能部门提供 RAPEX 系统中的共享信息。相关职能部门据此核查本国市场中是否有被通报的产品,是否有必要采取适当的行动。市场监控行动的结果,包括与各成员国其他国家机构相关的附加信息,都将通过 RAPEX 系统向消费事务理事会报告。

通过 RAPEX 系统,激发了欧洲消费者对玩具的安全意识,并推动了监管部门对玩具供应链的重新评估,力求实现"从设计理念到玩具包装盒",以及从"工厂到货架"全过程的控制。从统计数据来看,有几个重要趋势:①RAPEX 框架成员国的市场监督部门会采取比往常更加深入和频繁的行动;欧盟委员会将协助这些部门,确立和分享目的更明确的最佳风险控制手段,同时大力实施产品追踪,最终提高执法效率。②中国制造将更受欧洲国家留意,其中玩具及儿童产品安全将更受欧洲消费者关注。③玩具中危险化学品将成市场监管的重点,特别是铅、增塑剂等是目前的热点。④市场监督部门也会加强和海关部门之间的合作和信息共享,以提高海关部门在不安全产品流入市场之前就将其识别出来的能力。另一方面,中国政府为了维护"中国制造"的声誉,也会与欧盟进行深入的合作,积极跟踪被通报安全缺陷产品在中国的生产制造商,并采取严厉的处罚监管措施。建立 RAPEX-CHINA 系统就是中欧合作的一项卓有成效的措施。国家质量监督检验检疫总局(AQSIQ)已经采取了一系列的行动,如对玩具产品推行首件检测备案制度,实施新的出口许可注册登记制度,对玩具关键零部件实施一致性控制,将对特殊化学品使用进行特别重点评估等。除此以外,AQSIQ 还会根据 RAPEX-CHINA 的信息,对玩具安全实行动态管理,迅速应对各种突发事件并适时采取临时监管措施,如暂停某类商品出口、加大抽检频率等。这些措施都将对出口玩具安全品质的提升产生积极影响。另外产品的生产制造商及经销商必须面对来自公众及国内外监管部门的挑战,对其生产并提供给消费者的产品负全部责任。所有的产品一经生产就必须是安全的,而安全标准应从其生产过程的设计阶段就融入产品之中。

《玩具安全指令》(88/378/EEC)是欧盟与玩具相关技术法规中的核心文件。88/378/EEC 是"新方法指令",规定了玩具的安全质量要求和合格评定程序,所有进入欧盟市场的玩具必须要满足该指令的要求。值得注意的是,88/378/EEC 颁布至今已有 20 年,目前欧盟正在对其进行修订,修订后的指令将进一步提高玩具的安全要求。对于我国儿童玩具和用品制造商、出口商而言,需要密切关注 88/378/EEC 的修订指令,及时了解并掌握其主要内容和要求。新指令的特点是只制定安全、健康、环境和消费者保护等方面应达到的主要目标和基本要求,并不涉及技术细节,具体细致的技术要求由欧盟协调标准来规定。关于儿童玩具和用品的安全性要求,主要涉及电气安全、机械安全、化学安全等方面。对技术法规及标准的符合性要经过合格评定,通过合格评定的可以加贴相应的标志。88/378/EEC 协调标准是 EN 71 系列标准中的第 1~8 部分和 EN 62115。EN 71 系列标准详细规定了玩具的机械物理性能、噪声、燃烧性能、化学性能、标签等要求,EN 62115 则专门针对电动玩具提出了安全要求。部分电动玩具除了要符合 88/378/EEC 和 EN 62115 安全要求,还要符合欧盟《电磁兼容指令》(2004/108/EC),一些遥控玩具还要符合《无线电与终端设备指令》(1995/5/EC)。这两个指令也是新指令,与玩具相关的协调标准分别是 EN 55014-1、EN 55014-2、EN 61000-3-2、EN 61000-3-2、EN 61000-3-3、EN 300220-2 和 EN 301489-3。输欧的儿童玩具和用品还应该遵守一系列与环境保护相关的法规,如关于限制有害物质的指令(76/769/EEC)及其一系列修订指令、关于化学物质的 REACH 法规。电动玩具还要符合《废弃电子电气设备指令》(WEEE 指令)、《电子电气产品中禁用某些有害物质指令》(RoHS 指令)和《用能产品生态设计指令》(Eup 指令)的要求。童车类产品包括儿童自行车、儿童三轮车、儿童推车、婴儿学步车等类型。欧盟对于每种童车都制定了专门的标准,如儿童自行车标准 EN 14765、儿童三轮车需满足 EN 71-1、儿童推车标准 EN 1888、婴儿学步车标准 EN 1273。

1.3.2　美国工业产品儿童安全防护研究进展

美国消费品安全委员会(CPSC)是依据《消费品安全法案》设立的一个独立的联邦政府机构,它的责任是保护广大消费者的利益,通过减少消费品存在的伤害及死亡的危险来维护人身及家庭安全。CPSC 目前管理包括玩具、家用电器、儿童用品及其他种类的超过 1.5 万种的消费品,承担了联邦政府有关消费品安全管理的职能,对可能引起火灾、爆炸、电击、化学或物理危害以及导致儿童伤害的产品进行重点监管,通过调查伤害原因,对现有产品潜在的危险性和危害性进行评定,帮助消费者对产品进行评价,制定统一的消费品安全标准。CSPC 要求进口产品制造商应对其产品进行安全评估,主要参照的方法包括 ISO/IEC Guide 50 和/或 51、《制造更安全的消费品手册》(CSPC,2006 年 7 月)、《非食品消费品风险评估指南》(欧盟委员会)或其他同类标准中各主要内容的评估。进行危险分析和风险评估是申请人的责任,可以由内部或委托第三方进行。美国政府鼓励申请者在产品的设计和制造过程中尽可能早地进行危险分析和风险评估,并要保证申请者有能力开展评估工作。2011 年 7 月,华盛顿生态部(Ecology Department of Washington)批准通过了《儿童产品安全法申报规则》第 173-334-WAC 章(CSPA 法规)[20],旨在收集相关信息,帮助政府和公众更好地了解儿童产品中存在的化学物质。它要求儿童产品制造商(包括生产商、进口商和国内经销商)向生态部申报产品中对儿童具有高风险的化学物质(CHCCs)的存在情况。该条例管制的儿童产品包括玩具、儿童化妆品、儿童首饰、儿童服装(包括鞋子)、儿童汽车座椅以及意图帮助儿童吮吸和出牙、促进儿童睡眠、放松或喂食的产品。目前华盛顿生态部要求,第一批申报的产品是意图放入儿童口中、应用于儿童身体或皮肤、或供 3 岁及以下儿童使用的任何可以放入嘴部的儿童产品的最大规模生产商,应在 2012 年 8 月 21 日前进行申报,华盛顿州将对需申报但未申报的产品采取执法行动。美国玩具安全相关法律共有 3 部,均由 CPSC 负责制定。①于 1972 年颁布的《消费品安全法案》(Consumer Product Safety Act,CPSA),收录在 U.S.C. 第 15 卷 2051～2084 部分。CPSA 是 CPSC 的保护条例,建立了消费品安全的监管机构,阐释其基本权力以及监管程序,详细规定了包括玩具在内的消费品认证、标签、进口、检验、市场准入和召回等法律程序,并规定当 CPSC 发现任何与消费产品有关的能够带来伤害的显著危险时,必须制定减轻或消除这种危险的标准,同时赋予 CPSC 对其监管的15 000 余种产品中缺陷产品发布召回的权力。②《联邦危险物品法案》(Federal Hazardous Substances Act,FHSA)于 1960 年颁布,收录在 U.S.C. 第 15 卷1261～1278 部分。FHSA 要求有一定危险性的家用产品在其标签上标出警告提示,并指示消费者当危险出现时如何自我保护。任何有毒、易腐蚀、易燃、有刺激性的产品以及通过腐烂、加热等原因产生电流的产品都需要在标签中加以警示。如果产品在正常使用中和被儿童触摸时易引起人身伤害或引发疾病,也应在标签中注明。③《危险物品包装法案》(Poison Prevention Packaging Act,PPPA)于 1970 年颁布,收录于 U. S. C. 第 15 卷 1471～1476 部分。PPPA 要求部分家用电器必须有儿童保护包装以避免儿童受到伤害,产品设计既要能防止 5 岁以下儿童在一定时间内打开产品,又能保证成人正常开启,允许使用一种非标准尺寸的包装并警示该产品不能在家庭中被儿童轻易拿到。在医生处方或患者有特殊要求时,法定的处方药品可以不使用儿童保护包装。《美国联邦法规》(CFR)第 16 卷第 Ⅱ 章《消费品安全法规》中,针对儿童用品的机械、物理、易燃、化学性能以及安全标志等方面规定了技术要求。这一部分法规由 CPSC 负责制定,属于美国国家强制性规定,具有联邦法律的地位,任何玩具制造商、销售商都必须严格执行。《美国玩具安全标准》主要由美国试验与材料协会(ASTM)、美国玩具行业协会(TIA)、美国保险商实验室(UL)和美国国家标准学会(ANSI)制定,所有标准均为自愿性标准。其中 ASTM F963 是美国国家玩具安全标准,规定了 39 种玩具及玩具性能的安全性要求和 25 种测试方法,并针对玩具制造商规定了安全标志要求、使用说明和标志要求。美国试验与材料协会(American Society for Testing and Materials,ASTM)是世界上最早、最大的非营利性标准制定组织之一,涵盖了材料、产品、系统和服务等 130 多个技术领域。ASTM 目前已出版发布了 10 000 多个标准,标准制定采用自愿达成一致意见的制度,由来自 100 多个国家的制造商、用户、消费者、政府及学术代表等共同参与制定。ASTM 现有 137 个技术委员会,下设 2000 多个分技术委员会。美国玩具安全标准绝大部分由 ASTM 制定,其中,由 F15 消费品委员会下属的 F15. 22 分技术委员会制定的 ASTM F963《玩具安全规范》(Standard Consumer Safety Specification for Toy Safety)被美国国家标准学会(ANSI)采纳为美国国家玩具安全标准。ASTM 于 1973 年成立了 F15 消费品技术委员会,其职责是制定有关消费品的安全标准和性能标准,包括规范、指南、检测方法、分类、规程和术语。30 多年来,F15 技术委员会在消费品安全标准领域一直发挥着非常重要的作用。该技术委员会由来自全球各地的 900 多名会员组成,包括 CPSC 的成员、消费者、安全维权人员、零售商、研究人员、医学专家、学者、检测实验室和消费品行业代表等。F15 技术委员会下设 51 个分技术委员会,分别负责青少年产品、玩具、运动场设备、蜡烛、游泳池安全设施等不同产品领域的标准制定工作。

随着新的突发安全问题以及新认定的危险品的出现,F15 可随时成立新的分技术委员会,寻找相应的标准解决方案。从 2006 年 8 月至 2011 年 10 月 11 日,ASTM 官方网站的信息发布情况来看,主页更新达到 204 次,发布信息共计 309 篇。其中,消费品和玩具相关类新闻达到 30 余篇,是所有 ASTM 的 138 个技术委员会中新闻首页发布频率最高的主题。在 ASTM F15 制订的标准中,涉及的危险种类包括火灾、溺水、玩具安全、用品中有害物质含量超标、物理伤害等方面。这些事故隐患一旦发生,均会严重危害人身安全,特别是儿童的人身安全。每项风险背后,都有可能伴随相关安全突发事件,接踵而至的将会是产品召回、商家信誉与生产经营状况的严重下滑,该行业的发展会因突发事件停滞,并造成大幅度经济损失。突发事件所造成的人身伤害,其危害与后果将在很长时间内影响社会公众对该项产业商家的信任,而当事受害者及其家属所受伤害以及由此而产生的心灵恐惧在很长一段时间内都难以消除。每次意外事件后,会有重大国际会议的召开,说明国际社会对事态发展密切关注。2008 年 3 月 6 日,美联邦政府参议院通过了一项加强玩具安全的法案,ASTM F963 标准《玩具安全性消费者安全标准规范》是该法案中的重要部分[20]。由布什总统签署的这项 CPSC 修正法案要求玩具必须按照 F963 的规定进行独立检验。在 CPSC 研究标准的有效性,并制定包括可吸入磁体在内的玩具安全危害的最终消费指导方针时,F963《关于玩具的消费品安全规格标准》将作为强制性标准使用。F963 标准不仅包含联邦法规要求的相关安全措施,还包括额外的指南标准及检测方法,以用来防止由于吞咽、锐边和其他潜在危险而造成的伤害。除规定玩具安全标准以外,该项立法还在儿童用品铅含量方面设置了严格的限制,并增加到立法中的操作指南,从而促进该立法的可操作性。这些操作指南促使 CPSC 完善打火机方面的法规,使其符合 F400《打火机用户安全使用标准规范》,它们还推动 CPSC 考虑制定骑马头盔和家具翻倒危险方面的新安全条例。在《2008 年消费品安全促进法案》立法中,由布什总统签署的法案还包括《Danny Keysar 儿童安全产品宣告法案》。该项立法要求 CPSC 基于已有非强制性标准,例如,ASTM 相关标准为耐用性婴幼儿产品发布新的规定——带栏杆的婴儿床、幼儿床和手推童车。在以上案例与事件发展过程中,从 ASTM 对相关会议的参与到标准制定工作的迅速开展,都能说明 ASTM 一直紧密关注这一领域并且有非常行之有效的应对措施与机制来保障相关标准的出台,以应对突如其来的安全突发事件。对于相关消费品安全隐患问题,无论是事前的未雨绸缪,还是事后的亡羊补牢,ASTM F15 技术委员会的反应都是十分积极主动、及时有效的。F15 消费品技术委员会的消费品范畴涵盖家具、易燃物品、婴幼儿用具、公共娱乐设施、玩具等产品。关注的安全隐患包括产品设计中的隐患(物理性,如双层床角柱可能具有勒死风险)和材料安全隐患(化学特性-有毒物质是否超标,如儿童乙烯基制品中的铅含量)。而且在 F15 现有的 51 个分技术委员会中,与儿童消费品安全有直接关系的有 19 个分技术委员会,占分技术委员会总数量的 37.3%;与玩具和娱乐设施安全有直接或间接关系的分技术委员会共 15 个,占分技术委员会总数量的 29.4%。足见 ASTM 在消费品标准制修订中,将玩具产品安全作为关注的首要重点。以下介绍的 F15、F24 和 F8 技术委员会标准制修订以及标准化活动,都是为解决若干消费产品会带来的或者已经造成的危险或人身伤害。从下列实例不难看出,F15、F24 和 F8 技术委员会的标准制修订以及标准化工作是富有针对

性、反应及时、行之有效的,主要体现在以下方面:

(1) 婴幼儿洗浴用具安全标准的制定,2006 年 12 月 F15 技术委员会邀请婴幼儿洗浴用品制造商参加继续制定新提案标准 WK 12969《婴幼儿洗浴用品消费者安全规范》。这一提案标准旨在降低婴幼儿因洗浴用具不当而造成的意外死亡风险。ASTM 玩具安全标准制定者为解决磁铁摄入伤害事故加速该标准的修订,2007 年 5 月 F15 技术委员会在进行 F963《玩具安全性的消费者安全规范》标准的修订时,主要致力于解决近来几起磁铁摄入致死或重伤事故。在几起案例中,孩子们吞下了玩具上的小块磁铁或为大龄儿童准备的建筑物游戏设施上的小部分磁铁,至少有一名儿童死亡,其余均因磁铁的吞入而受伤造成肠内扭曲并穿孔。F963 标准的修订版要求玩具上含有的磁铁和磁铁成分务必不可脱落或者带有由功能型小型可摄入磁体标志的示警描述。

(2) 蜡烛产品标准解决其附属产品安全问题,2007 年 9 月关于火灾由 CPSC 召回的数据表明,各种各样的蜡烛附属产品是家用蜡烛导致火灾的原因之一。F2601《蜡烛附属产品防火安全标准规范》标准涵盖了三种蜡烛附属产品:底圈、灯头和烛台。

(3) 2007 年 9 月 ASTM F15 消费品技术委员会批准成立新的儿童用乙烯基制品铅含量分技术委员会,很多团体参与了 F15.62 分技术委员会(儿童用乙烯基制品铅含量分技术委员会)的成立。CPSC 要求 F15 技术委员会成立 F15.62 分技术委员会,以期通过标准化途径消除或者大幅度减少儿童接触消费品中铅的途径。

(4) 修订 ASTM 双层床角柱标准以使双层床更安全。2007 年 12 月根据 CPSC 的产品投诉案例,F15 技术委员会已经修订了 F1427《双层床使用安全规范》。

(5) ASTM 标准对便携式游泳池的各种风险进行防范,2008 年 2 月 ASTM 发布新标准 F2666《便携式地面住宅游泳池设备标准规范》,旨在保持便携式游泳池的安全可靠。该标准解决了游泳池坍塌、气阀可及性、保护罩、吸入和卡压等方面危险的有关问题。这些问题近年来在消费者中变得越来越普遍。

ASTM 玩具安全标准距离转化为美联邦政府的强制规定更进一步,2008 年 3 月 6 日美国联邦政府参议院以压倒性票数通过了一项法案。该法案要求,在美国所有出售的玩具必须遵从 F963 标准。这项标准系美联邦政府的强制执行规定。F963 标准组合了美联邦政府法律已规定的相关安全措施,防止因噎食、锐利边缘以及其他潜在危险而造成的伤害。CPSC 修订法案还采用 F2517《消费者用便携式燃料容器防儿童打开性测定的标准规范》作为消费者安全强制规则,以防止试图玩耍家庭用汽油的儿童被烧伤。

ASTM 新标准阐述曲棍球选手的眼睛安全,所有运动员都需要保护眼睛。ASTM F08 运动器材和设施技术委员会现已批准一项新标准,旨在说明曲棍球选手用眼安全的特殊方面。2009 年 7 月 F2713《曲棍球运动中眼保护的标准规范》由 F08.57 运动中的眼安全分技术委员会负责制定。ASTM F08 运动器材和设施技术委员会批准滑板运动场地新标准,2009 年 8 月 F2334《地面公共使用滑板运动场地设施的标准指南》由 F08.66 运动设施分技术委员会制定。F2334 包含的要素用于描述地面滑板运动场中滑板运动、滚轴溜冰和自行车越野赛(BMX)的性能。

CPSC 主席 Tenenbaum 认可 ASTM 在保护消费者安全方面做出的努力,2011 年 3 月 F1169《全尺寸婴儿床消费者安全规范》和 F406《非全尺寸有护栏婴儿床/游戏场消费者安全规范》两项标准,已经作为 CPSC 推动的关键性项目中的强制性规则执行,覆盖了所有全尺寸婴儿床和非全尺寸有护栏婴儿床产品。

人造草坪运动场地的排水是全新的 ASTM 运动场地设施标准的主题,2011 年 6 月份 F2898《非限制区域洪水冲刷下的石基铺面系统合成草皮运动场渗透性试验方法》由 F08.65 人造草皮铺面和系统分技术委员会制定。ASTM F24 娱乐乘骑装置和设施技术委员会为娱乐行业制定全球安全性标准,2011 年 10 月在亚利桑那州举行会议,会议分为 50 个独立小会,旨在分别探讨娱乐行业的专门安全要素。ASTM F15 消费品技术委员会的标准化活动具以下特点,值得我国借鉴:①牢记"安全"。在 F15 技术委员会长达 38 年的标准化活动中,从标准的技术内容、指标,到标准制定过程、工作方式,一直在不断进步,推陈出新,关注的领域也在不断扩大,但是"安全"这个宗旨一直未发生变化,牢牢贯彻于每一项标准的制定过程中。②儿童永远第一位。据 CPSC 统计报告,许多惨痛事例,让人无法回避这样一个事实——儿童往往是消费品安全事故的第一受害群体。F15 技术委员会将近 40% 的分技术委员会都直接从事儿童消费品标准制定工作。F15 技术委员会制定的相关标准也总是以儿童可能受到伤害的产品基准参数作为不可撼动的底线和限。2006~2008 年初报道的 7 项 F15 的首页新闻中,更有 6 项与儿童消费品直接相关。③随时随地关注,时时刻刻行动。一件消费品虽小,一旦有安全隐患,都会酿成安全事故,成为社会关注焦点。F15 技术委员会一直密切注视全球这一行业中有可能产生安全事故的各个消费品生产领域。在 2007 年度玩具召回事件中,F15 中新任务组的组建与 F963 标准的制定都比该事件的发生早 5 个月的时间。④推动标准成为法规。在推动 ASTM 标准转化成为美国联邦法规这方面,ASTM 一直积极努力。不仅如此,ASTM 还积极参与世界贸易组织(WTO)重要活动,在制定标准过程中严格遵循 WTO/TBT 原则。F15 技术委员会一直与 CPSC 保持密切联系。双方都有官员和参与者互为会员的惯例。可以说 F15 技术委员会标准的制定,成为 CPSC 相关政策出台的风向标。双方密切配合,极大地推动了 ASTM 消费品标准向联邦政府强制规定转化的步伐。

对于我国现有消费品安全标准化领域来说,今后的标准化工作重点为:①应积极采用国际先进的标准,进行标准转化,并用于国家标准的制定是当务之急。在此之前还应该密切关注相关国家(特别是贸易伙伴国)标准化趋势,相关产品生产现状,市场前景,做好深入调研和市场需求分析。②在消费品安全标准制定中,应更加关注儿童消费品的安全防护问题,并将此放在首位。③消费品安全标准制定专家应把更多项目和精力投入到指导消费品生产的操作实施细则中,从生产源头控制消费品安全性,将不安全因素在萌芽阶段消除。先期控制生产流程的成本也远低于后期产品成型再检验,发现问题后不得不从头开始设计的成本。④消费品生产商、检测实验室、技术专家、消费者等应积极参与国际标准化组织,成为其会员,争取在相关标准制定中加入来自"中国的声音",争取话语权,并在参与的过程中,学习并掌握国外先进的标准制修订流程和经验。⑤通过政府干预和行政立法,加速推动相关消费品检测标准向技术法规的转化,成为规范行业生产和消费品安全性的法则。美国各大公司同样对儿童产品安全方面十分关注,沃尔玛公司在2009年的时候制定了一套单独的儿童相关产品安全标准。如果产品想要进入沃尔玛超市,除必须满足其所在国家的安全标准以外,同时还要满足沃尔玛的儿童产品安全标准,这套标准的部分数据同样适用于儿童餐具设计,可为设计师设计时作为参考。规定中指出,塑料、金属制品、橡胶和木制品等,这些物质中的含铅总量不可以超过0.06%。对于3岁以下儿童使用可以含到口中部件的邻苯二甲酸盐的含量不能超过0.1%,其他所有可以接触到的部件也不可以含有超过0.1%的邻苯二甲酸盐。对于可以重复使用的或者其他功能的包装,同样应符合上一条关于邻苯二甲酸盐的含量限制和规定。生产商必须使用毒性最低的物质来替代。不能用USEPA中的致癌物质或尚不能断定毒性的物质代替。对于包装上的日期和货号印,沃尔玛也独立地在产品的包装上清楚地印上生产日期或者货号印,以用于生产日期和年份的鉴定。如果产品本身是没有包装的,也必须通过视觉的方法让购买用户很容易看清楚产品的生产日期印和货号印,并且这些印记必须设在产品包装的裸露面上。

1.3.3 日本工业产品儿童安全防护研究进展

日本消费品安全的风险评估工作主要由日本产品评价技术基础机构(NITE)来完成,NITE有自己的信息收集制度、供应商(生产商、进口商、经销商)、当地政府、消费者信息中心、区域警局、消防站、消费者和其他组织等部门自愿性将事故信息报告给NITE,NITE也从报纸或互联网新闻中收集信息,调查分析事故原因,并运用自主开发的风险评估方法,对消费品风险进行科学分析。

日本对其进口的玩具产品没有实施特定规例,仅需说明玩具须符合《食品卫生法》的规定。根据该法,凡进口婴儿玩具,必须向入境口岸的检疫处提交《进口食品通知书》等文件,以便当局审核及检查玩具产品的重金属、砷及其他有害物质含量。

进口时,《食品卫生法》要求婴幼儿玩具进口商向设在入境口岸的检疫办公室递交"货物进口通报表",并提交货物进行检验以排除重金属、砷及其他有害物质的存在。《食品卫生法》适用于通过直接接触嘴部会对幼儿6岁及以下儿童造成伤害的玩具,对玩具中使用的重金属、玩具原料和玩具的生产标准进行了规定。适用的玩具包括由纸、木材、竹子、橡胶、皮革、赛璐珞、塑胶、金属和瓷器等制成的,并且在正常使用情况下会直接接触幼儿嘴部的玩具;口动玩具;涂擦图画;折纸手工(折纸)和积木;由橡胶、塑料或金属制成的玩具,如不倒翁、面具、摇铃、玩具电话、动物、洋娃娃、黏土玩具、玩具车(不包括弹簧车或电动车)、气球、积木、球和家居玩具等。

《电气设备安全法》对电气产品的安全、使用及安装的安全作出了法律规定,旨在防止电器事故的发生。一些电动玩具和由马达驱动或带电灯的游戏机,也需要遵守《电气设备安全法》的相关条款。《电气设备安全法》将因结构和使用极有可能引起危险的电气设备规定为特殊电气设备(共有115项),其余产品规定为有别于特殊电气设备的电气设备,简称非特殊电气设备(共340项)。玩具产品中属于特殊电气设备的,包括"用于玩具的供电编码器与插头"、"适配器"、"用于玩具的变压器"、"加热型玩具"以及"电动汽车"等。属于非特殊电气设备的,包括"电动音乐盒"、"电子玩具"等。对于"特殊电气设备",由于其极高的潜在危险性,这类产品必须由一个得到日本经济贸易产业省(METI)认可的机构进行第三方测试;对属于"非特殊电气设备"的商品,进口商必须进行测试并且保存测试的相关记录3年。日本还建立了进口报告制度,规定进口商有义务向METI报告电器用品的以下内容:产品名称、地址、企业代表名称;电器用品的类型分类;外国制造商的名称及地址。同时,电器上必须粘贴PSE标志。"特殊电气设备"的PSE标志图和"非特殊电气设备"的PSE标志。使用无线电的玩具(如无线电遥控玩具),还应符合《无线电法》,该法旨在防止对人类健康的危害并防止对其他电气设备的不良影响。该法规定,对于发出微弱无线电的遥控玩具,使用自由的频率波段,不受限制;对于无线电模型飞机、模型船的常用无线电遥控玩具,必须由第三方机构进行认证评估,测试由日本无线电遥控模型工业协会指定的机构进行,获得日本无线电遥控模型工业协会证书。

日本厚生劳动省于1973年颁布的《家用产品有害物质控制法》则适用于不由《食品卫生法》管辖的玩具。该法对《食品卫生法》管制的幼儿玩具以外的玩具产品的有害物质含量作出规定。根据该法律,从健康和卫生的角度出发,可以建立必要的标准来限制家用产品有害物质含量等各项指标。

在标准方面,日本玩具协会制定了《玩具安全标准》(ST2002)。为了提高玩具的安全性,日本玩具协会为针对14岁及14岁以下儿童使用的玩具制定了《玩具安全标准》(ST),其中S代表Safety,T代表Toy。该标准为自愿性,符合该标准的产品才被允许在产品本身打上ST标志。日本玩具标准在1971年由日本玩具业及日本政府、学者、消费者代表共同制定,2002 年对该标准进行了修订。在修订过程中参照了 ISO 标准,以及融合了日本《食品卫生法》的一些要求。ST2002 的主要内容包括机械物理安全性能、燃烧安全性能和化学安全性能三大部分。①机械物理安全性能要求在机械物理安全性能方面,ST2002 对下列适合于 14 岁及以下的儿童玩具规定了安全要求,并针对 18 个月以下儿童玩具、3 岁以下儿童和 10 岁以下儿童的玩具制定了特殊要求。机械物理安全性能要求所适用的玩具包括驱动玩具、科学玩具、儿童工艺品(如容易搭建的模型、木工工具)、花园玩具(如秋千)、玩具运动装备、水上玩具、浴室玩具、专供在水表面使用的易燃性搪胶玩具、圣诞物品、手机链等。机械物理安全性能要求包括材料要求(《玩具安全标准》ST2002 第4.1 节)和结构要求(《玩具安全标准》ST2002 第 4.2 节),在第 5 章中规定了相应的测试方法。②燃烧安全性能要求,ST2002 标准的第 2 大部分是关于玩具的燃烧安全性能。标准对所有儿童玩具规定了通用要求,如规定所有玩具不应使用赛璐珞(亚硝酸纤维)和遇火后产生表面闪烁效应的毛绒面材料。此外,标准对于某些高风险产品的易燃性提出了特殊要求和检测方法,包括:胡须、触须、假发和面具及其他含毛发或其他附属材料的头饰玩具;道具服装和配套的头饰物(如牛仔服、护士服),专供儿童穿戴的玩具;供儿童进入的玩具;填充软玩具等。③化学安全性能要求,ST2002 标准的第 3 大部分是关于玩具的化学安全性能,包括 9 个方面的要求:着色剂;主要由聚乙烯和聚氯乙烯材料构成的材料;贴画纸、折叠纸和橡胶玩具;氯乙烯树脂涂层;油漆中的重金属;玩具使用的纺织品——游离甲醛含量低于75 ppm;肥皂泡溶液;画图工具所用的墨水;《食品卫生法》第 29 章第 1 条规定的玩具原材料。目前,根据《家用产品有害物质控制法》,共对 17 种不同物质制定了限量标准,包括盐酸、氯乙烯和甲醛等,凡是不符合该标准的产品禁止进入市场。特别需要注意的是,同欧美一样,玩具产品中的铅含量和邻苯二甲酸盐含量依然是日本玩具市场关注的热点。日本继欧美提高危险化学品禁用的门槛后也限制了某些 PVC 增塑剂(如 DEHP)的使用。

此外,《电器及材料管制法》及《无线电法》对于在日本市场零售的玩具产品实施管制,规定电器和玩具必须贴有安全标志。日本玩具协会(JTA)对玩具产品制定了安全管制制度,供厂商自愿遵守。凡检定为符合 JTA 标准的产品,都可贴上ST(安全玩具)标志。产品附贴 ST 标志纯属自愿性质,并非法律规定。有轮玩具(特别是供小童乘坐的三轮车)可贴上消费品安全委员会的 SG(安全货品)标志。厂商可自愿遵守 SG 标志的规定。日本消费者产品安全协会对此保留一切权力。只要产品的安全标准达到协会的要求并得到国际经贸部的认可,便可以得到 SG标志。"特别产品"是指政府认定由于构造、成分或可预见的使用条件的原因会造成使用者受伤或死亡的玩具。产品只要达到政府制定的产品评估技术指导方针的要求,便可获得 PS(C)标志。如果无法获得认证,产品将在日本禁销。ST 标志是为 14 岁以下儿童的安全制定的玩具生产标准。在日本销售的玩具产品中 80%～90%都获得了此认证。美国的 FMVSS 和欧洲的 CE 标准可以替代。日本儿童车类安全标准由国土、规划和运输部颁布。但美国的 FMVSS No. 213 和欧洲的 CE No. 44 标准可以替代。

符合日本玩具协会采用的《日本玩具安全标准》的玩具和游戏器具可以在其产品的标签上显示 ST 标志。为了获得使用 ST 标志的资质，制造商或者进口商需要先和玩具协会签署一份使用 ST 标志的协议，然后提交用于向指定的测试机构进行安全标准符合性测试的样品。该标志涵盖的样品范围包括驱动玩具、科学玩具、儿童特定手工玩具（如易于制作的模型）、花园用玩具（如秋千）、玩具运动设施、水上玩具、沐浴玩具、水面上使用的乙烯基充气玩具、圣诞用品、手机带、连接电视的视频玩具/游戏机、指定玩具中的组合玩具（如玩具火车中的铁轨、玩具球和球拍）、饰物玩具（如耳环、项链、吊坠、胸针、手镯、戒指、脚镯）。

日本的许多儿童标准大量借鉴了欧美标准，例如，儿童座椅，日本之前遵照的安全座椅标准是自主制定的行业标准，后借鉴了欧洲标准，并从 2012 年 7 月 1 日起执行欧洲标准。2000 年开始，日本把必须强制使用儿童安全座椅写入法律。在这之前虽然也有相对应的标准，但并没有强制执行，也没有写入法律。这就造成很多人意识不到位，没有自主地使用安全座椅，所以那时安全座椅的普及率非常低，大概只能普及到 12%左右，在这种情况下儿童发生交通意外时的死亡率非常高。日本开始加大重视程度，2000 年正式写入到法律中，要求不满 6 岁的儿童在出行乘车过程中必须使用相对应的安全座椅产品。在法律化出台后状况就有所改善了，到法律化之后的两年左右安全座椅普及到 60%左右，增长了 5 倍。儿童发生交通事故的死亡率下降到原来的 1/5，例如，原来是 1000 起交通事故死 10 个儿童，现在变成了 2 个，挽救了 8 条生命。

日本在产品安全儿童防护方面十分注意父母的参与，情境体验设计可以根据设计师与儿童及父母之间沟通交流来理解产品使用的具体情境，询问消费者在一定的情境下使用产品的不便和不满意之处，并对这些使用情境中的问题进行研究分析。在日本，Combi 公司开发的 From Mama 系列产品就是征求妈妈在育儿情境中遇到的问题和建议而开发设计的产品，既能让宝宝开心，也能为妈妈带来方便，最重要的是能够给宝宝带来安全，如其中的碰碰除尘拖把车（满足儿童想跟妈妈一起清洁的需求）。

1.3.4　我国工业产品儿童安全防护研究进展

我国政府高度重视儿童产品的质量安全问题，制定和颁布了有关玩具的强制性国家标准 GB 6675—2003《国家玩具安全技术规范》、有关童车的一系列强制性国家标准和《儿童玩具召回管理规定》。童车、电玩具、塑胶玩具、金属玩具、弹射玩具、娃娃玩具等 6 类产品还被纳入强制性认证产品目录。尽管如此,儿童产品的质量安全标准化体系还是存在不足。国内也在参照欧洲的法规来制定中国的儿童保护法规。国内研究人员对国际上的法规进行了比较分析,为我国法规的制定起到了一定的推动作用[21]。

目前国外针对我国生产的儿童用品消费预警通报和召回行动有相当一部分源于物理机械性能方面的风险,即玩具的小零件易被吞食、奶嘴可脱落或服装绳索缠绕致婴幼儿窒息危险等,燃烧性能方面的危险源主要指使用非阻燃材料或阻燃性能达不到标准规定要求的材料,可能在意外情况下发生烧伤儿童的危险。化学安全性能也是造成儿童用品危险的一个重要来源,主要指儿童用品所使用的材质或添加剂可能对婴幼儿产生的危害。美国和欧盟等国家对儿童用品中的重金属、增塑剂、偶氮染料等物质都有明确而严格的要求,屡屡对我国出口的儿童用品进行通报。

我国与风险评估相关的标准有 GB/T 23694《风险管理 术语》、GB/T 24353《风险管理 原则与实施指南》、GB/T 16856.1—2008《机械安全风险评价 第 1 部分:原则》、GB/T 16856.2—2008《机械安全风险评价 第 2 部分:实施指南和方法举例》、GB/T22760—2008《消费品安全风险评估通则》,借鉴了欧盟《非食品消费品风险评估指南》的很多内容,对展开风险评估很有指导意义。

在我国,许多产品在设计之初没有先期的针对儿童的人体分析、心理分析、安全保障评估,致其存在不同程度的安全性问题,危害到少年儿童的健康。以家具为例,首先,家具中儿童安全防护功能缺失。在诸多家具的投诉案例中,不乏因家具设计的安全防护缺陷而引起的伤人事故,而在儿童家具中体现得尤其明显和触目惊心。例如,设计者在设计高型组合式的儿童家具时,往往忽略了儿童好动、喜欢攀爬的心理,在防护栏的设计上没有更多的考虑儿童的心理、生理特点,因此,时有儿童从高处滑落摔伤。其次,家具结构复杂常导致安全隐患的产生。结构复杂、形式变化多样的家具设计作品往往能吸引儿童的注意,并使其产生浓厚的兴趣。例如,儿童家具中的板式结构家具是以人造板为基材,以板件为主体结构,通过金属连接件将板件组装在一起,因此连接件对于家具产品的结构组成是非常重要的。这些连接件在起到连接和装饰作用的同时,也成为划伤儿童稚嫩双手的利器,这就出现了一些由于夹板和抽屉位置设置的不合理而经常发生的儿童夹手事故。第三,家具材料的选取缺乏安全性。随着科技的进步,大量的新型装饰材料应用到家具的设计与制作当中。一些合金类、玻璃类的材料也成为设计师的新宠,并大量地应用到儿童家具设计中,其以新颖的设计理念和色彩光感吸引孩子和家长们的目光。家具设计者在设计之初往往只考虑造型与色彩的需要,忽略了装饰材料的选取对使用者健康的影响,对于儿童家具的设计更是如此。一方面闪亮的金属封边和玻璃材质破裂后锋利棱角容易对孩子造成伤害,这成为儿童家具的又一大隐患。

另一方面儿童正处在生长发育的高峰时期,儿童的呼吸量按照体重计算比成人高出50%,同时,儿童大约有80%的时间生活在室内空间,室内空气质量常会因为家具中暗藏的有害物质而受到污染,由于这种形式的污染会长时期发挥作用,形成较大的危害,甚至会造成永久性的伤害。我国白血病患儿中,有30%~40%是因为家庭装修或家具中的甲醛污染导致的。第四,"色彩污染"。由于孩子天真、活泼,本身又特别喜爱漂亮的色彩,所以设计师和家长们都不约而同地用色彩来装饰孩子们的房间,但是因设计时考虑得不够周到,一味地追求"色彩出味"、"张扬个性",而造成色彩设计在儿童居室的滥用,"色彩污染"渐渐成为曝光率较高的词汇,儿童居室色彩设计的安全性成为普遍关注的焦点。儿童家具产品设计中所反映出的有关色彩的问题,一方面在于家具本身色调不统一,特殊部件细节色彩构成与家具整体色彩效应不和谐;另一方面在于家具的摆放与周围的环境"色场"没有构成呼应或互补,家具个体与环境共体并未能很好地搭配和融合。并且儿童家具与儿童居室墙壁的颜色确定了就很难随意改变,但是儿童随着年龄的增长对色彩的喜好却会发生很大的变化,这种矛盾无疑会影响到孩子的心理与生理健康。作为儿童产品的设计者,在进行儿童家具的色彩设计时,我们必须做到从孩子自身的生理机能和心理感受出发,对孩子的各方面需求和反映有充分的了解,这样才能符合父母们希望为孩子创造出一个健康、益智、安全的成长环境的愿望。

儿童作为一个尚未发育成熟的群体有自己的心理年龄特征,这里的心理年龄特征是指在一定的社会和教育条件下,在儿童发展的各个不同的年龄阶段中所形成的一般的、典型的、本质的心理特征。社会的发展进步,人性化设计成为趋势,为老人和小孩这些曾经不被重视的群体设计符合他们内在需求的产品和服务就成为设计师们的新课题。同样以儿童家具安全设计为例,由于在这方面的研究起步较晚,国内对于儿童家具设计的研究远落后于国外。目前,国内多从儿童家具市场、儿童家具设计方法、儿童家具的选购、儿童家具开发设计等方面进行研究。其中"儿童家具安全性设计初探"从儿童的心理特征入手,分析研究了儿童家具中存在的安全性问题,也提出了一些解决方法和建议。尽管最近几年国内儿童家具市场发展势头迅猛,但其中也存在着很多问题,如设计制造水平参差不齐、缺乏有竞争力的品牌以及儿童家具市场价格不合理等,这些都严重影响了国内儿童家具市场的健康、良性发展。目前国内大多数厂商都以贴牌国外产品和照搬照抄国外设计为主,他们没有系统且完善的理论研究及制造体系,也就不可能有真正优秀的设计。尽管近几年出现了几个优秀的国内儿童家具品牌,但在产品质量、细节和服务上还是与国外品牌有一定差距。

在理论研究领域,国内近几年来对于儿童家具设计的关注明显增加,而且有一些比较显著的理论成果,还有一些关于利用家具进行儿童活动功能区划分的设计理论及市场消费指导的理论也逐渐成熟,这些研究基本都包含了学龄前儿童,即

3～6岁的范围,也让大家学到了很多关于儿童产品设计的研究方法。然而,目前对于儿童家具的安全性问题研究仅停留在了物质层面,多数研究者及产品生产厂家并没有认识到安全性其实是人类特别是儿童这种特殊群体的第一需求,符合安全伦理和安全文化层次的设计作品才符合新时期消费者深层次的需要。近年来,产品设计趋势越来越倾向于功能方面的完善,使得设计师越来越关注产品对人的生活方式和生活质量造成的影响,同时对人的因素在产品设计过程的众多因素中所起的主导作用越来越关注。产品设计的重点逐渐向以人为中心转变。作为一种以人为本的行为设计,将重点放在了用户的行为上。

此外,除专门针对儿童设计的产品外,在药物产品包装、食品包装、打火机等其他产品中也已有基于儿童行为学的产品安全性设计及评价研究。在我国,儿童行为学已经应用于多种工业产品的安全性评估。例如,GB/T 20002—2008建立了解决可能给儿童带来的意外身体伤害(危险)问题的框架,分类和评估了与产品相关的危险以及它们伤害儿童的可能性,以便减少对儿童的伤害风险,同时提供了已报告的伤害方式的实例,并针对每一类危险和伤害给出了相应的对策。涉及机械危险、热危险、化学品危险、用电危险、生物危险和不充分信息的产品已经成功采用儿童行为学方法进行安全性评价。

安全问题是儿童产品设计中应该考虑的最基本的问题。由于儿童正在成长期,各方面发展还不均衡,对于自我保护和危险意识的考虑还十分淡薄,再加上孩子天性爱玩多动,常在玩耍过程中忽略了自身的安全性。以儿童餐具的设计为例,儿童在吃饭过程中,很容易分散注意力,不小心将餐具弄翻、弄掉。所以设计师在进行儿童餐具设计时,不仅要想到产品的功能和造型,更重要的是要充分考虑到产品对于儿童使用是否够安全。第一,应注意用材安全。孩子和餐具每天都要接触,他们之间不仅是皮肤接触,儿童餐具每天都要和儿童有皮肤甚至嘴的接触。材料本身的安全性是设计师首要考虑的问题。随着材料应用科技的不断发展,各种各样的材料层出不穷。一些产品一味地追求功能外观效果,往往忽视了材料本身的公害性。儿童时期是人成长发育的关键时期,有害物质的摄入都有可能在孩子今后的成长中产生后遗症。第二,应注意外形设计考究。产品的造型应多采用圆滑的过渡,尽量避免尖锐的拐角或其他突兀的造型。产品缝隙的设计也要考虑到不要夹住儿童的手指、脚趾等。简单的平面和方正的拐角能让产品更具有现代感,但对儿童而言则是危险的。孩子的皮肤、骨骼、器官都是很脆弱的,经不起尖锐物的伤害。这就需要设计师在产品的造型上多作考虑,尽量不要留有尖锐的形态、棱角或者过大的缝隙。第三,应注意结构合理。儿童产品对结构的要求比较高,结构可以简单,但一定要牢固,市面上有很多儿童餐具是将饭盘和筷子勺子拼合在一起,成为组装形式,儿童对产品的体量感没有太多的概念,经常猛地拿起又猛烈地放下,甚至无意识地摔、砸、咬。他们的破坏力决定了儿童产品必须要有结实的结构,一旦摔破散落就会造成二次伤害。另外,也考虑到产品的手握和拿的方式是否适合儿童使用,如拼合的餐盘如果儿童不能方便地拿出筷子和勺子,儿童极有可能失去耐心摔打餐盘而造成伤害。第四,颜色不宜过鲜艳。儿童喜欢色彩鲜艳的东西,所以和儿童相关的产品颜色均比较鲜艳。有些产品艳丽的颜色比较杂乱,很多制造商在制作儿童产品时,虽追逐鲜艳的颜色,但为了节约成本,常使用劣质材料,这种商品多数含铅量较大。作为儿童餐具,长时间食用容易中毒甚至死亡。儿童吸收铅的速度比成年人快6倍。还有些劣质儿童餐具,经不住高温,当在高温下就有出现残渣变色等现象。有些知名品牌在销售之前都经过国家质检部门层层检测,其使用的彩色材料相对安全,对于儿童的健康影响不大。大多数儿童餐具都采用色泽清淡的颜色,为了让孩子喜欢接受,会在餐具上增加一些简单的卡通图案。儿童餐具设计同样要寻求可持续发展的方向。儿童餐具的使用周期并不像成人餐具的使用周期一样长,随着经济条件的日益改善,独生子女的增多,旧时代儿童产品的“代代相传”现象已经慢慢在减少,由于餐具的特殊性,甚至无法传下来。市场上儿童餐具的功能越来越多,外观也是越来越靓丽,这不仅对孩子是一种诱惑,对儿童餐具的购买者来说这种购买欲望也是非常强烈的。孩子的餐具越多,之前购买的餐具淘汰率也就越高,一味地丢弃,只会对资源造成严重的浪费,给环境带来严重的污染。儿童餐具的回收、二次使用和处理已经成为家庭乃至社会关注的问题。

在儿童产品的设计中,安全性设计指的是儿童在正常使用产品的过程中,不受到来自产品方面的任何伤害,即使是在无意识中进行了错误的操作,也能将伤害降低到最小,从而保证儿童的安全。儿童产品设计应该针对不同年龄阶段的儿童生理、心理发育的特点和行为习惯进行分析,从行为科学的角度出发,找出容易引发事故的常见不安全行为,进行系统设计。利用合理的结构提高安全性,即通过整体的结构设计和关键部位结构的细节处理来避免可能产生伤害情况的出现。儿童产品在结构上采用一些约束条件来避免儿童进行错误操作。例如,采用物理结构约

图 1-13 带刹车器的婴儿车

束方法,能有效地控制可能的操作方法,至少将正确的操作方法突显出来,从而达到安全使用的效果。图 1-13 是一款婴儿车设计,它的刹车器不像一般的刹车器需要脚刹,而是由两部分组成,刹车器本身固定在婴儿车的轮子上,遥控器则由父母携带。一旦儿童车与遥控器的距离超过 2 m,刹车就会启动,防止儿童车滑走,保护宝宝的安全。

儿童产品的形态设计应尽量避免潜在的危险因素。玩具安全标准针对儿童产品的外观制定了一些标准,例如,模塑玩具的可触及

边、角或模子接口处应无毛刺和溢料产生的危险边缘,或者应被保护使危险边缘不外露;避免供 8 岁以下儿童使用玩具中的潜在危险突起,减少当儿童跌在刚性突起时可能产生皮肤刺伤的危险,如未受保护的轴端、操作杆、装饰物。如果突起物显示产生刺伤的潜在危险,必须用合适的方式对其加以保护,例如,将金属线末端弯曲或加上表面光滑的保护帽或盖以增加可能与皮肤接触的面积。除了注意转角部分是否尖锐以及突起容易误伤儿童外,还要确定产品的尺寸不应过小,以降低误食或误插入口的概率。儿童产品的材料选用应慎重,避免潜在的危险因素,如考虑到儿童的好动性,材料应具备高强度特性。近年来,铅、铬、砷等重金属超标的儿童用品越来越成为儿童健康的“隐性杀手”,考虑到儿童的生理发育不完全,抵抗有毒物质的能力比较弱,因此,儿童产品的材料以及胶、表面涂层材料要符合限量规定。

参 考 文 献

[1] 沈艳. 基于行为方式的儿童产品设计研究[D]. 无锡:江南大学硕士学位论文,2010.

[2] 刘纯. 基于行为方式的交互式儿童玩具设计研究[D]. 株洲:湖南工业大学硕士学位论文,2013.

[3] 李少军. 论安全理论的基本概念[J]. 欧洲,1997,1:24-33.

[4] 夏晓. 儿童产品安全感设计研究[D]. 景德镇:景德镇陶瓷学院硕士学位论文,2010.

[5] 吴超. 安全科学学的初步研究[J]. 中国安全科学学报,2007,11:5-15.

[6] 张景林. 安全的自然属性和社会属性[J]. 中国安全科学学报,2001,5:6-10.

[7] 朱瑞兴. 儿童家具的安全性设计研究[D]. 无锡:江南大学硕士学位论文,2011.

[8] 全球儿童安全组织. 儿童家居用品安全报告[R]. http://www. safekidschina. org/images/report-final. pdf. 2011-12-06.

[9] 王琳,崔民彦. 儿童家居用品安全隐患调查——通过照片故事进行回顾性调查家具环境危险因素[J]. 中国健康教育,2012,4:289-290.

[10] 陶华. 出口工业品检验监管问题及对策研究[D]. 苏州:苏州大学硕士学位论文,2013.

[11] 陈娜娜. 产品缺陷的法律界定[D]. 北京:中国政法大学硕士学位论文,2011.

[12] 沈李洁. 产品责任与产品缺陷[D]. 上海:华东政法大学硕士学位论文,2007.

[13] 黄国忠. 产品安全与风险评估[M]. 北京:冶金工业出版社,2010.

[14] 国家质检总局缺陷产品管理中心. 产品伤害监测数据分析研究报告(2013 年)[M]. 北京:中国质检出版社,2013.

[15] Ross T,Sumner J. A simple,spreadsheet-based,food safety risk assessment[J]. International Journal of Food Microbiology,2002,77:39-53.

[16] 陈静. 国内外消费品安全风险评估研究进展[J]. 轻工标准与质量,2013,5:38-41.

[17] 刘霞,汤万金,杨跃翔,等. 风险评估——我国消费品安全管理新趋势[J]. 标准科学,2009,6:76-79.

[18] 中华人民共和国国家质量监督检验检疫总局. GBT 27921—2011 风险管理 风险评估技术[S]. 北京:中国标准出版社,2011.

[19] 成嫣,李颖,裴惠敏,等. 纺织产品风险评估方法研究[J]. 上海纺织科技,2012,8:5-7.

[20] ASTM International. ASTM F 963-08,Standard Consumer Safety Specification for Toy Safety [S]. US: ASTM International,2008.

[21] 张丽琴. 浅谈儿童安全教育[J]. 现代教育科学,2006,6:88-89.

第 2 章 常见儿童可接触工业产品

2.1 儿童生长发育和行为

2.1.1 儿童生长发育

首先说明,本章节所指儿童的年龄不超过 14 岁。

生长(growth)是指身体的器官、系统和形态上的变化,以身高(或身长)、体重、头围、胸围等体格指标表示,是量的增加;发育(development)是指细胞、组织和器官的分化与功能的成熟,主要指生理、心理和社会功能发育,重点涉及感知、思维、语言、运动功能、人格和学习能力的发育等,是质的改变[1]。生长是发育的物质基础,两者密不可分。

2.1.1.1 儿童生长发育的特点

儿童的生长发育是一个连续的过程,期间遗传因素和环境因素相互作用,身体的结构和功能发生变化,按照一定顺序获得各项功能。虽然每个个体的生长发育过程会有一些差别,但儿童的生长发育具有连续性和阶段性、不平衡性、一般规律性、个体差异性四大特点。

1) 连续性和阶段性

生长发育在整个儿童时期是不间断进行的,不同年龄阶段有着不同的生长发育特点。出生后第一年体重和身长增长很快,出现第一个生长高峰;第二年以后生长速度逐渐减慢;6~7 岁后生长速度又加快,其发育速度是波浪式的。各年龄阶段顺序衔接,前一阶段为后一阶段的生长发育奠定基础,前期的不足会影响后期的生长和发育。

2) 不平衡性

儿童身体各系统的发育是不平衡的,并不以相同速度生长,有快有慢,有先有后,但还是遵循一定的规律。其中,神经系统发育较早,脑在出生后 2 年内发育最快,到 7~8 岁时脑的质量已接近成人;生殖系统发育较晚;淋巴系统发育则是先快后慢;皮下脂肪的发育在年幼时较快,而肌肉组织则要到 6~7 岁以后才加速发育;其他系统的发育基本与体格的生长保持同步。儿童体格的生长快慢交替,男女不同,其身体各部位的生长速度也不尽相同,一般头颅增长 1 倍,躯干增长 2 倍,上肢增长 3 倍,下肢增长 4 倍。

3）一般规律性

儿童的生长发育遵循由上到下、由近到远、由粗到细、由低级到高级、由简单到复杂的规律。胎儿形态的发育首先是头部,然后为躯干,最后为四肢。胎儿出生后运动发育状况则为先抬头、后抬胸,再坐、立、行,这是由上到下的发育规律。当儿童活动时,从臂到手、从腿到脚都会慢慢伸展开,遵循的是由近到远的规律。当儿童想要抓取物品时,刚开始是全掌抓握,慢慢学会手指拾取,这是由粗到细的运动发育规律。胎儿出生后先从低级的看、听、感觉事物、认识事物,发展到拥有高级的记忆、思维、分析、判断等能力。

4）个体差异性

儿童的生长发育虽然具有一般规律性,按照一定规律发展,但发展期间因遗传和环境因素的影响,也会导致个体之间较大的差异。这种差异不仅体现在生长发育的水平方面,也反映在生长发育的速度、体型特点、成熟的时间等方面。没有完全相同的两个生长发育进程,即便是一对同卵双生子之间也存在着差别。

2.1.1.2　儿童生长发育的影响因素

上述内容提到,儿童的生长发育过程是复杂的,有一般规律性,也有个体差异性。归纳起来,生物学因素、环境因素以及二者之间的相互作用是影响儿童生长发育、导致个体差异的主要原因。

1）生物学因素

生物学因素主要包含两个方面,一方面是指遗传因素;另一方面是指儿童生长发育过程中感染的疾病因素。

（1）遗传因素。主要指细胞染色体所载的基因,它们是决定遗传的物质基础。父母双方的遗传因素决定了儿童生长发育的特征、潜力和趋向等。在儿童的生长发育过程中,种族和家族的遗传信息影响深远,如儿童的肤色、发色、面型特征、性成熟的早晚、对营养的需求量、对传染病的易感性等。甚至产前的各类致畸因素、染色体畸形、遗传代谢缺陷病、内分泌障碍等,也都与遗传有关,并可进一步导致后来儿童的生长发育障碍。

（2）疾病因素。儿童在生长发育过程中遭遇疾病,会严重阻碍其正常的生长发育。无论是急性还是慢性疾病均会影响体重和身高的发育;涉及内分泌系统的疾病还会影响骨骼生长和神经系统的发育;而某些先天性疾病更是直接导致儿童生长发育的迟缓滞后。

2）环境因素

环境因素的影响对于儿童的生长发育更为显著,为保障儿童正常的生长和发育必须考虑到环境因素,主要涉及营养因素、母亲因素、社会学因素。

（1）营养因素。很明显，儿童的生长发育需要充足的营养供给。出生之前，营养不良的胎儿不仅体格生长缓慢，严重时脑的发育也明显滞后；出生后的营养不良，则影响体重、身高及智能的发育，导致身体免疫、内分泌、神经系统等功能低下。

（2）母亲因素。出生前，胎儿的发育受孕妇生活环境、营养、情绪等各种因素的影响。母亲妊娠期间的精神创伤、营养不良等均可引起流产、早产或胎儿的发育迟缓。母亲妊娠期间接触到的某些化学品、放射线照射等也会影响胎儿的发育。

（3）社会学因素。父母亲与儿童的亲近与互动、响应等都有助于儿童注意力、语言、社交和健康心理的发育；此外，其他家庭成员及家庭成员之间的相处方式，也会影响儿童的生长发育。良好的居住环境和生活习惯、科学的护理、良好的教养、体育锻炼、完善的医疗保健服务等，都是促进儿童生长发育达到最佳状态的重要因素。

3）生物学因素和环境因素的相互作用

生物学因素与环境因素的相互作用在儿童的生长发育中占有重要的地位。一方面，要积极采取有效措施预防各类遗传性、先天性疾病，争取早发现，早干预；另一方面，科学合理的孕期保健、胎教、针对儿童生长发育各阶段的科学指导及相关措施、社会环境的改造，都是提升遗传和环境因素质量，避免不良环境因素干扰的行之有效的良好手段，对于儿童身心健康发展十分重要。

2.1.1.3 儿童生长发育的阶段

前已述及，儿童的生长发育是一个由量变到质变的复杂过程，具有连续性和阶段性、不平衡性、一般规律性、个体差异性四大特点，根据主要特点可以将儿童的生长发育划分为四个阶段。

（1）婴儿期：胎儿娩出脐带结扎至1周岁。

此阶段内儿童生长发育最为迅速，但在成长中也面临着两个主要问题。一方面，婴儿来自母体的抗体日渐减少，然而其自身的免疫系统尚未发育成熟，故抵抗力较弱，容易发生各种感染和传染性疾病；另一方面，婴儿对营养的需求相对较高，但自身的器官系统生长发育尚不够成熟，尤其是消化系统，容易引发消化系统紊乱。

此阶段的主要特点如下：

① 感官的发育，已有触觉和温度感觉；味觉和嗅觉反应比较灵敏；听觉方面，分辨声音的能力提高，并可做出不同反应；视觉方面，可以追踪注视移动的物体，可以看见远处的物体，可以分辨红色。

② 运动功能的发育，婴儿机体的原始反射逐渐减弱并消失，直立反射、平衡反应开始逐步建立，从卧位到坐位，最后发展到站立和行走。

③ 言语功能的发育，从出生时哇哇啼哭，到1岁末时大部分婴儿可以表达

几个有意义的词语。

④ 开始产生最初的思维过程,自我意识开始萌芽,情绪也开始发育。

⑤ 能够接受大小便控制训练。

(2) 幼儿期:1 周岁至 3 周岁。

此阶段的主要特点如下:

① 体格发育速度较前期放缓。

② 智能发育加速。

③ 可以走动,随之活动范围增大,与社会的接触渐多。

④ 语言、思维和社交能力的发育加速。

⑤ 消化系统功能仍然不够完善,营养的需求量仍然相对较高,需要保持适宜的喂养。

⑥ 辨识危险事物及自身保护能力有限,意外伤害的发生率较高。

(3) 学前期:3 周岁至 6～7 岁(入小学前)。

此阶段的主要特点如下:

① 体格方面的发育稳步增长。

② 各类感官功能日趋完善,空间和时间知觉开始发育。

③ 智能发育更加迅速,理解力渐强,好奇心凸显,喜好模仿。

④ 语言表达能力提升,可以表达自己的思维和情感。其中,思维活动主要还局限在直观形象活动方面。

⑤ 神经系统发育体现为兴奋过程占优、抑制力较弱,容易激动,喜欢喧闹,动作过多,注意力不易集中。

⑥ 与同龄儿童和社会事物的接触更加广泛,知识面不断扩大,自理能力和社交能力得到初步锻炼。

⑦ 对自己的性别初步有所认识。

(4) 学龄期:6～7 岁(入小学前)至 14 岁左右(青春期前)。

此阶段的主要特点如下:

① 体格生长速度放缓,各器官系统外形均已接近成人,生殖器官除外。

② 认知功能继续发育,智能发育更加成熟,可以接受系统的科学文化方面的教育。

③ 思维由具体形象向抽象逻辑过渡。

④ 情感的广度和深度都有所提高,更加稳定;较高级的情感(如道德感、理智感和美感)开始发展。

⑤ 意志还不够稳定,但有了一定程度的自觉性、坚持性和自制力。

⑥ 个性逐渐形成,个人气质和性格特征开始显露。

在儿童的生长发育过程中,要根据不同时期、不同特点,充分关注生物学和环境影响因素,合理规划,让儿童拥有最佳成长轨迹。

2.1.2　儿童行为

2.1.2.1　行为学

1) 行为概述

简言之,行为指受思想支配而表现出来的外表活动。在行为科学领域,把行为界定为客观的、可观察到的、可测量的外显动作。人类有别于普通动物,其行为不仅要满足基本生理需要,还要满足复杂的社会需要。人类的一切源于内在愿望、动机和需要的行为总是要受到外部环境的制约,而外部环境的变化所激发的行为反应也要受到个体的内在愿望、动机和需要的修饰。作为生活在一定社会文化背景和自然背景中的个体,要适应复杂多变的环境,就必须对来源于周围环境中的各种刺激做出适应的反应。因此,人类的绝大多数行为往往不单纯是针对现实环境变化而做出的应激反应,更重要的是人类心理活动的结果,是人类为了适应环境而采取的主动行为。简言之,人类行为除具有一般动物行为的遗传性、获得性和适应性以外,还具有能动性和社会性[2]。

2) 行为构成

美国社会心理学家库尔特·卢因(Kurt Lewin)将人与环境的相互关系用函数关系来表示,即 $B=f(P·E)$,式中,B——个人的行为;P——个人的内在条件和内在特征;E——个人所处的外部环境。该模型在某种程度上揭示了人类行为的一般规律,即人类的行为是个人与所处环境相互作用的产物;同时,也说明人类的行为方式主要受个人的内在因素和外部环境两类因素的影响和制约。这一模型具有广泛的适应性和高度的概括性,因而得到了普遍重视和认可[3]。

3) 影响行为的内在因素

a. 生理因素

生理因素主要是指人类的生理特征和生理需要方面[4]。生理特征主要包括性别、年龄、身高、体重等外在特点,以及适应性、忍耐力、抵抗性、爆发力等内在特点。儿童的生理特征还包括行走能力、对外界的感受能力等方面。这些生理特征大多是先天遗传的结果,其中也有后天环境的影响。不同阶段的儿童其生理特征存在显著的差异,因而需求不同,进而会产生不同的行为活动。

和生理特征相比,生理需要对行为的影响更为直接。在心理学上,需要是为了减少因生理或心理上的缺乏而引起的紧张状态的一种反应。处在生理和心理发育期的儿童,对事物的认知大多是来自外在信息的刺激,需要更单纯、更直接,对于他们生理需要非常重要。

b. 心理因素

心理因素主要指人在特定的时间、环境、事件中的心理活动。与生理因素相比,心理活动是在人体生理活动基础上发展起来的,对人的行为方式的影响更加深刻和复杂。心理因素是影响人的社会行为的精神要素,包括感觉、知觉、记忆、想象、思维、情感、意志、能力等心理因素。儿童的心理发展要经历一个较长期的过程,其发育有自己的关键时期。在同一成长阶段,不同心理特征的发展速度不平衡;而在不同的成长阶段,同一心理特征的发展速度也是不一致的,可以在某个时期发展十分迅速而在其他时期较为缓慢。因而,研究儿童的心理发展非常重要。

4) 影响行为的环境因素

人与环境是一个相互联系,密不可分的系统,当环境因素发生变化时,必然影响人的生理和心理状态,从而影响人的行为方式。环境因素的影响在自然环境、社会环境和文化环境三方面均有体现。

自然环境是指人类生存和发展所依赖的各种自然条件的总和,包括地理区域、气候条件、理化环境等因素。它是人类赖以生存的物质环境,对人的行为方式有着较为显著的影响。儿童的生长发育过程不是孤立自发的过程,是自身机体不断地与周围环境进行物质交换的过程,因而会受到自然环境的影响。例如,婴幼儿的洗浴方式由于地域差异而有所不同。北方日照充足,气候干燥,水资源较为紧张,父母常几天甚至更久才给婴幼儿洗一次澡。而南方气候湿润、水源充足,父母大多一两天就给婴幼儿洗一次澡。因此,良好的自然环境是保证儿童生长发育达到最佳状态的重要因素。

社会环境主要指家庭、社会阶层和参考群体。人的整合架构了社会及文化性格,而社会又反过来影响和约束着社会中人及人群的行为和心理[5]。"家庭"是构成人类社会的基本单位,作为儿童生活的主要环境,对他们的人格、价值观的形成都有着重要作用,尤其家长对子女的影响更直接,子女对家庭的波动也感受更敏感。"社会阶层"是人们在社会活动中因某些共同点或一致的特征而组成的社会集团[6]。社会阶层之间的一个重要差异在于其成员的心理以及审美和趣味的不同;不同社会阶层的消费群体在选择和使用产品上也存在着差异;信息搜寻的类型和数量也随社会阶层的不同而存在差异。一般而言,"参考群体"是指一种实际存在的或想象存在的,可作为个体判断事物的依据和楷模的群体,它通常在个体形成观念、态度和信念时给人以重要影响。个体往往会不自觉地或者有意识地模仿、追随参考群体的行为方式,在儿童的成长过程中,"参考群体"的力量更是显而易见,儿童对于崇拜或者喜爱的"榜样"几乎到了言听计从的地步,甚至有时候想象自己就是"榜样"本人,如儿童想象自己为"超人"、"蜘蛛侠"等。

"文化"是一个外延极广的概念,从研究人类行为方式的角度出发,文化定义为一个社会群体里影响人们行为的态度、信念、价值观、规范、风俗、习惯等构成的复合体。我们每个人都生活在一定的文化环境中,文化是人类需要和行为的基本决定因素[7,8]。研究文化价值观有助于我们分析人的行为方式。

2.1.2.2 儿童行为特点

据统计,我国 14 岁以下的儿童约为 2.3 亿人,约占总人口的 15%。儿童活泼好动、好奇心强,行为方式具有很大不确定性,同时又自我防范意识差,容易受到伤害。在分析儿童的行为特点时,应摒弃成人的立场和思维,从儿童的角度出发,根据其发展的自身规律,分析其思维方式、动作行为、认知行为和性别角色。下面将按照儿童生长发育过程的四个阶段进行分析。

1) 儿童动作行为特点

a. 婴儿期

该阶段发展最快。从出生后大约一年的时间内,儿童身体的各方面都有了发展,在粗大动作和行走两个方面的能力提高极为显著。

动作的发展方面,从整体动作到分化动作,从上部动作到下部动作,从大肌肉动作到小肌肉动作。从儿童出生后下半年开始,手的动作就有了进一步发展:第一,儿童逐步学会大拇指与其余四指对立的抓握动作,这是人类操作物体的典型方式。随着这种方式的发展,手才有可能使用或制造工具。第二,儿童在抓握动作过程中,从两只手与眼合作玩弄一个物体,到同时玩弄两种物体,到用多种方式来玩弄各种物体,逐步形成眼和手,即视觉和动觉联合的协调运动。这发展了儿童对隐藏在物体当中的复杂的属性和关系进行综合分析能力,同时发展了儿童的知觉和具体思维能力[9]。例如,通过把大小不同的杯子套叠在一起,用小棒敲鼓、“穿针线”等动作,儿童进一步认识了事物的各种关系和联系。随着儿童动作的发展,动作的随意性也日益增长。

行走能力方面,三个月翻身、六个月坐立、八九个月爬行,到 1 周岁左右可以独立站立并有可能开始行走。直立行走扩大了儿童的认识范围,不仅使儿童有可能主动去接触各种事物,还有利于各种器官(听觉、视觉和发声器官)的发展。当然,由于各种条件,如营养状况、练习机会、季节变化等,儿童之间是有个体差异的。

b. 幼儿期

通过前一时期的发展,儿童开始能够初步地独立活动,能理解和运用最简单的语言交流。但该阶段内,受制于生理发育的限制,儿童常容易激动,容易疲倦,容易受外界刺激的影响,导致注意力不集中、不稳定等。

该阶段内,儿童运用物体的能力得到一定的发展。在正常条件下,进入幼儿期的儿童,由于成人的反复示范和自身的不断模仿,逐步掌握了熟练玩弄和运用经常接触的日常物体的能力。例如,学会用杯子喝水、用勺子吃饭、戴帽子、穿袜子、洗手等。一方面,动作更加准确灵活;另一方面动作的概括化拓展,如饭碗、茶杯、酒杯都可当作喝水的用具等。由于幼儿期的儿童已经能够自由行动,并逐渐掌握了运用物体的能力,其独立行动的倾向开始发展,这种倾向表现在"我自己"这个词上,如"我自己吃","我自己拿"。

该阶段内,儿童在掌握行走的技巧上进步很大。一般来说,一岁半以前,部分儿童行走还需要成人的帮助;2～3 岁,则可自行行走,并逐渐学会了跳、跑、攀登台阶、越过小障碍物等复杂的动作;通过教、学,还学会按着节奏来做某些动作。

c. 学前期

学前儿童在行走和运用物体的动作方面与幼儿期相比又提高了一步,主要体现在掌握了跑和跳的技巧、能够准确地抛出并收回物体以及精细动作的协调方面。3 岁以后儿童的抛掷动作开始根据物体的特征而进行调整:对小物体他们更多使用手腕的力量,对大物体则更多使用臂力,拿的动作也经历了相似的过程。举个例子,3 岁左右的儿童一般只是早早地伸开双臂去探一个跑来的球;4 岁左右的儿童可以在球到来的最后一瞬间伸出手去接球,在此之前他们的手和胳膊坚持不动,以弥补意外的角度和速度的变化。显然,这样的动作已经精确、巧妙。在学前儿童中特别广泛的精细动作技能是绘画,绘画能力的发展包括两个阶段:第一阶段是三岁至四五岁,这个时期的绘画是无描述的或前描述的;第二阶段是四五岁至六七岁,这个阶段的绘画是描述性的。

d. 学龄期

该阶段内儿童的行走技巧进一步发展,运用物体的动作可以更为复杂精细,综合分析外界事物的能力也更加细致,也更善于调控自身行为。兴奋性条件反射的发展从生理上保证了儿童能和外界事物建立更多的联系。

2) 儿童认知行为特点

a. 儿童心理认知发展过程

瑞士著名儿童心理学家、发生认识论的创建者皮亚杰(Jean Piaget),从认知发展的角度,以科学方法研究儿童自由游戏中思维的发展与结构,创建了"认知结构论"。皮亚杰认知发展理论试图揭示儿童如何适应周围世界和解释各种事物的规律[10]。儿童是怎样了解到玩具、家具和日常用品这类物体的特性和功能的,又是怎样认识自己、父母和朋友这类社会实体的? 儿童是怎样学会归类物体,辨明物体的相似性和差异性,找出事物变化的原因以及预知周围事物? 皮亚杰认为,儿童心理或行为是其在图式环境下不断通过同化、顺应,而达到平衡的过程,从而使儿童心理不断由低级向高级发展。举例来说,儿童认识新事物经常张冠李戴,当第一次看到飞机时,也许会说成是大鸟,因为他把飞机同化到自己所熟悉的概念系统。大人告诉他是飞机而不是大鸟,儿童根据鸟的形态特征形成新的图式——飞机,这样,以后再见到飞机,就不会认为是大鸟了,这是通过顺应作用实现的。所以儿童认识事物不仅有同化的过程,也要调整原有的图式,建立新的图式,顺应了才能平衡,同化和顺应必须保持平衡[11]。

　　b. 婴儿期的认知行为

　　(1) 感觉的发展。

　　在儿童出生的第一年,感觉有了比较迅速的发展。在触觉方面,儿童对于身体接触的任何不舒服的刺激都会有强烈的反映,特别敏感部位的是嘴唇、手掌、脚掌、前额等处。嗅觉和味觉在这一时期也发生的比较早,儿童对甜味有积极的反映,而对苦味和酸味会产生一种消极的表情,如皱眉、咧嘴、闭眼等。在视觉方面,大约从第 1 个月末到第 2 个月初起,可以看见儿童集中的视觉活动,并且逐渐能随着移动的物体而移动自己的视线。第 3 个月视觉更加集中而灵活,特别是对熟悉的面孔集中视线维持较长的时间,因此成人可以和这一时期的儿童玩"藏猫猫"的游戏。约从第 4 个月起,儿童开始能对颜色有分化反应,特别是对红色的物体更加兴奋。约从第 5、6 个月起,儿童可以开始注视远距离的物体,如汽车、蝴蝶、行走的人等。此后,视觉的进一步发展是对事物的积极观察。集中的听觉从何时开始还没有一致的研究结果,一般认为出生后 3 个月能看到明显的集中听觉,能感受不同方位发出的声音,并且向声源转头。从第 4 个月开始,能够辨别声音,如听见妈妈的声音特别兴奋。

　　(2) 知觉的发展。

　　在视知觉方面,有人通过对出生至 6 个月的婴儿进行研究发现,他们凝视人脸图片的时间几乎两倍于任何其他图片,通过进一步的研究发现婴儿在图形知觉方面对轮毂线或光和暗的交界线以及曲线很感兴趣。婴儿听知觉的发展也很早,有些婴儿听到某种声音(如音乐声、铃铛声、拨浪鼓声等)后会立即停止哭声。婴儿的深度和空间知觉在 2～3 个月时开始发展。

　　(3) 注意的发展。

　　大约从第 3 个月开始,由于条件性的定向反射的出现,儿童开始能比较集中注意某一个新鲜的事物,第 5、6 个月期,能够比较稳定地注视某一物体,但是时间还不能持续很长。

　　(4) 情绪的发展。

　　新生儿时期,由于开始适应新的环境,消极的情绪较多。2 个月以后,积极情绪逐渐增加。5、6 个月后,对于颜色鲜艳且能发声的玩具特别感兴趣。

　　c. 幼儿的认知行为

　　(1) 感觉和知觉的发展。

　　在视觉方面,儿童开始能够正确辨别各种基本颜色;在听觉方面,由于语言的发展,儿童能更好地辨别语言,如音强、音调等;在皮肤感觉方面,能够更好地辨别客体的各种不同的属性,如柔软的、坚硬的、冰冷的、热的等;在知觉方面,颜色知觉进一步发展,可以进行颜色配对,并且有了颜色爱好。数的知觉开始发展,对物体的大小、形状、方位、距离等空间知觉也进一步发展。

（2）注意的发展。

幼儿时期无意注意有了进一步发展，有意注意刚刚开始萌芽。无意注意在整个幼儿期占主导地位，它主要表现在几个方面：第一，对周围事物的无意注意。例如，一个 2 岁多的孩子注意到对面楼顶上有几只小鸟，于是他每天都趴在窗上看它们。第二，对别人谈话的无意注意。2 岁左右的儿童很留心别人的谈话，他们经常出其不意地接上别人的话茬。第三，对事物变化的无意注意。

（3）记忆的发展。

2 岁以前，幼儿的记忆主要是无意识记忆，他们还不能为了设定的目的去记什么，对于他们，最容易记住的是印象强烈的或者带有情绪色彩的事情。2 岁以后，有意识记忆开始萌芽，如可以记住一些简单的儿歌、故事等。

（4）思维的发展。

幼儿时期的思维主要是直觉行动思维，这种思维与儿童的感知觉和行动密切相联系，儿童只能在自己动作所接触的事物、行动中思维，而不能在感知和动作之外思考，更不能考虑自己的动作，计划自己的动作，预见动作的后果。

d. 学前期的认知行为

（1）感觉和知觉的发展。

在视觉方面，儿童精确地辨别最细微的物体或远距离物体的能力开始发展起来。儿童的颜色视觉进一步发展，有调查表明，学前期儿童对红、黄、绿三种颜色的辨认率最高，对 12 种颜色的辨认正确率顺序为黄、红、绿、橙、白、浅蓝、紫、深棕、品红、蓝、棕、深绿。儿童听觉和触觉的感受性也进一步发展。在知觉方面，幼儿的颜色知觉、空间知觉进一步发展，对物体的大小、方位、形状随年龄的增长而发展。

（2）注意的发展。

学前期儿童的无意注意达到了高度成熟状态，有意注意还在逐步形成中。在整个学前期，儿童的注意广度由小到大，发展很快，儿童注意的稳定性也随着年龄的增长而提高。

（3）记忆的发展。

这个年龄段儿童的记忆还有很大的无意性，凡是儿童感兴趣的、影响鲜明强烈的事物容易记住。在教育影响下，学前中、晚期儿童的有意记忆和追忆的能力逐步发展起来，而且有意识记的效果超过无意识记的效果。活动的动机对于儿童记忆的有意性和积极性有很大的影响。实验证明，在游戏中儿童记忆的积极性和有意性有显著的提高。

（4）思维的发展。

与婴幼儿相比，学前期儿童在动作之前对动作的目的已有了一定的预见性，思维已经摆脱了动作的束缚，但仍然离不开事物的表象。这个时期儿童思维的主要特点是具体形象性以及进行初步抽象概括的可能性。儿童想象也进一步发展,这也跟儿童游戏活动的发展有关。

e. 学龄期的认知行为

(1) 感觉和知觉的发展。

儿童的视觉进一步发展,听觉也随着年龄的增长而增长。在运动感觉方面,特别是手的运动感觉的发展,在儿童学习上具有重大的意义。学龄初期儿童,手部的关节肌肉有显著的发展,但是还没有发展成熟,还不能立即胜任具体细微肌肉动作要求的活动,如书写、绘画等,也不能胜任需要持久用力的工作,因此,需要循序渐进地进行锻炼。学龄期儿童知觉的有意性和目的性很快发展起来,分析与综合统一的水平不断完善和发展。空间知觉与时间知觉进一步发展,观察力不断发展,逐步成为一种自觉的、独立的、有计划地的、能够有意坚持的心理活动。

(2) 注意的发展。

在教学影响下,儿童的有意注意正在开始发展,而无意注意仍起着重要作用。儿童对抽象材料的注意力正在逐步发展,而具体的、直观的事物在引起儿童注意上仍然起着重大的作用。

(3) 记忆的发展。

这个阶段从记忆的目的性来说,儿童有意识记忆逐渐占据主导地位;从记忆的方法来说,有意义的、理解的记忆逐渐占有主导地位;从记忆的内容来说,词的、抽象的记忆也在迅速发展着。

(4) 思维的发展。

这个阶段儿童思维从以具体形象思维为主要形式逐步过渡以抽象逻辑思维为主要形式。但这种抽象逻辑思维在很大程度上仍然具有具体形象性。儿童想象也进一步发展,想象的有意性迅速增长,想象中的创造成分日益增多,想象更富于现实性。

3) 儿童性别角色行为特点

儿童的性别角色形成是一个不断发展和变化的过程,根据柯尔伯格(Kohl-berg)的性别认知发展理论,儿童的性别发展经历了 3 个阶段:性别基本认同阶段(2~3 岁)、性别稳定阶段(3~5 岁)、性别同一性阶段(7 岁左右)。他认为,性别行为是儿童内部认知的发展过程。随着智力的成熟与发展,儿童可以自己选择与自己性别相适宜的行为,达到自我的社会化[12]。然而,儿童的性别角色形成不仅是儿童生物性的发展过程,也是儿童社会化的过程,是社会按照人的性别而分配给人的社会行为模式。因为,从儿童降生之日起,成人就会根据自身对性别角色的刻板印象来塑造儿童的性别角色。例如,同样是接触玩具手枪,父母一般会对男孩表现出鼓励与赞同的态度,而对女孩往往表现出反对、消极的态度。换成布娃娃,情况正好相反。父母对不同性别的儿童表现出的不同要求与期许,使得儿童在兴趣爱好、个性特征等方面逐渐形成了性别差异。例如,有人对幼儿园的儿童进行玩具偏好调查研究后发现,大多数男孩喜欢玩具汽车,而大多数女孩喜欢布娃娃和"扮家家"。形成性别偏好的原因和父母的性别角色刻板印象有很大的关系。这种性别差异一旦形成,会构成儿童个体社会化和社会实践的心理基础,使得男女两性在认知、情绪以及个体的发展上呈现出不同的行为方式[13]。

　　a. 儿童的性别差异

　　(1) 生物学性别差异。

　　根据遗传学的研究,由于染色体的差别,儿童在出生后具备了生物上的性别,即男性与女性。由于性激素的不同,儿童生理结构的发育成长也有所不同。而且,性激素对人类行为方式也有着不同程度的影响,男性在行为的攻击性上明显要强于女性,这一点从儿童时期就有所表现。从大脑机能来看,男女两性的大脑有所不同,左右半脑的功能因为性别的不同而各占优势。男性左脑功能相对较为发达,女性大脑两侧半球功能的专门化程度不如男性,两侧半球的发展水平较为平均,左脑的功能略占优势。而且,男性右脑半球的功能专门化速度和水平优于女性,而女性则在左半脑上优于男性,因而,女性在从事抽象思维、空间思维以及立体视觉活动时不如男性。男女两性在身体发育上也存在着差异,在婴幼儿时期,男孩的体重和身高较女孩高大,女孩的语言发展较男孩早。随着年龄的增长,男孩的肌肉动作技能和力量变得较为优越,而女孩的活动则比较细致。

　　(2) 心理学性别差异。

　　心理学角度存在的性别差异主要体现在认知方面。在记忆能力方面,儿童早期就出现了记忆力的差别,男孩的逻辑记忆能力强于女孩,女孩的机械记忆和形象记忆能力强于男孩。在语言能力方面,女孩从婴儿时期就显示出明显的优势,无论从开始说话的时间、吐字的清晰度、语言的表达技巧等方面女孩多数强于男孩。在视知觉能力方面,男孩优于女孩,主要表现在空间视觉能力方面。例如,男孩喜欢玩拆装类玩具,女孩喜欢玩"扮家家"。

　　(3) 社会学性别差异。

　　儿童的性别存在着生理和心理的差异,然而,真正形成性别角色的差异性在于社会化的影响。从攻击性方面看,当儿童与他人发生冲突时,男孩更多地采用攻击性的行为方式,形成这一行为方式的主要原因在于社会学因素。当儿童出现攻击性行为时,父母及社会往往对男孩的攻击性行为表现出鼓励的态度,而对女孩的攻击性行为表现出排斥的态度。当儿童开始有了自己的性别认同后,女孩逐渐懂得安静、乖巧的行为受到表扬,而男孩则刚好相反,勇敢、好斗则会受到鼓励。从社会交往方面看,性别差异表现出不同的交往方式,男孩喜欢成群结队,而女孩则更愿意与一两个亲密朋友来往。同时,男孩的独立性较强,而女孩则表现出较强的依赖性。在与同伴的交往中,符合同性的角色行为往往会被同性伙伴接纳和认同,并且得到父母及社会的赞赏,而符合异性的角色行为常会遭到同性伙伴的讥讽和嘲笑,并且会受到父母及社会的反对。例如,在儿童的游戏行为中,男孩更多地参与玩沙子、打枪、骑车、搭积木、模仿交通游戏等,而女孩则更多地参与过家家、洋娃娃、橡皮泥、听故事、画画、手工活动等游戏。

b. 儿童的性别角色偏好与产品消费

儿童的成长是一个社会化的过程,儿童的性别角色偏好也是一个社会化的过程。在儿童的成长过程中,性别角色为儿童制定了适合于各自性别的行为规范,不同的性别角色有着不同的要求和内容。在家庭中,父母根据性别角色刻板印象对不同性别的儿童采取不同的态度和抚养方式。儿童从出生起便按照其性别差异被寄予了不同的角色期望,因而,当儿童形成了性别角色的认同后,便按照社会和家庭所赋予的期望而发展。男性偏好冒险,好奇心强,具有独立性,处事果敢,竞争性强。女性则偏好安静,具有依赖性,竞争性弱,富有情感。因而父母在为婴幼儿和学前期的儿童选购用品时,也往往遵从性别角色刻板印象。例如,男孩的父母给小孩购买的玩具往往是玩具枪、玩具汽车、建筑积木等用品,而女孩的父母给小孩的则是洋娃娃和"扮家家"玩具。事实上,正是由于父母的选择促进了儿童性别行为的发展,在一定程度上鼓励了男孩子的果断性、探索性,加强了女孩子的模仿性、依赖性。对于不同性别的儿童,我们承认两性差异,然而在这个基础上,我们应该采取一定的方式,促进不同性别儿童的全面发展。

在为儿童选购用品时,一方面要选购符合不同性别儿童生理和认知发展需求的用品,促进儿童的社会化发展。另一方面,在今天男女职业化趋同的发展趋势下,在遵从社会传统的性别刻板印象的基础上,选购的用品应该促进儿童的全面发展。例如,男孩在进行拼装积木的过程中发展了空间思维、立体思维的能力,而女孩由于较少接触这类玩具而在空间思维能力方面比较弱。所以,为孩子选购或引导孩子选购用品时,可以从拼装玩具的认知发展特点出发,找出符合女孩性格角色期许的用品,从用品的形态、材料和色彩等方面考虑,既能满足社会的性别角色刻板印象,又可以使儿童的能力得到全面发展。

2.1.2.3 儿童的行为环境

1) 儿童的生活环境

儿童是正在成长的特殊的消费群体,这一时期是个体生长发育最旺盛、变化最快、可塑性最大的时期。对于儿童来说,家庭、幼儿园以及学校生活对他的成长都会产生重要影响,而家庭是儿童社会性发展最有影响力的动因。儿童在家庭环境中成长,逐渐获得知识和技能,发展独立性和自主性,掌握各种行为准则和社会规范,从一个最初基本依靠本能生活的婴儿发展成一个符合社会要求、被社会环境认可的人。因此,在这部分内容里分析一下生活环境——休息环境、游戏环境、学习环境,从而有助于了解接触儿童的用品。

a. 儿童的休息环境

(1) 婴儿期的休息环境。

这一阶段的儿童刚出生不久,其睡眠与生长发育有着密切关系。大脑容易疲劳,只有在充足的睡眠以后,大脑才能得到完全休息而解除疲劳,促进生长发育。有这样一句话"儿童在睡眠中成长",一般来说,这一时期儿童的睡眠时间比成人长得多,而且年龄越小,所需睡眠时间就越长。例如,1~3 个月儿童一天需要睡 18 h 左右,也就是说,除了吃、喝及玩一会儿以外,其余的时间都在睡觉。3 个月以后睡眠时间逐渐减少,但也要至少保证 13~14 h 的睡眠时间。可以说,这一时期的儿童有一半以上时间是在床上度过的。因此,创造安全、舒适的睡眠环境是非常重要的。

从精神学派的观点来看,这一时期的儿童是一种本我的状态,是无意识的,是完全按照快乐的原则进行活动的,因而必须时时刻刻满足其生理需要。如果这一时期儿童的基本需要得不到满足,缺乏成人照顾,则他从一开始就会对周围的环境产生一种不信任感和不安全感,这种怀疑还会延续到以后的阶段。因此,这一阶段婴儿的主要发展任务是培养信任感,克服不信任感,对周围世界的基本信任感是形成健康人格的基础。因此,为了顺利形成基本的信任感,应该给儿童创造一个安全、舒适的休息环境,使儿童的生活有规律、有保障,让儿童的期望得以实现。

这一阶段儿童的主要休息环境是家庭,皮肤所接触最多的是寝具,即婴儿床及床上用品等,因此,这一阶段的儿童用品应尽量考虑从生理和心理上都满足儿童对安全和舒适的需要,尽量创造一种类似于母体内的安全感和舒适感,以满足儿童"皮肤饥渴"的心理现象。

(2) 幼儿期和学前期的休息环境。

幼儿期儿童的生理和心理都获得了进一步发展,在行走动作方面有了很大的进步,并初步掌握了一些行走的技巧。此时,儿童已经不满足于狭窄的活动范围,他们希望到更广阔和未知的空间去证实自己的能力。同时,儿童运动物体的动作能力也进一步发展,手能够熟练地操作一些物体。由于已经能够跟成人进行日常的语言交流,开始产生了初步的游戏活动。学前期在幼儿期的基础上身心各个方面继续发展。因此,这一时期儿童的休息环境不再是单纯的睡眠环境,应该是包括了睡眠与游戏两种功能的环境,以促进其感觉、知觉和思维的发展。

从精神学派的观点来看,幼儿期的基本任务是发展自主性,克服羞耻和疑虑。而到了学前期,发展的主要任务是在前一阶段的基础上形成主动感,获得性别角色。因此,能够鼓励和肯定儿童的活动有利于其自主性的发展。此时的休息环境一方面要使儿童获得自主感,让他们有一定的行动自由,允许儿童去干力所能及的事;另一方面,对儿童的行为也应该有一定的限制,这样才能使儿童学会在一定规范内独立生活,学会服从社会秩序。

（3）学龄期的休息环境。

这一时期无论从生理还是心理特点来看,都是一个快速成长的时期。这一时期儿童进入学龄期,学习成为儿童生活的重心,与同学的交往成为儿童社会交往关系的开始。因此,儿童的休息空间便同时具备了休息、学习、游戏多项功能。

b. 儿童的游戏环境

据心理学家研究证明,人类智慧的四分之三被开发于学前教育。在这个人生最重要的时期,游戏是伴随孩子成长的最好教科书。陈鹤琴先生说过,"游戏是儿童的心理特征,游戏是儿童的工作,游戏是儿童的生命。"游戏是一种有目的、有系统的社会性活动,游戏是促进儿童心理发展的一种最好的活动形式。研究表明,儿童游戏大约经历几个阶段:第一个阶段,从寻找可玩的东西独自玩,到进一步发展为可以观察、模仿他人的玩耍,但仍然是独自一人玩;第二个阶段,与其他儿童玩同样的玩具,但并不与其他儿童直接交流,仍然独自玩耍,被称为平行游戏阶段;第三个阶段,与他人分享玩具,并在一定程度上与其他儿童产生交流,但主要还是自己玩,被称为联合游戏阶段;第四个阶段,儿童能够与其他人合作,大家一起努力地共同玩一个游戏,被称为合作游戏阶段。儿童在 10～12 岁达到玩游戏的顶峰,随后就丧失兴趣,转而喜好有组织的活动或谈话了。在游戏中,儿童的运动器官能够得到更好的发展,各种心理过程、个性也在游戏中获得发展,有益于儿童探索精神与创造性的培养。

儿童的游戏过程总是存在于一定的环境中,或者具有一定的情节,这称为游戏的情境性。一个好的游戏情境可以吸引儿童的注意力,可以使儿童对游戏本身产生浓厚的兴趣,可以培养儿童的探索精神,可以使被动学习转化为主动学习,可以丰富儿童的想象力与创造力。儿童的主要游戏环境是家庭、学校以及城市公共场所,其三者在儿童不同阶段的游戏行为中扮演了不同的角色。

（1）婴儿期的游戏环境。

这一阶段,由于儿童的生理发育不成熟,自主性和独立性还不够,儿童的游戏环境与休息环境通常是合二为一的,家庭是儿童主要的游戏环境,睡觉的小床、婴儿车等都可以成为儿童游戏的环境空间。在这一阶段,儿童处于不成熟但发展极快的时期,这期间儿童的皮肤感觉、嗅觉、味觉、视觉和听觉等各种感觉能力形成并逐步提高,儿童的动作发展迅速,能逐渐协调动作与感知觉的关系,但还没有形成思维和语言,动作结构没有内化。

（2）幼儿期的游戏环境。

这一阶段家庭依然是儿童主要的游戏环境,家庭中儿童的游戏行为主要体现在使用家庭玩具的游戏上,由于空间范围限制了儿童的大幅度活动游戏,供儿童游戏使用的玩具通常为发展运用物体能力的玩具。这一阶段儿童的活动能力处于初级阶段,还不具备长时间的注意力,倾向于做一些张望、推、拉、装填、倾倒和触摸之类的动作,能够通过触觉、味觉、嗅觉及其他感觉来体察周围的环境。大多数儿童喜欢单独玩耍,并喜欢模仿。这一阶段的儿童有意记忆开始萌芽,可以记住一些简单的歌谣、故事等,对日常物品的使用有一种求知欲[14]。同时,儿童独立行走的能力有了进一步发展,儿童的游戏环境就不能限制在狭小的室内空间了,还需要一定的户外游戏。同时,由于儿童思维的发展需要,游戏应具备一定的情境性。在中国许多城市的公共环境中我们可以发现一些可供集中活动的空间和个体活动空间,但是符合儿童生理尺度和心理发展特点的活动空间却很少,多数是简单地划出一块场地,放置一些简陋的玩具设施供孩子们做一些机械活动,然而其安全性并不高。

(3) 学前期游戏环境。

这一时期儿童由于动作和语言的发展,由于独立性的不断增长,由于生活范围的逐渐扩大,更重要的是由于参加社会实践活动的经验和能力与需要之间的矛盾,决定了游戏成为儿童的主导活动。这一阶段,幼儿园生活是儿童生活中重要的组成部分,是儿童在家庭之外的另一个重要的游戏环境,对儿童的发展和教育有着重要的作用,幼儿园玩具设施可以为儿童游戏与交往提供一个发展平台。儿童的游戏从平行游戏逐渐发展为联合游戏,这一时期儿童的性别角色更加鲜明,群体活动能力也进一步加强,愿意与他人分享游戏的快乐。

(4) 学龄期的游戏环境。

这一阶段儿童的思维能力进一步发展,是心理发展的一个重大转折期。此时儿童开始进入学校学习,学习已成为儿童的主导活动。因此,游戏的环境便有了更大的范围,家庭、学校、城市公共环境都可以成为儿童的游戏环境。游戏方式也不再局限于玩具游戏,包括了创造性游戏、教学游戏和活动性游戏 3 种不同方式。这一时期儿童的游戏更多地以合作游戏为主,在游戏当中发展儿童的社会交往能力。这一时期的儿童已经积累了一定的文化信息,对事物有一定的见解,个性逐渐形成。

c. 儿童的学习环境

在儿童的发展过程中,要经历游戏、学习和劳动 3 种社会实践活动,三者都是有目的性和系统性的社会活动,但它们又是有区别的。婴儿期、幼儿期、学前期的学习是在游戏或其他实践活动中进行的,而学龄期的学习带有严格的强制性,是一种独立的活动,学习的主要场所是学校。

(1) 婴儿期、幼儿期的学习环境。

在儿童的婴儿期、幼儿期这两个阶段,游戏是最适合儿童的主导活动,儿童的学习是在游戏中发展的,游戏就是儿童最好的学习。儿童主要的学习环境是家庭,由于家庭的空间环境有限,儿童的学习产品往往是以益智玩具为主。

（2）学前期的学习环境。

学前期的学习环境是以游戏为主,其主要的学习环境由家庭转变为幼儿园,因此,相关幼儿园的环境设施、户外娱乐设施、室内儿童学习用桌椅应符合儿童的生理发育特点,同时符合儿童的行为特点。

（3）学龄期的学习环境。

到了学龄期,在前面几个阶段发展的基础上,在社会和教育的要求下,儿童逐渐以学习这一比较高级的活动形式作为主导的活动形式。这一时期的第一个特点是从这个时候起,儿童开始进入学校从事正规的有系统的学习,学习逐渐成为儿童的主导活动。学习和游戏比起来,不但具有更大的社会性、目的性和系统性,而且从某种意义上讲具有一定的强制性。第二个特点是逐步掌握书面语言和向抽象逻辑思维过度。学龄初期儿童的第三个特点是儿童有意识地参加集体生活。儿童的学习场所主要转移到学校,在学习过程中会用到各种各样的学习产品,如文具、书包、电子学习机等。

2）儿童的社会环境

近年来,随着我国经济的整体发展,城市和农村的贫富差距逐渐缩小。然而由于儿童监护人受教育的不同程度、地域文化的不同差异以及家庭环境的不同,成人对待儿童的观念存在显著差异。城市家长非常重视儿童的身心发展,无论从生活用品还是游戏玩具都给予极大的投入和重视,而农村家长则对儿童的发展不够重视。有人通过对玩具的消费调查发现,我国城市儿童每年人均玩具消费额为350元,平均每人拥有10～15件玩具,而农村儿童人均玩具消费额不足10元。这里介绍儿童成长的城乡社会环境。

a. 城市环境

居住在城市的儿童由于具有丰厚的物质经济基础和广泛的信息接收渠道,因而,儿童的社会化发展非常的迅速。一方面,居住在城市中的儿童被各种各样的人造物所包围,与自然的接触与农村的儿童相比较起来也少了很多,大自然中各种美丽的声音、丰富的质感、变化的形态对他们来说都非常具有吸引力。另一方面,儿童对于产品的要求不仅是鲜艳的色彩、可爱的形态,还要具有一定的挑战性与变化性才能满足儿童无尽的探索性要求。

b. 农村环境

中国儿童有80%以上生活在农村,然而农村儿童在成长中所接触的儿童产品却存在着诸多问题,影响儿童的健康发展。一方面,由于农村居民的经济收入较低,家长在给儿童购买产品时往往选择价格低廉的产品,然而,价廉并不代表物美,在中国现阶段,低廉的产品往往由劣质的材料、粗糙的工艺和拙劣的设计组成。另一方面,由于农村父母的受教育程度不高,在选择儿童产品时往往盲目追求城市儿童的时尚产品,但这类玩具对于农村儿童来说非常陌生,并不会使儿童获得极大兴趣[15]。

2.2　儿童成长阶段常见可接触工业产品

2.2.1　1 岁以下儿童常见可接触工业产品

儿童处于生长发育的过程中,无论是形体还是生理等方面,都与成人不同,绝不能简单地将孩子看成是大人的缩影。儿童有其生理方面的特点,通过了解这些生理特点,掌握儿童生长发育规律,根据儿童生理特征分析儿童可接触工业产品。

（1）儿童心理特征分析。

一般来说,儿童心理具有以下特征:模仿、游戏、好奇、好动、合群、喜欢被夸奖、喜欢野外生活。另外,儿童生活经验少、注意力比较容易分散,往往又不能分清是非,这也是他们的特点。了解和掌握儿童在不同年龄阶段的心理发展特点,有利于更好地从儿童的角度出发为他们提供健康有利的产品。

（2）认知能力发展。

0~3 岁的幼儿正初步建立对世界的探索,认知还比较初级,应该以启发和引导为主,表现比较单一。

儿童开始能够初步的独立行动,学习理解简单的语言,并通过简单的肢体语言应用,然而这个时期由于幼儿缺乏自理能力,孩子最大的依赖是父母,因此这一阶段的品牌和产品主要致力于与父母的沟通。这个年龄段的小宝宝,虽然每天长时间待在婴儿床里,但是偶尔也有宝宝突然学会了翻身,不小心掉下床来,所以无论是摇篮还是小床,都要给婴儿最周全的保护,排除一切危险可能[16]。

2.2.1.1　1 岁以下儿童可接触机电类工业产品

现代生活中离不开各种电器,而这些电器对于儿童来说都是新鲜好玩的,孩童们好奇的天性使得他们不停地去触摸和探究各类电器,而插座就成为一个最大的安全隐患,需要我们从根本上去解决这一问题。

好质量的插座是避免儿童意外伤害很重要的一个部分,家长们在选择插座时一定要选择符合国家标准的插座产品,在购买和使用过程中要注意以下几点:

（1）选择插座时要留意插孔的大小,要选择符合国家标准的插座。市场上的大部分插座都是"万能插座",可以接各种不同的接口,但因为这种"万能插座"的插孔粗大,小朋友的手指很容易就伸进去触碰到插孔里面的金属片。此外,"万能插座"由于插孔粗大,使用时插头与插座金属片接触面积太小,产品本身也存在一定的安全隐患。

（2）家中的各种电器安装要符合安装标准,一般来说,电插座应该放在 1.4 m 的高处,使孩子不易碰到。

（3）插座加盖，插座没有盖子，可能导致儿童用手戳、插电器，导致触电。

（4）购买专为保护儿童用电安全而设计的儿童安全插座，防止未成年少年儿童触电。例如，选择带有"儿童保护门"功能的插座，可以预防儿童用钥匙等金属片去捅触插座导致触电的安全事故。

2.2.1.2　1 岁以下儿童可接触纺织类工业产品

儿童服装上起功能性或装饰性作用的绳索、绳带、系带、纽扣、珠子、亮片、绒球、流苏及蝴蝶结等小附件容易造成意外伤害。衣服脖带，可能引起窒息、勒死的伤害，6 个月～5 岁的儿童均易受到伤害，应取消儿童服装的脖带，即低龄儿童服装的设计、生产和销售中帽子和领部不能有抽绳、装饰绳和功能绳。婴幼儿纺织产品必须在使用说明上标明"婴幼儿用品字样"。

儿童服装绳带及机械性能伤害案例——河南男童因衣帽绳带勒脖致死，以及南京一男孩将衣服上的金属铆钉吸入气管等事件，都给妈妈们敲响警钟。

这类事故发生的原因主要是以下几点：不少童装上都装饰着铆钉、亮片、水钻等时尚元素，这些时尚的小衣服受到不少潮爸潮妈们的青睐，由于婴幼儿喜欢拉拽衣服、咬衣服，若衣服上配饰因缝纫强力不够或者其他原因引起脱落，就容易被儿童吞咽而导致窒息或其他安全隐患。同时，经过电镀处理之后的童装纽扣、拉链等配饰很容易出现重金属释放超标的问题，会引起孩子瘙痒、红肿等不良反应。

因此，在为儿童特别是 1 岁以下婴幼儿选择衣服时，要注意以下要点：

（1）为了孩子安全，给孩子选择衣服不要仅看衣服的质地款式，要留意烦琐的衣服饰物会存在安全隐患。

（2）家长给孩子买衣服，应尽量选择衣服领口、帽边没有绳带的，带有绳带的，绳带外露长度不要超过 14 cm。

（3）在帮孩子挑选衣服时，应仔细查看儿童服装上的辅料。例如，纽扣是否牢固，防止因纽扣不牢固而脱落，被儿童误服。又如，拉链是否爽滑，拉链的两头是否有毛刺，以免损伤儿童皮肤。

（4）另外，在购买童装时还要防范化学污染：不要购买刺激气味浓重的童装；不要购买经过抗皱处理的童装；尽量购买全棉质地的浅色系服装。

另外，可接触纺织类产品还包括地毯、窗帘、蚊帐等。

2.2.1.3　1 岁以下儿童可接触轻工类工业产品

1）家具

"儿童家具"是指为适应 0～18 岁儿童的心理特征与生理特征，能满足儿童在生活、学习、娱乐和交往，供儿童坐、卧或支撑、储存物品或作为装饰等功能需要的一类器具。儿童家具主要包括儿童床、儿童椅、儿童桌、书架、储物柜（衣物柜、玩具柜、器皿柜、鞋柜)等,辅助的儿童家具还包括与家具相协调的物品,如 CD 架、衣架、报刊架、小推车、踏脚凳以及一些装饰品、挂件等。家具是家庭居住环境中重要的部分。

家具的材质主要有天然纯实木家具、竹家具、塑料家具、软体家具、纸质家具等。

纯实木材质配合科学的生产工艺,相比板式家具更为绿色环保。

竹家具抗压力、吸湿、吸热性能高,冬暖夏凉,能为儿童在不同季节的使用带来良好的感受。竹集成材料具有幅面大、强度大、变形小、刚度好、耐磨损等特点,并可进行刨削、锯截、开榫、钻孔、缕雕、砂光,装配和表面装饰方式等加工。染色及抛光后能获得良好的表面效果[17]。另外,竹制材料的接口处通常用特种胶黏合,从而避免了甲酸对儿童的伤害[18]。

塑料家具是一种新性能的家具。塑料的种类很多,但基本上可分成两种类型:热塑性塑料和热固性塑料。前一种包括各种家电塑料部件、薄膜、软管或卡勃编等,后一种是我们常见的汽车仪表板、无线电收音机等。塑料的优点是可以回收利用和再生。儿童家具设计常见聚丙烯(PP)材质的家具,聚丙烯为无味、无毒、无臭的聚合物,是目前塑料材质中最轻质的品种之一,对水特别稳定且成型性好,制成品表面光泽好易于着色[19]。

软体家具主要指的是以织物、海绵为主体的家具,主要包括布艺家具和皮制家具。软体家具因环保、耐用等优点,在市场中所占份额越来越大,逐渐成为一种潮流。软体家私属于家私中的一种,包含休闲布艺、仿皮、真皮、皮加布类的软床、沙发。软体家具在儿童家具的应用中越来越广泛,其质感柔软,能够有效地降低摔伤撞伤的概率,可以为学龄前儿童提供更多的安全感,但必须注意面料的阻燃性,更重要的是注意学龄前儿童骨骼的成长。

纸质家具是一种全新的家具,它实用、耐用,这种有品质同时很实用的纸家具已批量生产。纸家具是由低碳高强度纸板压制而成,非常环保。

儿童家具的安全性能包括:①物理安全,即家具的强度是否符合标准,家具的棱角是否经过妥善处理,是否存在潜在危险。例如,床是儿童家具中最重要的角色,选择边缘无锐角的圆弧造型,会避免碰撞造成的伤害;一个带滑梯的高架床如果滑梯的角度不对,下滑时冲力过大,对儿童的安全存在极大的隐患;家具不应有儿童容易碰到的突出结构,也不应有容易脱落造成儿童误吞的小配件。②化学安全,即家具的材料、胶、漆及工艺过程是否使家具含有有害的化学物质,常见的有害重金属、苯、酚及游离甲醛。国家标准 GB 22793.1—2008《家具　儿童高椅　第 1 部分:安全要求》已于 2011 年 3 月 1 日开始实施。标准中针对儿童的特点,在材料、结构、安全要求等方面作出了详细、严格的规定,确保产品的安全性[20]。

儿童家具安全要素:①结构安全,家具应结构稳固,能在承受不断和多次摇晃下保持牢固。家具应有足够的强度和稳定性,不破裂、倾倒。固定家具的铆钉不要外露。抽屉外拉应有定位装置,以免过度拉出滑落而砸伤脚部。对于衣柜,一定要注意将其固定在墙面上,否则,小孩有可能因为打开抽屉、门板攀爬而导致柜子倒下。②造型安全,家具的角部、边缘必须设计成良好的圆边、圆角,杜绝毛刺、锐角、金属尖角、大片玻璃或镜子,避免对儿童造成伤害。台面、桌面要避免设计成锐角,所有的尖角应用塑料或橡胶等软性材料包角,避免孩子被刮伤或碰到。避免表面坚硬、粗糙和尖利的棱角,线条应圆滑流畅,边角应光滑,要有顺畅的开关和细腻的表面处理,以免伤到孩子。③材料安全,家具和装饰材料必须有通过国家绿色认证的标志,环保、无毒、无污染,使用的是绿色环保材料。UV 喷涂工艺和金属穿钉,是减少有害物质对孩子伤害的有效方法之一。要避免用大块玻璃作隔断,如果有落地窗,应该在玻璃上贴上明显的图案,以免小孩奔跑时撞到玻璃[21]。

现有的国内、国外儿童家具市场调查资料也显示,目前儿童中存在着很多安全方面的问题,主要表现在以下三个方面:第一,儿童家具的材料存在着危险性。据上海市质量技术监督局公布的一项抽查结果显示,木制儿童家具甲醛释放量最高达到 3.7 mg/L,严重超标,对儿童的危害极大。第二,儿童家具在造型上存在不合理的设计。例如,高低床的护栏很低,滑梯扶手和小单人床边的各种造型都有棱角。第三,现有的儿童家具的色彩过多过艳。越鲜艳的涂料重金属含量越多,污染越大,尤其是铅污染。家具和其装饰物品、床上用品,各个年龄,尤其是 4 岁以下儿童最易受到伤害,预防措施包括减少可能的点火源、减少可燃物质、减少使用产生有害烟雾或气体的填充物防止儿童与火接触,注意检查装饰家具上对降低可燃性的报告是否符合标准要求[22]。儿童家具表面处理要圆润细腻,避免尖锐棱角的出现,以免伤害到孩子;面材的选择上要多采用柔软、有弹力的材料,避免儿童活动时无意中磕、碰,特别是手指探索空间带来的伤害;主体用材可选取木材等自然无污染的材料,尽量采用水性涂料来粉饰空间环境及家具,以免散发有害气味,污染空气,对儿童造成危害[23]。

玻璃家具有物件破裂时产生锐边或危险尖物,在家具或门、窗户、屏幕中使用的玻璃非“安全”玻璃,儿童摔倒在非安全玻璃桌面的桌子上时,可能由于划破主血管而死亡,碰撞门或者其他家具上的竖直非安全玻璃,也可能导致严重划伤。为避免这类危险的发生,应尽量使用难以破裂或者破裂时残留物不太可能导致严重伤害的玻璃(安全玻璃),在家庭某些高风险位置和儿童自由活动的地方,建筑结构应采用非玻璃材料[24]。

儿童高椅是指通常由 6 个月～3 岁儿童使用的椅子,用于支承儿童,能凭借儿童自身的调整保持在座位上。椅子上可附置一个托盘,用于儿童喂食、吃食或游戏。产品应无未经封口的管子;应无突出物、松动垫圈、调速装置、孔洞、螺母、间隙,以免使用时儿童的手指或肌体陷入其中;应无外露的锋利边棱、尖状物或毛刺。

其纺织品原样的变色牢度应不小于 4 级,或贴衬织物沾色牢度评定值不小于 3 级[25]。

吊床(摇篮)、床或婴儿床可能引起窒息、勒死的伤害,预防措施包括选用合适的填充物床垫。吊床还极易导致跌落的危险,选用吊床要注意是否采用国际或国家标准,不用水平栅。

2) 婴儿车、推车、推椅、高椅等

婴儿车、推椅易引起跌落危险,此外,坐有儿童的折叠式手推婴儿车,还可能因锁定不当导致不稳定,造成儿童手指切断。因此,在选用时要注意是否采用国际或国家标准(包括稳定性试验)以及是否采用符合标准的安全带。

3) 婴儿学步车

每年都有许多幼儿因幼儿学步车的翻倒而受伤,许多此类事件的发生是因为学步车碰到了地上的阻碍物,或是学步车已不适合幼儿的体重,从而翻倒。由于婴儿头部质量相对较大,运动和平衡能力不稳,易从学步车上坠落。建议家长不要使用婴儿学步车,车子会让儿童在他们没准备好时,有更大的活动力和高度,这将会使儿童处于危险中,例如,从楼梯上摔下来伤及头部。此外,这些物品对儿童潜在的危害还体现在物品中的有害化学成分,如增塑剂、荧光白、有机溶剂、有机染色剂等,易引起儿童中毒和皮肤过敏。

预防措施:如果非要让孩子使用学步车,则一定要买一辆新的,并且适合孩子的体重。并注意经常检查学步车的每一个车轮,确保它们能 360°旋转。同时,一定要在平整的地面上让孩子学步,避免让学步车滑向台阶。

4) 汽车安全座椅

汽车上的安全带是按成人标准来设计的,是适合体重 36 kg、身高 140 cm 以上的成人使用的。如果给宝宝使用,安全带可能会卡在宝宝的脖子上,发生事故时对宝宝的危害更大。应使用"儿童乘员约束系统"代替汽车安全带。

"儿童乘员约束系统"是指带有保护带扣的织带或相应柔软的部件、调整装置、连接装置以及辅助装置,且能将其稳固放置在机动车上的装置,如手提式婴儿床、婴儿携带装置、辅助座椅,一般指的是儿童安全座椅。其作用是在车辆碰撞事故或突然减速时,减小对儿童造成的伤害。

儿童头部约占身体质量的 1/4,其颈椎周围部位起支撑作用的肌肉结构尚未发育完全,难以承受正向碰撞的巨大压力。而事实证明,在 50 km/h 车速的撞击下,人体各部位所承受的冲击力将至少是正常体重的 40 倍。也就是说,如果儿童头部质量为 2 kg 的话,在碰撞瞬间其承受的冲撞力将达到惊人的 60 kg,造成严重伤害的概率极大。儿童汽车座椅可以有效降低儿童在车祸中所受到的伤害。儿童乘车安全最有效的保护方式就是儿童安全座椅,能降低婴儿死亡率达 70%,降低 4~7 岁儿童死亡率达 59%。

按照儿童年龄和体重,汽车安全座椅共分为 5 类:

1 类:适用于新生儿~15 个月的儿童(或体重为 2.2~13 kg 的婴儿)。这类儿童安全座椅一般都装有可摇摆的底部,且还有把手,可作手提篮用。

2 类:适用于新生儿~4 岁的儿童(或体重为 2.2~18 kg 的小孩)。同时提供两种功能:先用于新生儿~9 个月的婴儿,然后改成用于 9 个月的婴儿~4 岁的儿童。这种座椅虽然没有摇摆、便携以及与手推车合用的功能,但可固定在车内并能长久使用。如果您想省点钱的话,这是不错的选择。另外,这种座椅在使用上特别要注意,新生儿到 9 个月的婴儿需要反向安装座椅,9 个月~4 岁的新生儿需正向安装,但正向安装有两个必要条件,第一是儿童体重在 9 kg 以上;第二是儿童可以自己坐起来,两者缺一不可。

3 类:适用于 1~4 岁儿童(或体重为 9~18 kg 的小孩)。这款儿童用汽车安全座椅,设计简单,没有前者座椅那么多复杂的功能,适合大的幼儿使用。

4 类:适用于 1~12 岁儿童(或体重为 9~36 kg 的小孩)。这款安全座椅是一种有趣的组合产品,既是一种专为蹒跚学步儿童(年龄为 1~4 岁)准备的座椅,又可拆除座椅本身的安全带而直接使用大人的安全带,可用至 12 岁。也无需更换其他汽车安全座椅垫。这种产品的缺点在于,1 岁和 12 岁的儿童个头差别相当大,所以对较小婴儿来说不会太舒适。

5 类:适用于 3~12 岁儿童(或体重为 15~36 kg 的小孩)。

我们应该如何选购儿童安全座椅?挑选儿童安全座椅除了要根据孩子的身材和体重来选择外,最重要的还是看所选的儿童安全座椅是否安装方便、品牌是否够硬、材质和检验等级。

儿童安全座椅的材质也是很重要的,首先,不能选择带有刺激性气味材料的儿童安全座椅,有刺激性气味就意味着会让幼小的儿童产生不适应感同时还可能会刺激儿童柔嫩的皮肤。其次,要选择舒适透气、进行防火处理的面料,这样儿童坐进去才会觉得很舒服和安全。最后,最重要的就是儿童安全座椅的内部填充物,好的儿童安全座椅都会使用优质的 EPS 材料,而劣质的儿童安全座椅仅采用普通的泡沫塑料。

5) 玩具

玩具填充物,可能引起中毒(毒性)和其他有害物质伤害,最易伤害年龄为 6 个月~5 岁的儿童,预防措施包括玩具填充物应清洁纯净,即没有害虫,或没有硬的锋利的异物,应采用无危险、无刺激性且不产生致病细菌的或引起过敏的东西;极力避免含有危险虫卵的玩具。

玩具的小部件等,易引起咽下或吸入异物的危险,9 个月~1 岁的儿童可能会面临该危险,因此玩具小部件要符合国际和国家标准的规定。

对于带运动部件的玩具,婴幼儿的手指易被玩具的运动部分卡住,因此带有运动部件的玩具应选用符合标准(GB 6675)规定测试手指插入实验的产品。

玩具中的化学因素也不容忽视,特别是塑料玩具中可能存在塑化剂邻苯二甲酸酯、短链氯化石蜡、双酚 A 等有机物超标以及可迁移元素(一般指八种可迁移元素,即砷、钡、镉、铬、铅、汞、锑、硒)迁移量超标。

6) 住房相关产品

主要包括壁纸、灯饰、窗户等装饰物。

2.2.1.4　1 岁以下儿童可接触化学类工业产品

(1) 一次性使用卫生用品。纸制品主要指一次性使用卫生用品,包括纸尿片、湿巾、纸巾、口罩等[26]。

(2) 油漆、壁纸、涂料等儿童房建筑材料。

2.2.1.5　1 岁以下儿童可接触包装类产品

1 岁以下儿童可接触包装类产品主要是儿童餐具和喂养器具,如奶瓶、勺子等,以及食品包装材料。

1) 儿童餐具和喂养器具

儿童餐具和喂养器具主要适用于护理员或儿童自己使用儿童餐具和喂养器具喂食时,儿童平均年龄为断奶期(6 个月)～3 周岁。3 岁以上的儿童会越来越多地使用成人用刀叉和餐具。按材质分主要有以下几类:硅橡胶、热塑性橡胶(TPE)、玻璃、陶瓷、玻璃陶瓷、釉瓷和其他陶瓷、热塑性塑料、热固性塑料、金属/合金、木材等[27]。

2) 食品包装材料

儿童安全包装是指一种保护儿童安全的包装,其设计结构使 5 岁以下儿童在合理时间内难以开启或难以取出一定数量的内装物。

儿童食品包装袋内干燥剂伤人事件屡屡发生,很多儿童食品因容易吸潮而发生品质下降乃至腐败变质,因此常在包装袋内装入一定量的干燥剂用来降低包装袋内的湿度以保持食品的干燥,此种包装技法也被称为防湿包装。食品中常用的干燥剂有石灰和硅胶。石灰干燥剂多是粉末状的,不小心拆开后会喷入眼内造成眼睛受伤,视力严重下降。一旦误食将灼伤口腔或食道,同时还会导致皮肤和黏膜受损。硅胶呈半透明粒状,色泽形状均较漂亮,更容易引起小孩误食。近年来发生的干燥剂伤人事件基本上都是由石灰干燥剂引起。虽然干燥剂包装袋上均标有警示字样"不能食用"、"如果不小心进入眼睛内请用水冲洗或找医生"等,但这些对幼小无知的儿童则形同虚设。因此,对于儿童食品内的干燥剂应采用无毒、无害的材料,如确实要采用有危险的干燥剂则可将干燥剂包装在儿童难以撕破的包装纸内。

2.2.1.6　1 岁以下儿童可接触其他工业产品

（1）住房及相关产品。

主要包括地板、大理石、瓷砖、壁纸等儿童房建筑材料。

（2）儿童护理用品（奶头、橡皮奶嘴、器皿、餐具和日用小百货、牙刷和牙床按摩器）。

儿童护理用品一般性安全要求：

① 在水介质（蒸馏水）中测定出的毒性指数应当在 70%～120%（含）的范围内，在空气介质中为 80%～120%（含）。

② 水浸液 pH 变化不应超过±1.0。

③ 乳胶、橡胶和硅酮弹性材料制成的奶头、奶嘴和卫生用品应当符合化学和机械安全性要求。

④ 奶头和奶嘴内外表面应当平整光滑，在蒸馏水中煮开 5 次后不应发黏。

⑤ 奶嘴应当有护罩。奶嘴环和奶瓶接合的强度应当不小于 40 N。

⑥ 瓶盖和其他类似产品应当保持其密封性，不漏水。产品的强度应当达到：产品装满水从 120 cm 高处坠落 5 次后无永久形变、裂缝、缺口和破损。

（3）激光灯（束）等。

激光灯（束）等发生高强度光和集束光的产品，在强光下遮住眼睛是普通人的反应，但儿童特别是婴儿在这种情况下就不能本能地采取保护动作。强聚焦的高强度可见光，包括激光灯、激光笔，很快就能导致皮肤和眼睛损伤、神经反应（闪光），因此应注意光的强度，对于激光笔，警示信息也很关键。

2.2.2　1～3 岁儿童常见可接触工业产品

儿童在 1 岁或 2 岁时，似乎没有危险意识，因此，在产品功能中显而易见的危险，对于儿童来说却不能清楚地看到这些危险。与童年早期相关的一些行为特点也使儿童处于受伤危险中，包括以下行为特点：

（1）将东西放入口中，有吞咽和呼吸风险，尤其在 3 岁以前。

（2）将东西放入身体的其他孔口内，有被镶嵌和撕裂风险。

（3）相对小的头部宽度以及相对大的头部高度和厚度使儿童首先将头部朝一个方向伸入缝隙中，但他们不知道如何定位和从缝隙中退出来。

（4）在大约两岁时开始发展个性，喜欢说不和拒绝帮助，喜欢自己吃食物，拒绝别人喂食。

（5）口味、气味、图案和颜色的吸引力（如药物）。

儿童喜欢用口尝试他使用的物品，因此不应让儿童得到容易脱落、拆卸的小部件。不能放入口中的物品（如橡皮等）不应做成类似食物的样式，避免误食。

儿童的模仿天性也可能产生危险，他们通常模仿成年人和大一点的儿童行为。例如，给更年幼的小朋友服药或自己服药，操作锁定机构和开启家用电器。

2.2.2.1　1～3 岁儿童可接触机电类工业产品

1）电子产品

随着智能手机、平板电脑的普及以及针对低龄人群开发软件的增长，这类以触摸屏为特征的电子产品逐渐成为他们爱不释手的"玩伴"，让越来越多的儿童成为"触屏一代"，不少专门针对儿童、学生等特殊群体开发的电子产品充斥市场。

某机构针对 8070 名 2～14 岁儿童的一项调查显示，32.48% 受调查的儿童平均每天在电视、电脑等电子产品上花费 1～3 h。同时，不断攀升的儿童近视数据，则加剧了全社会对儿童使用电子产品的"担忧"，儿童"触屏"问题成为"六一"儿童节最热门的话题之一。然而，由于数码电子产品几乎都没有注明使用年龄段以及是否适合幼儿使用等事项，且国家对此也无法律强制要求，这一问题引发了争论，成为家长们关注的话题。成人上臂长度约 30 cm，阅读时形成约 30 cm 的阅读距离。孩童手臂长度短于成人，"阅读距离"可能无法到达成人的距离。在这种情况下，孩童使用这些按成人标准设计的产品，仍可能看到像素颗粒，同一块屏幕对成人使用习惯和幼儿使用习惯的友好程度并不一样，电子产品成为"视力杀手"。对于使用平板电脑的幼儿来说，他们可能比大人花更长时间盯着屏幕，而且无法保持成人的阅读距离，他们甚至不知道眼部疲劳可能会带来近视。

2）电

电线及插座，儿童可触及的开孔位置和尺寸相当重要，可能发生儿童抓住或绊倒，导致触电、烫伤、勒死，尽可能选用防儿童触电的安全插座或加盖防儿童开启保护盖、限制电线长度、快速断电装置或其他屏障。

儿童吞入电池导致化学烧伤、内部阻塞、中毒等，因此应检查使儿童难以打开电池盒。纽扣电池，最易伤害年龄为 1～14 岁，预防措施包括教育和标签、储藏在三岁以下儿童手伸不到的地方。

3）炊具、热熨斗等引起接触热表面的烫伤

炊具外表面、烹调表面，最易伤害年龄为 1～4 岁的儿童，预防措施包括降低表面温度，如另加隔热器、使用烹调保护器。

热熨斗、电水壶和电咖啡壶，最易伤害年龄为 1～4 岁的儿童，预防措施包括选用导线为盘绕式花线的熨斗（这种花线的材料至少能抗熨斗的温度），注意产品的保养。

其他壶和茶壶，最易伤害年龄为 1～4 岁的儿童，预防措施包括选用有壶塞的壶、安全壶，达到规定稳定性。

清洗机，打开的洗碗机门可能被儿童用作攀登辅助工具，导致危险情况，一定

注意机器使用时不能开门。

电取暖器要远离孩子或加围栏。

案例分析：

2012 年 8 月 5 日，南京市第一医院来了三个同时被电火花击伤的三四岁的孩子。这三个孩子趁父母不在，拿着电水壶的插头就去捅插座。结果噼里啪啦一阵响，一股电火花蹿了出来，瞬间就将三个孩子的手电伤了。其中一个小女孩的左手几个手指间的皮都破了，已经能看到鲜红的肉，家人赶紧将他们送到南京市第一医院。儿童触电的主要原因一般是：孩子调皮捣蛋喜欢玩电线插座，将镊子等金属器具插入电插座双孔里，因为短路，身体被强电流弹出；玩弄电器，用湿手摸开关、摸灯口；不少孩子喜欢玩手机充电器。

预防措施：①父母应在平时加强教育，同时要加强监管。②打火机、电热器、充电手机等不要放在儿童拿得到的地方，电源开关尤其是插座也不要让儿童触摸。③对于家电的电源线，更不要乱接乱拉，这样可减少触电事故的发生。④选购电动玩具时，要注意辨明生产厂家，特别注意电玩的设计和安全性，这样可以大幅降低儿童触电概率。

4）电梯

美国消费品安全委员会的调查数据显示：在美国每年超过 11 000 位病人因与自动扶梯相关的意外事故而在急诊室就诊。受伤者多数为儿童，通常造成手指、脚趾和脚的受伤以及一些永久性损伤。

电梯和自动扶梯卡夹儿童的手指、手、脚、衣服和佩戴物。儿童不能单独乘电梯，这已成为社会共识。然而，电梯事故在全国各地不断上演，而其中受伤害的大部分是儿童，有的孩子留下了终身残疾、甚至付出了稚嫩的生命。究其原因，一方面是电梯质量问题，存在安全缺陷；另一方面，儿童行为的特殊性也是导致儿童乘坐电梯时事故频发的主因。

电梯危险案例：男童手掌卷入电梯履带与地面结合缝隙——3 岁小男孩在下行电梯上摔倒，手指旋即被卷入电梯与地面的缝隙中，被救出时，手指被夹断。主要是以下缺陷引发儿童的特殊行为而导致伤害的发生：梯级与围裙板之间的缝隙，会产生冲力将孩子的手指甚至手臂带入缝隙；踏板与末端梳齿板间缝隙，孩子手指细小，平衡性不好，一旦趴倒在扶梯上，易造成伤害；自动扶梯下面的扶手槽；扶手与构筑物夹角（剪刀手），孩子好奇心强，对眼前的危险预计不足，当上行过程中把头部伸出扶梯向下看时，易导致意外发生。

乘坐扶梯安全常识：①成年人应该一手扶扶梯，另一手牵着小孩，否则他们不应该乘电梯。②当父母或者其他看护员带着一个以上的孩子、带着包裹、推着婴儿车或购物车，手上抱着宠物或者戴着眼镜的时候，儿童在自动扶梯上的危险增加。③上下扶梯时跨过"梳子"。当台阶出现和消失时，梳子样的台阶会形成缝隙，可能导致脚趾和脚被卡住。

2.2.2.2　1～3岁儿童可接触纺织类工业产品

睡衣、儿童的衣服和其他宽松轻飘的衣物,特别是用合成纤维布制造的衣服遇火或靠近火源时可能熔化,黏结到皮肤上,应采用由阻燃材料结构的设计,避免使用见火就有可能融化而使皮肤烧伤的人造纤维。

此外,衣服脖带还可能引起窒息、勒死的伤害,6个月～5岁的儿童均易受到伤害,应取消儿童服装的脖带。

正规童装企业在生产的时候,一般都注意到儿童服装上起功能性或装饰性作用的绳索、绳带、系带、珠子、亮片、纽扣、绒球、流苏及蝴蝶结等小附件容易造成意外伤害,所以在设计上有的也采取了相应的措施,如在童装上使用按扣或者少贴花、少饰物等。给儿童选购服装应以简单舒适为好,尽量避免选购质量低劣、无厂名、厂址、商标的三无产品,多选染料、涂料少的素色或印花图案小的产品,还要避免选购装饰性物品过多的服装。

2.2.2.3　1～3岁儿童可接触轻工类工业产品

（1）汽车儿童座椅。

儿童安全座椅,其作用是在车辆碰撞事故或突然减速时,减小对儿童造成的伤害。目前儿童乘车安全最有效的保护方式就是儿童安全座椅,能降低婴儿死亡率达 70%,降低 4～7 岁儿童死亡率达 59%。大部分欧美国家对儿童安全座椅都有强制执行标准。例如,美国法律规定年龄为 4 岁以下儿童乘车,车上应备有保护儿童安全的装置;在加拿大,法律规定是 5 岁以下;在瑞典法律规定是 7 岁以下;澳大利亚规定的年龄是 8 岁以下;德国、荷兰和日本甚至将强制使用儿童安全座椅的要求提高到 12 岁以下。我国之前没有儿童乘车安全方面的强制法规,加上国内消费者对儿童乘车安全认识不充分,国内在售车型对于儿童乘车安全方面的配置也是参差不齐,不少在欧美版本车型上标配的儿童安全配置,转为国产后被减少甚至去掉。不过,近两年来,情况逐渐好转,随着我国于 2012 年 7 月 1 日正式出台了《机动车儿童乘员用约束系统》法规,目前在售的中高级以上乘用车,一般都配备了儿童安全锁、儿童座椅安全卡口等配置。

（2）自行车的危险,最易伤害年龄为 1～3 岁,对于这个阶段的儿童,坐车后座时,易发生机械伤害,如切伤、撕裂、擦伤等,应使用合格的车后架预防伤害发生。

（3）家具如床脚、桌角的突起,可在一定范围内撞击或缠绕衣服和其他佩戴物,由此可造成勒死、划伤、刺伤等。预防措施包括:①避免不必要的突出物;②确保突出物为圆形,且突出表面的高度尽可能地小。

家具自行检验的具体步骤是:一摸,摸一摸产品表面是否有毛刺或做工粗糙的部位,不能有锐利边缘和突出物,防止撞击出现危险;二看,看边缘是否倒圆,孔和缝隙会不会容易卡住孩子的手,折叠部位有没有锁紧装置等,要避免与儿童手指尺寸相接近的孔、间隙存在,以免伤害到儿童手指;三闻,闻一闻家具表面有没有强烈的刺鼻气味等。此外,要注意儿童家具的重心宜低不能高,以防止使用不当造成倾覆,砸伤儿童;还要避免家具中小尺寸的零配件被儿童误食的情况。

(4) 玩具的小部件等,易引起咽下或吸入异物的危险,1～3 岁的儿童最易面临此风险,因此玩具小部件要符合国际和国家标准的规定,避免球形或锥形,提供通气孔,不透 X 射线的材料,小部件应难以拆除,并避免与水或唾液接触导致尺寸发生改变的材料。此外,添加苦味剂的材料也能够减少伤害的发生。

对于推走式玩具,1～3 岁儿童使用时,稳定性不足的产品可能翻倒,引起跌落的危险,导致内伤(脑部和其他内部器官)和骨折,尤其是手臂和腿骨折。避免的对策包括选用经过采用认可的稳定性实验的推走式玩具、带有设计屏障防止儿童攀爬。

对于带缝隙、开口和运动部件的玩具,易发生身体部分卡夹,尤其头部、颈部和手指部分卡住,相关的窒息、限制血液供应、手指或脚趾切断的伤害实例均有发生,因此带有运动部件的玩具应选用符合标准(GB 6675)规定测试手指插入实验的产品。

玩具的转角、边缘和尖物,运动时接触发生划破、创伤,与物件碰撞时刺破导致眼睛损伤,因此除非安全玻璃,避免在家具中使用玻璃、玩具箭或标枪端部采用圆形,并告诫儿童不要将尖物放入口中。

选购儿童玩具应该注意以下问题:第一,标签、标注,根据儿童玩具强制性国家标准的规定,合格的玩具应该注明商标、生产厂名称、厂址、联系电话、主要材质或成分、安全警示语、执行标准代号、使用年龄段、维护保养方法、产品合格证等;第二,易脱落零部件,特别是对于三岁以下儿童使用的玩具,如果其中的小零部件易脱落,容易被儿童误吞食而导致窒息;第三,重金属超标,玩具的涂层和漆料中可能含有重金属,儿童在玩耍过程中经常出现的啃、咬等行为容易把这些有害物质吃进体内;第四,部分毛绒玩具表面或填充物不卫生,可能对儿童健康造成危害。

悠悠球:德国在欧盟非食品快速预警系统中通报中国产带闪光的空气悠悠球。通报的原因是,当儿童把悠悠球像套索那样绕在头上玩时,可能缠绕在儿童的脖子上,有勒死儿童的危险。德国主管部门命令禁止销售该产品,并拒绝该产品进口。因此,家长购买悠悠球时注意根据年龄选购玩具,关注标志如“此产品内含小零件,请勿让八岁以下儿童玩耍,以免误吞导致窒息”。避免高危险产品,如海绵宝宝悠悠球可能导致儿童被悠悠球的绳索勒到。洗悠悠球也要注意安全,切勿用打火机油。一些商家把易燃易爆的打火机用油作为洗悠悠球轴的专用品卖给孩子们,而孩子们对它的危险性一无所知。家长注意,要告知孩子该用品的危险性,最好由家长妥善保存和使用,以免带来危险。

积木、童车、铁皮玩具等玩具表面都涂有各种油漆或涂料,当这些油漆或涂料中的有害金属(如铅、铬、锑、钡、镉、汞)超标时,就会给儿童健康造成威胁。小孩抵抗力较低,若长期食用含有重金属的食物,容易在体内沉积。重金属一旦进入体内,代谢非常缓慢,会长期危害人体健康。以铅为例,当其含量超过 2500 mg/kg 时,就会给儿童带来极大的潜在危害。

(5) 儿童高椅,可能引起窒息、勒死的伤害,预防措施包括采用国际或国家标准、选用合适的填充物。

2.2.2.4　1～3 岁儿童可接触化学类工业产品

(1) 药品制剂,如处方药、避孕药、维生素、补铁、补钙等其他药物。最易伤害年龄为 9 个月～3 岁,可能引起中毒(毒性)和其他有害物质伤害,预防措施包括使用防儿童开启的容器或单个配药包装(如零星小药袋)、把药锁在柜子里、警告标签、减少毒性。

(2) 家用饮料和化学药品,以及家用清洁产品(下水道清洁剂、烤箱清洁剂、马桶清洁剂、洗洁精、除尘剂等)。最易伤害年龄为 9 个月～3 岁,可能引起中毒(毒性)和其他有害物质伤害,预防措施包括警告标签、减少毒性、使用防儿童容器、放在儿童手伸不到的地方。

(3) 打火机等明火。众所周知,儿童喜欢玩耍打火机或火柴,易引起火灾导致烧伤甚至更严重的伤害。有 2 岁幼童就由于玩火柴和打火机点燃火苗,导致烧伤,由于儿童玩火极可能使火苗靠近自己身体,可能造成严重的损伤。应避免或减少由于打火机等引起明火风险的措施,对于打火机,注意选用有儿童防护功能的打火机,避免选用外观设计对儿童有吸引力(如外观类似儿童熟悉的卡通图案)的打火机。

2.2.2.5　1～3 岁儿童产品可接触包装类产品

塑料袋的危险因素包括可能引起窒息、勒死的伤害,最易伤害年龄为 1～5 岁,预防措施包括使用薄膜塑料、标准规定警告标签和打气筒。

水杯等玻璃餐具,破裂可产生锐边或危险尖物,使用的玻璃当破裂或有未处理的边缘时,产生危险。

2.2.2.6　1～3 岁儿童可接触其他工业产品

(1) 1～3 岁儿童使用和护理用品。包括奶头、安抚奶嘴、器皿、餐具、卫生保健品和日用小百货、牙刷和牙床按摩器、奶嘴夹、刀叉和喂养工具等。安抚奶嘴是指用来满足儿童非营养性吸吮需要的奶嘴,安抚奶嘴也被视为橡皮奶嘴或婴儿橡皮奶嘴。GB 28482—2012《婴幼儿安抚奶嘴安全要求》。安抚奶嘴可能卡在儿童口中,某些类型的通风孔有可能引起手指受伤。

(2) 运动场器材。运动场器材可能引起窒息、勒死的伤害,2～3 岁的儿童年龄虽小,但可能开始接触这些运动场器械,选用设计使头、肢体或衣服不被卡。

(3) 扶手或阳台的栏杆。扶手或阳台的栏杆可能导致 1～3 岁的儿童跌落的危险,避免水平扶手,限制阳台栏杆的水平和竖直间隔(使用试验球,建议直径为10 cm)。

游乐场设施设备同样易可能导致儿童跌落的危险,易发于 2～3 岁的儿童,最大下落高度应低于标准规定(如 2.5 m)。另外,游乐场设备齐头高的柱子,可在一定范围内撞击,可能导致头部受伤。

2.2.3　3～6 岁儿童常见可接触工业产品

成长是儿童生命进程中的主旋律,"快"则是这"主旋律"中的音调。按儿童成长时段分类,3～6 岁属于幼儿期,即幼儿园教育阶段,也称学龄前期,是儿童成长的主要时期。

该时段儿童身体部件和各个器官系统均处于不断发育的过程中,其机体组织比较柔嫩,发育不够成熟,机能不够完善,机体易受伤、易感染。该年龄段儿童大脑发育较为完全,接近成人,机能较婴儿期有明显加强,幼儿期儿童情绪很不稳定,主要受外界事物和自己的喜好情节所支配。幼儿身高体重增长快速,肌肉力量仍然有限,但大肌肉群发育熟练,开始进入小肌肉群的高速发展期,小动作控制能力加强,精细动作开始变熟练。小范围内活动能力较强,生活能够初步自理,但仍离不开成年人的监护。他们的生理、心理和认知发展及社会发展都比婴儿时期有了很大的进步,同时能力增强,世界对他们而言陌生而新鲜,他们相比婴儿时期动作的协调性、灵活性、准确性有了很大提高,喜欢尝试一些有难度、冒险的动作,协同活动逐渐增多。具有更为熟练的行动技能去体验这个世界,能够熟练的操作各种器具(包括玩具)或玩各种游戏[28]。

该时段的儿童行为共同的特点是:①具有一定程度的可控自主行为;②好奇与模仿,这是他们成长和社会学习的重要方式,同时也是其行为动作的"指挥官";③活泼好动,这是他们特殊的认识手段,却无疑增加了其受到外在工业产品伤害的概率。上述基本特征和共性,决定了该年龄阶段儿童在现实生活中接触到的工业产品有别于前两个时段(1 岁以下和 1～3 岁),而且在与工业产品接触的过程中,受到的潜在危害也与之不同。

儿童虽然是特殊的一类群体,但他们在生活和成长的过程中依然离不开各类工业产品,本章节根据 3～6 岁儿童在机电类、纺织类、轻工类、化学类等几方面经常接触到(包括可能接触到)的工业产品进行分析说明。

2.2.3.1　3～6 岁儿童可能接触到的机电类工业产品

机电产品是指使用机械、电器、电子设备所生产的各类农具机械、电器、电子性能的生产设备和生活用机具。主要包含两大类：

（1）机械类产品，如洗衣机、缝纫机、碎纸机、医疗器械等。

潜在危害：①有害化学成分，如重金属元素，有机涂层等；②产品上的凸起和尖锐部分，易发生撞伤、划伤等危害；③产品结构设置的不合理而引发的危害，如缝纫机中连皮带和转轮的结合处，没有防护措施儿童可能会夹伤手指；洗衣机如果没有防儿童开启装置，则易发生夹伤和儿童爬入窒息的危险。

（2）电器及其附属产品，如电风扇、电视机、微波炉、电饭锅、吸尘器、饮水机、吹风机等，还包括含电机的玩具（玩具汽车灯）和电池、插座、电线电缆等。

潜在危害：①化学危害，制造原料和辅料中的化学成分，如阻燃剂和增塑剂以及电池的泄露；②电性能类风险，孩子对电器和插座非常好奇，接上电源，风扇转了，电视亮了，因此也更容易造成伤害，所以插座、插销要防护好，选用有安全盖板或防开启装置，且插座安装在比较高的位置，让孩子摸不到，防止被裸漏的电线电缆电伤或死；③机械性风险，如儿童不慎将手指伸入扇叶中受伤；被电饭锅、饮水机、吹风机等烫伤；电器电线电缆部分过长且被放置在儿童经常经过的地方，容易被绊倒而受伤或者发生触电事故等。

专家提醒：插座插口细小，很容易被孩童手指伸入，从而带来触电危险。因此，有幼童的家庭最好加装插座挡板，或者选购防触电儿童安全插座等。

案例分析：

2013 年 9 月 8 日，宁波刘某夫妻在外打工，大女儿在学校上课，阿香（化名，3 岁）和弟弟由爷爷在家中代为照看。午饭后，爷爷就抱着小孙子到家门口散步，留下阿香和邻居家的同龄女孩在屋内玩耍，没多久就听到屋里传来一声尖叫，爷爷赶紧抱着孙子冲进屋里，却只见阿香直挺挺地躺在地上，手里握着一把铜钥匙。经邻居家的女孩指认，当时阿香拿着铜钥匙玩耍，看到地上有接线板，就把钥匙插入通电的接线板中，瞬间触电身亡。

事故原因：接线板被放置在儿童可够到的地方，另外，监护人监管不力。

2.2.3.2　3～6 岁儿童可能接触到的纺织类产品

3～6 岁儿童可能接触到的纺织类产品主要涉及衣物和毛绒玩具以及一些家居纺织用品。

（1）衣物。

衣物（也称为服装、衣服、衣着）是服装和服饰的代名词。其最广义的定义，除了指躯干与四肢的遮蔽物之外，还包括了手部（手套）、脚部（鞋子、凉鞋、靴子）与头部(帽子)的遮蔽物和装饰物。衣物是儿童成长生活中的必需品。衣服的面料和款式多种多样。例如,面料有棉布、麻布、丝绸、呢绒、皮革、化纤、混纺等;样式有套装系列、印花系列、休闲系列、运动系列等。

(2) 毛绒和布艺玩具等。

(3) 家居纺织用品,如窗帘、地毯、被褥、床上用品等。

3~6 岁的儿童有一定的自主行为,但仍缺乏自我保护意识,好奇好动是他们的特性。如果缺乏监护人的监护,他们自身的一些特征动作行为会给其带来潜在危害。这里产生的潜在危害主要有以下几个方面:

① 纺织类产品中的化学危害(包括儿童摄入、皮肤接触、吞咽等)。

纺织类产品中的部分图案、零部件等含有某些危害的化学成分,3~6 岁儿童喜欢叼、含、舔、吸衣物,危害化学成分随之摄入体内,造成机体中毒、器官受损、皮肤刺激损伤、过敏等危害。其中危害的化学成分包括可分解芳香胺染料、甲醛,邻苯二甲酸盐,重金属等。

可分解芳香胺染料是一种对人体有毒有害的染料,在与人体的长期接触中,染料如果被皮肤吸收,会在人体内扩散,引起人体细胞的癌变。根据《国家纺织商品基本安全技术规范》规定是禁用的。

甲醛对人体危害很大,甲醛能通过饮食、呼吸或皮肤接触等途径进入人体。会导致婴幼儿气喘、气管炎、染色体异常、抵抗力下降。特别是孩子在婴幼儿时期接触过多的甲醛,会导致畸形。

长时间接触或者口含含邻苯二甲酸盐的衣物,会导致邻苯二甲酸盐的溶出量超过安全水平,会危害儿童的肝脏和肾脏,也可引起儿童性早熟等危害。

纺织产品中重金属对儿童的影响也不容忽视,其中铅是已知的神经毒素,会影响人的感官、行动、认知和行为,包括学习障碍、难以集中注意力等;还可能影响儿童协调、视觉、空间和语言能力,以及贫血。幼年接触铅所造成的健康危害会持续到青少年和成年阶段。美国疾病控制和预防中心研究指出,儿童血液中的铅含量安全值应该为零,对铅的接触不存在安全阈值。锑会刺激人的眼、鼻、喉咙及皮肤,持续接触可破坏心脏及肝脏功能,吸入高含量的锑会导致锑中毒,症状包括呕吐、头痛、呼吸困难,严重者可能死亡。砷作用于神经系统,刺激造血器官,长期接触砷会引发细胞中毒和毛细管中毒、高血压、神经机能障碍,还有可能诱发恶性肿瘤。儿童智力低下可能与砷的暴露有关。汞也是已知的神经毒素,可破坏肾脏和很多人体系统,包括神经、心血管、呼吸道、肠胃、血液、免疫和生殖系统等。

② 纺织产品的"火"和"热"的危害。

3~6 岁儿童对周围的新鲜事物很感兴趣,如香烟、打火机、蜡烛、电等。在监护人视线外,这些事物除了会给他们烫伤、灼伤等危害之外,如果他们穿着的衣物质量存在缺陷(易燃面料),就会发生衣物燃烧、面料熔化等现象,对他们造成潜在危害。此外,衣物的使用性能不合乎要求,他们处于高温(低温)状态下,如夏天(冬天),就会导致儿童体温过高(或过低),造成伤害。

③ 纺织产品中的机械性危害。

3~6 岁儿童好动,而且动作具有不可预见性。当他们从高处跳下或者跌落的时候,衣物被挂住,就有可能造成窒息、勒颈、被勒部位供血不足等危害,或鞋子设计不合理,跳下过程会容易崴脚;纺织物的小部件也是他们的玩具,如衣物拉链上的拉锁,设计不合理就有可能卡住手指;运动衣物的绳索部分,对于他们有勒颈的潜在危害;毛绒玩具上的小零件和饰品,有可能被他们揪下(如纽扣)叼含在嘴里,一旦脱落就会有噎住窒息危险。衣物如果是不透气的材料制成的,对于他们而言,就有窒息闷死的危险;纺织产品如果有较为锋利的边缘或者尖,划伤、刺伤就是他们要面对的危险。

④ 纺织产品中的毒理性危害。

3~6 岁儿童虽然在身体和心理方面都有了长足发展,但是仍然缺乏安全意识和自我保护意识。在日常的家庭生活中,危险也在无形中迫近,如纯毛地毯容易滋生螨虫等寄生虫,增加儿童患呼吸道疾病的概率;儿童皮肤较为敏感,化纤地毯则会引起一些孩子的过敏反应;地毯的绒簇拔出力不够,儿童会轻易拔出,吞咽,引发肠胃疾病等;床上用品的 pH、耐水色牢度、耐酸汗渍色牢度、耐碱汗渍色牢度、耐干摩擦色牢度、耐洗色牢度、纤维成分含量都会对儿童稚嫩的皮肤造成影响。

案例分析[29]:

(1) 2007 年 1 月 16 日上午,广西临桂县临桂镇育才幼儿园,4 岁女孩小琼在玩滑梯时,衣服帽子上的绳子纽扣被滑梯缝隙卡住,帽绳紧紧勒住了她的颈部,导致其窒息而亡。

(2) 2011 年 2 月 25 日上午 11 点左右,济南市七里山幼儿园,4 岁女孩朵朵,在玩滑梯时帽子被滑梯上的突起物勾住,导致脖子被帽子和衣领紧勒窒息而死。

(3) 2010 年 12 月 22 日下午,浙江温州市滨海园区旭日幼儿园,4 岁男童小明在午休时间独自玩耍滑滑梯,不慎毛衣衣领被滑梯一尖处钩住,造成窒息身亡,20 min 后才被人发现。

2.2.3.3　3~6 岁儿童可能接触到的轻工类工业产品

3~6 岁的儿童归属于幼儿期,即幼儿园教育阶段,也称学龄前期,是儿童成长的关键时段,而且他们在身心方面都有较为明显的成长。该时段他们拥有了自己的独立活动空间,这个时期,儿童主要接触到的轻工类工业产品主要有以下几类,如图 2-1 所示。

图 2-1　轻工类工业产品样图

1）房屋及其相关产品

房屋及其相关产品包括油漆、壁纸、地板、大理石、瓷砖等房屋建筑材料，窗户，房门等。

房屋及其相关产品带来的危害：①化学危害，如装饰材料中的有害化学品，油漆、地板中的甲醛；②窗户安装如果不规范，不牢靠，儿童在窗户附近玩耍时，可能造成坠落伤亡事件；③地板或者大理石、瓷砖地面如果过于光滑，儿童易滑倒摔伤等。

2）家具类

家具类包括床、桌子、椅子、衣架、玩具架、书架、壁橱、沙发、衣柜、凳子、收纳箱等。

家具中的潜在危害：①化学危害、桌子、椅子、衣架、书架、壁橱、沙发、衣柜、凳子、收纳箱等表面涂漆中的甲醛以及增塑剂、阻燃剂等；②玩具架、书架、衣柜如果太高或者固定措施不到位，孩子因够不到而攀爬引起架子和柜子翻倒砸伤；③家具的棱角容易造成孩子的磕伤、碰伤；床设计中存在问题：毛边凸起物，容易刺伤、扎伤孩子；没有安全护栏或者护栏高度不够，孩子容易翻滚下来摔伤；孔隙大小不合适，过大则孩子容易掉下来摔伤，过小则孩子容易卡住受伤；④凳子、沙发等，高度要适宜且稳定性要高，否则容易造成这些家具的翻扣，砸伤孩子；⑤带盖子的收纳箱容易造成孩子窒息危险。

3）餐具、厨房用品等

餐具、厨房用品等，如筷子、刀叉、汤勺、碗盘、水瓶、水杯、锅具、暖瓶、烧水壶等。

餐具、厨房用品等产品带来的危害：①制作材料中的有害化学品，如竹、木制品中的甲醛,金属制品中重金属元素的溶出,塑料制品中的塑化剂等;②工具表面的细刺或突兀边缘易刺伤或划伤儿童;③工具设计不合理,如儿童练习用筷子和勺子设计存在缺陷,容易造成儿童的手或手指勒伤;④活泼好动是 3～6 岁儿童的天性,"工具"们在孩子手中俨然成了玩具,容易戳伤自己和他人,如筷子、刀叉、汤勺等;⑤工具中的小部件,如水瓶中的绳索和卡扣,可能造成儿童的勒颈和窒息危险;⑥让孩子尽量远离厨房,以免被暖瓶、烧水壶、热的锅具等烫伤。

专家提醒家长:刀具、煤气、水壶……厨房无疑是儿童安全防护的重中之重。因此,应尽量避免孩童出入厨房,刀具、水壶等要放置在孩子拿不到的地方,不使用时要顺手关闭煤气总阀等。

4) 洗浴用品和设施

洗浴用品和设施包括马桶、洗脸盆、浴缸、镜子等。

洗浴用品和设施中的危害:①制造原料中的有害化学成分,如甲醛、塑化剂、阻燃剂等;②儿童牙刷刷毛的附着力过小,刷毛脱落易扎伤儿童稚嫩的口腔皮肤,如果不小心吞咽的话,还有可能造成食道的损伤;刷头不宜过大,否则可能损伤稚嫩的牙龈,使牙龈出现红肿、出血等症状;刷毛要尽量软,且磨毛处理要得当,未经过圆滑处理的刷毛,会伤损孩子的牙龈;③洗脸盆、浴缸等高度设置需合理,过高容易引起孩子的攀爬造成跌落伤害;在洗脸盆、浴缸附近的地面经常会有水洒落,需要有防滑措施,以免滑到摔伤。

5) 学习文具、工具和书籍、纸品等

(1) 学习文具和工具,如笔、橡皮、铅笔盒(袋)、尺子、书包、剪刀、学习机、学习光盘等。

潜在危害有:①制造文具原料中的有害化学成分包含:(i)可迁移有害重金属元素,如锑、砷、钡、镉、铬、铅等;(ii)涂改制品中的有机溶剂;(iii)胶黏剂中游离的甲醛、苯等;(iv)塑料文具中的塑化剂等;②文具上小部件,因其颜色鲜艳易被儿童吞食,造成窒息、中毒危险;③文具的尺寸设计,如笔帽、橡皮的大小,儿童爱啃咬这些东西,可能会引起吞咽窒息危险;④物理结构,如文具盒、卷笔刀、手工剪刀、绘图用尺的边缘和尖端部分,都有可能给儿童带来危险;⑤学习机的音量过大,可能对儿童听力造成损伤;⑥部分学习光盘中糟粕的内容,会对儿童的身心造成不良影响。

(2) 书籍、纸品(包括报纸、打印纸、餐巾纸等)。

潜在危害:①化学危害,书本纸品中的油墨和增白剂或者荧光白;②物理伤害,纸品边缘较为锋利,容易划伤手指。

6) 玩具和娱乐设施设备

(1) 儿童玩具。

儿童玩具是指专供儿童游戏使用的物品。玩具是儿童把想象、思维等心理过程转向行为的支柱。儿童玩具能发展运动能力,训练知觉,激发想象,唤起好奇心,为儿童身心发展提供了物质条件。儿童玩具种类众多,可分为拼图玩具类、游戏玩具类、工具类、益智组合类、积木类、交通玩具类、拖拉类、拼板玩具类、卡通玩偶类等。

3～6岁儿童,他们的行为方式具有一定的不可控性,感知不安全因素的能力相对较弱,是一个需要靠监护人保护的特殊的弱势消费者群体,但是他们又比较活泼好动并且对新鲜事物充满好奇,敢于去冒险和尝试。当存在危及儿童健康和生命安全的不合理危险时,他们基本上不具备自我保护的意识,极易受到伤害。玩具中潜在的危害在这种情况下,慢慢靠近他们。

玩具中存在的潜在危害有:①化学类风险,玩具产品所使用的材料、玩具或其包装表面油漆、涂层或颜料中有毒有害化学物质的含量超过了法规或者标准规定的限量要求所引起的化学危险。如果儿童不慎摄取到有毒有害化学物质,他们的健康可能会受到不良的影响。另外,有些玩具的电池盖容易被儿童打开,如果儿童吞食电池,或者电池的电解液泄漏,将造成儿童化学品中毒的危险。②锐利尖端、锋利边缘、缝隙间距不当、结构稳定性不足或弹射玩具动能过大等原因造成儿童割伤、划伤、刺伤、摔伤、射伤等受伤危险。③儿童玩具产品中的绳线长度或绳套周长由于设计不当超过标准规定的要求,有造成儿童颈部被绳圈勒死的危险。④有些儿童玩具产品使用的小磁铁易脱落,若被儿童误食,可能因磁铁在肠道内互相吸附,导致胃或肠道穿孔、梗阻的致命伤害危险。⑤玩具电话、玩具手机、玩具气枪等儿童玩具产品的音量分贝数超过欧盟最高的限量值,会造成儿童听力受损危险。⑥很多儿童玩具产品上的小部件脱落、玩具碎片或塑料薄膜袋厚度不符合相关标准规定的要求导致儿童噎塞或窒息的危险;也有一部分是因为儿童玩具产品所使用的材料遇热或潮湿后体积容易膨胀,且膨胀系数较大,被儿童吞食后导致窒息的危险。⑦电玩具产品,通常为电池过热等造成的灼伤危险,以及因其不合理的电路设计,对儿童产生电击危险,电玩具还有电磁兼容方面的要求,通常这类风险还容易引发火灾危险。⑧燃烧类风险主要是指儿童玩具产品使用非阻燃材料或阻燃性能不符合相关儿童玩具质量安全标准规定要求的材料(如毛绒、布、纺织类材料等),其接触火源易着火且燃烧速度过快,在意外情况下有造成儿童烧伤、烫伤,甚至引发火灾的危险[30]。

(2) 娱乐设施、设备,如蹦蹦床、跷跷板、滑梯、木马等。

潜在的危害有:①制造原料和辅料中的有害化学成分;②设施结构设计不合理,如儿童的四肢可能卡在缝隙处或防护网中,发生危险;③安装不牢固,可能发生坍塌事故;④缺乏防护保护措施,儿童有跌落危险;⑤过冷或过热的环境下,设备温度随环境变化,可能引发冻伤或者烫伤危险。

7）童车及车用保护设备和装置

（1）儿童自行车。

按照国家标准，儿童自行车则是特指鞍座最大高度大于 435 mm 而小于 635 mm 的、凭借作用于后轮的驱动机构骑行的自行车。适用年龄为 4～8 岁，并配备平衡轮。儿童自行车对儿童的潜在危害：①化学危害，包括自行车中的重金属元素、自行车外面保护漆中的有机物等；②鞍座高度，儿童自行车规定鞍座高度为 435～635 mm，如果其高度大于 635 mm，从儿童的生理角度考虑，当发生紧急情况而需要用脚踩踏地面的时候，会因为鞍座高度太高，孩子的脚无法触碰到地面，而发生安全事故；③闸把尺寸的宽度，自行车出于对其适用年龄的考虑，对闸把的尺寸设计是有特殊要求的，保证了在需要制动的情况下，儿童可以有效地施力于闸把处，确保儿童自行车能够产生制动效果，避免危险的碰撞发生；④平衡轮，儿童自行车在正常骑行状态下应按照说明书要求加装平衡轮，平衡轮可以保证儿童在骑行时不会因为失去重心而摔倒，所以它是儿童自行车一个重要的零部件，平衡轮的强度直接影响儿童骑行时的安全要求；⑤链罩等保护，链罩可以保证孩子们在骑车的过程中不会发生因为裤脚缠绕在轮盘上，避免危险发生[31]。

（2）儿童三轮车。

根据国家标准，儿童三轮车（child tricycles）是一种轮式车辆，各车轮与地面的接触点应能形成三角形或梯形，并仅借人力靠脚蹬驱动前轮而行驶的车辆。如果轮子与地面的接触点构成的形状为梯形，则窄轮距宽度应小于宽轮距的一半。使用儿童三轮车可能发生的危害有：①化学危害，儿童三轮车的可触及部件和材料中的重金属元素，儿童因吮吸、舔食或吞咽会造成潜在危险；②儿童三轮车的外露突出物和尖锐边缘可能会对儿童造成危害；③可拆卸或测试中脱落的部件，可能会给儿童造成划伤、窒息危险；④如向后和向前倾斜的稳定性不够，儿童骑行过程中会因爬坡、下坡造成翻车事故；⑤鞍座高度，脚蹬离地高度以及鞍座到脚蹬距离是适中，以免会对儿童处于生长期的骨骼造成危害[32]。

（3）儿童推车。

目前，我国儿童推车的几个出口目标市场地区有欧洲、美国、加拿大和澳大利亚，这些地区都针对儿童推车指定了严格具体的法规及标准来保证进口儿童推车产品的质量安全，如欧盟的 EN 1888，美国的 ASTM F833，加拿大的 SOR 85-379（法规），澳大利亚的 AS/NZS 2088，新西兰的 CPN No. 8 of 2007（法规）。从欧美儿童推车召回案例分析得出，儿童推车存在的潜在危害有：①推车开合时，折叠铰链处产生剪压挤压危险；②刹车故障造成的危害；③拉绳会勒住小孩子的脖子造成窒息危险；④结构设计诸多缺陷，如在可解除区域的活动部件（遮阳棚固定处）之间活动距离小于 12 mm，有挤压和陷入小孩手指的危险；在车台座位布料没有绷紧整平和固定好，可能导致小孩跌落出车台等；推车上易脱落的小部件等[33]；⑤另外,儿童推车的制作原料、涂料以及辅料中的有害化学成分,如重金属元素、甲醛、阻燃剂等。

(4) 摩托车和汽车等。

潜在危害:当今时代,交通(这里主要指汽车和摩托车)更多更深地渗透到儿童的日常生活中,如家人送孩子去幼儿园、购物、外出旅游等,在这些活动过程中,儿童由于年幼无知、缺乏交通安全知识、自我保护意识和能力薄弱,经常会酿成悲剧。据交通安全机构的统计显示,中国平均每年由于交通事故造战死伤的儿童人数超过 18 500 多名,死亡率是欧美的 2.5 倍,交通事故已成为 14 岁以下儿童死亡的主因。

(5) 安全防护设备,如护膝、护肘、头盔等。

儿童骑行童车的过程中,由于自身身体尚未成熟,各机体动作准确性和协调性有待提高,因此会经常出现摔倒的现象。所以,佩戴安全防护设备(如护膝、护肘、头盔等)是有效保护儿童的一个重要途径。但是,现在市场上儿童安全设备琳琅满目,良莠不齐,其中潜在的儿童伤害风险不容忽视:①化学危害,防护设备制作材料中的有害化学成分;②防护设备外露突出物和尖锐边缘可能会对儿童造成危害;③防护设备上的小部件可能会给儿童造成划伤、窒息危险;④防护设备的物理性能,如头盔硬度、质量和尺寸在减小儿童伤害过程中至关重要,不合理的设计或者有缺陷的设计不仅不会起到保护作用,反而会给其带来潜在的危害。

(6) 儿童安全座椅等。

汽车在现今社会随处可见,汽车社会已然到来,它影响的不仅是成年人,儿童也成为重要的参与者。但是由于儿童本身身体发育和智力发育的限制,更容易受到交通事故的伤害。儿童安全座椅是一种专为不同体重(或年龄在 12 岁以下)的儿童设计,是一种系于汽车座位上,将孩子束缚在安全座椅内的一种能有效提高儿童乘车安全的座椅。随着人们安全意识的不断提升,儿童安全座椅的使用率也会迅速增大,然而有质量缺陷的儿童安全座椅不但起不到对儿童安全防护作用,还给儿童带来伤害的风险。近年来国外对质量缺陷儿童安全座椅召回的情况如表 2-1 所示[34]。

此外,儿童安全座椅制作原料、辅料含有甲醛、多环芳烃、阻燃剂等有毒有害物质。为此,中国、美国、加拿大、日本、欧盟、韩国等国家出台了相应的儿童安全座椅的强制性技术标准,如中国 GB 27887—2011、欧盟 ECE Regulation 44-04、美国 49 CFR571.213-09。

案例分析:

(1) 2012 年 7 月,平度市的张女士(化名)单位分了福利房,装修买新家具时,单独给 4 岁儿子买了一张儿童床。可令人没想到的是,刚入住一个多月,张女士 4 岁的儿子就感觉身体不舒服、皮肤发痒过敏,居然还流了鼻血。从事室内空气污染

表 2-1　近年来儿童安全座椅召回情况[34]

时间	缺陷和召回原因	召回国家(地区)	座椅类别	伤害分类
2013/11	座椅的把手易折断,造成儿童受伤的危险	欧盟	儿童安全座椅	人身伤害危险
2013/10	产品系带(织带)上的带扣存在制造缺陷,该缺陷可能会在发生交通事故情况下降低保持力度,存在儿童伤害的风险	欧盟	儿童安全座椅	碰撞受伤危险
2013/9	指示安全带路径的标签(标识)箭头方向可能有误,导致儿童座椅被不正确安装,存在发生交通事故时儿童受伤的风险	美国国家高速公路安全局(NHTSA)	提篮式儿童安全座椅	碰撞受伤危险
2013/9	(1) 玩具杆和座椅之间可能夹紧或压碎儿童手指; (2) 儿童向前倾斜,摇篮可能因缺乏稳定性而倾翻; (3) 手提带上的缝线在使用过程中遭到损坏,手提带可能从座椅上脱落,存在摇篮从看护者手中坠落的风险; (4) 玩具杆的设计和颜色存在误导其是坚固的手提把手的风险,看护者通过玩具杆提起摇篮,座椅便会快速向后倾翻,从而导致儿童从中摔出; (5) 只有一根安全腰带,如果摇篮向后倾翻,儿童便可能从中滑出	欧盟	儿童安全座椅	手指或手臂的挤夹伤害风险、碰撞受伤风险、跌落受伤风险
2013/7	产品中部分锁扣(带扣)可能存在制造缺陷。在遭受外部冲击的情况下,锁扣可能会自动打开,从而对儿童造成人身伤害	欧盟	儿童安全座椅	碰撞受伤危险
2013/5	产品在侧面碰撞时儿童头部与车门距离小于 10 mm,儿童的头部可能无法得到足够的保护,不符合澳大利亚相关标准	澳大利亚	儿童安全座椅	碰撞受伤危险
2012/11	产品的安全带(织带)上有软垫,儿童将软垫咬破、吞咽碎片,有致其窒息的危险	加拿大卫生部(Health Canada)	儿童安全座椅	窒息伤害危险

续表

时间	缺陷和召回原因	召回国家(地区)	座椅类别	伤害分类
2012/2	在某些特定的汽车座椅上,用来将安全带调节器固定在座舱上的铆钉可能存在不当装配而导致脱落,整个安全带安装系统无法固定住座舱里的儿童。一旦发生汽车碰撞事故,会增加人身伤害的危险	加拿大卫生部(Health Canada)	儿童安全座椅	碰撞受伤危险
2011/2	产品上的按钮不能完全按照设计复位,可能导致系带(织带)松弛,增加儿童在交通事故中受伤的危险	美国国家高速公路安全局(NHTSA)	儿童安全座椅	碰撞受伤危险
2010/11	产品安全带的胸夹易破碎,有致婴儿划伤的危险;此外,由于胸夹较小,若被婴儿放入口中,有致其窒息的危险	加拿大卫生部(Health Canada)	儿童安全座椅	人身伤害、窒息伤害危险
2010/7	没有固定用的安全拉带,不符合澳大利亚相关法律规定	澳大利亚竞争和消费者委员会(ACCC)	儿童安全座椅	碰撞受伤危险
2007/5	产品的扶手在使用过程中,可能突然松脱前倾,导致婴儿滚落,存在婴儿擦伤、淤血、骨折、脑震荡的危险	美国消费品安全委员会(CPSC)	提篮式儿童安全座椅	人身伤害危险

治理多年的青岛吉华环保公司技术人员周先生说,家中甲醛含量超标3倍多,其中儿童床附近空气的甲醛含量就超标严重。

事故原因:甲醛严重超标。

(2) 2002年2月14日,北京市儿童医院小儿内科主任医师向媒体发布了一条令人震惊的消息:2002年开始医院接诊白血病患儿时进行了家庭居住环境调查,结果发现,十分之九的小患者家,在半年之内曾经装修过,而且大多是豪华型装修!医学专家推测,装修造成的室内环境污染是近年来小儿白血病患者明显增加的一个诱因。

事故原因:甲醛严重超标。

(3) 2009年6月9日,美国召回"Hudson"和"Pinehurst"牌侧开门式婴儿床大约2900件。召回原因为此婴儿床的侧边护栏是可以打开的,固定底板和床头的圆形弹簧销会突出来,会使侧边护栏从婴儿床上脱落。美国消费品安全委员会和LaJobi已经收到了共33起由于圆形弹簧销的问题导致的侧栏脱落报告。在这些报告中,2名儿童被卡住,一名儿童从床上掉下来。

事故原因:床的设计存在缺陷。

(4) 2014 年 9 月,浙江市民王大妈急急忙忙带着 3 岁的孙子到医院就诊。原来孩子上午在小区里骑小自行车,骑完后,蹲在自行车边玩车,由于自行车链罩没有完全封闭,一不小心,手指便被夹进了平行横杠,孩子的手指被夹得都是淤青。

事故原因:自行车设计不合相关规定要求,链罩没有完全封闭。

(5) 2014 年 11 月初,杭州萧山闻堰镇有一个 6 岁多的男孩在骑童车时意外摔倒了,造成下巴等多个部位受伤,最后在医院缝了 5 针。当时童车的速度比较快,在转弯时,孩子身体前倾,可能是因为用力过猛,童车的把手突然脱落。这直接导致孩子失去重心并造成伤害。

事故原因:自行车质量不过关,速度过快,把手脱落导致事故发生,而且儿童未穿戴护具。

(6) 2014 年 8 月 23 日下午,河南安徽 5 岁的小明一个人在家附近的省道边玩耍,被马某驾驶的轿车撞倒,当场死亡。

事故原因:马某车速过快为主要责任,小明的父母因监管不力,负事故的次要责任。

2.2.3.4　3～6 岁儿童可能接触到的化学类工业产品

(1) 化妆品和洗浴用品,如洗衣液、洗手液、洗发液、护肤品、爽身粉、香皂、牙膏等。

(2) 颜料和墨水。

(3) 药品。

(4) 其他,包括火柴、打火机、蚊香/驱蚊液、杀虫剂、鞭炮等(图 2-2)。

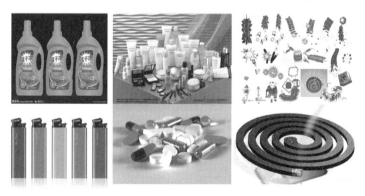

图 2-2　化学类工业产品样图

潜在危害主要有:①化学风险,产品中有害成分,如香味剂、塑化剂、甲醛等;牙膏、药品误食造成的中毒等;②机械性风险,如固体口服类药物的尺寸,过大可能引起窒息危险；火柴、打火机等造成的烧伤风险；鞭炮和打火机爆炸造成的风险等。

案例分析：

（1）2014 年 1 月 4 日，浙江省永康市第一医院烧伤整形科接诊了一名 6 岁的小男孩。这名小男孩的父母出去上班，把他单独关在房间里。结果孩子玩打火机，导致面部和手部烧伤。

事故原因：打火机无防儿童开启装置，且无父母的监管。

（2）2015 年 3 月 11 日，东莞市儿童医院通报称，日前该院接诊了一名幼童，因把爷爷的降压药当糖吃，结果心跳呼吸都停了，险些丧命。

事故原因：药物无防止儿童开启装置，儿童轻易打开；父母缺乏监管。

2.2.3.5　3～6 岁儿童可能接触到的包装类产品

3～6 岁儿童可能接触到的包装类工业产品主要涉及各式各样的包装容器，包括食品包装、玩具包装、物体包装、购物包、袋等。

3～6 岁儿童在接触这类工业产品中可能遇到的危险主要源于以下两个方面。

1）包装材料中的化学危害

包装材料的种类主要有：橡胶制品，陶瓷器、搪瓷容器，塑料制品，铝制品、不锈钢食具容器、铁质容器，玻璃容器，包装用纸等系列化产品，复合包装袋等[35]。

目前，塑料因其低廉的价格而被广泛应用，但是塑料包装存在一定的化学安全问题，主要表现为材料内部残留的有毒有害化学污染物的迁移与溶出而使儿童受到伤害。例如，带有印刷图案的食品塑料包装，其中重金属元素会溶出导致食品污染，从而使儿童受到伤害。

纸是目前使用最广泛的绿色包装材料。纸包装材料中有害物质的来源主要存在两个方面：造纸原料带来的污染和造纸添加物及油墨造成的污染。

2）包装产品的机械性伤害

包装设计存在缺陷，另外 3～6 岁儿童本身的好奇好动的天性，很容易对他们造成机械性的伤害，如包装上的绳索、小部件、卡扣、不光滑的边缘等会给儿童带来勒颈、窒息、弄伤、划伤等伤害（图 2-3）。

结语：学前期儿童（3～6 岁）由于机能发育尚处于不成熟的阶段，处事的能力较低，失误的概率随之增多。同时也由于这时期儿童的生理及心理发育具备了一定的能力，所以这时期的儿童正处于整个儿童期最危险的阶段，因此，在设计时要充分考虑到学前期儿童的年龄特征，设计能适应儿童能力与需要的安全产品，使儿童能有效地完成任务，并确保所设计的系统和环境能保证儿童的体力和智力正常发挥，同时满足儿童的安全、舒适性要求。

图 2-3　包装类工业产品样图

2.2.4　6 岁以上儿童常见可接触工业产品

学龄期是指 6～7 岁入小学起至 12～14 岁进入青春期为止的一个年龄段(相当于小学学龄期)。该时期小儿体格生长仍稳步增长,除生殖系统外其他器官的发育到本期末已接近成人水平。脑的形态已基本与成人相同,智能发育较前更成熟,控制、理解、分析、综合能力增强,是长知识、接受文化科学教育的重要时期。另外,该时期小儿四肢的动作迅速发展,扩大了其活动范围。他们动作的协调性、灵活性、准确性有了很大提高,协同活动逐渐增多,自我保护意识也在不断提升。他们对周围事物产生强烈的兴趣,好奇、好动又好问,喜欢模仿成人的举动,且有强烈的自我意识,要求独自活动,但他们的知识、经验依然缺乏自我保护的能力和意识,尤其是对潜在的危害。

2.2.4.1　6 岁以上儿童可接触到的机电类工业产品

(1) 机械类产品,如洗衣机、缝纫机、碎纸机、医疗器械、健身器械(跑步机等)等。

(2) 电器及其附属产品,如电风扇、电视机、微波炉、电饭锅、吸尘器、饮水机、吹风机等,还包括含电机的玩具和电池、插座、电线电缆等。

潜在危害:①有害化学成分,如重金属元素、有机涂层、阻燃剂和增塑剂以及电池的泄露等;②机械性风险,产品上的凸起和尖锐部分,易发生撞伤、划伤等危害;产品结构设置不合理而引发的危害,如缝纫机中皮带和转轮的结合处,没有防护措施儿童可能会夹伤手指;洗衣机如果没有防儿童开启装置,则易发生夹伤和儿童爬入窒息的危险;儿童不慎将手指伸入扇叶中受伤;被电饭锅、饮水机、吹风机等烫伤;③电性能类风险,孩童有意无意触摸到电器、插座、插销被电伤/死;被裸漏的电线电缆电伤或电死。

案例分析:

2011年1月23日下午6时许,家住保山市隆阳区兰城街道办事处王官社区白马庙组的董玉宝夫妇,6岁半的儿子阳阳边看电视边把自己玩具遥控车上的一只5号南孚电池取出后拿在手里玩,手中的电池突然爆炸,阳阳的右眼因此被炸伤,经医院诊断,有失明的可能。

2.2.4.2　6岁以上儿童可接触到的纺织类工业产品

6岁以上的儿童可接触到的纺织类工业产品主要有以下几种:

(1) 衣物。

(2) 毛绒和布艺玩具等。

(3) 家居纺织用品,如窗帘、地毯、被褥、床上用品等。

潜在危害主要有:①化学危害,如衣物中的甲醛,印花图案中的有机溶剂和重金属铅,可分解芳香胺染料等,长期穿着这样的衣物会造成儿童机体中毒,皮肤过敏以及智力低下等危害;②机械性伤害,该时段的儿童独立意识在不断增强,独自活动时间增多,也更喜欢一些挑战性的动作,这无疑增加了他们受到伤害的概率,如跑跳时,衣物被挂住,可能造成窒息、勒颈等危险,鞋子设计不合理,跑跳过程中容易发生崴脚受伤事件。

案例分析:

(1) 2014年12月2日下午,10岁小青(化名)戴着长围巾乘坐电动车时,长围巾被车轮绞住。在惯性作用下,小青的脖子被紧紧勒住,电动车停下后,小青感觉自己不能动了,而且呼吸也变得非常困难,诊断为脊柱断裂全身瘫痪。

事故原因:孩子所带围巾过长而被绞进电动自行车车轮里酿成惨祸。

(2) 2015年1月16日,6岁男孩汪永(化名)发现自己上衣拉链有一节卡住了,就想自己动手把它修好。他用手拉拽拉链,效果不明显,于是,干脆用嘴去咬,想把被卡住的那节拉链咬开。谁知,一不小心,上嘴唇被拉链头卡住。

事故原因:拉链设计不合相关规定要求。2009年8月1日实施的《儿童上衣拉带安全规格》、《童装绳索和拉带安全要求》等规定:7岁以下幼童上衣的风帽和颈部不允许使用拉带,刚出生至14岁儿童衣服上腰部及下摆处的拉带超出绳道部分不得超过7.5 cm等。

2.2.4.3　6岁以上儿童可接触到的轻工类工业产品

该时段儿童主要接触到的轻工类工业产品主要有:

(1) 房屋及其相关产品,如油漆、壁纸、地板、大理石、瓷砖等儿童房建筑材料等。

(2) 家具,如桌椅、衣架、玩具架、书架、壁橱、沙发、衣柜、床等。

　　(3) 餐具、厨房用品等,如筷子、刀叉、汤勺、碗盘、水瓶、水杯、锅具、暖瓶、烧水壶等。

　　(4) 学习文具、工具和书籍、纸品等,如笔、铅、橡皮、书包、尺子、修改液、剪刀、订书器、铅笔盒/袋、课本、作业本、纸张、学习机、学习光盘等。

　　(5) 洗浴用品和设施,如牙刷、洗脸盆、浴缸、洗衣机等。

　　(6) 玩具和娱乐设施设备。

　　(7) 童车及车用保护设备和装置。

　　(8) 医疗器械,如温度计、手脚腕固定夹板、弱视训练仪、轮椅、近视镜等。

　　(9) 乐器类,如钢琴、小提琴、口风琴、马蹄琴、小号、古筝等。

　　(10) 雨具,如伞、雨披等。伞上所含有一些锐利尖端及锐利边缘可能会伤到儿童。

　　潜在危害:①化学危害,如装饰材料中的有害化学品,油漆、地板中的甲醛,家具表面涂漆中的甲醛以及胶黏剂中的有害成分,塑料产品中的塑化剂,印花图案中的油墨和重金属,学习文具中的香味剂和荧光剂等;②机械性风险:(i)产品中粗糙的边缘和凸起的尖锐部分,以划伤儿童,如尺子、订书器等;(ii)无防儿童开启装置,如洗衣机无防儿童开启装置,儿童可轻易爬入,引发窒息危险;(iii)产品无防护措施,如浴室和浴缸附近的地面应安装防滑地面或者放置防滑垫等,以防止儿童滑倒受伤;(iv)玩具结构设置不合理,如玩具面具或卡通头帽透气性较差,易引发儿童缺氧或窒息危险;(v)家具的棱角容易造成孩子的磕伤、碰伤;(vi)乐器的琴弦一般较细,容易划伤儿童手指;③生理性伤害,如有声玩具的音量分贝数不合规定,会造成儿童听力受损的危险;学习光盘中的糟粕内容对心智更加健全的 6 岁以上儿童更容易造成不良影响,如恐惧等;高危玩具,如玩具枪,会对自己和玩伴造成伤害。

　　案例分析:

　　(1) 据有关部门统计,目前我国每年因装修污染引起的上呼吸道感染而致死亡的儿童约有 80 万,其中 30 多万 5 岁以下儿童的死因与室内空气污染有关。

　　事故分析:在儿童房装修和装饰材料中,材料和油漆涂料的隐患最大,其含有的甲醛和苯类物质是儿童健康的最大杀手,是导致小儿白血病和癌症的重要原因。

　　(2) 广东省质监局近日公布 2014 年广东省儿童家具产品质量专项监督抽查结果,不合格率为 42%,涉及儿童家具的结构安全(边缘及尖端、孔及间隙、其他部位),椅凳类力学性能(向后倾翻实验),柜类力学性能(推拉件强度实验),有害物质限量(甲醛释放量),警示标志等 7 个项目。

　　事故分析:儿童家具的设计和质量不符合国家相关标准,给孩子造成了潜在的危害。

　　(3) 2012 年 5 月,一名 8 岁男童和伙伴捉迷藏躲进洗衣机里,被卡住无法脱身,后被民警救出。

事故分析:儿童缺乏安全意识以及其爱玩的天性,父母监督力度不够。

(4) 2015 年 1 月 2 日晚上,7 岁淘气的兵兵(化名)跟妈妈斗气,拿着筷子跑出了家门,不慎跌倒筷子插入了眼睛下方,直抵脑颅。要是再往里 1 cm,这孩子就"没了"!

事故分析:孩子调皮的天性导致了事故的发生。专家提醒,家长不要给小孩带有尖锐棱角的玩具、物品,如刀、剪、针、筷子等。小孩都有贪玩的特性,在小孩想要玩带尖锐棱角的玩具、物品时,家长应该及时制止。

(5) 10 岁的家骏(化名)是长沙市河西新民路某小学四年级学生,是一个有半年"镜龄"的"眼镜娃"。2012 年暑假过完后开学,家骏感觉看黑板有点吃力,妈妈于是带他去配镜,店员给他配了 150 度近视镜,戴上眼镜后,家骏常觉得眼睛发胀,头晕。几天前,妈妈带家骏去医院做了专业眼科检查,扩瞳验光的结果让她大吃一惊:孩子目前的近视只有 50 度,不需要戴眼镜,但是在戴了 150 度眼镜大半年之后,现在已转成真性近视,过度矫正对眼睛已经造成了不可逆转的伤害。

事故原因:眼镜店因为缺乏具有正规资质的视光学医师,眼镜验配不合格率高达 85%。过矫、欠矫只会对孩子的视力造成更大伤害。

(6) 2008 年 9 月,中新社浙江分社接到市民江先生投诉,称自己购买的欧姆龙公司生产的一款型号为 MC-510 的耳式电子温度计计温不准,险些延误了孩子的病情。

事故原因:温度计质量缺陷,险酿成大祸。

(7) 2012 年 7 月,巍山镇 10 岁儿童赵某在玩耍时被同伴的塑料子弹枪指着,同伴一扣手指,一粒高速飞出的橘黄色塑料子弹正面击中了赵某的右眼,赵某当即痛的在地上打滚。大人发现其黑眼珠变成了红色,眼角有少量血丝流出。所幸,经过治疗已经康复。

事故原因:玩具枪本身具有安全隐患,另外 6~14 岁孩子喜欢玩耍,喜欢挑战性和冒险性动作和游戏,本身安全意识还比较薄弱,致使事故发生。

(8) 2010 年 6 月,8 岁的小勇和几个孩子一起玩滑板,正当他想加快速度,像小伙伴一样"飞驰"时,却在一个下坡处没掌握好平衡,摔在了旁边的铝合金护栏上,医生诊断其为骨裂。

事故原因:医学专家认为滑板运动对脊柱的影响不是很好,长期玩滑板,容易出现儿童性的椎间盘突出。另外,玩滑板摔倒时,最容易发生肘关节骨折,其次是扭伤。10 岁以下儿童不宜从事滑板运动。

2.2.4.4　6 岁以上儿童可接触到的化学类工业产品

6 岁以上儿童可接触到的化学类工业产品主要有:

(1) 化妆品和洗浴用品,如洗衣液、洗手液、洗发液、护肤品、爽身粉、香皂、牙膏等。

（2）颜料和墨水。

（3）药品。

（4）其他,包括火柴、打火机、蚊香/驱蚊液、杀虫剂、鞭炮等。

潜在危害主要有:①化学风险,产品中有害成分,如香味剂、塑化剂、甲醛等;牙膏、洗浴用品、药品误食造成的中毒等;②机械性风险,火柴、打火机等造成的烧伤风险;鞭炮和打火机爆炸造成的风险等。

案例分析:

（1）儿童肾功能还未发育完全,药源性肾损害特别容易发生在儿童的病人身上。专家提醒磺胺类药物(如复方新诺明)、喹诺酮类药物(如诺氟沙星、环丙沙星)、造影剂、氨基糖苷类抗生素(如庆大霉素、卡那霉素)等易引起小儿肾脏的损害。

事故原因:儿童肾功能还未发育完全,小儿的药物使用应该严格把关,谨防药物对小孩造成肾损伤。小儿用药要坚持合理用药、切忌滥用药物。

（2）据统计,美国 14 岁以下儿童中,每年意外中毒死亡人数超过 100 人。清洁剂、化妆品、杀虫剂、颜料、酒精等都非常危险。

事故分析:儿童好动、好奇的行为,使这些东西都变成了"杀手"。专家建议家长把危险品放在孩子够不着的壁橱,最好上锁。

2.2.4.5　6 岁以上儿童可接触到的包装类工业产品

6～14 岁儿童在身体和心理上已经接近成年人,自我保护的意识显著提高。该时段儿童可能接触到的包装类工业产品主要是各式各样的包装容器,包括食品包装、玩具包装、物体包装、购物包、袋等。

这些产品潜在的危害:①材料中的有害化成分,如竹、木制品中的甲醛,金属制品中重金属元素,塑料制品中的塑化剂和残留的有毒有害化学污染物的迁移与溶出等;②包装产品质量较差,突兀边缘和细刺会对儿童造成伤害。

结语:6～14 儿童从属于学龄期,又称为童年期,该时期的儿童大脑机能继续发展,儿童能更细致地分析综合外界事物,并且更善于调节控制自己的行为。运用物体的动作能力也趋于成熟,可以从事更为复杂精细的活动。儿童知觉的有意性、目的性很快发展起来,分析与综合统一的水平不断完善和发展。空间知觉和时间知觉进一步发展,观察力不断发展,逐渐成为一种自觉的、独立的、有计划的能够有意坚持的心理活动。儿童的自我保护意识也在逐渐加强,但是在现实生活中他们在危险知识以及经验方面都很匮乏,因此,该时段的儿童仍属于弱势群体,需要公众的爱护和保护,使他们尽量远离生活中工业产品带来的危害。

参 考 文 献

[1] 李晓捷. 人体发育学[M]. 2 版. 北京:人民卫生出版社,2013.

[2] 沈晓明. 发育和行为儿科学[M]. 南京:江苏科学技术出版社,2003.

[3] 江林. 消费者行为学[M]. 北京:首都经济贸易大学出版社,2007.

[4] 孙一文. 产品设计与消费者行为的互动性研究[D]. 南京:南京理工大学硕士学位论文,2004.

[5] 申纲领. 消费心理学[M]. 北京:电子工业出版社,2007.

[6] 王长征. 消费者行为学[M]. 武汉:武汉大学出版社,2003.

[7] 柳冠中. 事理学论纲[M]. 长沙:中南大学出版社,2007.

[8] 李乐山. 工业设计心理学[M]. 北京:高等教育出版社,2001.

[9] 朱智贤. 儿童心理学[M]. 北京:人民教育出版社,1994.

[10] 周宗奎. 现代儿童发展心理学[M]. 合肥:安徽人民出版社,2000.

[11] 李晓瑭. 儿童玩具包装设计研究[D]. 株洲:湖南工业大学硕士学位论文,2008.

[12] 张莉. 性别角色社会化与儿童音乐行为[D]. 北京:首都师范大学硕士学位论文,2007.

[13] 乔建中,雄文琴. 性别差异与儿童心理发展[J]. 南通大学学报,2006,2:45-46.

[14] 凯瑟琳·费希尔. 儿童产品设计攻略[M]. 王冬玲,王慧敏,译. 上海:上海人民美术出版社,2003.

[15] 沈燕. 基于行为方式的儿童产品设计研究[D]. 无锡:江南大学硕士学位论文,2010.

[16] 杨超. 儿童家具质量调查[J]. 生活上海标准化,2004,6:23-26.

[17] 詹西娅. 管窥中国家具的装饰设计[J]. 家具与室内设计,2007,1:80-81.

[18] 韩家炳. 多元文化,文化多元主义,多元文化主义辨析—以美国为例[J]. 史林,2006,5:185-188.

[19] 洪文翰,彭永爱. 文化认知:全球文化多元的演变走势[J]. 长沙理工大学学报:社会科学版,2004,03:
    22-22.

[20] 中华人民共和国国家质量监督检验检疫总局. GB 22793.1—2008 家具 儿童高椅 第 1 部分:安全要求
    [S]. 北京:中国标准出版社,2013.

[21] 肖铭. 家的设计:书房儿童房休闲空间[M]. 福州:福建科学技术出版社,2005.

[22] 肖娅晖. 论儿童家具的情感化设计[J]. 现代装饰:理论,2012,2:3-4.

[23] 洪文翰,彭永爱. 文化认知:全球文化多元的演变走势[J]. 长沙理工大学学报,2004,19:90-92.

[24] Stun-Paulsen A,Aagaard-Hensen J. The working position of school children[J]. Applied Ergonomics,
    1994,1:63-64.

[25] 全国标准化原理与方法标准化技术委员会. GB/T 20002.1—2008 标准中特定内容的起草 第 1 部分:
    儿童安全[S]. 北京:中国标准出版社,2008.

[26] 中华人民共和国国家质量监督检验检疫总局. GB 15979—2002 一次性使用卫生用品卫生标准[S]. 北
    京:中国标准出版社,2002.

[27] BS EN 14372:2004,Child use and care articles-Cutlery and feeding utensils-Safety requirements and
    tests[S]. Brussels:European Committee for Standardization,2004.

[28] 况宇翔. 4—5 岁儿童产品特性研究[J]. 内江科技,2007,1:109-111.

[29] 国家质检总局缺陷产品管理中心[W]. http://www.dpac.gov.cn/baby2012/shal/etfz/ 2015-03-06.

[30] 王璨. 我国出口儿童玩具召回风险分类——基于 2008—2012 年出口欧美的数据分析[J]. 宏观质量研
    究,2013,3:123-128.

[31] 栾兆琳. 成人小轮车不可当儿童车[J]. 大众健康,2012,11:105-105.

[32] 中华人民共和国国家质量监督检验检疫总局. GB 14747—2006 儿童三轮车安全要求[S]. 北京:中国标

准出版社,2007.

[33] 张登阳.欧美儿童推车召回案例分析[J].中外玩具制造,2013,1:35-38.

[34] 郭仁宏,黄宇斌,苍安国.儿童安全座椅质量缺陷和伤害召回分析[J].轻工标准与质量,2014,3:31-35.

[35] 段傲霜.儿童食品包装材料研究[J].理论研究,2012,48:335-335.

第3章 工业产品涉及儿童的危害类型

3.1 概　述

随着国家工业化进程的加快,各种各样的工业产品围绕在人们的身边,使人们的生活变得更加方便舒适。但是,工业产品在给人带来方便的同时也给人们增添了一些烦忧。因为,工业产品的处理或使用不当有时候会带来严重的危害,特别是可能会给儿童带来致命的危害,这些危害可能是由于工业产品的物理危害、化学危害以及生物危害。本章节就工业产品给儿童带来的伤害进行分类阐述。

3.2 物理危害

根据《生产过程危险和有害因素分类与代码》(GB/T 13861—92),工业产品可能存在的物理危害有噪声危害、振动危害、电磁辐射危害、非电离辐射危害、运动物品危害、明火危害、造成灼伤的高温物质危害、造成冻伤的低温物质危害、粉尘与气溶胶危害、作业环境不良危害、信号缺陷危害、标志缺陷危害以及其他物理性危险和危害因素。正处在身体发育阶段的青少年儿童对这些物理危害尤为敏感,作为家长更应该充分了解掌握物理危害发生过程和相应的规避措施。

3.2.1 噪声危害

噪声是发生体做无规则运动时发出的声音,声音由物体振动引起,以波的形式在一定的介质(如固体、液体、气体)中进行传播。我们国家制定的《中华人民共和国环境噪声污染防治法》中把超过国家规定的环境噪声排放标准,并干扰他人正常生活、工作和学习的现象称为环境噪声污染。声音的响度用分贝来表示,是声压级单位,记为 dB。

随着近代工业的发展,各种机械设备的创造和使用,给人类带来了繁荣和进步,但同时也产生了越来越多、越来越强的噪声污染(图 3-1),使噪声逐渐成为对人类的一大危害,并且与水污染、大气污

图 3-1　噪声污染

染以及固体废弃物污染被看成是世界范围内四个主要环境问题[1]。

3.2.1.1　噪声分类的标准

《中华人民共和国城市区域噪声标准》中明确规定了城市五类区域的环境噪声最高限值:噪声级为30~40 dB,是比较安静的正常环境;超过50 dB 就会影响睡眠和休息,由于休息不足,疲劳不能消除,正常生理功能会受到一定的影响;70 dB 以上干扰谈话,造成心烦意乱,精神不集中,影响工作效率,甚至发生事故;长期工作或生活在90 dB 以上的噪声环境,会严重影响听力和导致其他疾病的发生。按照国家标准住宅区的噪声,白天不能超过50 dB,夜间应低于45 dB。

为了使人们对不同分贝声音有更直接的感受,表 3-1 列出了不同分贝对应的外界声音。

表 3-1　不同分贝对应的外界声音

20 dB	40~50 dB	70 dB	75 dB	90 dB	100 dB	105 dB	110 dB	130 dB
窃窃私语	正常交谈声音	街道环境声音	耳朵舒适的上限	嘈杂的酒吧	气压钻机声音	永久损伤听觉	飞机起飞螺旋桨的声音	喷射机起飞的声音

噪声污染按声源的机械特点可分为气体扰动产生的噪声、固体振动产生的噪声、液体撞击产生的噪声以及电磁作用产生的电磁噪声;按声音的频率噪声可分为<400Hz的低频噪声、400~1000 Hz 的中频噪声及>1000 Hz 的高频噪声;按时间变化的属性可分为稳态噪声、非稳态噪声、起伏噪声、间歇噪声以及脉冲噪声等。噪声有自然现象引起的(见自然界噪声),也有人为造成的,所以也可分为自然噪声和人造噪声。

3.2.1.2　噪声污染对儿童的危害

儿童正处于身心迅速发育阶段,对外界有害因素的反应较为敏感。噪声是影响儿童生长发育、学习和睡眠的重要因素。有些噪声让人难以忍受,见图 3-2。

噪声对儿童听觉的影响:噪声对听觉器官的损害随着接触时间的延长,逐渐由听觉适应、听觉疲劳发展到听力损伤和噪声性耳聋。前面的两个阶段属于功能性改变,会有耳鸣不适、听力下降的表现。离开噪声后数分钟或者数小时后听力仍会恢复。但是,如果继续接触强噪声,则可能产生不可逆的听力损害。对动物的噪声实验

图 3-2　难以忍受的噪声

研究发现[2],慢性噪声可使动物的听觉中枢神经细胞超微经结构、神经细胞本身及神经纤维发生损害,这些损害多是不可逆的。

　　噪声对学龄儿童阅读和思维能力的影响:噪声对学龄儿童阅读和思维能力有明显的影响。噪声可使儿童发生神经行为改变,表现在短时记忆、手工操作敏捷度、心理运动稳定度等方面。如果学龄儿童长期暴露在 65~75 dB 噪声中,阅读能力明显下降,有测验发现儿童阅读能力与噪声水平存在剂量-反应关系。有学者[3]以位于交通要道受环境交通噪声干扰严重的甲校为研究对象和位于安静巷中的乙校为对照学校。对这两所学校的三个初三班的学生进行脑力工作测验。结果表明长期暴露在噪声环境下的学生,容易发生学习疲劳,大脑工作能力下降,如图 3-3 所示。

图 3-3　被噪声包围的学习环境

　　噪声对儿童生长发育的影响:在吵闹环境中生活的儿童智力发育要比安静环境中低 20%,营养学家发现噪声使人体的维生素 B_1、维生素 B_2、维生素 B_6、氨基酸、谷氨酸、赖氨酸等营养物质耗量增加,对儿童生长发育影响很大。

　　噪声对儿童心脑血管及内分泌系统的影响:噪声可使大脑交感神经兴奋,调节功能出现失控现象,造成呼吸加快、心脏跳动剧烈、血压升高、血管痉挛、引发高血压等心脑血管疾病。噪声对内分泌系统的影响主要表现为甲状腺功能亢进和肾上腺皮质机能增强。

　　噪声对儿童免疫系统的影响:长时间的噪声使免疫系统功能紊乱,使人容易受病原微生物感染,引发皮肤病或其他疾病,甚至癌症。

3.2.2　辐射危害

　　辐射指的是由场源处的电磁能量中一部分脱离场源向远处传播,而后再返回场源的现象,能量以电磁波或粒子的形式向外扩散。自然界中的一切物体,只要温度在绝对温度零度以上,都以电磁波和粒子的形式时刻不停地向外传送热量,这种传送能量的方式被称为辐射。辐射有一个重要特点,即辐射是相互进行的。不论物体(气体)温度高低都向外辐射,甲物体可以向乙物体辐射,同时乙也可向甲辐射。一般普遍将这个名词用在电磁辐射。辐射本身是中性词,但某些物质的辐射可能会带来危害。近年来随着电子和通信设备的快速增加(如手机、计算机、电视、微波传送、雷达和移动通信基站等),给我们的工作生活带来了极大便利,但由于它们工作时会产生电磁辐射,也给人们的健康带来一定程度的影响。过度的电磁辐射对人的神经系统、智力发育、人的脑电活动及人的免疫系统等有不同程度的影响。特别是处于生长和智力发育黄金阶段的学龄前儿童,由于开始接受电磁辐射的年龄小,因而与现在的成人相比其累积暴露量将远高于成人,电磁辐射对儿童的远期健康影响将更加显著。因此,电磁辐射对儿童健康的影响越来越受到人们的关注。

3.2.2.1　电磁辐射的类型

电磁辐射是电磁波产生的,下面先了解一下电磁波(图 3-4)。

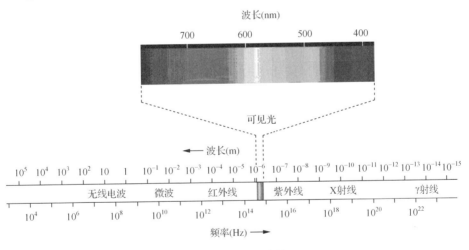

图 3-4　电磁波波谱

电磁波:不靠任何传输线,是以波的形式在空间向四周辐射。它广泛存在于宇宙和地球上,如 X 射线和宇宙射线等。电磁辐射的波谱很宽,如图 3-4 所示。不同波段的电磁波本质一样,但生物学效应不同,可分为电离和电离辐射两类。相对于电离辐射而言,非电离辐射是指不足以导致生物组织电离的电磁辐射,包括紫外线、可见光、红外线、激光等,都有特定波段。这些波段的频率、波长和能量(即传播速度)各不相同,带来相应的生物学作用差异;射频辐射专指频率为 100 kHz～

300 GHz 的电磁辐射,也称无线电波,包括高频电磁场和微波,是电磁辐射中量子能量最小,波长(范围 1 mm～3 km)较长的频段。工业上的高频焊接、淬火和热合,广播电视、卫星发射、雷达和信号发射台、计算机、彩色电视机、VCD、微波炉、手机等所产生的辐射,都属射频辐射范围。常用的电磁波的波长(λ)与频率(f)成反比关系,同时,电磁波的波长、频率与波速(v)及周期(T)有一定的关系,如下所示:

$$v = \frac{\lambda}{T} \text{ 或 } v = \lambda f$$

(1) 波速等于波长和频率的乘积。

(2) 经过一个周期,振动在介质中传播的距离等于一个波长。

频率越高,波长越短,对人的生物作用越大。射频辐射可分为近区感应场和辐射场两类。电磁波能量可以波的形式向四周空间辐射,并与距离的平方成反比。射频辐射波随距离的增加而衰减,速度很快,所以儿童少年应尽可能远离辐射源。

近些年来,电磁污染对人体造成的潜在危害已引起人们的重视。在现代家庭中,电磁波在为人们造福的同时,也直接或间接地危害人体健康。

据美国权威的华盛顿技术评定处报告,家用电器和各种接线产生的电磁波对人体组织细胞有害。例如,长时间使用电热毯睡觉的女性,可使月经周期发生明显改变;孕妇若频繁使用电炉,可增加出生后小儿癌症的发病率。近年来,关于电磁波对人体损害的报告接连不断。据美国科罗拉多州大学研究人员调查,电磁污染较严重的丹佛地区儿童死于白血病者是其他地区的两倍以上。瑞典学者托梅尼奥在研究中发现,生活在电磁污染严重地区的儿童,患神经系统肿瘤的人数大量增加。

3.2.2.2　家用电器等工业产品对儿童的辐射危害

1) 手机电磁辐射对儿童的危害

手机市场的进一步细分,儿童手机也出现在人们的视野中。一般儿童手机功能简单,造型更是以体现童真童趣为主,但它有 GPS 定位功能。开通 GPS 定位功能服务,就可以利用 GPS 定位孩子的位置。手机会以短信通知的形式告知父母孩子的位置,误差只有 5～20 m。目前,很多国外电子企业都推出了儿童手机,也有一些儿童手机产品出现在国内市场。

对于心系孩子安全健康的父母而言,为家中唯一的宝贝配备一部这样的手机绝对是一如既往的"舍得和要得",这样无形中增加了对儿童的辐射伤害,如图 3-5 所示。有研究表明,在使用手机时,儿童大脑吸收的辐射比成年人要高出 50%[4]。以 5 岁和 10 岁的孩子为例,手机辐射分别能够渗入其大脑区域的 50% 和 30%。

专门的儿童手机在通信功能上能够被限制,从而减少手机的使用时间,若孩子使用的不是专门的儿童手机则会给儿童的健康成长造成危害。

图 3-5　手机辐射

2) 电脑辐射对儿童的危害

网络扩展了人们的视野,提高了人们的生活质量,给人们带来诸多益处和帮助。对于少年儿童来说,互联网更是充满了魅力和诱惑力,学习、交友及游戏,尽在指尖实现。由于互联网里充斥着各种各样的不良信息,所以,家长们无不关注网络环境对孩子身心健康的影响,从而忽略了电脑的物理属性所带来的危害,即电脑辐射所造成的危害,见图 3-6。

图 3-6　当心电脑辐射

国内外医学专家研究表明[5],长期、过量的电磁辐射会对人体生殖系统、神经系统和免疫系统造成直接伤害,可直接影响未成年人的身体组织与骨骼的发育,引起视力、记忆力下降和肝脏造血功能下降,严重者可导致视网膜脱落。电脑辐射对儿童视力有显著影响。

3) 电视辐射对儿童的危害

我国统计局发布的资料表明,越来越多的中国家庭拥有电视机,有的家庭甚至超过1台。对于缺少玩伴的独生子女们来说,电视无疑是一个有趣的好伙伴,家长们也不会忍心剥夺孩子的这一乐趣。而跟随在爷爷奶奶身边的儿童,更易被允许看电视。电视电磁辐射是电脑电磁辐射的10倍[6]。长期看电视还会产生"电视病",包括视力下降、颈椎病、腰痛、消化不良等。处于成长发育期的儿童,这些"电视病"不仅会影响他们生理上的健康,也会影响外在的体形塑造。所以看电视最好要保持一定的距离,不能距离电视过近,如图3-7所示。

图 3-7　看电视需要保持距离

4) 冰箱电磁辐射对儿童的伤害

将冰箱放在客厅里面能够方便食品的取用,还能起到室内装饰作用,但是冰箱放在客厅也存在一些辐射性问题。冰箱在运作时后侧方或下方的散热管线释放的磁场高出前方几十甚至几百倍。此外,冰箱的散热管灰尘太多也会对电磁辐射有影响,灰尘越多电磁辐射就越大。如果冰箱与电视共用一个插座,冰箱在运转时,电磁波会导致电视的图像不稳定,这说明冰箱电磁波的影响是非常明显的,特别是在冰箱正在运作、发出嗡嗡声时,冰箱后侧或下方的散热管线产生的电磁辐射更大。如果冰箱的效率不高,嗡嗡声就特别久。长时间暴露在高辐射的环境中肯定会对儿童的健康成长产生影响。

5) 微波电磁辐射对儿童的伤害

微波炉作为一种健康、便捷、卫生的烹饪工具,正受到越来越多家庭的青睐。最新统计数据显示,国内微波炉市场零售量同比持续上升。格兰仕在2008年第四季度仍然保持着50%以上的高增长。微波炉主要用途是加热、烹调和解冻食品,如图3-8所示。对于工作紧张的家长来说,教会孩子使用微波炉是一件很容易也很有意义的事情。当他们为工作忙碌而不能及时做饭时,孩子就可以借助微波炉自助。这样既解决了吃饭问题,又锻炼了孩子的自理能力。显然,当人们欣喜地发掘着微波炉一项又一项的便利时,而忽略了它可能带来的危害。如果儿童不能正确使用微波炉,可能导致微波泄漏危害孩子的健康。在 1961 年,美国科学家戈登就发现,微波炉的微波在人身体上沿神经纤维造成乙酰胆碱(一种激素物质)的积累。微波炉的电磁外溢(由于采取了安全措施,这种外溢量很小)能造成永久性的烧伤。这都是由于微波炉使用不当造成的危害,所以家长要确定儿童能够正确使用微波炉后,才可以允许其单独使用。

图 3-8　微波炉的作用

在生活当中,我们应该如何减少或避免家用电器电磁辐射? 现介绍 4 个远离家用电器电磁辐射的方法。

1) 保持距离

电磁辐射源的危害与距离成反比,因此和电器保持一定距离是防范电磁辐射的第一要点。例如,不适合站在电脑的后面,因为电脑后面是辐射最强的地方。在家居布置方面,客厅沙发要远离邻居的墙。因为磁场的穿透性很强,特别是一般电器的管线都接在后方,所以常测得最高的指数是在电器的正后方,所以高磁场一墙之隔的位置辐射也比较强。

2) 电器勿扎堆

不要把家用电器摆放得过于集中或经常一起使用,特别是电视、电脑、电冰箱不宜集中摆放在卧室里,以免使自己暴露在超剂量辐射的危险中。自家的床头应保持简洁,"微型音响"、电子闹钟、手机等电器勿放床头,否则也易对人体造成伤害。

3) 减少使用时间,接听手机不要着急

人在超标磁场中停留的时间越长,对人的危害也就越大。像电动剃须刀、电吹风等产生高电磁强度的东西,要严格控制使用时间,只要每天不超过 150 s 也是安全的。手机在接通瞬间及充电时通话,释放的电磁辐射最大,因此最好在手机响过一两秒后接听电话,充电时不要接听电话。

4) 减少使用贴身小家电

在冬天,电褥子是很多人的最爱,但它对人体的危害很值得重视。专家建议,最好放弃电褥子。因为在离电褥子几厘米处的磁场就可达 20～50 毫高斯,不仅使休息状态细胞长时间处于电磁场作用下,如此会引起人体健康障碍,更会危及孕妇和胎儿的健康。

3.2.3　儿童玩具的物理危害

玩具是儿童成长过程中必不可少的伙伴,不仅能极大地丰富儿童的生活,而且在儿童身心健康发育的过程中扮演着极为重要的角色。然而,近年来,随着经济和社会的发展,琳琅满目的玩具在带给儿童丰富多彩生活的同时,也会给儿童的健康成长带来危害。近年来,由于不合格或不安全玩具而引发的玩具召回通报事件屡见不鲜。欧盟 RAPEX 和美国 CPSC 的通报数据显示,2007 年至今,玩具产品几乎每年都是我国被通报召回次数最多的产品[7]。面对上述数据,人们不禁对国内销售的玩具质量安全问题提出质疑,但人们更多关注的是有毒有害化学物质等化学危害因素,而往往忽视了物理危害因素,实际上上述通报召回事件中,由于物理危害因素引起的通报召回事件占 72.58%。

我国是世界上最大的玩具加工产业区、制造国和出口国,全球近 70% 的玩具在我国境内加工和制造。我国现有玩具企业 8000 余家,主要分布在广东、福建、江苏、浙江、山东、上海、河北等地,从业人员近 350 万,据不完全统计,2011 年玩具制造行业产值 1100 亿元,已成为我国对外贸易的重要产业。

有统计表明,2011 年 9 月至 2012 年 8 月,我国玩具产品共遭遇欧盟和美国通报 358 起,其中,因物理危害引起的召回通报事件 309 件,导致伤害的物理危害因素主要如下。

1) 小零件

某些玩具上具有可拆卸部件以及玩具本身尺寸很小,或者玩具使用的塑料等材质较差,易破碎,儿童玩耍时容易导致吞食或误入气管造成窒息危险。小零件的出现源于企业在生产中对玩具安全控制意识不强,小零件装订不牢固,如螺丝未拧紧等,或者玩具的设计人员对标准条款的含义了解不够准确,下达至装配工人的要求不清晰导致成品玩具存在小零件(图 3-9)的缺陷。

玩具存在违反相关标准法规中规定尺寸的小球或含有可拆卸的小球时,将可能因为儿童对玩具的滥用行为,导致吞食窒息伤害。常会因为设计阶段疏忽,或是产品上缺乏警示标志而导致安全事件发生。

图 3-9　带小零件的玩具

2) 绳索和弹性绳

玩具上可能存在绳索过长(超过 22 mm),如悠悠球(图 3-10),对儿童的颈部、手、腿等处有缠绕危险,可能形成缠绕活套导致绳索缠绕颈部造成窒息伤害。这种潜在产品缺陷风险是玩具产品设计环节的失误所致。

3) 金属丝和杆件

玩具上的细长金属丝或杆件,如遥控车上的天线等(图 3-11),由于金属丝和杆件硬度较高,结构尖细,易导致儿童在玩耍时刺伤眼睛等。该种危害常是设计阶段的疏忽或是玩具上缺乏相应警示标志所致。

图 3-10　带绳索的玩具

图 3-11　带金属杆的玩具

3.2.4　电子工业产品对儿童的危害

随着时代的发展、科技的进步,电视、电脑、手机等电子产品已经成为每个家庭必备的重要工具,这些电子产品不但提高了人们人际交往、娱乐的时效性,而且因

图 3-12　电子产品举例

其具有开发智力、辅助学习的教育功能而备受家长和儿童的喜爱。电子产品的普及化,造就了当今儿童接触电子产品低龄化趋势。一些时尚产品,如电脑、手机、MP3、MP4、iPad(图 3-12)等也成为儿童节的礼物。幼儿有早教机,入学后的青少年儿童使用的电子产品更为广泛,各种复读机、点读机、电子辞典、游戏机、智能手机等。不可否认,电子产品给在开发力、消遣娱乐、帮助儿童查漏补全资料等方面带来了巨大的好处,但是,这些电子产品如果被过度使用,就会带来很多危害。

电子产品容易破坏孩子大脑发育。相对于电子屏幕的波动闪烁频率来说,少年儿童的神经系统的发育节奏是比较舒缓的,而电视电脑显示屏画面却是以高频率的波动形式闪现的。当这种高频率的波动画面不断通过孩子的视觉和听觉进入神经系统时,孩子神经系统的发育节奏就会受到干扰。当孩子的神经系统长期受到这种高频率电磁波的干扰后,正常的发育节奏和对信息的统合功能就被破坏了,而孩子的身体为了应对神经系统所发出的快速信号,就需要不停地大量活动,这就是看电视电脑过多的孩子更容易出现"多动症"和"感统失调"的主要原因。另外,电视电脑网络所带来的铺天盖地的信息,也促使正处于发育中的孩子的大脑为了处理这些纷繁的信息而不停地运转,"信息轰炸"是造成"多动症"和"注意力缺失"高发的另一主要原因。

幼儿通过感官来接受环境中的一切,世界通过幼儿的感官系统渗入其身体并塑造他的身体器官,形成幼儿看世界的智慧。而且幼儿不像成人那样可以用思考与判断来屏蔽环境中对身体有害的印象,而是直接毫无选择地将这个世界吸入他的有机体中。所以,当孩子面对电视电脑画面的高频率电磁波时,他毫无抵挡的能力,只能不自觉地任它侵入神经系统,接受它对神经系统的干扰。孩子的神经系统一旦长时间受到高频率电磁波的干扰,"专注力"在这个孩子身上就很难体现了,不严格控制电子产品的使用,"专注力"很难再回到孩子身上来,也会造成儿童较早的近视。

有医生指出,青少年儿童的眼睛还处在发育阶段,其眼睛的眼球、肌肉、眼眶以及眼轴都还在发育期,不论是电脑、手机或是电视,视频上快速变化的图像以及时明时暗的刺激极其容易让儿童的眼睛视觉疲劳,造成近视。中南医院眼科医生指出,因过多接触电子产品导致视力损伤的幼儿并不少见,他曾诊断过一个两岁半的孩子患有近 500 度的近视。根据国家教育部、卫生部的最新调查表明,目前我国有

4 亿多近视患者,其中青少年已成"重灾区",小学生中近视率达 30% 以上,中学生达到 70%,大学生更是达到惊人的 90%。而电视、平板、手机、游戏机等电子产品是儿童视力下降的最大元凶。通过对 1000 名青少年儿童的调查发现,一名青少年儿童经常使用的电子产品数量为 2～3 个,如图 3-13 所示。

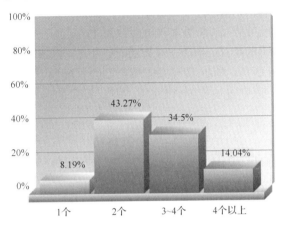

图 3-13　一名青少年儿童使用电子产品统计结果

教育类电子产品最大的特点是存放着海量信息,儿童不再需要长篇背诵或者熟记等比较烦琐单调的方式,只要轻轻一点就什么都有了。长期这样下去,青少年儿童的记忆功能得不到充分训练,不仅得不到提高,还容易引起记忆力下降。大部分儿童晚上完成作业后,都要玩一会儿电子产品,而新研究却发现,过度刺激的电脑游戏会影响儿童新记忆知识的存储和睡眠质量。

过度使用电子产品容易使儿童活动量减少,引起身体肥胖、体质较差;儿童使用电子产品时间过长,思考变得极少,想象力和创造力等都得不到锻炼;从电脑或者电视屏幕上,只是被动接受信息的青少年儿童很容易出现思维停滞;使用电子产品过度阅读还容易使人形成惰性和依赖,不能形成有批判性的、深度的、理性化的、系统的知识体系和思维习惯,对儿童的知识体系、思维方式、理性思考能力、逻辑思维能力和判断能力都产生影响。

青少年儿童过度使用手机等电子产品,往往容易分不清现实世界和虚拟世界,本来是活泼爱动的年龄,由于有电子产品的陪伴,慢慢成了小"宅男"、"宅女",不再愿意下楼和小朋友玩耍,慢慢失去了与人交往的热情,容易沉浸在自己虚拟世界里的喜怒哀乐,开始逃避整个世界。

总之,电子产品是一把"双刃剑"。身处在这个电子产品爆炸的时代,完全不让青少年儿童接触是不可能的,即使做到了,让他脱离了电子产品这个时代产物,会使其不能和时代接轨。如何引导儿童正确地使用电子产品,真正达到寓教于乐的效果具有重要意义。而这一目标可通过控制使用时间、家长陪伴以及养成良好的习惯等方式来解决。

3.2.5　标志缺陷危害

标志缺陷涉及面较为广泛,不单指城市的标志,药品、交通等都是标志使用的地方。例如交通,即使有较小的问题存在,带来的都可能是致命的伤害,更何况青少年儿童没有辨识的能力,出现伤害的可能性更大。

城市标志是文明的象征,指的是公共场所的标志,包括商业场所、非营利公共机构、城市交通和社区等。标志系统属于城市的公益配置,是指在城市中能明确表示内容、位置、方向、原则等功能的,以文字、图形、符号的形式构成的视觉图像系统的设置。

如果没有完整的标志、标牌系统,就等于城市的地图系统、道路标志系统没有完善,不但容易引起各种麻烦,而且可能会给儿童带来巨大的伤害。

3.2.5.1　公共标示缺失

公共标示缺失是一个比较普遍的问题。例如,在一些公共游泳池中,儿童在玩耍,而游泳池的水位很深,但是很多这样的场所却没有发现"儿童游玩须成人陪同"(图 3-14)的警示。这就是标示不完善的情况,毕竟不会游泳的儿童在游泳池里玩耍是非常危险的。

图 3-14　带有明显警示标示的游泳池

3.2.5.2　儿童玩具标志缺陷

公开信息显示,儿童玩具产品存在缺陷主要包括用于包装玩具的塑料包装袋、安全警示、说明书、制动系统、绳索、小零件等方面,这些缺陷有可能造成儿童受到意外伤害。例如,宁波舒博曼斯体育健身器材有限公司召回的儿童自行车,最大鞍座高度为 490 mm,且未安装制动装置,有可能导致儿童在骑车时遇紧急情况无法制动而受伤的危险;扬州乐程工艺品有限公司召回的这批毛绒玩具,经测试后,存在小零件可能造成儿童吞咽或吸入而引起窒息的危险,如图 3-15 所示。

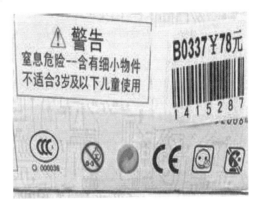

图 3-15　儿童玩具警告标示事例

有的电动玩具中,电池盒的带电装置安全问题也值得注意。例如,一种电动娃娃就因为电池接触有隐患,容易在使用中产生高温造成起火危险而被召回。

个别玩具配有的塑料包装袋或包装物,家长在拆封后应立即收好或丢弃,不要让儿童玩耍。个别召回的玩具中,就有用于包装玩具的塑料薄膜平均厚度不符合要求的,且没有开孔,有导致儿童因塑料薄膜吸附口鼻而发生窒息的危险。此外,儿童玩具的安全警示(图 3-15)也有字体要求,个别玩具有因警示内容小于规定字号而需要召回。

3.3　化　学　危　害

关注化学危险,关注儿童身心健康,是每一个社会应有的责任和义务。现代科技的日新月异,化工产品早已经渗透到人们生活的方方面面。一方面日益丰富的化工产品满足了人们衣、食、住、行等方面的追求;另一方面,如果我们对化工产品使用不当就会造成一定的危害,尤其处在生长发育中的青少年儿童,更容易成为不当使用化工产品的受害对象。本节重点从儿童的衣、食、住、用等方面,仔细探讨生活中可能遇到的化学产品,如何充分利用化学品的优点,避免不正确使用带来的危害;帮助家长们了解并学会如何防范生活中的化学危险,给自己的孩子创造一个绿色、安全、健康的成长环境。

3.3.1　童装中的化学品

童装,儿童的服装,一般是指 0～16 岁年龄段人群的全部着装。根据儿童的体貌特点,服装的设计需求和消费特点细分包括:0 岁段的婴儿装、1～3 岁段的幼儿装、4～6 岁段的小童装、7～9 岁段的中童装、10～12 岁段的大童装、13～16 岁段的少年装,如图 3-16 所示。

0岁段的婴儿装

0~3岁段的幼儿装

4~6岁段的小童装

13~16岁段的少年装

图 3-16　童装图式

儿童在各个不同发育时期的体型都有其特点,神态、性格也各有区别,这些都是童装造型设计和色彩搭配缤纷多彩的原因。因此,童装也被称为"穿在身上的童话"。童装按照面料的生产类型主要分为机织产品和针织产品两类,按照使用功能可分为外套、棉衣、上衣、单裤、T 恤衫、裙子、内衣、睡衣等品种,见图 3-17。

随着现在人们消费观念的提高,家长对儿童着装消费比例增大,大部分家长喜欢让自己的孩子穿着时尚,并且搭配各种光鲜亮丽的服饰。对于普通消费者来说,购买童装时,主要靠感官挑选,包括外观、手感、味道,如果这三个方面没有问题即可,这种购买方式被业内人士称为"纯感光检测",这些带着各种光彩亮丽的服饰其实含有较多的化学工业品。下面我们逐一介绍。

外套　　　　　　　　　　　棉衣

T恤衫　　　　　　　　　　裙子

图 3-17　儿童衣服图式

3.3.1.1　童装中化学危险成分

1）甲醛

甲醛主要存在于颜色鲜艳、染色印花的衣服中，以及一些进行抗皱处理的童装中。甲醛作为一种过敏物质，会游离于衣物纤维中，通过与皮肤接触，会产生过敏现象，尤其是儿童皮肤比较细腻，轻度接触，在胸、背、肘弯、大腿及脚部等部位会出现红肿、发痒的过敏现象（图 3-18），如果过敏严重，甚至会连续咳嗽，导致气管炎、免疫力下降、脏器功能异常。如果家长买一些劣质童装，导致孩子长期接触甲醛，容易使儿童的记忆力和智力下降。因此，世界卫生组织将甲醛列为致癌致畸物质，在童装类衣物中严格控制使用量。

2）增塑剂类

现代服装设计更加人性化，设计师根据儿童不同年龄段，会对童装运用各种装饰。例如，涂料印花、烫画、涂层、珠片、塑料小挂件、纽扣拉锁等，有些为了美观，有些是为了突显产品使用性能。因此，会广泛应用到塑料制品。为了提高塑料制品的美观、实用、特殊功效而使用增塑剂。通常，纺织品中的增塑剂主要为邻苯二甲酸酯类。研究发现，邻苯二甲酸酯类增塑剂被视为环境雌性激素。它具有生殖和

图 3-18　儿童甲醛过敏后的皮肤

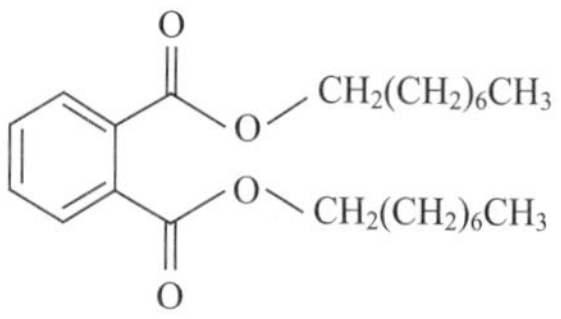

图 3-19　邻苯二甲酸二
正辛酯(DNOP)

发育的毒性。有的邻苯二甲酸酯类还会有致癌性。早在 20 世纪 80 年代,美国环境保护部门研究发现,邻苯二甲酸酯可以引发肝组织癌变,扰乱内分泌系统。最常使用的增塑剂有 6 种,包括邻苯二甲酸丁基苄基酯(BBP)、邻苯二甲酸二(2-乙基)己酯(DEHP)、邻苯二甲酸二正辛酯(DNOP)(图 3-19)、邻苯二甲酸二丁酯(DBP)、邻苯二甲酸二异壬酯(DINP)、邻苯二甲酸二异癸酯(DIDP),对眼睛和皮肤有刺激作用;受热分解释出腐蚀性、刺激性的烟雾;摄入有毒。急救措施:吸入应迅速脱离现场至空气新鲜处,保持呼吸道通畅,如呼吸困难,给输氧;如呼吸停止,立即进行人工呼吸,就医。

其中 2011 年 2 月,欧盟将 DEHP、BBP 和 DBP 三种邻苯二甲酸酯类增塑剂作为首批通过的 REACH 需授权物质正式纳入 REACH 法规授权名单,其判定依据是上述物质具有生殖毒性(第 1B 类)。低剂量的 DEHP 的急毒性不高,但对生物有极强的富集作用,国际癌症研究机构(IARC)已经将 DEHP 列为潜在促癌剂,美国国家环境保护局也将 DEHP 列为致癌物。由于邻苯二甲酸酯类物质没有与高分子物质聚合,且其分子质量较小,因此迁移特性比较显著。纺织品与人紧密接触时,纺织品中的 PVC 增塑剂就可能迁移至人体内。纺织品有如此强的迁移作用,因此对婴幼儿用品要加强管制。其中我国对婴幼儿用品的技术要求包含了对上述 6 种邻苯二甲酸酯总量的限制要求。这一标准适用于各类纺织品及其附件的推荐性标准,其对涂层、塑料溶胶印花、弹性泡沫塑料和塑料配件的产品中增塑剂含量提出了限制要求。标准中的产品分类和技术要求均参照国际环保纺织协会 Oeko-Tex® Standard 100《生态纺织品通用及特殊技术要求》(2008 年第 1 版)的相关内容。目前我国现行纺织品标准体系中,适用童装产品的国家或行业推荐性产品标准中均未涉及邻苯二甲酸酯的技术要求。因此,童装生产企业对增塑剂含量的风险意识不强,依赖原材料供应商提供的原料,未将邻苯二甲酸酯含量列入日常质量管理内容范围。

3)有机汞和有机锡

有机汞与有机锡化合物一般应用于制衣的卫生整理环节,目的是抑制和消灭附在纺织品中的微生物。用于衣服的卫生整理剂应无皮肤刺激性,但制衣过程中所使用的某些有机汞和有机锡化合物可能对皮肤产生较弱的激性反应。儿童皮肤比较细嫩,严重者可引起过敏性皮炎、湿疹和刺激性变态反应。

4)芳香偶氮类染料

偶氮染料是可分解芳香胺染料,如图 3-20 所示,是两种偶氮染料的结构式。

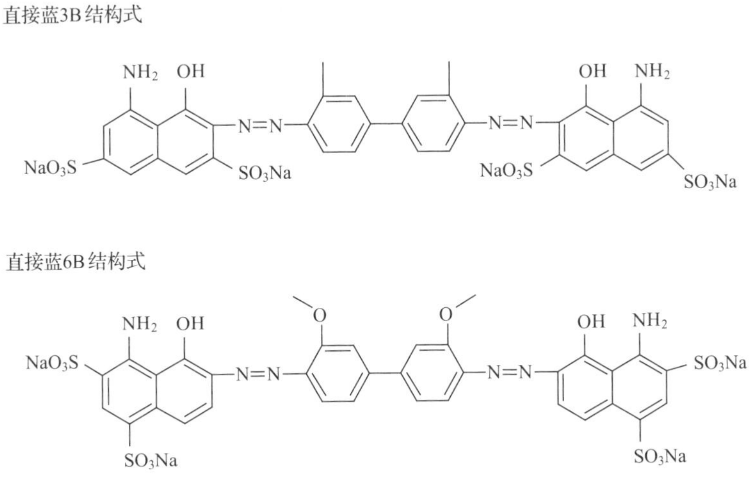

直接蓝3B结构式

直接蓝6B结构式

图 3-20　芳香偶氮类染料结构实例

其中以 3-萘胺和联苯胺致癌毒性最强。联苯胺可以导致多种癌症,癌症的发病率是正常人群的 20 倍,潜伏期长达 20 年。因而,在国际纺织品和服装贸易中,这些染料都是被禁用的。童装生态面料中严禁使用可分解芳香胺染料、偶氮染料及其他致癌、致敏染料,杜绝荧光剂、漂白剂等添加剂,不得存在异味,以此保证童装不对儿童健康产生任何刺激和伤害。

2002 年 9 月 11 日,欧盟正式通过了指令 2002/61/EC,该指令主要禁止纺织品、服装和皮革制品使用偶氮染料,禁止使用含有偶氮染料且直接接触人体的纺织品、服装和皮革制品在欧盟市场销售,禁止这类商品从第三国进口。对于玩具,2002/61/EC 主要涉及纺织品或皮制玩具,以及带有纺织或皮制衣物的玩具。为确定偶氮染料有害标准,2001/61/EC 附件中列出了 22 种有害芳香胺(表 3-2),一旦确认新的有害芳香胺化合物,欧盟还将对有害芳香胺名单进行更新。

表 3-2　欧盟禁止的 22 种致癌芳香胺

序号	名称	CAS	EC
1	4-氨基联苯	92-67-1	202-177-1
2	4,4′-二氨基联苯	92-87-5	202-199-1
3	4-氯-2-甲基苯胺	95-69-2	202-441-6
4	2-萘胺	91-59-8	202-080-4
5	邻氨基偶氮甲苯	97-56-3	202-591-2
6	2-氨基-4-硝基甲苯	99-55-8	202-765-8
7	4-氯苯胺	106-47-8	203-401-0
8	2,4-二氨基苯甲醚	615-05-4	210-406-1
9	4,4′-二氨基二苯甲烷	101-77-9	202-974-4
10	3,3′-二氯联苯胺	91-94-1	202-109-0
11	邻甲氧基联苯胺	119-90-4	204-355-4
12	4,4′-二氨基-3,3′-二甲基联苯	119-93-7	204-358-0
13	4,4′-二氨基-3,3′-二甲基二苯甲烷	838-88-0	212-658-8
14	2-甲氧基-5-甲基苯	120-71-8	204-419-1
15	4,4′-二氨基-3,3′-二氯二苯甲烷	101-14-4	202-918-9
16	4,4′-二氨基二苯基醚	101-80-4	202-977-0
17	4,4′-二氨基二苯硫醚	139-65-1	205-370-9
18	2-甲基苯胺	95-53-4	202-429-0
19	2,4-二氨基甲苯	95-80-7	202-453-1
20	2,4,5-三甲基苯胺	137-17-7	205-282-0
21	邻甲氧基苯胺	90-04-0	201-963-1
22	4-氨基偶氮苯	60-09-3	200-453-6

5）pH

pH 的定义为氢离子浓度的常用对数的负值，用来表示溶液酸性或碱性的程度。目前 pH 的测定一般采取广泛 pH 试纸（图 3-21）进行测定。

人体皮肤呈弱酸性，如果纺织品的 pH 与人体皮肤酸碱差异过大时，会对皮肤产生刺激。pH 低于 4.0 的面料属于偏酸性，在储存过程中极易损坏；pH 高于 7.5 的面料偏碱性，细菌繁殖生长较快，会对人体造成危害。儿童服装用面料的 pH 应严格限定为 4.0～7.5。

6）色牢度

色牢度主要包括耐水色牢度、耐酸色牢度、耐碱色牢度、耐干摩擦色牢度和耐唾液色牢度。色牢度过低会导致染料脱落被皮肤吸收，甚至被儿童吮吸到嘴里，对

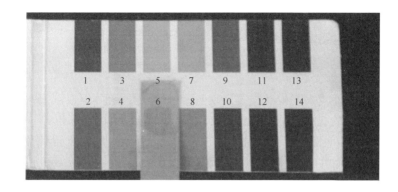

▷ pH

评测方法：用 pH 试纸蘸取适量产品，静待1min后，对照比色卡得出pH

图 3-21 常用 pH 试纸

人体健康危害极大。《国家纺织产品基本安全技术规范》明确规定,婴幼儿纺织品原料的耐水、耐酸汗渍、耐碱汗渍色牢度要求不低于 3 级,耐干摩擦、耐唾液色牢度则要求≥4 级。

童装除了上述常见的一些化学物质危害,有的服装还存在着重金属物质,如铅、铬等。这些主要用在一些服装表面的有色涂层中,经过氧化分解,很容易与儿童皮肤接触,其中铅对儿童健康可能产生较大影响。6 岁及以下儿童,由于代谢和发育的特点,他们的血液、神经、脑等组织最易受到铅的损害。因此消费者在购买童装时,尤其是由儿童直接接触的服饰,要仔细检查,买回去洗涤之后再穿,以免对儿童造成不必要的伤害。

3.3.1.2 不合格服装对儿童的危害

不合格服装对儿童造成的危害主要表现为接触后引发的局部损害,严重者也可能会有全身症状,局部损害以接触性皮炎为主。

1) 刺激性接触性皮炎

刺激性接触性皮炎(图 3-22)的皮肤损害仅在接触部位可见,界限明显。急性皮炎可见红斑、水肿、丘疹,或在水肿性红斑基础上密布丘疹、水疱或大疱,并可有糜烂、渗液、结痂,自觉烧灼或瘙痒。慢性者则有不同程度的浸润、脱屑或皲裂。发病的快慢和反应程度

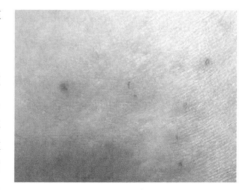

图 3-22 儿童刺激性接触性皮炎

与刺激物的性质、浓度、接触方式及作用时间有密切关系。高浓度强刺激可立即出现皮肤损害;低浓度弱刺激则需反复接触后才可能出现皮肤损害,去除病因后易治愈,接触后可再发。

2) 变应性接触性皮炎

变应性接触性皮炎的皮肤损害表现与接触性皮炎相似,但以湿疹常见,自觉瘙痒。慢性患者的皮肤可有增厚或苔藓样改变。皮损初见接触部位,界限有时不清楚,并可扩散至其他部位甚至全身。病程较长,短者数星期;若未得到及时治疗,长者可达数月甚至数年。潜伏期为 5～14 d 或更长。致敏后再接触常在 24 h 内发病,反应强度取决于致敏物的致敏强度和个体素质。高度致敏者一旦发病,闻到气味也可导致发病,且可愈发严重。但也有逐渐适应而不发病的。

另外,有时儿童在穿上衣服后感觉皮肤瘙痒,皮肤科医生认为这不是过敏,而是衣料的粗糙面与皮肤的机械摩擦所致。

3.3.1.3　防护措施

(1) 对日常生活中接触到的化学物质有所了解,尽量穿着天然纺织品制作的服装,避免使用或接触有害物质,加强防护意识。要特别注意对小孩的防护,小孩不懂周围物品的含义和危险性,往往将拿到的东西送入口内。有调查表明,75%的小孩有将小物品放入口内的习惯。有些物品,如经防虫剂处理过的衣服、床上用品等,与人体接触时,防虫剂等化学物就可能被汗水溶解,小孩若舔食这类物品就会受到危害。

(2) 不必草木皆兵。应该相信,只要我们用前认真阅读使用说明,掌握正确的使用方法,同时不要买不合格产品,如没有使用说明或没有标明注意事项的产品,就会保护我们自己。

(3) 对出现的问题不要惊慌,及时去医院治疗。只要治疗及时,一般不会造成严重危害。当然,最好是从根本上加以控制。这就必须从法制着手,制定出一系列的法律法规。很多国家纷纷制定出法律法规,加强对家庭用品安全性的管理。美国 1972 年制定了《消费生活用品安全法》,加拿大 1969 年制定了《危险物法》,英国的《消费安全法》,日本的《含有害物质的家庭用品规则法》和《消费生活用品安全法》等都对衣料生产和加工过程中化学物质的使用及浓度作了明确规定。欧盟 1997 年已立法禁止使用致癌芳香胺合成的偶氮染料,这些法律和法规防止中毒事故的发生,对于保护消费者的安全起到了很大作用。

目前我国也对日用化学品的危害给予了高度重视,正在制定相应的法律法规,以保护人民群众的身体健康;同时也为与国际接轨,提高商品的国际市场占有率。

3.3.2　食品添加剂对儿童的潜在化学危害

1）食品添加剂的定义和作用

由于各国食品安全机构和法律制度的不同,对食品添加剂的定义有所区别。联合国粮食及农业组织(FAO)和世界卫生组织联合组成的食品法典委员会(CAC)于 1983 年规定:"食品添加剂是指本身不作为食品消费,也不是食品特有成分的任何物质,而不管其有无营养价值,它们在食品生产、加工、调剂、处理、包装、运输、储存等过程中,由于技术(包括感官)的目的,有意加入食品中或者预期的这些物质或其副产品会成为(直接或间接)食品的一部分,或者改善食品的性质,它不包括污染物或者保持、提高食品营养价值而加入食品中的物质"[8]。

随着生活水平的提高,人们对食品的消费观念也发生了变化,对食品的外观、色泽、口感、营养、方便、防腐保鲜、加工性能、延长保质期等方面的要求均有提高,而使用食品添加剂可满足以上消费需要。所以,食品添加剂已成为现代食品工业的重要组成部分,是食品工业科技进步和创新的重要助推剂。

2）食品添加剂的种类和用途[9]

食品添加剂因其来源不同可分为天然和化学合成两大类。天然食品添加剂是指以动植物或微生物的代谢产物为原料加工提纯而获得的天然物质;化学合成食品添加剂是指采取化学手段,通过化学反应合成的人造物质,以有机化合物居多[10]。食品添加剂按其功能分类,并按照我国卫生部制定发布的《食品国家安全标准——食品添加剂使用标准》(GB 2760—2011)规定允许使用的食品添加剂共有 23 类,如下所示:

(1)酸度调节剂,用以维持或改变食品酸碱度的物质,主要用于调节食品的酸度,常用的有柠檬酸(图 3-23)、乳酸、酒石酸、苹果酸。

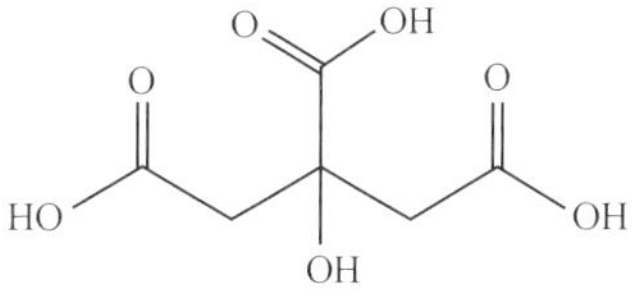

(2)抗结剂,用于防止颗粒或粉状食品聚集结块,常用的有亚铁氰化钾、硅铝酸钠、磷酸三钙。

图 3-23　柠檬酸的结构式

(3)消泡剂,在食品加工中降低表面张力,消除泡沫的物质,常用的有高碳醇脂肪酸酯复合物,主要用于豆制品、制糖工艺。

(4)抗氧化剂,能防止或延缓油脂或食品成分氧化分解、变质,提高食品稳定性,主要用于食用油和油脂含量高的食品,常用的有丁基羟基茴香醚、二丁基羟基甲苯。

(5)漂白剂,能够破坏、抑制食品的发色因素,主要用于漂白食品,常用的有二氧化硫、硫黄、亚硫酸钠。

(6)膨松剂,能使食品发起形成致密多孔物质,有膨松、柔软和酥脆的特性,主要用于面包、糕点等食品,常用的膨松剂有硫酸铝钾、碳酸氢钠等(图 3-24)。

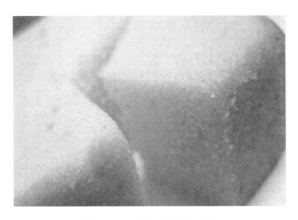

图 3-24　加入膨松剂的面包

（7）胶姆糖基础剂，是赋予胶基糖果起泡、增塑、耐咀嚼等作用的物质，主要用于胶基糖果，常用的有聚乙酸乙烯酯、丁苯橡胶。

（8）着色剂，使食品赋予色泽和改变食品色泽的物质，用于食品的着色，常用的人工合成色素有胭脂红、柠檬黄、日落黄、靛蓝等。

（9）护色剂，能与肉、肉制品呈色的物质，在加工、保藏过程中不致分解破坏，呈现良好的色泽，主要用于熟肉制品，常用的有硝酸钠、亚硝酸钠。

（10）乳化剂，能改善乳化体中各种构成相之间的表面张力，形成均匀分散体或乳化体的物质，常用的有山梨醇酐单棕榈酸酯、三聚甘油单硬脂酸酯。

（11）酶制剂，用于食品加工，具有特殊催化功能的生物制品，由动物或植物的可食或非可食部分提取，常用的有木瓜蛋白酶、α-淀粉酶制剂。

（12）增味剂，补充或增强食品原有风味的物质，常用的有谷氨酸钠等。

（13）面粉处理剂，促进面粉的熟化、增白和提高制品质量的物质，常用的有碳酸钙等。

（14）被膜剂，涂抹于食品外表，起保质、保鲜、上光、防止水分蒸发等作用，常用的有液体石蜡（面包发酵工艺）和吗啉脂肪酸盐（水果保鲜）。

（15）水分保持剂，有助于保持食品中水分的物质，常用的有磷酸三钙、六偏磷酸钠等。

（16）食品营养强化剂，为增强营养成分加入食品中的天然的或人工合成的属于天然营养素范围的物质，常用的有维生素 A、维生素 C、赖氨酸、葡萄糖酸、动植物蛋白质等。

（17）防腐剂，防止食品腐败变质，延长食品保质期的物质，常用的有苯甲酸、山梨酸钾盐（图 3-25）、丙酸钙等。图 3-25 是加入防腐剂的龙门米醋。

（18）稳定和凝固剂，使食品结构稳定或使食品组织结构不变，增强黏性固形

图 3-25　山梨酸钾盐

物的物质,常用的有葡萄糖酸-δ-内酯、氯化钙等。

（19）甜味剂,赋予食品以甜味的物质,常用的有糖精钠、环己基氨基磺酸钠、安赛蜜等。

（20）增稠剂,可提高食品的黏稠度或形成凝胶,从而改变食品的物理形状,使食品有黏润、适宜的口感,并兼有乳化、稳定的作用,常用的有琼脂(图 3-26)、黄原胶等。

图 3-26　泡软的琼脂

（21）食品香料,能够使食品增香的物质,常用的有香兰素、乙基香兰素等。

（22）食品工业用加工助剂,有助于食品加工顺利进行的各种物质,与食品本身无关,如吸附、润滑、澄清、脱色、发酵用营养物质等,常用的有活性炭、硅藻土等。

（23）其他，如咖啡因等[11]。

联合国粮食及农业组织（FAO）和世界卫生组织（WHO）联合食品法典委员会规定，食品添加剂是有意识地一般以少量添加于食品，以改善食品的外观、风味、组织结构或储存性质的非营养物质。食品添加剂大大地促进了食品工业的发展，被誉为现代食品工业的灵魂。这主要是它给食品工业带来许多优势，如防止变质、改善感观、保持营养、方便供应和方便加工等。但是如果食品添加剂添加过量了，就会对人尤其是发育中的青少年儿童产生极大的危害。

3）安全使用食品添加剂的对策

食品添加剂的生产和使用关系到每个人的饮食安全和身体健康，有关部门应通力合作，严格规范食品添加剂市场。目前我国中小型食品加工企业数量众多，从业人员素质低，缺乏对食品添加剂相关法规的认识，各相关部门应加强相关法律、法规的宣传教育，提高企业依法生产和经营的意识，杜绝因无知而违反生产和使用食品添加剂的现象。

3.3.3　室内环境对儿童的危害

现代家居（图 3-27）更是人们的贴身外环境。随着人们生活水平的提高，颜料使用量的增加，室内装饰数量的增加和装饰水平的提高，家用电器的增多，以及门窗关闭程度的严密，多功能化成了现代家居的潮流和趋势，但是这种趋势下的家居或多或少地增加了室内的污染，对处在生长发育中的青少年儿童极为不利。

图 3-27　现代家居

室温环境污染的 10 大症状如下：

（1）新装修的房间内有刺鼻、刺眼等刺激性气味，且长时间不散。

（2）每天清晨起床时感到恶心憋闷、头晕目眩；家人经常感冒。

（3）家人长期精神、食欲不振；不吸烟却经常感到嗓子不适，呼吸不畅。

（4）家里孩子经常咳嗽、免疫力下降。

（5）家人有群发性的皮肤过敏现象。

（6）家人共有一种症状，且离家后症状明显好转。

（7）新婚夫妇长期不孕，又查不出原因。

（8）孕妇正常情况下怀孕却发现婴儿畸形。

（9）新搬家或新装修的房子中植物不易成活。

（10）家养宠物莫名其妙死掉。

室内污染的来源较多，下面分类介绍如下。

3.3.3.1　人体散发的污染物

1）呼出气中的有害因素

人体每时每刻都在吸进新鲜空气，以供机体新陈代谢的需要；同时，也呼出体内代谢产生的气体废弃物。据不完全科学统计，平均每个成年男性每昼夜能吸入 $10\sim15~\text{m}^3$ 空气。在吸入的新鲜空气中，二氧化碳（CO_2）只占 $0.03\%\sim0.04\%$。而呼出的气体中 CO_2 可达 $3\%\sim4\%$，大约增加 100 倍。而且，随 CO_2 呼出的还有其他代谢废气，如氨、二甲胺、二乙胺、酚、一氧化碳等。此外，人体如果吸入了某些挥发性有机化合物以及某些无机毒物，也能呼出这些毒气的部分原形态或其他代谢产物。例如，苯被吸入体内后，有 $50\%\sim70\%$ 以原形态呼出；甲苯有 $3.8\%\sim24.8\%$ 以原形态呼出。二氯甲烷、三氯甲烷（氯仿）、四氯化碳、三氯乙烯、砷、氡等都有部分原形态从肺内呼出，进入室内空气中，再被其他人吸入。由此可见，呼出气的成分是复杂的，其中混有多种有毒成分，不可忽视。

2）飞沫传播病原体

人们由于说话、咳嗽、打喷嚏（图 3-28）等活动，能将口腔、咽喉、气管和肺部的病原微生物通过飞沫喷入空气，传播给他人。例如，溶血性链球菌、肺炎双球菌、流感病毒、结核杆菌、麻疹病毒等很多病原体，都是通过飞沫传播的。

3）皮肤散发的气体

人体内代谢产物主要通过呼气和尿液排出，有的还可以通过皮肤汗腺排出，如尿素、氨等，这些都会散发出一定的臭味。

总之，由于人们的生理活动，可以向周围环境释放很多污染物，有的是生物体，也有的是化学物质。所以，人们在室内活动也会污染室内空气。通常可通过测定室内空气中 CO_2 水平和细菌总数来判断室内受人体散发出的污染物的污染程度，也可用来判断室内通风换气的效果。

4）吸烟的烟气

烟草中本身就含有很复杂的有毒成分，见图 3-29。烟叶燃烧时又会合成许多新的有毒成分,如多环芳烃、CO、NO$_x$、甲醛等。因此,吸烟所产生的烟气是常见的室内污染物。

图 3-28　打喷嚏传播病原微生物

图 3-29　吸烟有害健康

3.3.3.2　涂料

涂敷于物体表面与其他材料能很好黏合并形成完整而坚韧的保护膜的物料称为涂料。在建筑上涂料和油漆为同一概念。

涂料的组成一般包括膜物质、颜料、助剂及溶剂。其成分十分复杂,含有多种有机化合物。成膜材料的主要成分有酚醛树脂、酸性酚醛树脂、脲醛树脂、醋酸纤维剂、过氧乙烯树脂、丁苯橡胶、氯化橡胶等。这些物质在使用过程中可向空气中释放大量的甲醛、氯乙烯、苯、氯化氢、酚类等有害气体;涂料所使用的溶剂也是污染空气的重要来源。这些溶剂基本上都是挥发性很强的有机物质,常用的有脂肪烃类、醇、酯、醚、酮、萜烯、含氯有机物等。这些溶剂原则上不构成涂料,也不应留在涂料中,其作用是将涂料的成膜物质溶解分散为液态,以使之易于涂抹,形成固态的涂膜。当它的使命完成之后就要挥发到空气中去,因此,涂料用溶剂是室内重要的污染源。例如,刚涂刷涂料的房间空气中可检测出大量的苯、甲苯、乙苯、二甲苯、丙酮、乙酸丁酯、乙醛、丁醇、甲酸等 50 多种有机物。涂料中的助剂还可能含有多种重金属(如铅、汞、锰)以及砷、五氯酚钠等有害物质,这些物质也可对室内人群的健康造成危害,如图 3-30 所示。

图 3-30　涂料对健康的危害

涂料所挥发出的有机物经呼吸道吸入能引起人眩晕、头痛和恶心等症状,对眼和鼻有刺激作用,严重时可引起气喘、神志不清、呕吐和支气管炎等。儿童误服可引起胃炎,有胃痛和呕吐,肠道有刺激痛和腹泻。吸入涂料烟气可引起咽炎、支气管炎。幼儿误服含铅涂料,会导致慢性铅中毒,甚至造成致命性危害。少数人会对涂料过敏,产生接触性变应性皮炎或全身变态性反应。

下面简单介绍如何应对当前的室内污染。

(1)选择环保装修材料。

健康专家指出,在装修过程中,尽量选用环保无毒装饰材料,请正规的家装公司施工;对于木制品,无论是刷清漆还是混合漆,切记不要在雨天刷;装饰石材避免使用红色、绿色等色彩鲜艳的大理石或花岗岩。

(2)加强室内通风换气。

雨后的山林中,人们会感到空气清新、心旷神怡。不通风的室内空气污浊、不清新。科学家的研究发现,在雨后的山林和高山瀑布,空气中存在着大量的负离子,它能与空气中呈正极状态的异味分子、有毒分子、尘埃分子进行中和,从而使空气保持清新。而一般室内虽然也存在着负离子,但经仪器检测发现每立方厘米只有 50～100 个,远达不到清新空气的标准。

健康专家指出,加强室内通风换气是有效清新空气的手段之一。一间 30 m² 的居室,当打开窗使空气发生对流 3～9 min,可使空气置换一遍。一般新装修的居室如果经常通风,半年后室内甲醛、苯系物等污染物可减少 80%,一年后,这些高危污染物可降低至安全水平。因此,新装修的居室如果没有经过专业空气净化处理,最好开窗通风换气至少半年以后再入住。

(3) 使用空气净化器。

一个人 24 h 平均要呼吸 20 000 次,通过的空气量约有 7000 L,如果空气质量差,含有各种化学污染物和细菌、病毒等致癌微生物,对人体健康的损害不言而喻。

冬季是室内空气污染较严重的季节,要比其他季节高 20% 左右。在冬季,由于寒冷的原因,室内门窗长期封闭,导致室内空气换气率比较低。同时,一些有害气体的释放量也开始增加。研究证明,室内温度在 30 ℃时,室内有毒有害气体的释放量达到最高值。

(4) 找专业的检测鉴定机构来进行室内污染物的检测计量,检验是否达到居住标准。弄清楚什么污染超标,从而对症下药,以降低室内环境污染对人尤其是未成年儿童的伤害。

(5) 其他方法。

① 光触媒。该方法是从国外引入、应用较多的一种,对中度污染具有治理见效快的显著特点,但是价格偏高。光触媒在进行光合作用、发生化学反应过程中,可能产生轻微的二次污染,对壁纸、木制家具的油漆表面会有影响。此类清除剂对甲醛去除效果为 70% 左右,对苯、总挥发性有机化合物(TVOC)的去除效果在 80% 以上。

② 臭氧。具有强氧化性,是国际上公认的常用、安全的物理治理方法,使用于中度、轻度污染。其最大特点是不产生任何残留物即二次污染。只采用该技术治理时,人要暂时离开房间,以免中毒,其对甲醛的去除效果为 40%,对苯的去除效果在 90% 以上,对 TVOC 的去除效果在 50% 左右。

③ 负离子。用一种产生高压电的仪器分解有害气体,使苯、甲醛等有害气体快速氧化成负离子,与空气结合后,还原成氧气、水和二氧化碳。这种方法见效快、无污染、不留死角,可定期采用,作为集中治理室内空气污染超标问题的一种选择。此类方法对甲醛、苯、氨、TVOC 的去除效果可达 70% 左右。

④ 炭。竹炭、活性炭等都是利用炭吸收异味、吸附有害气体的原理来治理室内空气污染。它具有成本低、无毒副作用的特点,但见效较慢。此法可作为轻微超标室内空气污染的长期治理方法。其对甲醛的去除效果为 50% 左右,对苯的去除效果在 90% 以上,对 TVOC 的去除效果在 50% 左右。

3.3.4　儿童玩具的潜在危害

玩具在儿童的日常生活中必不可少,但是玩具中的一些化学物质容易通过唾液、汗液等方式进入到儿童体内,进而危害儿童健康。和玩具的物理危害相比较,化学物质对儿童的伤害往往具有慢性累积性,轻则导致儿童呕吐、头晕、抵抗力下降、精神状况差等症状,重则对脏腑器官、神经系统造成严重的损害,甚至罹患癌症,危及儿童的生命安全。当前,玩具中常见的有毒有害化学物质如图 3-31所示。

图 3-31　玩具中有害化学物质

3.3.4.1　可迁移的无机物质

玩具在生产加工过程中,一方面,一些塑料玩具生产厂家为了降低成本,使用不卫生的"二料"作为原材料,这样会带入可迁移的无机物质;另一方面,为了提高玩具的档次,吸引儿童的眼球,有些生产企业也会故意掺杂一些可迁移无机物,主要包括锑、砷、铅、钡、汞、镉、铬、硒。

1）锑及锑化合物

随着工艺的提高,锑已被广泛用在各种阻燃剂、搪瓷、玻璃、橡胶、涂料、颜料、陶瓷、塑料、半导体元件、烟花、医药及化工等部门产品。锑白作为锑化合物的一种,常作为优良的白色颜料,常用在橡胶、玻璃、油漆、陶瓷、纺织及化工产业。因此其在塑胶玩具中十分常见,也会经常接触到。其中元素锑会刺激人的眼、鼻、喉咙及皮肤,长期接触会对儿童的心脏及肝脏功能带来损伤,如果儿童吸入高含量的锑,会导致锑中毒,主要表现为呕吐、头痛、呼吸困难,严重者可能死亡。

2）砷及砷化合物

砷及砷化物常存在于玩具涂料中,主要以高价态的形式存在,毒性相对变小,但是随着玩具在不同环境中保存,高价态的砷化物被还原为低价的砷化物,这大大增加了砷化物的毒性,如我们知道的砒霜,主要成分是三氧化二砷,具有剧毒。一旦儿童触碰到含砷化物较多的玩具,有可能进入儿童体内,造成儿童中毒,危及生命。砷元素能够与细胞中含巯基的酶结合,这可以阻碍细胞的氧化代谢,还可以麻痹血管运动中枢,麻痹毛细血管以及使毛细血管扩张和通透性增高,严重者可能休克,损害肝脏,甚至死于中毒性心肌损害。

3) 铅及铅化合物

铅及其化合物在前面所述的童装及环境中都有存在。同样,在玩具所用涂料中也存在有铅,会对儿童健康构成危害。它能够影响儿童的神经、造血、消化、泌尿、生殖和发育、心血管、内分泌、免疫、骨骼等各类系统。据报道研究发现,儿童铅摄入量、铅吸收率和体内铅负荷水平均比普通成人高,儿童铅中毒流行率也远超过成人,铅对儿童健康的危害比对成人的危害更重、更深远。更为严重的是它影响婴幼儿的生长和智力发育,损伤认知功能、神经行为和学习记忆等脑功能,严重者造成痴呆。

4) 钡及钡化合物

钡可用作脱气剂。各种钡的化合物可以应用于颜料、玻璃、造纸、纺织、橡胶、陶瓷等工业。在玩具彩泥或涂料中常存在着钡及钡化合物,钡及其化合物的毒性与它们的溶解度有关,溶解度越高,毒性越大。如果钡的含量大,当儿童频繁接触玩具时,很容易通过皮肤、唾液进入儿童体内,造成钡中毒,危害儿童的健康。因为钡化合物具有可溶性,一旦误食,导致神经系统中毒,造成肌肉麻痹和严重的低血钾症状,危及儿童生命。

5) 汞及汞化合物

汞就是我们常说的水银,一般汞及汞化合物常存在于生产玩具的原材料、使用的电池及玩具涂料中,当儿童常接触含汞及其化合物多的玩具时,它们可通过皮肤、呼吸道、消化道等各种途径侵入人体。汞可以在人体内逐渐积累,造成慢性中毒,需要很长时间才能表现出来,造成儿童各种脏器的功能损害。由于儿童对急性汞中毒的应激能力较差,因此儿童汞中毒伤害较成人严重。

6) 镉及镉化合物

镉是一种灰白色金属,不溶于水。镉在加热后,极易挥发,并在空气中迅速氧化成氧化镉。金属镉毒性很低,但其化合物毒性很大。镉中毒主要是通过消化道与呼吸道进入体内。镉也是一种积累性有毒无机物质,在人体积蓄潜伏期可长达10~30年。据研究,人长期饮用含量超过 0.2 mg/L 的镉水,可以导致"骨痛病"。多数儿童玩具,如木制、金属、塑料和纸玩具等,它们表面涂有色彩斑斓的涂料,其中镉含量较高,这就导致当儿童长期接触这种玩具时,就会通过手口等途径使镉进入体内,导致其在儿童体内蓄积。轻者造成头晕、乏力等症状。如果长期接触,会使儿童造成慢性中毒,出现慢性肾功能不全,同时会伴有骨质疏松症、骨质软化症。如果镉含量过高,在较短时间内吸入高浓度氧化镉可引发急性镉中毒,损害呼吸系统,导致急性呼吸窘迫综合征,甚至出现肝、肾损害。

7)铬及铬化合物

铬是银白色金属,但其化合物却五颜六色。因此,铬常用作玩具中的颜料和染料,其中颜料是绝大多数玩具的基本成分。其实三价的铬是人体必需的微量元素,是对人体有益的,具体说,铬可以与其他控制代谢的物质,如激素、胰岛素、各种酶类、细胞的基因物质(DNA 和 RNA)等,一起配合起作用,完成一些重要的生理功能。而六价的铬是有毒的。玩具中的含有不同价态的铬化合物,当儿童玩玩具时,很容易接触,通过呼吸道、消化道、皮肤和黏膜侵入人体,对儿童造成全身性的中毒。铬化合物会刺激皮肤黏膜,导致皮炎、湿疹;会刺激和腐蚀呼吸道,引发铬性鼻炎、咽炎、支气管炎,甚至可能造成鼻中隔糜烂,甚至穿孔;另外,六价态的铬还有可能致癌。

8)硒及硒化合物

硒是生命必需的微量元素,微量的硒被人体吸收对人的身体是有益的,可以增强免疫力、防止糖尿病、防止白内障、防止心脑血管疾病、解毒、排毒防治肝病、保护肝脏,由此被科学界誉为“抗癌之王”。其实人体摄入硒的含量并不是越多越好,如果玩具涂料里含有硒元素超标,儿童摄入过量硒,很容易导致中毒,造成发育迟缓、皮肤疼痛、食欲不振、呼吸有大蒜味、脱毛,严重者甚至死亡。

3.3.4.2　玩具的原材料

在我国,许多玩具的原材料来源于“二料”。“二料”作为玩具行业内的专业词汇,是指回收使用过的塑料垃圾,其中包括洗发水瓶、旧手套、饮料瓶、一次性注射器、输液管、药瓶等医疗垃圾。一些不法商贩并没有对这些塑料类垃圾按规定进行销毁,而是回收人员通过回收,使用自制的粉碎机,将这些废塑料粉碎后直接变成了“二料”。许多玩具生产商利用廉价的不卫生的“二料”制作成儿童玩具,行销市场,危害儿童的身体健康发育。“二料”的来源是非常复杂的。有些可能来自未消毒的医疗垃圾,有的甚至是农药瓶,这些里面就含有前面提到的一些重金属物质,包括锑、铅、钡、汞、镉、铬、硒等。儿童喜欢舔、咬玩具,如果这些元素含量超标,这些重金属会严重危害人体的脏腑器官,对儿童的智力发育及身体健康会有大的影响;长期下来就会危及儿童的生命安全。

3.3.4.3　购买玩具时的注意事项

家长在购买儿童玩具时,不要仅图便宜,不关注玩具的质量问题,下面将推荐给大家一些鉴别有害物质的简单方法,以方便家长朋友们购买安全可靠的玩具。

1）了解厂家信息

有条件的可以在网上查找厂家厂址及网络评价，以确保玩具出自正规企业，一般无牌无证的小作坊使用二手材料制成有毒的玩具，造出毒玩具这些小作坊一般没有厂名、厂址，也没有国家强制性"3C"认证。我国消费品使用说明强制性条款中严格要求，儿童玩具标明产品生产者依法登记注册的名称和地址。如果没有这些明显的标记，请谨慎购买！

2）气味

我们在购买玩具时，如果打开包装，闻到一股很刺鼻的味道，有可能是甲醛类有机物质挥发所致。在央视"3·15"晚会曝光的"二料"玩具，有刺鼻的味道，而这种刺鼻的味道正是来自于甲醛。甲醛是世界卫生组织规定的致癌和致畸形物质，被公认是变态反应源，儿童对甲醛尤为敏感，严重影响儿童的成长发育。

3）看看产品本身的完整性

例如，有些材料是劣质塑料做的，对着光线看里面杂质比较多；或者有些塑料轻轻一捏，它可能就会破裂，强度比较差的要小心。如果选择机动玩具，其传动机构应是封闭的，传动力量不宜过大，不应有可能产生夹伤的力矩，以免造成伤。

4）选择正规的购买渠道

网购玩具虽然方便省钱，但网上出售的产品很难辨别真假，一旦出现问题，难以追究责任，因此家长们需谨慎选择。家长在网购玩具时，要尽量选择具有品牌的玩具直营店或官网店，这样在买到一些质量有问题的玩具时，方便与厂家沟通，直接退货，避免买到劣质仿冒产品。其实在买一些生活用品，如果想体现家庭一起购物的乐趣，最好建议去实体店购买玩具，并且推荐家长选择具有信誉的品牌店购买。在购买时，也要仔细观察玩具的表面着色，包括它的涂料、颜料，要注意涂层是否易于剥落，看看玩具中的说明书，是否标记物质含量，如涂漆铅含量必须低于0.06％；合格的玩具上会标有哪个年龄段的儿童适用，如有些漆膜或涂层的玩具可能含有一些不易于婴幼儿使用的物质。另外，家长们还应注意，如果发现儿童玩具含有毒和危险化学品，请不要购买，以免给孩子带来伤害。

5）购买玩具认准"3C"标志

"3C"为"China Compulsory Certification"的缩写，意为"中国强制认证"。"3C"认证，是产品进入市场的通行证，是安全的防火墙。儿童玩具的"3C"认证主要是检测玩具的安全性，包括四项内容：一是玩具的机械物理性能，即检测玩具结构的安全性；二是玩具的燃烧性能，即对玩具进行阻燃测试；三是玩具的电性能，主要测试玩具的电气强度和输出功率；四是玩具的化学性能，主要检测玩具材料中的有毒有害物质含量。进口玩具认准"CIQ"标志。按国家有关规定要求，进口玩具都要标示"CIQ"标志。每个"CIQ"标志后都有一组计算机喷码数字，数字是没有重复的防伪码。如果碰到可疑的"CIQ"标志可向当地检验检疫部门查询验证。

　　总之,儿童玩具给孩子带来快乐,开发儿童智力,丰富儿童成长经历,然而毒玩具也给儿童的成长发育带来伤害。了解这么多有关玩具中的有害化学物质,对于家长如何保护自己的孩子有启迪作用。

3.3.5　其他儿童用品对儿童的化学危害

　　1)儿童围嘴

　　幼儿是用嘴感知这个世界的,对到嘴边的任何物质都会先用嘴巴来尝试,所以小的时候经常围嘴(图 3-32)。大部分围嘴是安全的,但仍然有一些儿童围嘴在生产的过程中会产生有害物质,甚至有一些还添加了重金属成分,经常使用会危害宝宝的身体健康。选择围嘴的时候,家长们要看清材质,纯棉质地最适宜宝宝使用。

图 3-32　儿童围嘴

　　2)婴儿奶瓶

　　婴儿奶瓶(图 3-33)可以说是每个幼儿都会用的物品,它属于塑料制品,如果使用不当会释放出有害的双酚 A 化学成分,对宝宝的身体是有害的。因此,使用婴儿奶瓶时,要定期给宝宝奶瓶消毒,以免宝宝吸入有害化学物质。

　　奶瓶使用注意事项如下:

　　奶瓶用久了或经反复热消毒,或多或少都会造成奶瓶的损伤,一般来说一支奶瓶可用 1～2 个月,届时即使外表看不出损伤,也最好能够整个更换。财团法人新光吴火狮纪念医院婴儿室护理长薛惠珍表示,使用塑料奶瓶者,如发现奶瓶上有刮痕,或感觉没以前那么透亮了,就要马上更换,以免有毒物质释出,危险宝宝健康。至于玻璃奶瓶,只要有破损,同样要淘汰。

图 3-33　奶瓶

　　奶瓶的清洁消毒如下：

　　奶瓶是哺喂宝宝不可或缺的产品，然而年幼的宝宝抵抗力弱，奶瓶使用后，后续清洁、消毒、收纳一连串过程若稍有马虎，都很容易形成宝宝健康的缺口。请确认是否按照下列步骤进行操作。

　　a. 洗洗刷刷

　　薛惠珍表示，宝宝喝完奶后，千万不要将奶瓶堆在一旁，而要立即用清水先冲洗一遍，并将奶瓶所有组件包括奶瓶、瓶盖、奶嘴、套环全都拆开，逐一使用专门的毛刷将奶瓶内部、瓶口刷干净，再用小毛刷仔细刷洗奶瓶奶嘴，奶嘴的螺纹、透气孔都要仔细刷过，确保没有奶垢堆积。清洁奶瓶的毛刷应根据奶瓶形状作选择，家长另可购买小型毛刷来清洁奶瓶奶嘴。

　　凯乔国际有限公司总经理郑士雍表示，家长清洗时可用奶瓶专用清洁剂，清洁剂可尽量选择天然性、植物性，而且容易冲洗干净者为优先。值得注意的是，母乳或配方乳中的乳脂肪容易残留在食具上，而坊间清洁剂种类多，洗净力可能略有差别，家长清洗后一定要再次确认食具是否已彻底清洁了。

　　b. 正确消毒

　　清洁奶瓶之后，一定要持续进行消毒，才能彻底消灭细菌、病毒。无论妈妈使用传统水煮消毒，或蒸汽式消毒锅、紫外线消毒锅，消毒前一定要先将奶瓶拆开、彻底清洁，并且避免因使用方式不当、机器耗损等因素，形成消毒上的漏洞。每日消毒的次数则依奶瓶准备数量、宝宝使用数量而定，一般为 1～2 次。

　　c. 收纳

　　奶瓶消毒后，家长可用干净的夹子将它夹起来，放在专门的收纳盒里，以利于之后取出使用。收纳盒应保持干燥、清洁，且应附有盒盖，避免灰尘沾染消毒后的奶瓶。此外，夹奶瓶的夹子也要定期消毒，同时不可再作其他用途。

3）儿童床垫

有些儿童床垫属于 PVC 产品,可能会产生邻苯二甲酸酯等化学物质,这对宝宝的身体是非常有害的,因此,家长们在选购儿童床垫时也要慎重,尽量不要选购含有化学成分的床垫,为宝宝的健康保驾护航。

4）毛绒玩具

很多毛绒玩具(图 3-34)都是陪伴宝宝成长的"小伙伴",然而,一些毛绒玩具在生产制作的过程中,会夹杂很多铅、汞等重金属成分,经常接触的话,会危害宝宝的身体健康。因此,小于 2 岁的婴幼儿,家长们不适合给他们买毛绒玩具,买玩具也要慎重,化学制品、塑料制品的玩具都不宜让孩子接触。

图 3-34　毛绒玩具举例

3.4　生物危害

以上我们了解了工业产品对儿童的物理危害、化学危害,这两大危害是工业品中危害系数最大,发生危害事故最多,也是国内外社会媒体关注的焦点,并且相关部门也在这两方面制定了相应的法律法规。但是,工业品的生物危害也是不容忽视的,对于青少年儿童,他们处于成长的重要阶段,对于病毒病菌的抵御能力较弱,而且他们对周围的一切都充满着好奇,并且天生好动、易模仿,所以很容易接触到一些工业产品,比较多的是儿童用品类的工业产品,包括儿童服装、玩具、奶制品、童车、疫苗等。在我们关注工业品的物理危害及化学危害的时候,还应该对工业品的生物危害及其预防措施进行了解,从而可以减少工业品对儿童产生的生物危害。

3.4.1　生物危害定义

生物危害定义为一个或部分具有直接或潜在危害的传染因子,通过直接传染或者破坏周围环境间接危害人、动物以及植物正常发育的过程。

生物危害[12]是指潜在危险的传染因子对周围的人进行间接的危害，包括有害的细菌、病毒、真菌（霉菌、酵母）、寄生虫。从它的定义可以看出，生物危害的源头主要是儿童的致病微生物，包括有害的细菌、病毒、真菌（霉菌、酵母）、寄生虫。儿童由于体质相对于成人来说免疫系统较弱，并且缺乏自我保护意识，所以他们属于弱势群体，很容易接触到致病微生物的侵袭，影响儿童的身心健康发展，严重的会导致残疾甚至死亡。因此，社会及家庭要重视工业品的生物危害，以免工业品的生物危害对儿童的健康成长产生不良影响。

3.4.2　生物危害标志

在日常生活中，我们很少观察到生物危害标志（图 3-35）。它主要应用在生物实验室、化工厂、医院、相关科研单位、核电站周围、医药工厂等工业生产厂区内。

图 3-35　生物危害标志图

生物危害标志已经成为国际通用的生物危险警告标志。它的创造者是一位名叫查尔斯·鲍德温（Charles Baldwin）的已退休的环境健康工程师。查尔斯·鲍德温对生物标志的含义是：该标志的颜色被设计成鲜艳的橙色，因为在北极探险时该颜色被认为在多数条件下是最容易看见的一种；并且该标志被设计出三边，因为如果它是在一个装有危险物的箱子中，万一箱子被移动和运输后，它也许会处在不同的位置，另外，该标注设计简单，很容易被刻蚀在箱子上。

3.4.3　生物危害等级

根据生物因子对个体和群体的危害程度将生物危害分为 4 级[13]。

第 1 级：确定的、有特征的，已知不会使健康成人致病的微生物菌落。这些微生物菌落是机会性病原体，因而存在着在青少年、老年及免疫缺陷或免疫受抑的个体中传播的可能性。

通常第 1 级的生物危险等级都在基础生物教学、基础微生物技术工作室等场所存在。处理主要措施是接触时戴上手套和注意面部防护，接触后洗手以及清洗接触过的桌面及器皿等。

第 2 级：存在于人体并与人类多种急性疾病有关的内源性病源。工作时与这些病源接触的人员面临偶然性自动接种、空气的吸入以及皮肤或黏膜暴露于传染性物质的危险。当病源形成大量气溶胶的潜力较大时，会增加人员感染的危险。

通常第 2 级的生物危险等级都在初级生物学诊断、基础医学研究上存在，需要张贴生物危险标志。一般情况下对健康工作者、群体、家畜或环境不会引起严重危害的病原体。实验室感染不会导致严重疾病,具备有效治疗和预防措施,并且传播风险有限。

第 3 级:通过气溶胶传播的,能使人留下严重的或致命的后遗症的内源性或外源性病源。工作时与这些病源接触的人员面临偶然性自动接种和空气吸入的危险。

通常第 3 级的生物危险等级都在特殊的医学研究、生物学研究中存在,需要装配特殊防护衣、定向气流疏通器、生物安全柜等特殊研究装置防止生物感染。但通常不能因偶然接触而在个体间传播,或能用抗生素抗寄生虫药治疗的病原体。

第 4 级:危险的极易导致死亡的外源性病源。这些病源通过治疗物品、隔离物品、野生或实验用已知感染的动物的处理进行传播,会造成人员感染的高风险。

通常第 4 级的生物危险等级需要装备更多更严密的防护设备和隔离设备。需要在实验室、研究所中加上气压密闭门、淋浴出口及生化研究消耗物(医学废物)的特殊处理,并且需要装备二级或三级生物安全柜,研究人员需要身着完全密封性防护衣、双门高压蒸汽灭菌器、空气过滤防毒面具等高安全系数防护设备。

3.4.4　日常用品对儿童的生物危害

3.4.4.1　服装对儿童的生物危害

服装是儿童必须接触的一种工业品,这类工业品比较容易滋生微生物,从而对儿童的健康产生危害。其中以羽绒服装发生的问题最为严重。羽绒服的填充料主要是经水洗和高温消过毒的鸭鹅类的羽绒,大致分为白绒或灰绒(图 3-36)。

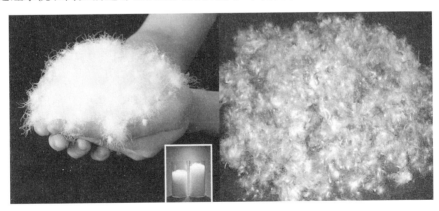

图 3-36　白绒(左)和灰绒(右)

羽绒服之所以能够起到保暖的作用是因为羽绒的纤维之间有着数不清的微小孔隙。近年来,随着社会的快速发展和进步、人们生活水平的日益提高,设计新颖、质地柔软的羽绒服出现在市场上,但随之也出现了一系列的问题。例如,含绒量不足、钻绒、羽绒产生异味,这可能是不法商家采用劣质羽绒所引发的。劣质羽绒较易滋生细菌从而对儿童的健康产生危害。有研究表明,羽绒服比较容易滋生嗜温性需氧菌、还原亚硫酸盐梭状芽孢杆菌以及沙门氏菌,儿童穿有滋生细菌的羽绒服就可能会使儿童出现发烧、腹泻、腹绞痛等症状,婴幼儿还会出现尿布疹。

有研究者[14]研究了羽绒服装存放环境对微生物的影响,研究者分别取自三个具有代表性气候条件的地方(上海、沈阳、重庆),作为存放的不同环境,按照 GB/T 14272—2011《羽绒服装》中微生物检测方法进行检测,并对每批样品取两个试样,试验结果取其平均值。结果表明,粪链球菌和沙门氏菌经过规范加工处理程序,存活的概率较小,嗜温性需氧菌随着库存的时间延长其含量呈上升趋势,亚硫酸还原梭状芽孢杆菌随着库存时间的延长,开始呈现上升趋势,随着环境中 CO_2 的浓度增高,上升趋势逐渐降低。所以企业在仓储时,尽量保证存储环境干燥、通风。

针对出现的一系列的问题,国家质检总局、国家标准化管理委员会(简称国家标准委)联合颁布了《羽绒服装》国家标准,并于 2011 年 2 月就开始实施。新标准增加了对耐水色牢度、可分解芳香胺染料等基本安全技术项目的考核,并首次加入对儿童安全性能的考核,使中国羽绒服装真正进入"安全"时代。

3.4.4.2　玩具对儿童的生物危害

玩具是儿童日常生活中的亲密伙伴,然而若是儿童玩具使用不当或者是不注意儿童玩具的卫生状况,它也可能成为传播各种疾病的媒介。众所周知,由于儿童对疾病的各种防御功能还比较弱,所以附着在玩具上的细菌、病毒和寄生虫卵就可能通过儿童的手指进而影响儿童的健康。常见的致病物有金黄色葡萄球菌、痢疾、绿脓及伤寒杆菌、肝炎病毒、蛔虫、饶虫、鞭虫卵等,这些寄生虫卵、病毒和细菌均可通过儿童的手口进行传播,儿童如果用嘴接触这些被污染了的玩具就有可能造成疾病的传播(图 3-37)。

儿童时期是生长发育的关键时期,但是寄生虫病已成为影响儿童生长发育的常见病之一,有研究[15]对幼儿园玩具及其他用品寄生虫卵检出情况作了分析,结果表明,儿童玩具中蛔虫卵携带率为 15.93%,蛲虫卵携带率为 11.67%。调查结果表明必须对幼儿园儿童加强健康教育,使他们从小养成良好的个人卫生习惯,做到不吮手指,饭前、便后要洗手,常剪指甲等。同时,应建立规范的玩具、桌椅等用品用具的清洗、消毒制度,以阻断传播途径,防止寄生虫的感染和反复感染,并定期组织儿童集体驱虫服药,使儿童健康成长。除了学校和幼儿园需要采取一定的措施,监护人也要教育儿童爱讲卫生,还要定时对玩具进行消毒处理。

图 3-37　儿童玩具

参 考 文 献

[1] 马徽. 居民区交通噪声模糊评价研究[D]. 邯郸：河北工程大学硕士学位论文，2013.

[2] 范静平，陆书昌，胡正元，等. 漫性噪声暴露对听觉中枢的影响[J]. 第二军医大学学报，1991，12：259-261.

[3] 李舒梅，钟显青. 环境噪声对中学生大脑工作能力影响的探讨[J]. 赣南医学院学报，1993，4：239-241.

[4] 三金. 高科技产品让儿童"很受伤"[J]. 中国减灾，2013，16：53-53.

[5] 凌医生. 如何防电脑辐射[J]. 家庭科技，2011，11：20-20.

[6] 郑华. 居家过日子须防"电磁污染"[J]. 山东农机化，2005，4：30-30.

[7] 刘霞，罗红旗，刘志雄. 浅析玩具物理危害——由欧美玩具召回通报引发的思考[J]. 标准科学，2013，6：
77-80.

[8] 梅雪. 浅析食品添加剂的安全性及对策研究[J]. 西昌学院学报：自然科学版，2011，4：59-62.

[9] 关跃琳. 正确认识食品添加剂的作用及安全使用规范[J]. 职业与健康，2013，2：236-238.

[10] 中国国家标准化管理委员会. GB 2760—1996 食品添加剂使用卫生标准[S]. 北京：中国标准出版
社，2011.

[11] 穆芳，陆建伟. 2010 年广元市食品有害元素及添加剂检测[J]. 预防医学情报杂志，2011，9：677-680.

[12] 胡隐昌，肖俊芳，李勇，等. 生物安全及评价[J]. 华中农业大学学报，2005，1：29-36.

[13] 陈宁庆. 生物危害仍是人类的健康的严重威胁[J]. 解放军预防医学杂志，1994，35：324-328.

[14] 王宝琳. 抗菌羽绒服到底能不能抗菌（二）[N]. 科技日报，2007-01-13.

[15] 徐婧，崔雯，闻毅，等. 对某幼儿园儿童玩具状况的调查与分析[J]. 卫生职业教育，2011，8：112-113.

第4章　机电类产品儿童安全风险与防护

4.1　机电类产品分类

传统意义上的机电类产品指的是机械和电气设备的总和,现代技术和管理中一般概念上的机电产品是泛指机械产品、电工产品、电子产品和机电一体化产品及这些产品的零件、配件、附件等。但机电产品的种类多、范围广,而针对于儿童可接触类机电产品种类至今没有明确的分类及范畴。

4.1.1　机电类产品范畴

在商务部机电和科技产业司编制的《机电产品进出口统计工作手册(2013年版)》中,列出了"机电产品的目录",明确了机电产品的范围[1]。其中与儿童可接触类机电产品相关的有第二十类杂项制品中属于机电类产品范畴的,如表4-1所示。

表 4-1　杂项制品中机电类产品的范畴

商品编号	商品名称及备注	商品编号	商品名称及备注
9401	坐具(包括能作床用的两用椅,但编号9402所列货品除外)及其零件	9402101000	理发用椅及其零件
9401100000	飞机用坐具	9402109000	牙科及类似用途的椅及其零件
9401201000	皮革或再生皮革面的机动车辆用具	9402900000	其他医疗、外科、兽医用家具及零件(如手术台、检查台、带机械装置的病床等)
9401209000	其他机动车辆用坐具	9403	其他家具及零件
9401300000	可调高度的转动坐具	9403100000	办公室用金属家具
9402	医疗、外科、牙科或兽医用家具(如手术台、检查台、带机械装置的病床、牙科用椅);有旋转、倾斜、升降装置的理发用椅及类似椅;上述物品的零件	9405	其他编号未列名的灯具及照明装置,包括探照灯、聚光灯及其零件;装有固定光源的发光标志、发光铭牌及类似品,以及其他编号未列明的这些货品的零件

续表

商品编号	商品名称及备注	商品编号	商品名称及备注
9405100000	枝形吊灯(包括天花板或墙壁上的照明装置,但露天或街道上的除外)	9504501000	视频游戏控制器及设备(电视用)(与电视接收机配套使用的,编号950430 的货品除外)
9405200000	电气台灯、床头灯、落地灯	9504509000	其他视频游戏控制器及设备(编号950430 的货品除外)
9405300000	圣诞树用的成套灯具		
9405401000	探照灯	9504901000	其他电子游戏机
9405402000	聚光灯	9504902100	保龄球自动分瓶机
9405409000	其他电灯及照明装置	9504902900	其他保龄球自动球道设备及器具
9405500000	非电气灯具及照明装置	9504904000	麻将及类似桌上游戏用品
9405600000	发光标志、发光铭牌	9506	一般的体育运动、体操、竞技及其他运动(包括乒乓球运动)或户外游戏用本章其他编号未列名的用品及设备;游泳池或戏水池
9503	三轮车、踏板车、踏板汽车及类似的带轮玩具;玩偶车;玩偶;其他玩具;缩小(比例缩小)的模型及类似的娱乐用模型,不论是否活动;各种智力玩具		
		9506911100	跑步机(包括设备)
9503001000	三轮车、踏板车、踏板汽车和类似的带轮玩具;玩偶车	9506911900	其他健身及康复器械(包括设备)
		9506919000	一般的体育活动、体操或竞技用品(包括设备)
9503003100	缩小(按比例缩小)的电动火车模型		
9504	视频游戏控制器及设备、游艺场所、桌上或室内游戏用品,包括弹球机、台球、娱乐专用桌及保龄球自动球道设备	9506990000	其他未列名的第九十五章用品及设备(包括户外游戏用品及设备,如游泳池、戏水池)
9504301000	用特定支付方式使其工作的电子游戏机(使用硬币、钞票、银行卡、代币或其他支付方式使其工作)	9508	旋转木马、秋千、射击用靶及其游乐场的娱乐设备;流动马戏团及流动动物园;流动剧团
		9508100010	有濒危动物的流动马戏团(包括流动动物园)
9504309000	用特定支付方式使其工作的其他游戏机用品,保龄球道设备除外(使用硬币、钞票、银行卡、代币或其他支付方式使其工作)	9508100090	其他流动马戏团及流动动物园
		9508900000	其他游乐场娱乐设备;流动剧团

4.1.2 机电类产品目录

在以上商务部机电和科技产业司编制的《机电产品进出口统计工作手册(2013年版)》中,列出了"机电产品的目录",我们可以大致明确儿童可接触类机电产品的范围。具体可以根据儿童的可接触范围将机电类产品细分为儿童可接触机电类玩具、儿童可接触类家用电器、户外休闲娱乐机电类设施等。

1) 儿童可接触机电类玩具

玩具具有娱乐性、教育性、安全性3个基本特征。其品种繁多、分类方法不一。按照机电类产品的特点和分类,机电类玩具包括以下内容。

(1) 遥控玩具:遥控娃娃、遥控军事警察、遥控家具、遥控体育玩具、遥控悠悠球、遥控车、遥控飞机、遥控飞碟、遥控船、遥控坦克、遥控人(机器人)、遥控动物、轨道车、特技翻斗车、遥控方程车、遥控四驱车、遥控摩托车、其他遥控玩具。

(2) 电动玩具:电动家具、激光动物、电动车、电动飞机、电动船、电动坦克、电动轨道车、电动四驱车、电动玩具工具、电动摩托车、电风扇玩具、电动娃娃、电动动物、电动机器人、电动卡通、四驱车、棒棒乐、超车王、闪光棒、电动战车、工程玩具、其他电动玩具。

(3) 惯性玩具:惯性船、惯性家具、惯性车、惯性飞机、惯性摩托车、惯性动物、惯性甲虫、其他惯力玩具。

(4) 枪及剑玩具:玩具枪、刀剑玩具、激光枪、仿真枪、无功能枪、红外线枪、音乐剑、气弹枪、水枪、电动枪、八音枪、语音/震动枪、软弹枪、枪械套装、转响枪、泡泡枪、火石枪、子弹枪、电子枪、发光剑、仿真剑及盾牌、弓箭类、针枪、其他。

(5) 拉线玩具:拉线军事/警察、拉线机器人、拉力玩具、昆虫类、拉线车、拉线飞机、拉线船、拉线摩托车、拉线动物、其他拉线玩具。

(6) 上链玩具:上链军事/警察、上链船、上链家具、昆虫类、上链机器人、上链飞机、上链人物、上链车类、动物类、其他上链玩具。

(7) 线控玩具:线控军事/警察、线控家具、线控工程车、线控车、线控坦克、线控船、线控飞机、线控机器人、线控摩托车、线控动物、其他线控玩具。

(8) 回力/压力玩具:军事警察、压力/回力家具、回力/压力机器人、回力车、回力飞机、回力坦克、回力摩托车、回力船、回力动物、其他压力/回力玩具。

(9) 力控机械玩具:拖拉玩具、挺力玩具、磁力玩具、压力玩具、滑行玩具、弹力玩具、推力玩具、风压跳动物、跳豆、马车玩具、火石类、其他力控机械玩具。

(10) 声控玩具:声控车、声控飞机、声控人物、声控动物、其他声控玩具。

(11) 童车玩具:汽车、自行车、飞机、船、摩托车、电动童车、遥控童车、三轮童车、其他童车玩具。

(12) 音乐/乐器玩具:声控音乐玩具、音乐类/琴类玩具、录音收音/卡拉 OK

玩具、玩具琴、吉他玩具、玩具鼓、音乐盒、乐器组合玩具、音乐动物、音乐娃娃、音乐发光、电子/电动音乐、音乐收音机、音乐麦克风、其他音乐/乐器。

（13）电子玩具：电话机、手机、对讲机、学习机、复读机、电子配件、发光发声类、收录音机、电子表、电子宠物、其他电子玩具。

（14）仿真模型及附件：航空模型、航海模型、汽车模型、摩托车模型、人物模型、军事模型、火车模型、模型机器人、机械模型、配件、其他仿真模型玩具。

2）儿童可接触类家用电器

儿童的生活起居难免会接触到家用电器，家用电器的分类方法在世界上尚未统一。但按产品的功能、用途分类较常见，大致分为 8 类。①制冷电器，包括家用冰箱、冷饮机等。②空调器，包括房间空调器、电风扇、换气扇、冷热风器、空气去湿器等。③清洁电器，包括洗衣机、干衣机、电熨斗、吸尘器、地板打蜡机等。④厨房电器，包括电灶、微波炉、电磁灶、电烤箱、电饭锅、洗碟机、电热水器、食物加工机等。⑤电暖器具，包括电热毯、电热被、水热毯、电热服、空间加热器。⑥整容保健电器，包括电动剃须刀、电吹风、整发器、超声波洗面器、电动按摩器。⑦声像电器，包括微型投影仪、电视机、收音机、录音机、录像机、摄像机、组合音响等。⑧其他电器，如烟火报警器、电铃等。

3）户外休闲娱乐机电类设施

大型玩具：儿童家私、卡丁车、碰碰车、组合滑梯、摇摆机、淘气堡、跷跷板、转椅、秋千、攀登架、水上游艺设施、大型游艺机、套圈及其他大型玩具。

户外/休闲用品：室外游乐设备、水上与沙地运动、野营系列、信号工具及其他户外用品；充气玩具：大型充气类、广告气模、充气模型、充气卡通、水上充气、充气球类及其他充气玩具。

4.2　机电类产品危害儿童安全的因素及来源

以上分类中儿童可接触类机电产品从玩具到家用电器，再到户外休闲娱乐设施，涵盖了儿童的衣、食、住、行的方方面面，这些产品中小到一个玩具，大到大型娱乐设施，对促进儿童的身心健康、智力开发以及手与脑协调能力的培养都起着重要的作用。但作为儿童，他们的行为方式具有一定的不可预知和不可控性，感知不安全因素的能力相对薄弱，是一个需要靠监护人保护的特殊的弱势群体，但是他们又比较活泼好动并且对新鲜的事物充满好奇，敢于去冒险和尝试。儿童可接触的这类机电产品存在危及儿童健康和生命安全的不安全因素时，他们基本上不具备自我保护的意识，极易给儿童带来巨大的伤害，这其中就包括对儿童的生理和心理造成的不可估量的影响和对家庭造成的巨大经济损失和沉重的负担[2]。因此，如何确定儿童可接触类机电产品的不安全因素和来源已成为一个社会普遍关注的焦点话题,备受世界各国的关注。

　　目前根据 2008～2012 年五年来欧盟 RAPEX 和美国 CPSC 通报/召回中国大陆产儿童玩具产品的原因(其中有部分通报/召回产品涉及的原因不止一种),并结合儿童玩具产品技术法规与标准的研究,将儿童玩具产品存在的潜在风险分为机械物理类风险、燃烧类风险、电性能类风险、化学类风险和生物风险[3]。

　　从以上五种潜在风险来看,与机电类危害儿童的不安全因素密切相关的风险类型主要有:电性能类风险,其中包括灼伤危险、电击危险、火灾危险和视力伤害;机械物理类风险,包括窒息危险、受伤危险、勒死危险、听力受损等。

4.2.1　电性能类风险

　　电性能类风险中包括灼伤危险、电击危险、火灾危险和视力伤害,包括家用电器、电玩具和大型娱乐设施等机电类产品的应用,不仅能极大地丰富儿童的生活,而且在儿童身心健康发育的过程中扮演着极为重要的角色。然而,近年来,随着经济和社会的发展,琳琅满目的儿童可接触类机电产品在带给儿童丰富多彩生活的同时,由于儿童安全意识薄弱,辨别能力有限,缺乏用电等原因导致的电击、灼伤等致伤致死案件时有发生。此外,中国消费者协会针对儿童可接触类机电产品日益增多的情况,特别提醒社会和家庭关注用电安全,教育儿童懂得电对人体的危害,不要用手去接触插头、灯头,不要把充电器等与电有关的物品当作玩具。在教育的同时,更要考虑到儿童自保意识和能力仍然很低的特点,从硬件设施上着手,消除用电安全隐患。

4.2.1.1　电击、灼伤危险

1)电击、灼伤危害的概念

　　电击、灼伤危害主要是由电流造成的,电流对人体的危害与通过人体的电流强度、持续时间、电压、频率、人体电阻、通过人体的途径以及人体的健康状况等因素相关,而且各种因素之间有着十分密切的联系。当电流流经人体时,会产生不同程度的刺痛和麻木,并伴随不自觉的皮肤收缩。肌肉收缩时,胸肌、膈肌和声门肌的强烈收缩会阻碍呼吸,而使触电者死亡。电流通过中枢神经系统的呼吸控制中心可使呼吸停止。电流通过心脏造成心脏功能紊乱,即室性纤颤,会使触电者因大脑缺氧而迅速死亡,如图 4-1 所示。

2)电流对人体伤害的种类

　　电流对人体伤害主要分为电击伤和电伤两种。

　　(1)电击伤。人体触电后由于电流通过人体的各部位而造成的内部器官在生理上的变化称为电击伤,如呼吸中枢麻痹、肌肉痉挛、心室颤动、呼吸停止等。

图 4-1　儿童触电伤害类型

（2）电伤。当人体触电时，电流对人体外部造成的伤害，称为电伤，如电灼伤、电烙印、皮肤金属化等。

① 电灼伤。一般有接触灼伤和电弧灼伤两种。接触灼伤多发生在高压触电事故时通过人体皮肤的进出口处，灼伤处呈黄色或褐黑色并累及皮下组织、肌腱、肌肉、神经和血管，甚至使骨骼显炭化状态，一般治疗期较长。电弧灼伤多是由带负荷拉、合刀闸，带地线合闸时产生的强烈电弧引起的，其情况与火焰烧伤相似，会使皮肤发红、起泡，烧焦组织，并坏死。

② 电烙印。它发生在人体与带电体有良好接触，但人体不被电击的情况下，在皮肤表面留下和接触带电体形状相似的肿块痕迹，一般不发炎或化脓，但往往造成局部麻木和失去知觉。

③ 皮肤金属化。由于高温电弧使周围金属熔化、蒸发，并飞溅渗透到皮肤表层所形成。皮肤金属化后，表面粗糙、坚硬。根据熔化的金属不同，呈现特殊颜色，一般铅呈现灰黄色，紫铜呈现绿色，黄铜呈现蓝绿色。金属化后的皮肤经过一段时间能自行脱离，不会有不良后果。此外，发生触电事故时，常伴随高空摔跌，或由于

其他原因造成的纯机械性创伤,这虽与触电有关,但不属于电流对人体的直接伤害。

4.2.1.2　火灾危险

随着家用电器的频繁使用,如空调、风扇、冰箱、洗衣机、微波炉、热水器等,电器引发的火灾越来越多,究其原因都是由于电源线短路,线路超过负荷,电器及线路漏电,电器使用超期,电器内进水现象产生高温电火花,引起火灾,如图 4-2 所示。

图 4-2　家用电器着火类风险

家用电器使用过程中应当注意电器的通风口要保持畅通,保证家用电器能够进行良好的散热;同时电冰箱等家用电器不应频繁插拔电源插头,一旦电源保护装置失灵就容易烧坏电冰箱。要及时更换残旧超龄的电线,家庭用户线要安装漏电保护开关,以防因漏电引起火灾及人身触电,电线不能裸露或破损,对电源开关、插座的安装必须严格执行有关施工安装规程,采取防火隔热措施。要注意"人走电断",在断电的情况下,用手触摸电器和导线温度,若温度过高需及时排除故障,才能保证用电安全。

4.2.1.3　视力伤害

随着移动互联网的高速发展,智能手机和平板电脑走进千家万户,越来越多的儿童开始接触这些五花八门的电子产品。据一项调查显示,0～6 岁的孩子中,有 66.6% 从 4 岁开始接触电子产品,每天玩平板电脑或手机时间为 1.5～2 h;甚至有家长表示自己的孩子每天接触手机的时间远多于玩积木或玩具的时间[4]。不少家长都表示,电子产品是导致儿童视力下降和近视的"罪魁祸首",如图 4-3 所示。

某项实验表明,孩子在长时间看完电子产品后,感觉眼睛疲劳很明显;查其视力,都有不同程度的下降。一个正视眼的小孩,在连续使用平板电脑半小时后,他的视力在视力表上下降了一行,这说明他的视力在往近视方向移动。

眼科专家表示,现在很多研究已经证实,长时间近距离用眼,对近视的发展和发生都有直接影响。因为小孩在生长发育过程中,身体实际上没有达到一个成熟的状态,这个时间如果用眼时间比较长,更容易受到环境因素影响,从而加重近视。

图 4-3　电子产品、激光枪、激光笔等对儿童视力的伤害

此外激光笔、激光枪、声光电玩具、激光器里的激光辐射功率过高,会对人体造成光化学伤害和热伤害,特别是尚处于发育阶段的儿童,眼睛和皮肤受激光辐射可能有更严重的后果。日前,质检总局产品质量司对激光笔、儿童激光枪的质量安全风险监测,采集激光笔和儿童激光枪各 30 批次,共 60 批次激光产品样品,对激光辐射类别进行检验[5]。

结果显示,有 13 批次激光笔都为 3B 类及以上类别,占 43.3%,甚至有 3 批次为 4 类产品,激光辐射功率最高达 1440 mW,是 3R 类激光辐射功率的 288 倍。23 批次儿童激光枪为 2 类及以上类别,占 76.7%,其中 8 批次还为 3B 类。

4.2.1.4　常见儿童可接触类机电产品电性能风险来源及案例分析

1) 电击、灼伤类

a. 电源插座类

据权威机构统计,每年有 3900 起因电源插座受伤而在医院急诊室治疗的例子。在这些受伤者中,有 1/3 是小孩子,他们是因为触碰到电插座出口,而导致烧伤手指或手臂,如图 4-4 所示。

一个 5 岁男童小皓(化名)在玩耍时,将左手大拇指伸入插座中,当场触电昏迷,送医院抢救无效身亡。由于在小皓的气管中发现饭粒,医生称,"祸根"可能是小孩昏迷后食物反流,堵住了呼吸道,最终窒息而死。

图 4-4　插座类产品对儿童伤害类型

小皓父母在华大街道城东社区种菜。父亲杨先生介绍,小皓是他的小儿子,很调皮。昨日上午,在他们的租房里,儿子和一个朋友的孩子一起玩。小皓误将左手大拇指伸进插座,触电后倒地昏迷。

接到消息后,杨先生夫妇俩立即从菜地赶回。他俩抱着孩子直奔社区卫生所,对他进行抢救。但是,孩子的伤情很重,呼吸越来越弱。10 多分钟后,他们才求助120,将儿子送到泉州市人民医院。不幸的是,小皓在途中心跳停止。

急诊科的陈医生说,小皓被送到医院时,已没了生命迹象。医院尽了最大的努力对小皓进行抢救,采取了胸外按压、气管插管。在他的气管里,医生用插管吸出了一些饭粒,说明小皓被电昏迷后,胃里的食物发生反流现象,食物吸进气管里,阻塞呼吸。

陈医生说,小皓呼吸阻塞导致缺氧,10 个手指的末端全部发黑,嘴唇变紫。他提醒,昏迷的人容易产生食物回流、误吸现象。因此,病人出现昏迷后,首先要让他侧卧(平躺易产生误吸),做胸外按压和人工呼吸。若查出其口咽有异物,应马上用手指裹上毛巾或布块,快速掏出异物。另外,病人家属要及时求助120,将病人送到医院,确保病人在第一时间得到救助。

孩子喜欢把东西放进插座里,如发夹、钥匙、指甲、别针和铅笔。幼儿发现在地毯里和地板上,吸尘器吸不走的东西时,他们会不断坚持地将东西放在嘴里或者试图塞进插座里。大约每年有 100 个儿童死于电击,这是根据 2005 年的数据得知的。所以覆盖你的电源插座,阻止你的孩子将物品塞进插座里面。

　　水枪和水喷射器玩具看似是单纯的玩的东西,但是,当孩子能找到一个隐藏的电插座出口的时候,这些喷水玩具会很危险。幼儿可以用这些喷水的玩具朝隐藏起来的电源插座喷水。另外,蹒跚学步的孩子正在进行如厕训练的,会将小便射向隐藏的电源插座。水或尿液可以发出烟雾或火花,造成烫伤或烧伤地毯,或者烧伤孩子。许多的幼儿会在浴室使用喷水玩具,或者在浴室洗澡和玩水,这些浴室里的插座都要被覆盖上。

　　松散、破裂或旧电器插座会给孩子带来很多危险。一些家居建材商店出售对孩童安全的电器插座。检查所有的电源插座是否损坏或松动。如果插座松了,孩子会发现它并且和它一起玩,孩子会把东西放进墙上的插座中,给蹒跚学步的孩子和家庭构成严重的危险,如图 4-5 所示。所以父母在家中,要经常检查电源插座是否松散,检查电线是否出现断裂情况,给孩子创造一个安全的环境。毕竟孩子太小,他们不知道电源线存在危险,只会单纯地当作一个玩具来玩,所以父母要多多注意家中可能导致触电的东西,防止发生意外。

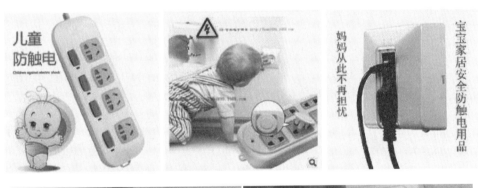

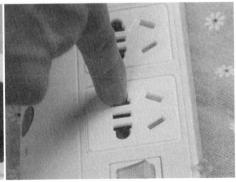

图 4-5　插座类产品的防范措施

儿童安全插座的选择方式：

第一种是给插座孔配备一个安全塞，防止宝宝触摸到，当然聪明的宝宝也有将它们摘取下来的风险。

第二种是选择插座时要留意插孔的大小，要选择符合国家标准的插座。现如今市场上的大部分山寨插座都是"万能插座"，可以接各种不同的接口，但此时安全隐患就出来了。因为这种"万能插座"的插孔粗大，小朋友的手指很容易伸进去触碰到插孔里面的金属片。此外，"万能插座"由于插孔粗大，使用时插头与插座金属片接触面积太小，产品本身也存在一定的安全隐患。

第三种是选择带有"儿童保护门"功能的插座，当小朋友将一个金属片插入插座的一个插孔，保护门不会开启，处于自锁状态，金属片不能接触到插座内的导电铜片。只有插头的两极金属片同时均衡插入，保护门才会打开。例如，航嘉电视伴侣就采用了这种功能，可以预防儿童用钥匙等金属片去捅插座导致触电的安全事故。

好质量的插座是避免儿童意外伤害很重要的一个部分，家长们在选择插座时一定要选择符合国家标准的插座产品，防微杜渐，提高警惕，从源头上杜绝孩子因为触电而发生的意外伤害。

b. 家用电器类

漏电、触电这些你认为的小概率事件其实每时每刻都在发生，且会 100% 摧毁你的承受力。在漏电发生的一瞬间，生命是如此的脆弱。每个通电的插孔都潜伏着极大的危险，对电器漏电现象（图 4-6），千万别不当回事。

图 4-6　家用电器对儿童的伤害类型

某小区的张先生回忆，他的女儿就曾经经历过一次电器的漏电事故，对他来讲记忆深刻。还记得一年前的某天，张先生 5 岁的女儿，拿着水杯到家中的饮水机处接水，刚触及到饮水机的水流时，突然间倒在地上出现痉挛抽搐的现象，张先生当时就在离饮水机不远处的沙发上看电视，突如其来的横祸让张先生感觉脑袋一片空白，不知情况的张先生一把将孩子抱起赶往医院，可当他抱起孩子的瞬间，忽然感觉到和孩子身体接触的部位，有种轻微的麻木感觉，当时情急之下并没有想到什么,直至把孩子送到医院抢救成功后,医生一语道破天机,检查结果令张先生不寒而栗,他 5 岁的女儿是被电流通过身体后,产生的痉挛抽搐现象。张先生简直不敢相信自己的耳朵,事后通过饮水机厂家上门对产品进行检查,判断出饮水机因线路老化而出现漏电现象。电器产品的漏电现象,可因潮湿、损伤、电线老化、使用环境恶劣产生不同程度的漏电现象。饮水机、洗衣机、冰箱、观赏鱼缸等家用电器都有可能发生漏电现象。

2011 年 7 月 15 日傍晚,广东梅州市五华县水寨镇大坝一名 5 岁女童打开冰箱时,疑右手触碰冷冻柜被强大电流吸住,经抢救无效死亡。

女童母亲赖秋兰告诉《羊城晚报》记者,她在厨房准备晚饭,女儿打开冰箱门拉冷冻柜时,突然被电流吸住贴在冷冻柜边沿。孩子送往医院时已被证实死亡。

据了解,2010 年 2 月,梅州市梅县石扇镇一名 8 岁儿童在开冰箱时触电身亡;同年 8 月,江西省永丰县一名 11 岁女孩靠近电冰箱捡东西时,被带有强大电流的冰箱外壳牢牢吸住后死亡。

在漏电电流值达到 30 mA 时,人体就会有麻木或抽搐的现象发生,对大脑、心脏与神经都有损害,对于孩子更会有昏厥的危险。所以,挑选一款安全的插座产品,就显得尤为重要了。如何挑选具有防漏电保护功能的插座呢?首先,在漏电电流值大于 10 mA 时就要采取断电操作,并且断电的反应时间要快,降低人体触电时的危险系数。目前许多新建的小区,在每户的配电箱里已安装漏电保护装置,漏电电流达到 30 mA 时,才会有断电操作,但 30 mA 的电流已足够让人体受到不同程度的伤害,在旧小区的配电箱内根本无漏电保护装置。

c. 户外休闲、娱乐设施类

户外休闲娱乐设施主要包括室内、外淘气堡、水上乐园等,该类设施大部分由电力驱动,或安装有水泵、电机和照明设备,如安装运行不当极易发生触电危险[6]。

2014 年 5 月,佛罗里达州一个监控器捕捉了让人心惊胆战的一幕。三个儿童正在水里玩耍。突然大家意识到水里有电的时候,所有在游泳池里的人都开始往游泳池外逃。其中一个 6 岁的女孩子手握着金属扶手,呈现昏厥的状态。这个时候在现场的该女孩的祖父意识到孩子触电,就把小女孩从水里拉出来。然后他自己也被电击,瘫倒在地。另外一个 10 岁的男孩也因被电击而受伤。最后三个孩子都被送到医院,在医院接受了四天治疗,没有生命危险。这起事件是游泳池泵的电路连接错误导致的。

避免儿童触电的防范措施:

(1)选购电源插座、接线板时,要尽量选择带有多重开关并带保险装置的,目前市场上已经有了带有防止儿童误触的相关产品。

(2)将铁丝、刀剪等可以导电的物品放到儿童不易够取的地方;不要把毛巾、衣物等搭在电线上。

（3）儿童房内的电器不宜多，尤其是年龄较小儿童的房内，电器更不宜多；应避免使用落地电器，防止儿童绊倒后发生触电事故。

（4）电灯或其他家用电器的电线如受潮或破损，要及时检修或更换；为了保险，应将电源插头用绝缘胶布等固定。

（5）无论何种设计的电源插头、插座、充电器等均要置于儿童摸不到、够不着的地方。

（6）调试、维修电器时不要让儿童在现场，避免其模仿。

（7）父母应在平时加强教育，同时要加强监管。例如，打火机、电热器、充电手机等不要放在儿童拿得到的地方，电源开关尤其是插座也不要让儿童触摸。

（8）对于家电的电源线，更不要乱接乱拉，这样可减少触电事故的发生。

（9）选购电动玩具时，要注意辨明生产厂家，特别注意电玩的设计和安全性，这样可以大幅降低儿童触电概率。

儿童触电后，家长需采取的措施：

（1）脱离电源。小儿发生触电时，首先应迅速使他脱离电源，用干木棍将电线拨开，或用干木棍将孩子拨开。如果直接拉开小儿时，抢救者必须站在干纸堆或木板上，拉住小儿的干衣角，将他拖开。

（2）贴身守护。如果通过人体的电流很小，触电的时间也短，脱离电源以后孩子只感到心慌、头晕、四肢发麻。这时候，要让他休息 $1\sim2$ h，并有人在旁守护，观察呼吸、心跳情况，一般不致发生生命危险。皮肤灼伤处敷消炎膏以防感染。但如果让患儿立即走动，也有可能引起死亡。

d. 急救对策

（1）如果触电时间较长，通过人体的电流较大，或者是电流从右手到左脚，此时电流通过人体的重要器官（心脏和中枢神经系统），损害就很严重，孩子表现为面色苍白或发青紫，昏迷不醒，甚至心脏、呼吸停止。这时就应该分秒必争地进行现场抢救，立即做人工呼吸和心脏按压。

（2）对幼小儿童做对口吹气时，鼻孔不要捏紧，让其自然漏气，并适当减少吹气量，避免引起肺泡破裂；如果使小儿张嘴有困难，可将其口唇紧闭住，救护人员将口对准病儿鼻孔吹气。吹时用一只手掌的外缘压住病儿的额部，另一只手托在颈后，将颈部上抬，使头部充分后仰，抢救人员先吸一口气，然后紧凑病儿的嘴巴或鼻子大口吹气。吹气完毕后，立即离开病儿的嘴，孩子的胸部自然回缩，气体从肺内排出。吹气时间短些，吸气时间长些，二者比例约为 $1:2$。以后按照这种方法继续操作，每分钟 20 次左右，抢救至患儿恢复呼吸为止。

（3）如果此时心脏也停止了跳动，必须在人工呼吸的同时进行胸外心脏按压。将病儿放在硬地或木板上，抢救人员在孩子的一侧或骑跨在其腰部两侧，一只手的掌根放在孩子胸骨中下部，另一只手按在第一只手的手背上，有节奏地按压胸骨下半段及与其相连的肋软骨,使下陷约 3 cm,速度每分钟 80 次左右,按压和放松时间大致相等。抢救婴幼儿时可把一手放在胸骨中下 1/3 处,用掌根按压,深约 2 cm。在做人工呼吸和心脏按压的同时,必须立即打电话给急救中心让医生前来抢救。

2) 火灾风险类

近日,陕西省泾阳县桥底镇团庄村三组一民房发生火灾,消防官兵到场后发现火势凶猛,现场浓烟滚滚,房屋内已经断电,大火已经向旁边的房屋开始蔓延。消防人员对房子进行冷却灭火,经过官兵近 15 min 的奋力扑救,火灾得到有效控制。火灾扑灭后,经调查询问得知此次火灾是违规使用电器再加上线路老化短路所致,如图 4-7 所示。

图 4-7　家用电器着火案例

家用电器着火防范措施:

(1) 及时切断电源。若仅个别因电器短路起火,可立即关闭电器电源开关,切断电源。若整个电路燃烧,则必须拉断总开关,切断总电源。如果离总开关太远,来不及拉断,则应采取果断措施将远离燃烧处的电线用正确方法切断。注意切勿用手或金属工具直接拉扯或剪切,而应站在木凳上用有绝缘柄的钢丝钳、斜口钳等工具剪断电线。切断电源后方可用常规的方法灭火,没有灭火器时可用水浇灭。

(2) 不能直接用水冲浇电器。电器设备着火后,不能直接用水冲浇。因为水有导电性,进入带电设备后易引触电,会降低设备绝缘性能,甚至引起设备爆炸,危及人身安全。变压器、油断路器等充油设备发生火灾后,可把水喷成雾状灭火。因水雾面积大,水珠强小,易吸热气化,迅速降低火焰温度。

(3) 使用安全的灭火器具。

3) 视力损伤风险

张妈妈最近发现,自己 4 岁的儿子童童老是眨眼,并且眼睛发红。张妈妈带着孩子去看眼科医生,医生说孩子的眼睛已经发炎了。医生了解到童童平时总喜欢抱着 IPAD 看动画片,提醒张妈妈不要让孩子老看手机平板。

医学试验证明,使用手机时间 20 min,孩子的平均视力接近轻度假性近视眼;使用 30 min,泪膜破裂时间与干眼患者相当。而长时间使用这些产品,更会损害孩子的双眼健康,导致视力下降、眼红、发炎甚至更严重的眼疾!

像童童一样,大多数孩子接触手机平板的年纪越来越小,使用时间也越来越长。这些数码产品屏幕采用了 LED 的背光源,使得屏幕的亮度很高,并且 LED 屏幕会发出大量蓝光。

2010 年美国视觉与眼科学研究协会大会(ARVO)报道,蓝光(HEV)是导致视力恶化的重要因素之一。

蓝光属于波长较短的高能量光线,它是波长为 380~500 nm 的高能量可见光,能穿透角膜和晶状体,直达黄斑区。在这样的光照下,视网膜色素上皮毒性大大增加。蓝光的损害作用是一个连锁反应,先引起光敏感细胞死亡,再引起视网膜黄斑变性,继而导致视力逐渐下降甚至完全丧失。

蓝光对眼睛的损伤是不可逆的,同时蓝光的伤害有累积作用,也就是受到蓝光影响的细胞不会消失,会层层累积,导致双眼的感光体受到慢性损伤。如同储蓄一样,平时的蓝光损害日日累积起来,达到一定的临界点,就会引发视网膜黄斑变性,继而导致视力下降甚至失明。所以,对蓝光的防护越早开始越好,并要坚持时时防护,不可掉以轻心。

蓝光的最大危险性发生在婴幼儿时期。婴儿出生时的晶状体相对比较明澈,在 0~2 岁这个年龄段,70%~80% 的蓝光可以穿透晶状体到达视网膜,在 2~10 岁这个年龄段,60%~70% 的蓝光会照射到视网膜。新生儿黄疸临床常用蓝光照射的方法是大家都知道的,但医生一定要用黑布遮光,遮住婴儿眼睛,目的就是避免蓝光损害。现在这些数码产品被广泛使用,一些经常使用手机、平板的孩童中间竟出现了一些原本不该出现、提早到来的眼睛疾病,如急性青光眼、黄斑部病变等。

家长们如何预防孩子的数码恶势力:

(1) 不要让孩子过早地接触手机、平板与电脑。

电子屏幕的光线中含有大量蓝光,孩子不能承受这种蓝光给眼睛带来的伤害。0~2 岁,不要让孩子接触电子产品为佳。孩子在两岁或以上时,让孩子接触电脑的时间不要超过 30 min。

(2) 孩子需要看手机、平板或电脑的,给数码产品屏幕贴上护眼贴膜。

手机平板其实是很好的教育与娱乐工具,让孩子完全不接触它们的难度太大。当孩子不得不面对电脑或移动电子产品的屏幕时,请给屏幕贴上专为孩童设计的屏幕护眼贴膜。一般的屏幕贴膜只是保护屏幕,但孩子的健康双眼才是无价的。市场上也有打着护眼概念的贴膜,实际良莠不一,家长需要细心比较选择。好的护眼贴膜透光度好,材质以进口为最佳,防蓝光效果最好有专业人士的认可。

（3）防止蓝光危害，越早越好。

由于蓝光危害的累积效应，不要等到成年或孩子视力下降才注意预防蓝光危害。越早防护一天，双眼健康更多一分保障。

（4）看手机、平板时注意休息，舒缓孩子眼部。

孩子看手机、平板 30 min 后，让孩子休息 10 min，看看屋外的绿色植物，活动身体，做做眼保健操，或是转动眼球放松下眼部。

今天在 315 的会场上就演示了一支 1400 mW 的激光笔到底有多么厉害，光线能够瞬间射爆气球，国家质检总局对激光笔风险的检测也发现，激光笔存在着相当比例的辐射危害，如图 4-8 所示。

图 4-8　激光笔等对儿童视力伤害类型

曾经也有报告称，一名 15 岁的瑞士男孩试图用网上购买的一支激光笔和一面镜子自制激光束。结果一不留神，将激光束照到了眼睛，导致视力永久性损伤。瑞士卢塞恩州医院眼科视网膜专家马丁施密德博士警告说，高强度激光产品危险性极大。

瑞士男孩告诉医生说，他使用的正是这种激光笔，他购买激光笔的目的是试验远距离击破气球、在纸片和妹妹的运动鞋上烧洞。男孩压根就不知道激光的潜在危险，也从来没想过激光会损伤眼睛。他在激光试验过程中，激光曾好几次直射双眼。虽然他立即感到视力模糊不清，但是却害怕将这个秘密告诉父母。等待两周之后，视力依然模糊不清，但为时已晚。

男孩左眼伤害严重，已经看不清楚 90 cm 之外的手指数，右眼视敏度为 20/25。经过检查后，医生发现，男孩左眼内部严重出血，右眼视网膜也出现多处创伤。即使经过治疗，这些伤痕也会妨碍视力。

瑞士男孩使用的激光笔功力为 150 mW，大大超过准许向公众出售的 5 mW 激光笔。研究人员警告说，市场上购买的激光笔最大功力甚至会达到 700 mW，但是其外表与低强度激光笔别无二致。

美国纽约爱因斯坦医学院蒙特弗尔医学中心眼科主任罗伊查克博士表示,过去只听说过专业人员操作不当导致激光伤眼事故。现如今,激光伤害百姓值得高度关注。他建议,儿童应该远离激光笔。小儿应该少玩或不玩激光玩具。

为此,国家质检总局提示广大消费者,在选购和使用激光产品时要注意产品存在的辐射风险[5]。

一是要尽量选择正规渠道购买激光笔、儿童激光枪,对于无激光辐射类别信息、无品牌型号、无警告说明的产品,应避免购买。

二是消费者选购教学或办公用激光笔时,应仔细查看产品的激光规格信息,最好选购激光辐射类别为 3R 类及以下的产品(激光功率不大于 5 mW)。对于非专业使用人员,切勿购买 3B 类及 4 类大功率激光笔。

三是不宜为儿童购买激光笔作为玩具枪使用,应向儿童宣传相关的激光辐射危害知识,避免儿童在学校周边摊贩、商店、网络等渠道购买大功率激光笔。对于办公或教学用激光笔应放置在儿童无法触及的地方。

四是消费者选购儿童玩具枪时,可通过查看外包装、试用产品或咨询销售人员确认玩具是否带有激光器。建议消费者不要为儿童购买带激光射击功能或激光瞄准功能的玩具。若已购买相关产品,应仔细查看激光辐射类别是否为 1 类,对于超过 1 类的激光玩具建议立即停止使用。

五是消费者在使用激光笔时应正确操作,避免激光照射人体眼睛、皮肤以及衣服等地方。

4.2.2　机械物理类风险

4.2.2.1　常见儿童可接触类机电产品机械物理类风险概况

机械物理类风险是由于玩具的原材料问题或设计的结构不当而引起的对儿童身体的机械性、物理性伤害的风险。

机械物理类风险涉及的范围较广,在 2008~2012 年这五年内,机械物理类风险类型及数据统计如表 4-2 所示[3]。中国大陆产儿童玩具产品因机械物理类风险被欧盟 RAPEX 和美国 CPSC 通报/召回的次数最多,分别占到欧盟 RAPEX 和美国 CPSC 通报/召回原因总数的 59.6% 和 58.0%。机械物理类风险不仅包括儿童玩具产品所使用材料的物理指标,还包括:①很多由于玩具产品上的小部件脱落、玩具碎片或塑料薄膜袋厚度不符合相关标准规定的要求,导致儿童噎塞或是窒息的危险;也有一部分是因为儿童玩具产品所使用的材料遇热或潮湿后体积容易膨胀,且膨胀系数较大,被儿童吞食后导致窒息的危险。2008~2012 年,中国大陆产儿童玩具产品因窒息危险被欧盟 RAPEX 和美国 CPSC 通报/召回的次数最多,窒息危险不仅具有普遍性,而且是在机械物理类风险中所占比例最大的一类危险。②锐利尖端、锋利边缘、缝隙间距不当、结构稳定性不足或弹射玩具动能过大等原因造成儿童割伤、划伤、刺伤、摔伤、射伤等受伤危险。从 2008~2012 年这五年来欧盟 RAPEX 和美国 CPSC 通报/召回中国大陆产儿童玩具产品的原因看出,受伤危险存在与中国大陆输往欧美发达国家和地区的各类儿童玩具产品中。③儿童玩具产品中的绳线长度或绳套周长由于设计不当,超过标准规定的要求,有造成儿童颈部被绳圈勒死的危险。2008~2012 年,中国大陆产儿童玩具产品因勒死危险被欧盟 RAPEX 和美国 CPSC 通报/召回的次数相对较少,五年共计通报/召回 70次,但是由于其会对儿童产生致命的伤害,所以还是要重点防范此类风险。④有些儿童玩具产品使用的小磁铁易脱落,若被儿童误食,可能因磁铁在肠道内相互吸附,导致胃或肠道穿孔、梗阻的致命伤害危险。2008~2012 年,中国大陆产儿童玩具产品因肠梗阻危险被美国 CPSC 通报/召回的次数占其通报/召回原因总数的5.0%,虽然所占美国 CPSC 通报/召回比例不大,但是由于其同样会对儿童产生致命的伤害,因此要封闭好玩具上的小磁铁,以免小磁铁脱落而形成小零件。⑤中国大陆输欧的玩具电话、玩具手机、玩具气枪等儿童玩具产品的音量分贝数超过欧盟最高的限量值,会造成儿童听力受损危险。2008~2012 年,中国大陆产儿童玩具产品因听力受损危险被欧盟 RAPEX 通报/召回的次数虽然每年仍保持在两位数,但已呈逐年下降的趋势,这说明发声玩具对儿童听力造成的伤害得到了有效控制。

表 4-2　机械物理类风险类型及统计数据

风险类型	召回原因	年份					合计
		2008	2009	2010	2011	2012	
机械物理类风险	窒息危险	163	146	177	127	113	726
	受伤危险	79	67	78	32	45	301
	勒死危险	22	16	14	5	13	70
	听力受损	34	30	26	20	13	123

4.2.2.2　常见儿童可接触类机电产品电性能类风险来源及案例分析

世界上每年都有成千上万的儿童因不安全的玩具而受到不同程度的伤害,甚至不幸死亡。所以,关注玩具安全性是为了避免因玩具自身的某些缺陷给儿童造成伤害。家长要时刻警惕玩具的潜在危害,在意外发生之前就发现问题,防患于未然[7]。

儿童滑板车、扭扭车等作为童车市场近年来的新生产品,已经成为了现在儿童成长过程中必备的玩具之一,在深受孩子喜爱的同时,其安全问题也日益受到社会的重视。

　　除儿童自行车等产品外，主要有儿童滑板车、扭扭车、儿童活力板（图 4-9），这些都属于童车中的其他类童车范畴，这 3 种产品同时具备健身与娱乐的功能，因此受到儿童与家长的喜爱。

图 4-9　扭扭车、滑板车、活力板等童车对儿童伤害类型

　　儿童滑板车是继滑板车几年前在我国流行之后的又一儿童运动健身类玩具车，是由比较专业型滑板车改进而来，目前有两轮滑板车、三轮滑板车等类型。扭扭车也称健身娱乐车，不用充电、不用燃料、不用上弦、不用脚蹬，只需用手左右摇动方向盘就可行驶，其驱动原理是采用离心法则和曲线力法则，操作简单，集娱乐、健身于一体。儿童活力板俗称蛇板（snake board），是一种新型的滑板。与普通的四轮滑板不同的是，它只有两个轮，也称为"两轮滑板"或"二轮滑板"。因其运动起来像蛇一样扭动，所以国内大多称为"龙板"或"蛇板"。它以人体运动理论和巧妙的力学原理，主要利用身体（腰部及臀部）、双脚扭动及手的摆动来驱动活力板前进，使滑板运动得到淋漓尽致的发挥，经常使用活力板（两轮滑板）可以达到提高身体柔软度、平衡感和健身的作用。

　　扭扭车：扭扭车是一种塑料的儿童玩具，设计为三轮，稳定性好，主要用于 1～5 岁的低龄幼儿。在非特定极其光滑的平面骑玩该车，对儿童的健康有以下潜在危害：

　　损伤听力。由于扭扭车是塑压成型的整体，车体类似音箱，在不平滑的平面会造成极大的噪声。宝宝在 3～5 岁前是听力发育的黄金阶段，在此噪声干扰下，听力敏感度会降低 30％～50％，严重的会造成阶段性失聪，进而很大程度上会影响智力。而长期处于噪声环境中的儿童，也会因此变得焦虑、烦躁、叛逆不安。

　　影响骨骼发育。由于扭扭车轮子小，没有减震装置，在不平滑的地面滑行震动极大，会对骨骼发育期间的宝宝造成骨骼发育不良。

　　造成罗圈腿。很多宝宝在驱动扭扭车时，都是采取双腿在地面滑动的方式驱动，易造成罗圈腿。

　　由于扭扭车没有刹车装置，如果从上坡处向下滑行对宝宝也非常危险。扭扭车的座位中前方突起，如快速滑行时遇到阻隔物，车速骤降，会损伤小男孩的生殖器。

儿童滑板车：儿童滑板车是儿童中很流行的游戏工具，但并不适合儿童长期玩。孩子正处于生长发育的关键期，如果经常玩滑板车，很容易使腿部肌肉过分发达，导致身体发育受阻，可能会影响孩子长高。另外，儿童滑板车的制动一般是直接脚踩后轮上的制动板进行制动，此制动装置灵敏，易发生摔倒，使儿童受伤，有很大的安全隐患。

儿童活力板：儿童活力板玩耍时腰部、膝盖、脚踝需要用力支撑身体，这些部位非常容易受伤。儿童自制力和危险意识相对薄弱，摔倒导致的擦伤、骨折比较多，特别是头部、腕部、肩部、肘部等部位，严重的会致残甚至死亡。通过对武汉市 3 所小学 322 名学生活力板运动损伤情况进行调查研究，结果表明运动损伤发生率高达 68.01%。

消费者在选购的时候要重点注意：

"3C"认证。我国对玩具类产品实行强制性产品认证制度，在购买时要注意产品包装或标志上必须有"CCC"认证标志。注意标志在选购其他类童车产品时首先一定要在外包装或标签上确认以下内容，若内容不明确或没有以下标志，请不要轻易选择。

（1）厂名、厂址及联系方式。

（2）适用的年龄范围。

（3）安全警示（警示标志/警示说明）。

（4）含有填充物的成分及材质。

（5）产品安全质量认证标志等。

消费者在选购方法上应注意：

按年龄段挑选合适的产品。年龄段是根据不同年龄组儿童的平均能力和兴趣及玩具本身的安全情况而划分的，建议依据儿童年龄挑选适合年龄段的产品，如适合 6 个月以上、适合 3 岁以上、适合 5～9 岁、不适合 3 岁以下等。

看实物。不要购买带有可能会被吞下或吸入小部件的产品，以及带有尖端或粗糙边缘的产品，要看结构是否牢固，是否有能夹伤手指、脚部的间隙，刹车是否可靠等，以确保安全。

及时丢弃包装。选购的产品配有塑料包装袋或包装物，有的用塑料袋包装，儿童的好奇心有可能使得孩子将塑料袋当作玩具。在拆开包装袋后，应及时将塑料袋破坏后丢弃，不能给儿童玩耍。

阅读说明书。使用前详细阅读产品说明书，要按照说明书的内容进行检查和使用（如使用方法、安全注意事项、防护器具等）。

防范 3 类儿童玩具车产品潜在风险的建议：

儿童滑板车、扭扭车、儿童活力板这 3 类儿童玩具车质量关系到儿童的身心健康与安全,而童车产品一直是国家重点监管的产品范围。

制定产品标准。在童车类产品中已有儿童推车、儿童自行车、儿童三轮车、婴儿学步车、电动童车的产品标准,对于其他类童车则执行的是玩具标准,没有针对每种产品制定相应的产品标准。因此最好能有儿童滑板车、扭扭车及儿童活力板的产品标准,因为此3种产品在儿童中极受喜爱,占据玩具市场较大的市场份额。

规范标志与使用说明。玩具类产品的标志与使用说明是预防风险产生的有效手段之一,玩具产品使用说明应涵盖合理滥用的所有可能性风险,使儿童监护人能在有效范围内避免伤害事故的发生。标志与使用说明完善与否与儿童玩具使用风险高低息息相关。而现在的玩具类产品的标志与使用说明虽然很大部分能满足标准的要求,但玩具的包装太过花哨,许多内容需要反复检查才能找到,有的在包装上,有的在说明书上,有的在产品上,有的字小到难以识别。

从企业源头进行质量控制。滑板车等其他类童车生产企业和销售商应加倍重视产品的质量安全性能,多一份社会责任感,制造更多、更高水平的安全童车新品。生产企业应该严格遵守国家相关法律法规要求,应当按其产品所依据的国家标准或者行业标准进行生产和自检,同时应加强产品执行标准的学习、安全性研究,以全面提高产品质量,生产出质量安全可靠的产品。

独生子女的普及,加上生活条件的提高,父母买玩具自然是毫不吝惜,只要市面上出现新、奇、怪的玩具,父母都乐于"有求必应"。

但并非所有的玩具都对孩子有益,专家指出,有些玩具因为噪声过大(图4-10),会损伤孩子的听力,有些形成不可逆的听力下降,必须引起足够的重视。

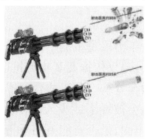

图 4-10　对儿童听力造成伤害的声光电玩具类型

有机构曾对七类儿童玩具(载人电动玩具车、弹簧发声玩具、惯性玩具等)噪声分贝数进行了测试,其中载人电动玩具车的噪声达 74~97 dB;玩具机动车、连射的机关炮等,在 10 cm 内噪声会达到 80 dB 以上;还有一种大型"音乐枪",噪声可达 110 dB 以上。

小儿对声音的感应要比成年人灵敏。例如,一些经过挤压能吱吱叫的空气压缩玩具,一直是父母们逗引婴儿的玩具,但该玩具在 10 cm 内吱吱的声响可达78~108 dB,这对婴儿难免会造成惊吓并损伤听力。另外,还有些幼儿玩的冲锋枪、大炮、坦克车等玩具,在 10 cm 之内,噪声会达到 80 dB 以上,长时间玩肯定会损伤儿童的听力。

专家指出,在人的耳蜗里,存在着 1.5 万~2 万个弱小但却非常精密的"感应接收器"。一旦它们受到损伤,就不能再把声音传送给大脑,而这种损伤多是不可逆的。婴儿在出生后一个月就已具备较完善的听觉,由于儿童的鼓膜、中耳、内耳的听觉细胞十分娇嫩,对噪声就更为敏感。如果玩具的噪声超过 70 dB,就会对儿童的听觉系统造成损害。如果噪声经常达到 80 dB,儿童会产生头痛、头昏、耳鸣、情绪紧张、记忆力减退等症状。因此,家长在给孩子挑选玩具时应该考虑噪声因素,不要一味地求新、求怪,应尽量挑选益智的玩具品种,避免孩子接触高音喇叭、电钻等高噪声环境,放电视机、收录机的音量宜适中,即使家里有噪声大的玩具,也应尽量少玩,以减少噪声带给孩子的危害。

对于噪声引起的孩子听力下降,家长也不必过于惊慌,应到正规的医院接受适当的治疗,如改善微循环、增加神经营养和配合氧疗等,小儿的听力损伤相对容易恢复。只要及早发现问题,接受治疗及定期检查,就能避免噪声对孩子的成长产生更大的影响,切不可拖延。

凤网亲子网报道,长沙的王先生带着孩子在湘江世纪城的广场上玩。一到晚上那里就会有不少孩子和家长,还有儿童电动车可以玩。王先生也经常会带着孩子去玩。没想到,那天王先生就凑巧看到了一个孩子被儿童电动车给撞到了。其实,关于儿童电动车的安全问题,一直就备受关注。2014 年,重庆一名 2 岁女孩在广场上玩儿童电动玩具车,大象形状的电动车拐了几个弯后突然就侧翻了。医生检查发现,她的左手食指末端关节离断伤,左手中指血管、神经、肌腱损伤,最后食指只能截肢。2013 年,长春还曾发生过一起儿童电动车伤人事件,一个孩子骑着儿童电动车把一位老人给撞伤了,因为伤势严重,老人被送进了医院。

而在国外,驾驶儿童电动车超速则是违反交通规则的。2014 年 3 月,美国一名 2 岁女童还因超速开玩具车被警察开了罚单。

此外还有其他车型(图 4-11):

(1)沙滩车。沙滩车比起其他的电动车马力可能会更足一点,加速的速度也会更快,因此,在人来人往的地方,小孩子骑着这种车玩,有可能在加速的时候一不小心撞到人。

（2）儿童三轮车。三轮车的稳定性从某种程度上来说不如四轮的,孩子在骑的时候,很容易发生侧翻等意外,尤其是在速度较快的时候,儿童更加难以掌控。

（3）电瓶碰碰车。这种玩具车的速度相对来说还是比较慢的,马力也不是很大。但是由于是碰碰车,孩子在玩耍的时候,很喜欢碰的时候加速一下,这就可能会不小心撞到别人。

图 4-11　会对儿童造成伤害的电动车类型电动玩具车类型

购买电动童车要注意以下几点:

（1）如果宝宝还小,应选择带有安全带的车辆。

（2）注意塑料的材质是否环保,塑料的厚度是否够结实,以免发生破裂夹伤宝宝。

（3）华丽的外观不是主要的考虑因素,应结合考虑设计结构的合理性（如轮子是否容易脱落、是否有安全的专用充电孔等）以及宝宝乘坐舒适性（座位的距离和高低）,尽可能带宝宝尝试使用。

（4）使用前都要仔细阅读其说明书,不同的车有不同的额定载重、适用年龄范围、装配要求、保养方法等,不要因为自身的选购或使用不当,而造成对孩子的伤害。

（5）充电电池性能好,好的电动车和差的电动车很大的区别也在于电池的蓄电能力和耐用性,这个跟大人的电动车是一个道理。

许多家长为了哄孩子开心,都会带孩子去坐摇摇车,如图 4-12 所示。这些被安放在超市、商场门口的投币摇摇车,有音乐还能摇摆,虽然有不少小宝宝对电动摇摆机乐此不疲,但"摇摇"的安全隐患也不容忽视,搜索以往的新闻报道便可发现,近年来已发生多起儿童乘坐电动摇摆机导致的伤亡事故。2010 年 11 月,厦门一名 3 岁男孩因摇摇车的电线漏电触电,导致休克,经抢救脱险;2012 年 7 月,上海一名 1 岁半男孩在超市门口玩摇摇车时,3 根手指被摇摇车升降器的链条绞断;2012 年 7 月,无锡一名 3 岁女孩 3 根手指被摇摇车齿轮绞断,造成十级伤残;2013 年 8 月,深圳一名 4 岁女孩独自坐"喜羊羊"摇摇车,从"羊头"上摔下,手臂骨折;2013 年 9 月,泉州一名 8 岁男孩被摇摇车车身和底座夹住胸背部身亡,警方以涉嫌过失致人死亡罪,将两名摇摇车经营者刑拘;2013 年 10 月,福建一名男孩倒在摇摇车旁的地上,经抢救无效死亡,经司法鉴定,摇摇车没接地线,导致孩子触电死亡;2014 年 6 月,山东一名 2 岁儿童玩摇摇车时发现车上有个洞,就将手伸了进去,结果右手食指被挤掉一节;2014 年 9 月,长沙一名 3 岁男孩独自乘坐摇摇车时,将手伸到了轮子和叶子板之间,导致右手的 3 根手指被夹,其中一根手指粉碎性骨折。

图 4-12　日常生活中常见的摇摇车

宝宝玩摇摇车有"四不":

(1) 不坐破损的车。事故中的宝宝,就是把手伸进摇摇车底部的破洞,导致手指被机器绞断的。摇摇车通常采用电动模式,若有破损,最容易发生的意外就是触电。其次是机械性的伤害。特别是投币口、钥匙孔、外露的螺钉等位置,都是最常被人触摸,磨损最严重的地方。所以玩之前,家长一定要检察一下摇摇车的整体是否有破损。

(2)不坐室外摇摇车。摇摇车往往制作简易,因此在室外的风吹日晒下,更容易发生各种问题,安全隐患最多。

(3)3岁以内不要坐。通常摇摇车提示1岁以上的孩子可以乘坐,但实际上,3岁以内的孩子因身体、心智发育不完善,自我控制能力差,无法及时应变,一旦发生危险,难免受到伤害。所以,只要孩子乘坐摇摇车,家长一定要在旁监护!切忌不可大意,有时危险只在一瞬间即可发生。

(4)不要选择声光电一体机。通常商家会把摇摇车的音量调至最大,灯光也夺目地闪个不停。这些对于成人都会有伤害,更不要说听力、视力正处于发展阶段的儿童了。还有的摇摇车,前面会有个简易屏幕,让孩子坐在不停摇晃的车上目不转睛地盯着看,这同坐车看书容易引发近视一样,会损害孩子的视力发育。

随着儿童电梯安全事故的频发,儿童电梯安全也越来越受到关注。电扶梯对儿童安全的危害及伤害类型如图4-13所示。

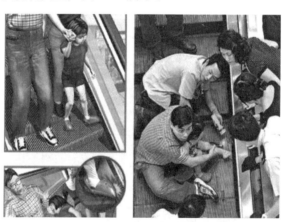

图4-13　电动扶梯类对儿童伤害类型

据《北京青年报》讯,某日中午12点40分左右,朝阳区一购物广场内,一名男孩不慎将脚卡在了自动扶梯缝隙内无法动弹,随后消防人员和商场物业维修人员到达现场。13时10分左右,孩子被救出送往医院。据现场目击者韩小姐介绍,孩子伤情并不严重,但鞋被夹坏了。

据《海南特区报》讯,某日晚,一名3岁左右的女童在海口海甸三东路一电器商场二楼自动扶梯处玩耍时,右手意外被扶梯活动带卷进底部,动弹不得。事发后,海口消防官兵赶到现场实施救援,经过一番破拆,女童右手得以成功取出。

新浪网报道,七浦路上的新兴旺国际服饰城内,3岁半女童雯雯的左手被卡在自动扶梯梯级与侧壁间的缝隙里,硬生生被夹断。花了 20 min 才找到断掉的左手。雯雯的断肢目前已被接上,但能否成活,仍待观察。一名 3 岁男孩在松江区中心医院遭遇意外,其从医院二楼下行自动扶梯滚落,滚落后左手掌手腕插入电梯底部缝隙被卡。电梯在卡住男孩左手后马上停摆,男孩则进退两难。孩子当时是由其母亲陪同,母亲急忙呼救。通过调阅监控录像发现,孩子乘上扶梯,母亲紧随其后,孩子滚落时位置接近扶梯底部。目击者称,孩子的手掌及手腕直插电梯底部缝隙,难以想象是怎么造成的。事发后,医院报警,消防人员赶到现场用器械拆除了电梯钢板,将孩子救出。此时距离男孩左手被卡住约有半个小时时间。松江区中心医院对受伤男孩的手部检查后进行了包扎,初步检查发现男孩手部有脱套伤和挤压伤。目前受伤男孩已被紧急送往第六人民医院作进一步诊治。

2014 年 1 月,昆山一名 3 岁男孩在商场内玩耍时,不慎将手指卡入自动扶梯。因为手指被自动扶梯的踏板夹住,只能带着卸下的踏板一起入院治疗。经检查发现,小男孩的手指已经坏死,只能对右手无名指进行截指手术。2014 年 5 月,在重庆渝中区洪崖洞三楼东侧扶梯处,4 岁男童小松攀爬商场自动扶梯,不想右脚脚尖卷进了扶梯边缘与裙板之间的缝隙。由于被卷入扶梯的第二、三根脚趾,连肉带骨被夹断绞烂,送进医院后不得不进行截趾手术。2013 年 5 月 18 日下午,在广东湛江一家商场,2 岁女童独自一人侧坐在自动扶梯的梯级上面。扶梯下行期间,女童左脚被卡在扶梯侧壁与梯级之间的间隙,但扶梯并未停止,直至运行至与地面衔接处时,硬生生地将其左脚截断。2013 年 12 月,在江西省儿童医院门诊部 1 楼,一名 3 岁女童的右手不慎卡进自动扶梯,经过渊明路消防中队消防队员近 30 min 的努力,小女孩的手指成功脱离电梯,并移交给在场医生。

自动扶梯安全事故频发,儿童乘坐扶梯注意"10 不要"。电动扶梯事故频出,而这些事故很大一部分原因是因为乘坐不当。再次提醒家长,带孩子乘扶梯时,应注意以下"10 不要":

(1)不要让孩子单独乘扶梯,自动扶梯有时可能发生断裂或倒转,缺齿的自动扶梯容易卡住小孩的手,乘扶梯要有家长看护,家长最好让孩子站在自己的身体前方。

(2)不要在乘扶梯时玩手机和平板电脑。

(3)不要踩在黄色安全警示线以及两个梯级相连的部位,更不要在扶梯上走或跑,以免摔倒或跌落扶梯发生危险。

(4)不要将鞋及衣物触及扶梯挡板。如果出现危急情况,在电梯进口处靠近地面的地方有一个红色按钮,是紧急制动按钮,万一发生小孩子手被卡住等情况,可以按这个按钮,电梯会停住。

(5)不要在扶梯进出口处逗留,不要让儿童在扶梯上来回跑动,不要用脚踢扶梯带板,以免发生危险。

（6）不能将头部、四肢伸出扶手装置以外，以免受到障碍物、天花板、相邻的自动扶梯的撞击。

（7）不要蹲坐在梯级踏板上，随身携带手提袋等不要放在梯级踏板或手扶带上，以防滚落伤人。

（8）不要携带过大的行李箱、轮椅、携带婴儿车、手推车或其他大件物品，而应使用升降式的无障碍电梯。

（9）不要将手放入梯级与围裙板的间隙内。

（10）不要逆行、攀爬、玩耍、倚靠或争先恐后，前后最好保留一个空位。孩子不能背对着电梯，也不能坐在梯级上，更不能逆向在电梯上奔跑、玩耍。对于年龄比较小的孩子在第一次乘扶梯前，家长要教会孩子第一步如何踏上扶梯，如果发现孩子不能契合扶梯的速度，还是由家长抱着比较好，人多走楼梯更安全。

孩子安全乘坐电梯的方法：

（1）父母要肩负起宝宝监护人的责任，任何情况下都不能让宝宝单独坐电梯，平时要向宝宝灌输安全乘梯知识。例如，叮嘱宝宝不要在电梯门口或者自动扶梯上玩耍，更不要攀爬。

（2）如果父母抱着宝宝乘扶梯，要考虑宝宝的高度，避免宝宝头部撞到其他物品上。如果宝宝的玩具掉在行走着的电梯上，不要让宝宝捡，以免夹住宝宝手指。

（3）在上电梯和下电梯时，最容易出危险，上电梯时让宝宝先上，家长在后面保护。下电梯时，看好时机提醒宝宝迈腿。

（4）不要让宝宝在滚动扶梯上来回地跑，也不要同小伙伴们在扶梯上玩耍、攀爬或打闹。因为一旦跌倒了，会从电梯上滚下来，受到伤害。

（5）乘坐垂直电梯时，不要让宝宝把手放在电梯门旁，防止电梯门开启时，挤伤手指。

（6）不要让宝宝随便去按垂直电梯旁边的按钮。

以上六条就是孩子安全乘坐电梯的方法，孩子是无知的，需要家长一点点灌输知识和意识给他们。请告诉他们安全的生存法则，让他们可以在发生意外的时候能够自救。

一些因家用电器造成儿童伤害的案例，已引起社会各界的关注，"如何让儿童远离家电产品可能带来的伤害"，使家电使用安全问题受到家长们的重视并引以为戒，防止和减少危害儿童的事故发生。

随着人们生活水平的不断提高和家电的普及，各种各样的家用电器逐步进入到了普通家庭，如榨汁机、电风扇、冰箱、洗衣机等家用电器应有尽有，如图4-14所示。虽说给人们的生活带来了很大的方便，但它们也是潜伏在我们身边的电器杀手，尤其对于正在成长中的儿童来说，因为好奇心强和自己的模仿行为，除了对自己的玩具感兴趣之外，也会模仿大人去做一些事情。家有宝宝的父母们一定知道

4、5 岁的孩子正是大脑发育的活跃阶段,大人经常接触的一些电器虽然被爸爸妈妈明令禁止不准动,但他们还是忍不住想去摁几下,这难免成为伤害儿童的安全隐患。因此必须引起我们足够的重视,否则将危害儿童的身心健康甚至生命。

图 4-14　现代家用电器类产品类型

2013 年 9 月 21 日 13 时左右,江西南昌新建县樵舍镇发生了一起"两女童命丧洗衣机"的惨剧,出事的两个小女孩中姐姐不到 4 岁,妹妹才 2 岁。事发时父亲在看电视,母亲在烧饭。一对年幼的小姐妹在家里玩时,不幸爬进了洗衣机被绞死。

一名目击者介绍,事故发生后,他帮忙将小孩子送往医院。"洗衣机内全是血,真的惨不忍睹,看了真让人心碎。"该目击者说,"当把孩子抱到镇卫生院后,医生在经过检查后,说孩子已经死了,没救了。"

孩子爷爷边哭边对记者说,"事故发生在中午,当时儿子在房间看电视,儿媳在烧饭,两个孙女在客厅玩,两个孙女可能用凳子垫脚爬进了洗衣机,当时儿子儿媳听到客厅发出了'咚'的一声,以为是俩孩子在玩东西,也就没在意。没过 5 min,出来看孩子,发现孩子不见了。"

如是意外事故,两女孩的父母也是监护失职啊。在国外,毫无疑问,即刻剥夺监护人资格。

2013 年 7 月 8 日早晨 7 时左右,上海莘庄闵行报春路的一名一岁半的女童在家中误将手伸入榨汁机,手被搅入榨汁机,被家人送往复旦附属儿科医院急救。消防人员用工具将榨汁机的大部分拆下,与女童手掌接触的小部分由医院处理。经消防部门及医生仔细操作,最终将幼儿的手和机器分离,但幼儿右手食指与中指粉碎性骨折,已没法保住。女童的母亲哭着说,自己的疏忽导致了这一幕惨剧的发生，"我们那时候正在榨汁，女儿就用手把东西往里放……"

女童被送至医院后，骨科主治医生才将在女童手上剩下的榨汁机部分拆下。医生介绍，该女童右手手掌受伤严重，已经没可能保住，食指、中指将面临截肢。

2004 年 4 月 24 日，在广州白云区一家工厂打工的夫妇，租住附近低矮平房。因天气热，于 22 日到旧货市场花了 20 元钱买了一台旧的台式风扇回来。23 日吃饭时就打开着电风扇，煞是凉爽。

吃完晚饭，丈夫去洗澡，妻子到厨房洗碗，3 岁的儿子却把自己右手的手指插进了电风扇，当即疼得惨叫一声。丈夫和妻子跑出来一看，儿子的手指血流如注，脸色苍白。再一看，右手食指已被风扇完全割断，整个食指被割成了三节，掉在了风扇下方，中指也差点被完全割断，只剩点皮相连，可风扇还在继续旋转。他让妻子包好被割断掉在风扇下方的手指，自己赶紧抱上儿子送到附近的广州友好医院。医院非常重视，五分钟不到就将患者送入手外科病房。医生立即对小孩被割断的两根手指进行再植手术。经过 10 h 的精心治疗，小孩受伤的手指再植成功，已有血色变化。

贵阳一名 5 岁的小男孩，随父亲在办公室里玩耍，不慎将手伸进了碎纸机内，右手两个手指被绞断裂。

儿童远离家用电器伤害的防范措施：

（1）从技术措施上防止对儿童的伤害。

我们要说的不只是具体某件电器，需要从技术措施上防止对儿童的伤害，而是要举一反三，其他很多家电产品都应设计有童锁功能。一方面是为了防止儿童乱撬影响家电产品的正常运作；另一方面就是为了防止儿童误操作可能带来的伤害。尤其是一些内容积较大的家电产品，儿童容易打开这些产品，钻到内部去，后果不堪设想。以冰箱为例，目前市面的冰箱产品大多具有童锁功能，设置好童锁后，儿童很难开或关冰箱门，部分产品还有报警功能，万一儿童把自己关进了冰箱里，冰箱会发出警报声，提醒家长注意。

厨房电器产品也是童锁设计比较集中的品类，很多家长都担心在烹饪的过程中孩童会在厨房中受到伤害，目前市面上的不少电饭煲、微波炉、消毒柜等产品都带有童锁功能，使用这一功能，儿童就不能打开正在工作中的电饭煲、微波炉等，避免儿童被电到或者被烫伤。

（2）从管理上避免对儿童的伤害。

儿童的好奇心比较强，常把电吹风这样的小家电当作玩具来玩，其隐患也就自然埋伏在了其中。所以像这样的小型家电也尽量不要让儿童接触。如何保护儿童不至于受到伤害呢？

面对如此众多具有杀伤力的家用电器，为了儿童们快乐健康的成长，家长们必须重视家电给儿童造成的伤害。儿童出于好奇打开运转中的电器或者是钻（伸）进机器内,都容易造成伤害,但事实上,无论是从技术上,还是管理上都可以避免类似的伤害。

专家提醒,在选购家电时,要购买安全性高、安全防护好、不漏电的。例如,一般选购电风扇时要求小孩的手指插不进去才行,最好不要买已使用多年、有安全隐患的电器,以免导致严重后果。在使用电器时,一定要注意安全,以防发生意外。

除以上列举的之外,其实还有很多家电杀手埋伏在我们的身边,但只要我们做好防御措施,就能有效减少各种隐患的发生。

除了要让儿童远离这些家电外,还要注意对房间内的家电进行合理摆放,并且规范操作。当电器不用时最好把电源关上,把插头拔掉,而不是让它处于备用状态。在各种电器日常闲置状态下,其实最有效也最简单的办法,就是在不使用的时候直接把电源拔掉。即使小孩万一触碰到,也不至于发生事故,提高了安全系数。

(3) 对儿童及监护人进行坚持不懈的安全教育。

要使儿童免受家电伤害光靠童锁是不够的。家电产品的童锁设计只能起到一定的保护作用,儿童天性活泼好动,很多时候还有意想不到的情况发生,因此家长不能一味依赖童锁功能,仍需对儿童包括监护人进行安全教育,不要在家电产品工作过程中触碰、打开,玩耍时也要尽量避开家电产品。

此外,还有一些家电产品在使用中存在一定的安全隐患,也是家长需要注意的。例如电磁炉,因为使用电磁加热,面板上会留有比较高的余温。这种热度与燃气灶的明火不一样,孩子因为好奇去触摸电磁炉表面而被烫伤的事故也非常多。因此,家长在使用完电磁炉后应该及时拔掉电源,并将电磁炉收起来,放到儿童无法触碰的位置。再如浴霸,寒冷季节,一些家长为了孩子洗澡时的保暖使用浴霸产品,但浴霸的灯光过强,直视容易灼伤眼睛,因此家长需要注意给孩子洗澡时,要避免孩子视线与灯泡接触,或者改换其他取暖产品。这些常识性的知识监护人和儿童都应该知道。

总之,儿童安全无小事,监护人还需提高警惕,始终让孩子们活动在家电产品使用的安全地带。

大型游乐设施的主要危险是由于其高速运行、高空运行、水上运行或者高速状态下在高空或水上运行,如果发生失控,易出现游乐设施整体(局部)倒塌或倾覆倾翻、人员坠落、碰撞、火灾等情况。

大型游乐设施对人的伤害因素可按照其运行特点划分。对于在高空并以高速运行的大型游乐设施,主要为高处坠落、碰撞、挤压和物体打击;对于在地面运行的大型游乐设施,主要是运行中人体坠落和物体倒塌、飞落、挤压等;对于在水面运行的大型游乐设施,主要是淹溺;对于电力驱动的大型游乐设施,还有触电及火灾。

大型游乐设施事故常见类型有倒塌(倾覆倾翻)、坠落、挤压(剪切)、碰撞、火灾、触电、物体打击、溺水、机械伤害和设备损坏等。

近年来,我国大型游乐设施致害事故屡见报端,如上海的"充气城堡"吹翻导致13名儿童受伤,河南"太空飞碟"甩出19名游客等。浙江省温州市平阳县昆阳镇龙山公园游乐场"狂呼"机发生意外事故,多人高空坠落,2人遇难,其中包括一名8岁的儿童。2012年4月,一年级小学生小明(化名)在其祖母的带领下至北京市石景山区游乐园游玩,在乘坐"救火勇士"游戏项目时,因游乐园仅允许儿童进入,在小明关闭游戏设备门时,右手大拇指被门挤伤,造成右手大拇指近节指骨远端骨折,手术后仍出现发育异常。

国家质检总局称,5大原因引发大型游乐设施安全问题:

第一,新技术的不断应用增加了保障设备安全的难度。游乐行业追求新奇和惊险刺激,不断创新外观、主体结构、运动形式,不断挑战人类生理极限参数,一些新技术应用于游乐设施中,但缺乏技术标准和成熟经验,增加风险识别的难度,保障设备本质安全的难度很大。

第二,大型游乐设施制造企业的技术能力相对薄弱。大部分制造企业起步较晚,资源条件、人员素质、机加工水平等技术条件等还存在一定差距,同时,受产品本身(单台小批量)的制约,企业很难形成规模化生产模式,保障产品质量安全性能稳定性存在一定难度。

第三,部分个体经营者的运营管理水平低下。有相当数量的大型游乐设施由个体经营,个体经营者在租赁的场地上从事大型游乐设施的运营工作,出租场地的单位仅收取租金,但缺少对租赁者实施有效的安全管理。个体经营者完全以短期营利为目的,缺少日常检查和维护保养方面的投入,缺乏安全意识和自我保护意识,安全管理水平低下,而且躲避政府监管。

第四,运营使用单位日常检查和维护保养能力有待提高。特别是多数小型游乐园,作业人员的薪资待遇较低,人员流动性较大,多数单位在人员以及工具配备上投入的资金较少,日常检查和维保质量不高,容易形成设备安全隐患,引发事故。

第五,设备使用条件复杂,超负荷情况突出。各地区的气候、环境差异较大,部分地区的大型游乐设施,常年运行时间长、设备负荷大、运行环境恶劣。特别是在节假日游客集中时段,设备和作业人员经常处于超负荷状态。

4.3 机电类产品儿童安全风险评估常用方法

4.3.1 风险评估的方法

风险评估是一项复杂的工作,其关键是针对评估对象寻找合适的评估方法。依照计算方式的不同和结果量化的情况,风险评估大致可分为定性评估、定量评估、定性定量相结合的综合评估方法[8]。

4.3.1.1　定性风险评估

定性风险评估是通过直观的判断及丰富的经验对机构或系统进行科学的评估和判断。其评估结果是一些定性的指标,只关注风险事件产生的危害,而不考虑该风险事件发生的可能性大小,大部分的定性风险评估不用具体的数据,而是利用期望值,并根据所面临的威胁或弱点及控制措施等因素来决定系统的风险。常用的定性风险评估方法有德尔菲现场询察法、格雷厄姆-金尼法(LEC 法)、安全检查表法等。定性的风险评估容易让人理解,便于大家掌握,评估的过程也较为简单,不过定性的风险评估具有一定的局限性,比较看重评价人员的经验,评估结果有时因参加评价人员经历的不同而有比较大的差异。

4.3.1.2　定量风险评估

定量风险评估是通过实验测试结果或资料统计结果进行数据分析,找出规律建立数学模型,对系统或机构进行定量计算的一种方法。其评估结果是一些定量的指标,主要利用两方面的因素:风险发生的数学概率和可能产生的量化危害。常用的定量风险评估有概率风险评估、危害范围评估、伤害指数评估等。定量评估需要大量风险转化因素数量化,但是数量化的数据是否准确将是一个要特别关注的问题。对于某些类型的风险,存在可用的信息,但是,对一些其他类型的风险来说,不存在频率数据,影响和概率很难是精确的,另外这些风险事件之间又是相互关联的,这将使定量评估过程非常耗时和困难。

4.3.1.3　综合风险评估

现实生活中有许多比较复杂的情况,单独用定性或定量的风险评估不能得到较好的评估结果,则要把两种方法综合使用,做到各取所长,有的放矢,就能得到比较客观,也符合实际情况的风险评估结果。随着风险评估理论的发展,结合定性和定量风险评估的综合性方法越来越多,较为成熟的方法有概率风险评估、多元统计、层次分析等多种综合风险评估方法。

4.3.1.4　风险评估模型

产品质量安全风险评估的一般模型框架基本沿袭了 ISO31000 和 GB/T 24353 的风险评估模型结构(图 4-15),并将各环节应用于产品质量安全风险评估的具体工作中[9]。

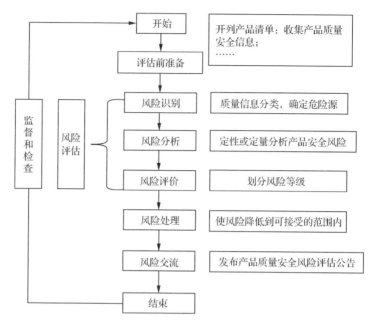

图 4-15　产品质量安全风险评估的一般过程

4.3.2　常见儿童可接触类机电产品风险评估方法

4.3.2.1　风险评估方法模型

风险评估方法模型图如图 4-16 所示[10]。

4.3.2.2　产品风险信息收集

（1）消费者伤害案例。

（2）12315、12365 消费者投诉。

（3）国内外产品召回信息、预警信息。

（4）国内产品监督抽查及各类产品认证信息。

4.3.2.3　产品风险信息分类

1）电击危险

（1）电气绝缘危险（绝缘电阻和泄漏电流、介质强度、绝缘结构的耐热性、防潮性、耐热、耐燃、耐电痕化、电气绝缘的应用）。

（2）直接接触危险（人体允许流过的电流值、安全特低电压限值、外壳防护、电气隔离、封闭作业场）。

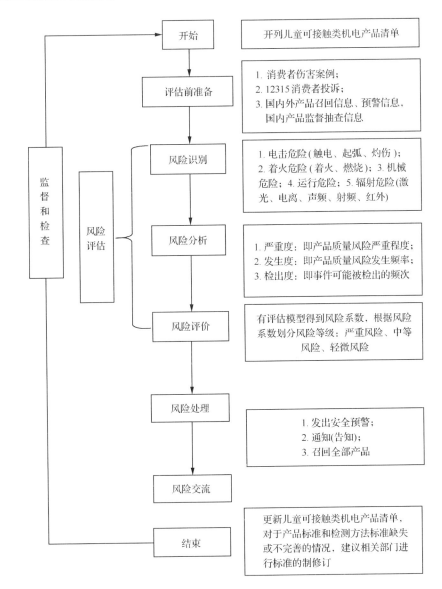

图 4-16　风险评估方法模型

（3）间接接触危险（保护接地、双重绝缘结构、故障电压、过电流的切断）。

2）着火危险

（1）结构部件的非金属材料的危险（耐热性）。

（2）支撑带电零件的绝缘材料或工程塑料的危险（耐电痕化、耐燃性）。

（3）既作结构件，又作支撑带电零件的工程塑料的危险（耐热性、耐电痕化、耐燃性）。

3）机械危险

（1）外壳防护危险（防异物进入、防水进入）。

（2）结构危险（结构强度、刚度、表面粗糙度、锐边、棱角、稳定性）。

（3）运动部件的危险（机械防护罩、盖的材料、厚度和尺寸、运动件、作业工具的防甩出、气体、液体介质的飞溢、振动）。

（4）连接危险（机械连接的危险、电气连接的危险）。

4）运行危险

（1）环境变化引起的危险（海拔、温度、湿度、外部的冲击、振动、电场、磁场和电磁场的干扰）。

（2）接近、触及危险部件的危险（人肢体触及危险部件、刀具、刃具、磨料等的线速度控制）。

（3）危险物质（易爆物质的隔离、灰尘、液体、蒸气和气体的溢出）。

（4）振动、噪声的危险（消声、隔离）。

（5）静电积聚引起的危险。

（6）防止电弧引起的危险。

（7）电源控制及危险（电压波动、中断、暂降等电源故障，应急自动切断电源，电源开关与控制的可靠性）。

（8）操作故障引起的危险（误操作、意外启动、停止、无法启动、硬件或软件的逻辑错误、操作规程）。

5）辐射危险

（1）电离辐射危险（激光和化学辐射、红外线、可见光辐射、紫外线辐射）。

（2）非电离辐射危险（射频电场、磁场和电磁场辐射）。

4.3.2.4　产品风险识别

1）电击危险

（1）电气绝缘危险处境——泄漏电流太大，绝缘介质击穿，绝缘结构受潮、老化等。

危险事件——电气设备外壳带电。

可能的伤害——电流通过人体引起人体的伤害。

（2）直接接触危险。

危险情况 1：

危险处境——绝缘损坏使外壳对地带工作电压。

危险事件——外壳对地电压超过特低电压限值，人体中流过电流超过允许电流。

可能的伤害——电流通过人体的伤害。

危险情况 2：

危险处境——外壳损坏或破裂。

危险事件——使潮气或水进入，从而绝缘性降低或失效，造成泄漏电流过大，或外壳对地电压超过特低电压；使异物进入，或人的肢体触及带电体或运动部件。

可能的伤害——电流通过人体会引起人体的伤害。

危险情况 3：

危险处境——与电源连接错误。

危险事件——电源插头误插入不同等级电压的插座和电源插头的相线、中线、接地导体相互误接，导致 I 类电气设备外壳带电。

可能的伤害——电流通过人体的伤害，甚至烧毁电气设备。

（3）间接接触危险。

危险情况 1：

危险处境——接地故障，接地系统的连接及可靠性；接地连接的接点发生电腐蚀；接地电阻值太大；无保护接地标志；保护接地线未采用绿/黄组合色专用线。

危险事件—— I 类电气设备在绝缘失效时，外壳对地的电位升高，超过接地保护设计的故障电压值，流过外壳对地的故障电流减少，使故障电压、故障电流的切断遇到困难，甚至不动作，引起危害。

可能的伤害——电流通过人体的伤害，甚至烧毁电气设备。

危险情况 2：

危险处境——绝缘结构失败，II 类电气设备错误的保护接地。

危险事件——手持操作的 II 类电气设备的外壳带电而导致操作者遭到电击；II 类电气设备的接地会造成由于接入同一电网的电气设备发生接地故障引起的故障电压的扩散，而引发正常工作的 II 类电气设备的操作者遭到电击危险。

可能的伤害——电流通过人体的伤害，甚至烧毁电气设备。

2）着火危险

危险情况 1：

危险处境——用作结构部件的非金属材料的耐热性差；支持带电零件的绝缘材料或工程塑料的耐电痕性、耐燃性差；既作结构件，又作支撑带电零件的工程翅料的耐热性、耐电痕性、耐燃性差。

危险事件——结构部件丧失应有的机械强度；由于材料的阻燃性差达不到耐火等级而使火焰蔓延，破坏电气设备的结构，绝缘材料丧失功能，着火且火焰蔓延。

可能的伤害——电气设备丧失功能，甚至损坏；烧毁绝缘，甚至电气设备，引发着火，燃烧散发的有害物质危及健康；电气设备丧失功能，并着火。

危险情况 2：

危险处境——由于导电连接点的松动、接触不良在连接点电阻过大而过热、电流的不连续而发生电弧、火花,引燃周围的易燃材料而着火。

危险事件——由电弧、火花引燃易燃材料引起着火,并蔓延。

可能的伤害——损坏甚至烧毁电气设备。

危险情况 3:

危险处境——由过负荷产生的过电流,短路产生的短路电流使电气设备不正常的发热产生热和热辐射,使外壳温度显著上升。如果散热措施不当,电气设备内部的导电体高温而点燃易燃材料而发生着火。

危险事件——外壳过热,且产生热辐射;绝缘材料过热而降低电气设备或部件的功能;引起着火、损坏,甚至烧毁部件和电气设备。

可能的伤害——灼伤人员;降低或烧毁电气设备;引发着火,散发的有害气体影响人员的健康。

危险情况 4:

危险处境——接地故障引起的着火由故障电流、故障电压和连接不良等因素造成。由于接地回路的电阻比短路回路的电阻要大得多,所以故障电流要比短路电流小得多,接地回路的各连接点的松动或接触不良导致接触电阻过大又限制了故障电流,而使过电流保护电器不能及时切断电源,连接端子处的高温或产生电弧、电火花,可能引燃可燃物质而着火。故障电压由导电部分与带电电位的金属构件磕碰、摩擦等引发火花,或拉出电弧造成着火。

危险事件——故障电流引起着火;PE 线、PEN 线接线端子连接不良导致电压故障,从而引起着火。

可能的伤害——造成着火并蔓延,烧毁电气设备。

3) 机械危险

危险情况 1:

危险处境——异物进入;肢体进入触及带电部件,或运动部件;潮气或水侵入使绝缘受潮、变质,性能降低。

危险事件——人员肢体触及带电零件而遭受电击,触及运动部件而损伤肢体;电气设备受潮,绝缘变质,性能下降,甚至不能工作。

可能的伤害——电流通过人体;损伤人体肢体;电气设备受损。

危险情况 2:

危险处境——主要部分的承载力和刚度不能适应功能要求;可触及表面粗糙,有锐边和棱角;不稳定。

危险事件——不能正常工作、操作过程中断;刺伤、刺穿皮肤,身体受损伤;电气设备倾翻或失去稳定性。

可能的伤害——损坏电气设备;损害人员健康;压伤人员,甚至发生死亡事故。

危险情况 3：

危险处境——旋转、往复部件的甩出，作业工具、刀具、刃具的保护；气体、液体的溢出；不平衡质量在运动中产生的振动、噪声。

危险事件——直接伤害人员；物质的排放可能有害；人员产生生理影响。

可能的危害——危及健康和生命；呼吸困难、窒息、过敏中毒；疲劳、不适、精神紊乱、骨关节错位、脊柱损伤、失去知觉、听觉、平衡、耳鸣等。

危险情况 4：

危险处境——机械连接件的脱落或失效；电器连接件的脱落或失效；既作机械连接又作电气连接的连部件脱落，或失效。

危险事件——结构损坏、运动部件甩出、喷射、飞逸等；导电体脱落，引起短路、外壳带电、爬电距离、电气间隙减小等。

可能的危害——损伤人员、损坏设备；电流通过人体；着火事件。

4）运行风险

危险情况 1：

危险处境——人体触及；危险部件在运行中甩出、飞逸伤害人体。

危险事件——人体触及带电部件或运动部件而致残或遭电击；砂轮、道具、刀具的破损、爆裂，在离心力的作用下，碎片甩到或飞逸到人体造成伤亡。

可能的伤害——伤残人体，甚至致人死亡。

危险情况 2：

危险处境——电气设备在运行使用的危险物质，如气体、液体、尘埃、雾气、蒸汽等排放可能对环境、健康的影响。

危险事件——易爆、易燃的气体、液体、尘埃等物质的溢出造成爆炸、着火、窒息、过敏、中毒等；高温的雾气、蒸汽溢出发生灼伤人体等。

可能的伤害——发生爆炸、着火，危及人体健康、生命安全。

危险情况 3：

危险处境——电气设备在运行时，旋转体的不平衡质量，部件间的摩擦，通风冷却系统、共振会产生振动和噪声，危及周围人员的健康。

危险事件——超过标准限值的振动会使操作人员和周围人员产生疲倦、不适、骨关节错位、雷诺氏症、创伤性血管痉挛症等；超过标准限值的振动会使操作人员和周围人员产生讲话困难，形成耳鸣、烦躁、神经紊乱。

可能的伤害——影响人体健康。

危险情况 4：

危险处境——电气设备在运行中易在高分子材料，如工程塑料，或高速运动时，在相互摩擦的材料上积聚静电荷。该静电荷如无释放回路，则积累到一定能量时可能会发生爆炸。

危险事件——由高电位的静电荷产生火花,引起着火,或引爆,发生爆炸、着火事件。

可能的伤害——引发着火、爆炸。

危险情况 5:

危险处境——误操作;意外运动,停止;无法启动、工作。

危险事件——由人员失误导致设备损坏、人员伤害;由外界因素(如供电、电磁干扰)导致设备的突然启动、突然停机造成的事故;由设备自身的因素,如硬件和软件的逻辑错误,致使无法工作。

可能的伤害——不能正常工作,设备受损、财产损失。

5) 辐射危险

危险处境——电气设备自身产生的无用杂散无线电频率范围(RF)电磁波的发射会污染电磁环境,对无线电接受、通信、电子电器设备正常工作造成电磁干扰(EMI);对电源系统产生谐波电流的污染。

危险事件——超过无线电频率范围(RF)的传导骚扰限值,辐射骚扰限值、电气设备的传输入电网超过谐波电流的限值。

可能的伤害——使电子电气设备产生错误功能,不能正常工作,可能影响人体健康。

4.3.2.5　产品风险分析与评价

风险指数 RPN(risk priority number):产品质量问题风险指数,根据严重度 S(severity)、发生度 O(occurrence)、检出度 D(detection)的乘积而得,即风险指数(PRN)=风险严重度(S)×风险发生度(O)×风险检出度(D)。

(1) 风险严重度(severity)评估标准:微弱(1~2 分);一般(3~5 分);严重(6~8 分);非常严重(9~10 分)(表 4-3)。

表 4-3　伤害程度分级(风险严重度)

特征描述	风险严重度评估标准	评分
非常严重	导致灾难性的伤害。该类伤害可导致死亡、身体残疾等	9~10
严重	会导致不可逆转的伤害(如疤痕等),这种伤害应在急诊室治疗或住院治疗。该类伤害对人体将造成较严重的负面影响	6~8
一般	在门诊对伤害进行处理即可。该类伤害对人体造成的影响一般	3~5
微弱	可在家里自行对伤害进行处理,不需就医治疗,但对人体造成某种程度的不舒适感。该类伤害对人体的影响较轻	1~2

(2) 风险发生度(occurrence)评估标准:发生概率极低(1 分、概率≤1/1000);发生概率中等(2~5 分、1/1000<概率≤1/50);发生概率较高(6~8 分、1/50<概

率≤1/5);发生概率极高(9~10 分、1/5<概率≤1)(表 4-4)。

表 4-4　发生度评估基准

序号	发生度评分	评分	概率描述
1	该质量问题发生的概率极低	1	概率≤1/1000
2		2	1/1000<概率≤1/500
3	该质量问题发生的概率中等	3	1/500<概率≤1/200
4		4	1/200<概率≤1/100
5		5	1/100<概率≤1/50
6		6	1/50<概率≤1/20
7	该质量问题发生的概率较高	7	1/20<概率≤1/10
8		8	1/10<概率≤1/5
9	该质量问题发生的概率极高	9	1/5<概率≤1/3
10		10	1/3<概率≤1

(3) 风险发生检出度(detection)。

风险指数(PRN)=风险严重度(S)×风险发生度(O)×风险检出度(D)(表 4-5)。

表 4-5　检出度评估基准

序号	用户检出度评分	评分
1	该质量问题偶尔会发生且不影响产品功能的正常使用	1~2
2	该质量问题在用户进行功能操作时,会瞬间察觉或发生,但该功能使用的概率较低	3~4
3	该质量问题在用户进行功能操作时,会明显察觉或发生,但该功能使用的概率较低	5~6
4	该质量问题在用户正常使用时,会明显察觉或发生	7~8
5	该质量问题不需要任何操作条件,正常使用时每次都会发生	9~10

产品质量风险指数评分的判定原则:

(1) 当产品不符合国家法律法规及国家安全标准的,原则上不再进行产品的风险指数判定,直接判为产品的质量不合格,应采取召回措施。

(2) 当风险指数≥180 分时,应采取召回措施。

(3) 当风险指数 64<PRN<179 时,应采取通知(告知)措施。

(4) 当风险指数≤63 分时,应采取预警措施。

4.3.2.6　产品风险处理与控制

根据风险分析与评价中分析得出的风险指数,来判断存在风险的严重程度,并采取不同等级的风险处理与控制方法:

(1) 预警。

（2）通知。

（3）召回。

4.4　儿童可接触机电类产品风险处理与安全控制

4.4.1　儿童可接触机电类产品质量安全警示

近期,国家质检总局组织实施了玩具滑板车、婴儿学步车、有声玩具、旋转玩具、激光枪 5 类儿童用品质量安全风险监测,经专家评审,发现这些产品不同程度存在一些质量安全风险。现向社会发布风险警示,提示广大消费者注意防范有关风险[11]。

4.4.1.1　玩具滑板车质量安全风险警示

玩具滑板车又称儿童滑板车,是供体重不超过 50 kg 儿童乘骑玩耍的一种简单的省力运动机械。玩具滑板车可以增强儿童的平衡感和肢体配合能力,深受儿童喜爱,但由于运动速度较快,如果使用不当或者结构设计不合理,容易发生伤害事故。近年来,媒体曾多次报道与玩具滑板车有关的伤害事故。

针对玩具滑板车可能存在的危害,国家质检总局产品质量监督司近期组织开展了玩具滑板车产品质量安全风险监测。共从市场上采集样品 48 批次,主要参照玩具安全类国家标准要求,对可触及的锐利尖端、折叠机构、活动部件间隙等项目进行了检测。结果表明,46 批次样品机械物理性能存在一定问题,其中 41 批次活动部件间隙与婴幼儿手指宽度类似,37 批次含有的圆孔大小与婴幼儿手指宽度类似且圆孔边缘锐利,29 批次把套易拉脱或把手末端直径过小,23 批次内包装塑料袋厚度过薄且未按要求打孔,21 批次把立管和把横管在调节或折叠时存在不合理间隙,17 批次刹车有问题,4 批次存在可触及的金属锐利边缘,2 批次前轮尺寸过小,若儿童使用这些玩具滑板车,可能导致皮肤划伤、窒息、手指挤夹或坏死、跌落摔伤等伤害。此外,48 批次样品均存在产品标志或警告信息缺失的情况。

国家质检总局提示广大消费者,在选购和使用玩具滑板车时,要注意产品存在的机械物理安全风险以及标志警告信息缺失等问题。

一是检查玩具滑板车的产品说明书及产品标志是否齐全,注意产品的适用年龄及最大承载体重,选择正规渠道购买适宜的产品,避免购买"三无"产品。

二是检查玩具滑板车把立管和把横管的长度调节机构是否能够锁紧,是否带有制动装置,观察折叠机构、手把、转向管、脚踏板、轮轴等部位是否有明显变形或损坏。

三是检查玩具滑板车上的刚性圆孔、折叠或活动部件之间的间隙是否容易夹伤儿童。

四是检查玩具滑板车上是否有突出的杆件或尖角,车体金属部件是否存在锋利的边缘及尖端,以免儿童受伤。

五是检查玩具滑板车踏板上是否采取防滑贴、防滑纹理等防滑措施,尽量不要选择表面非常光滑的踏板。

六是检查玩具滑板车的把套是否容易被拉脱,末端尺寸是否过小,以防儿童使用时因把套拉脱或手掌滑脱而导致失衡摔伤。

七是检查玩具滑板车的刹车系统能否正常工作,保证遇到紧急情况时能有效制动。

八是使用时,家长应适时监护,并让儿童穿戴好护膝、护肘、护腕及安全头盔等防护器具。

4.4.1.2　婴儿学步车质量安全风险警示

婴儿学步车是一种安装在脚轮上运转的组合座架,婴儿可以借助学步车的支撑框架进行任意方向运动,其移动距离每秒可达 1 m 左右。由于移动速度快,且婴儿头部所占身体比例较大、较重,又暴露在车身组合支架以外,因此,在缺乏安全保护的情况下,特别是在台阶周边环境使用时,婴儿学步车很容易发生翻滚,致使婴儿受到伤害。近年来,媒体曾多次报道与婴儿学步车有关的伤害事故。

针对婴儿学步车在台阶周边环境使用时可能发生的翻滚风险,国家质检总局产品质量监督司近期组织开展了婴儿学步车产品质量安全风险监测。共从市场上采集样品 20 批次,主要参照有关国家标准修订草案技术要求,对楼梯翻滚防护项目进行了检测。结果表明,19 批次样品在测试时整车脱离测试平台翻滚下楼梯。

国家质检总局提示广大消费者,在选购和使用婴儿学步车时,要注意以下几点:

一是必须选购加贴有"CCC"强制性产品认证标志的产品,不要购买无品牌型号、无生产厂家、无警示说明标志的产品,同时应尽量选择有防滑装置的婴儿学步车。

二是使用前要仔细阅读产品说明书和警示说明,并严格按照要求使用,避免因使用不当造成伤害。

三是婴儿在使用学步车时,家长必须随身看护,严禁在高低不平的路面、斜坡、楼梯口、浴室、厨房等危险场所使用。

4.4.1.3　有声玩具质量安全风险警示

有声玩具是供 14 岁以下儿童玩耍且预定能发出声音的玩具。有声玩具增添了儿童生活乐趣,但若儿童长时间处于高分贝的连续声音环境中,或是接受一个瞬间爆发的高分贝脉冲声音,会对其听力造成损伤。

针对有声玩具可能存在的噪声危害,国家质检总局产品质量监督司近期组织开展了有声玩具产品质量安全风险监测。共从市场上采集样品 125 批次,包括近耳玩具(如玩具手机)、摇铃、其他手持玩具(如电子发声枪、智能娃娃)、静止的和自驱动的桌面或地面和童床玩具(如玩具电子琴、万向轮发音玩具)、挤压玩具等 5 类热销有声玩具,主要参照国内外玩具安全标准要求,对声压级项目进行了检测。结果表明,27 批次样品声压测试值偏高,存在一定的质量安全风险。其中,挤压玩具和近耳玩具声压值偏高现象较为普遍,其他手持玩具类产品未发现声压值偏高的情况。

国家质检总局提示广大消费者,在选购和使用有声玩具时,要注意有声玩具可能带来的噪声伤害。

一是尽量选择正规渠道购买玩具产品,对于无厂名、无厂址、无执行标准的产品不要购买。

二是选购时,要提前试听,最好选择音量适宜、声音平缓、没有出现明显刺耳等不适声音的玩具。

三是应避免儿童长时间使用有声玩具,使用时尽量让玩具的发声部位远离耳部。

四是尽量不要给儿童佩戴入耳式耳机(耳塞),必要时尽量选择品质较高的头戴式耳机。

4.4.1.4　旋转玩具质量安全风险警示

旋转玩具是一种围绕回转体对称轴做高速旋转的玩具,常见的有陀螺、拉哨、悠悠球、飞碟等。由于旋转玩具具有高速运转的特征,一旦出现锐边或尖端,较其他玩具更容易划伤儿童,尤其是旋转时容易发生碰撞,产生碎片,这些高速飞出的碎片很容易伤及眼睛。近年来,媒体曾多次报道由旋转玩具引发的伤害事故。

针对旋转玩具可能存在的危害,国家质检总局产品质量监督司近期组织开展了旋转玩具产品质量安全风险监测。共从市场上采集样品 77 批次,包括 68 批次陀螺和 9 批次拉哨样品,通过模拟现实使用场景,对可靠性、锐边(尖端)项目进行了检测。结果表明,31 批次样品存在质量安全风险。其中,27 批次陀螺样品在跌落或撞击测试中出现部件脱落或产生小碎片,5 批次陀螺样品的薄边或尖端在运动条件下能割破模拟皮肤,3 批次拉哨样品跌落后产生小碎片,并能割破模拟皮肤。

国家质检总局提示广大消费者,在选购和使用旋转玩具时,要注意该产品存在的割伤和碎片飞溅等风险。

一是尽量选择正规渠道购买旋转玩具,对于无"CCC"强制性产品认证标志、无品牌型号、无生产厂家、无警示说明标志的产品,不要购买。

二是选购时应仔细检查玩具的外表面,如存在明显的锐边,不要购买。

三是在使用过程中,若玩具因碰撞等产生碎片和锐边,必须停止使用。

四是家长和学校要加强儿童安全教育,增强安全防范意识,主动预防产品质量安全风险。

4.4.1.5　儿童激光枪、含激光器装置玩具质量安全风险警示

据国家质检总局消息,激光产品带有激光器装置,儿童激光枪是指带有激光器的玩具枪产品。激光器通过受激发射激光束,对于尚处于发育阶段的儿童,如果眼睛和皮肤受激光辐射,可能造成更为严重的后果。共采集样品 60 批次,其中激光笔和儿童激光枪各 30 批次,有 23 批次儿童激光枪样品危害程度超标,占 76.7%。

国家质检总局指出,我国国家标准 GB 7247.1—2012《激光产品的安全　第 1 部分:设备分类、要求》按照危害程度由低到高,将激光产品分为以下等级:1 类、1M 类、2 类、2M 类、3R 类、3B 类、4 类,并对每类激光均有标记的要求。其中,根据国家标准 GB 19865—2005《电玩具的安全》的规定,玩具中的激光器应满足 1 类激光辐射功率限值的要求。对激光笔的激光辐射类别,我国目前没有明确要求,部分国家规定 3B 类及以上类别激光产品不可作为演示类民用产品销售。

针对激光产品可能存在的辐射危害,国家质检总局产品质量监督司近期组织开展了激光笔、儿童激光枪产品质量安全风险监测,共采集样品 60 批次,其中激光笔和儿童激光枪各 30 批次。主要依据国家标准 GB 7247.1—2012《激光产品的安全　第 1 部分:设备分类、要求》、GB 19865—2005《电玩具的安全》,并参照有关国家的规定,对激光笔、儿童激光枪的标记和激光辐射类别进行了检验。结果表明有 13 批次激光笔样品为 3B 类及以上类别激光产品,占 43.3%,其中 3 批次为 4 类激光产品,激光辐射功率最高达 1440 mW,为 3R 类激光辐射功率限值 5 mW 的 288 倍。有 23 批次儿童激光枪样品为 2 类及以上类别激光产品,占 76.7%,其中 8 批次为 3B 类激光产品,占 26.7%。

为此,国家质检总局提示广大消费者,在选购和使用激光产品时要注意产品存在的辐射风险。

一是要尽量选择正规渠道购买激光笔、儿童激光枪,对于无激光辐射类别信息、无品牌型号、无警告说明的产品,应避免购买。

二是消费者选购教学或办公用激光笔时,应仔细查看产品的激光规格信息,最好选购激光辐射类别为 3R 类及以下的产品(激光功率不大于 5 mW)。对于非专业使用人员,切勿购买 3B 类及 4 类大功率激光笔。

三是不宜为儿童购买激光笔作为玩具枪使用,应向儿童宣传相关的激光辐射危害知识,避免儿童在学校周边摊贩、商店、网络等渠道购买大功率激光笔。对于办公或教学用激光笔应放置在儿童无法触及的地方。

四是消费者选购儿童玩具枪时,可通过查看外包装、试用产品或咨询销售人员

确认玩具是否带有激光器。建议消费者不要为儿童购买带激光射击功能或激光瞄准功能的玩具。若已购买相关产品,应仔细查看激光辐射类别是否为 1 类,对于超过 1 类的激光玩具建议立即停止使用。

五是消费者在使用激光笔时应正确操作,避免激光照射人体眼睛、皮肤以及衣服等地方。

4.4.2　儿童可接触机电类产品缺陷产品的召回

国家质检总局令第 101 号,公布并正式实施了《儿童玩具召回管理规定》。该规定共六章四十八条,在《中华人民共和国产品质量法》有关规定的基础上进一步严格了生产者生产存在缺陷的儿童玩具的产品责任,明确规定了生产者是缺陷儿童玩具的第一责任人。该规定要求,对于儿童玩具存在缺陷的,即使生产者生产的儿童玩具符合我国有关产品安全的法律、法规和强制性标准要求,但经过调查、评估认定存在缺陷的,生产者必须停止生产、销售,向社会公布有关情况,通知销售者停止销售和通知消费者停止消费,并向质量技术监督部门报告,积极通过完善消费说明、退货、换货、修理等方式,有效消除缺陷可能导致的损害。同时,对于经国家监督抽查不符合国家有关安全标准的儿童玩具,经确认属于存在缺陷的,由国家质检总局直接责令生产者召回,并发布安全与消费预警。新的规定是对我国产品质量安全法律法规体系的进一步完善,其出台为强化儿童玩具生产者质量安全管理意识,提高玩具加工制作水平和产品质量安全水平,规范我国儿童玩具的召回活动提供了制度保障,对我国玩具产业发展具有有效规范的实践意义[12]。

参 考 文 献

[1] 商务部机电和科技产业司. 机电产品进出口统计工作手册. 北京:商务部机电和科技产业司,2013.

[2] 张岚,戴馨,胡晓云. 儿童伤害的类型、危险因素及预防措施[J]. 公共卫生预防医学,2011,2:69-72.

[3] 王璨. 我国出口儿童玩具召回风险分类——基于 2008—2012 年出口欧美的数据分析[J]. 宏观质量研究,2013,3:123-128.

[4] 蔡屹. 我国今年输欧激光类玩具不合格事件引发的思考[J]. 检验检疫科学,2008,5:71-74.

[5] 中华人民共和国国家质量监督检验检疫总局. 激光产品安全风险警示和消费提示[J]. 玩具世界,2014,4:45-46.

[6] 王银兰,宋伟科,林伟明,等. 大型游乐设施设计风险评估方法[J]. 中国特种设备安全,2013,4:58-62.

[7] 周丹青. 儿童玩具 8 个安全隐患[J]. 家庭医学(新健康),2007,6:5-5.

[8] 黄国忠,高金凤,王琰. 儿童玩具机械物理性能伤害的风险评估[J]. 标准科学,2014,9:57-61.

[9] 汪艳,章若红,沈国耀. 风险评估标准和儿童用品风险评估研究[J]. 上海标准化,2010,6:30-34.

[10] 曹寅,张晓杰,王雅芸. 电器产品风险评估方法研究[J]. 标准科学,2010,12:77-83.

[11] 中华人民共和国国家质量监督检验检疫总局. 有声玩具等 5 类儿童用品质量安全风险警示[J]. 中国质量万里行,2015,7:57-59.

[12] 中华人民共和国国家质量监督检验检疫总局令第 101 号. 儿童玩具召回管理规定[EB],2007-07-24.

第 5 章 纺织类产品儿童安全风险与防护

5.1 纺织品的安全标准

纺织品是纺织纤维经过加工织造而成的产品的统称。国际上一般将纺织标准分为两类:基础标准和试验方法标准,而这些标准大多为法规性质的强制性标准。有关专家把这些法规分成三类:第一类是控制有害物质的法规;第二类是纺织品燃烧性能的法规;第三类是纺织品标签的法规[1]。

5.1.1 国际标准

美国在对入境的纺织品进行的常规检测中,最常见的考核项目有五类[2]:纤维或化学分析检测、耐洗性或色牢度检测、阻燃性检测、针织品检测和物理性能检测。而在这五类检测项目中,还包括很多具体的考核指标。例如,在纤维或化学分析检测项目中包括对纤维含量、残余化学物及提取物等细分项目的考核,细分到对指标的要求还包括纤维类别及百分比含量要求、甲醛残余量要求、铅含量要求、杀虫剂要求等。在物理性能检测项目中还包括摩擦检测、结构检测、强力检测、抗水性检测及导热性检测等项目。在当前美国较为关注的阻燃性检测方面,美国纺织标准将纺织品分为一般穿着服饰及儿童睡衣两类,并规定了不同的要求[3],如表 5-1 所示。

表 5-1 美国对进口的纺织品的常规检测项目和考核指标

常规检测分类	具体考核指标
1. 纤维/化学分析检测	(1) 纤维含量检测:鉴定纤维类别及其百分比含量,含量误差为±3%; (2) 残余化学物检测:甲醛残余量(≤75 ppm)、酸碱 pH、杀虫剂残留量、聚氟物含量、四氯化碳含量、铅(任何织物≤200 ppm、表面涂层≤600 ppm)、邻苯二甲酸酯浓度(≤1000 ppm)、锑含量(≤300 ppm)等; (3) 提取物检测:对乙醇、水、三氯甲烷等提取物进行检测
2. 耐洗性/色牢度检测	(1) 尺寸稳定性(缩水率):a. 水洗(3~5 次),机织物−3.5%~3%、针织物±5%;b. 干洗,机织物±2.5%、针织物±3%; (2) 耐洗色牢度:a. 水洗色牢度,沉色 4 级、色变 3 级;b. 干洗色牢度,沉色 4 级、色变 4 级; (3) 耐氯漂色牢度:a. 非氯漂白色牢度,色变 4 级;b. 氯漂白色牢度,色变 4 级; (4) 耐摩擦色牢度:色变 4 级(干摩擦)、色变 3 级(湿摩擦); (5) 耐汗渍色牢度:沉色 3 级、色变 4 级

续表

常规检测分类	具体考核指标
3. 物理性能检测	（1）摩擦检测：平磨（最低 300 次）、抗 5000 摩擦起毛起球性（最低 3 级）、平磨引起的色变（最低 4 级）等； （2）结构检测：织物质量（g/100cm²）、经纬纱线密度、织物经纬密度、缝线滑移（最低 3 级）等； （3）强力检测：撕破强力（最低 6.8 N）、拉伸强力（最低 62.5 N）、接缝强力（最低 90.7 N）等； （4）抗水性检测：防雨检测、喷淋防水性检测（最低 90 分）、抗流体静力等； （5）杂项检测：褶皱恢复力（最低 3 级）、弹性、导热性、透气性、易去污（最低 4 级）等
4. 针织品检测	顶破强度、抗抽丝性、抗磨损性等
5. 阻燃性检测	儿童睡衣：执行 CFR Part1615、CFR Part1616 法律；一般穿着服饰：执行 CFR Part1616 法律，要求 1 级； 燃烧时间：平纹布＞3.5 s、起毛布＞7 s

德国等大部分欧洲国家对有害物质的检测，大都依据国际环保纺织协会的 Oeko-Tex® 100 标准（Oeko-Tex® Standard 100）来进行测定，通过后所颁发证书示意图如图 5-1 所示。Oeko-Tex® 100 标准将纺织品分为：Ⅰ类，婴儿用产品，指除了服装外所有用于制作婴儿或直至两岁儿童的产品、基本材料和辅料；Ⅱ类，直接与皮肤接触的产品，如内衣、衬衣、T 恤衫等；Ⅲ类，不直接与皮肤接触的产品，如充填材料、衬料等；Ⅳ类，装饰用产品，包括原材料和辅料，如白布、家具布、窗帘、地毯、床垫等。

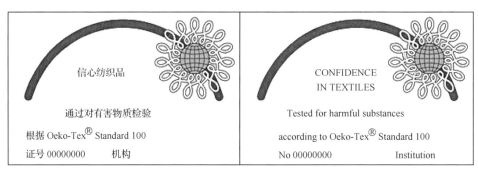

图 5-1　Oeko-Tex 100 标准证书示意图

2015 年 1 月，Oeko-Tex 国际环保纺织协会发布了最新版的 Oeko-Tex® Standard 100 检测标准和限量值要求，新标准参考了国际上现行的各种法律法规，通过新增考察物质并严格控制限量值。近年来，Oeko-Tex® 100 标准在倡导绿色消费、推进绿色生产和提升产品附加值方面起了积极的作用，同时也在自身的商业化运作方面取得了较大的成功。

新版 Oeko-Tex® Standard 100 检验标准和限量值于 2015 年 4 月 1 日起在所有认证过程中生效[4]，具体内容如表 5-2 所示。

表 5-2　2015 版 Oeko-Tex® Standard 100 新标准和限量值

产品级别	Ⅰ婴儿	Ⅱ直接接触皮肤	Ⅲ不直接接触皮肤	Ⅳ家饰材料
酸碱值[1]	4.0~7.5	4.0~7.5	4.0~9.0	4.0~9.0
甲醛/(mg/kg)	N.d.[2]	75	300	300
可萃取的重金/(mg/kg)				
Sb(锑)	30.0	30.0	30.0	
As(砷)	0.2	1.0	1.0	1.0
Pb(铅)	0.2	1.0[3]	1.0[3]	1.0[3]
Cd(镉)	0.1	0.1	0.1	0.1
Cr(铬)	1.0	2.0	2.0	2.0[4]
Cr(铬,六价)		检测限值以下[5]		
Co(钴)	1.0	4.0	4.0	4.0
Cu(铜)	25.0[6]	50.0[6]	50.0[6]	50.0[6]
Ni(镍)[7]	1.0[8]	4.0[9]	4.0[9]	4.0[9]
Hg(汞)	0.02	0.02	0.02	0.02
被消解样品中的重金属/(mg/kg)[10]				
Pb(铅/lead)	90.0	90.0[3]	90.0[3]	90.0[3]
Cd(镉/cadmium)	40.0	40.0[3]	40.0[3]	40.0[3]
杀虫剂[mg/kg][11]	0.5	1.0	1.0	1.0
氯化苯酚/(mg/kg)				
五氯苯酚(pentachlorophenol,PCP)	0.05	0.5	0.5	0.5
四氯苯酚(tetrachlorophenols,TeCP),总计	0.05	0.5	0.5	0.5
三氯苯酚(trichlorophenols,TrCP),总计	0.2	2.0	2.0	2.0
邻苯二甲酸酯/wt%[12]				
DINP,DNOP,DEHP,DHxP,DIDP,DIHxP,BBP,DBP,DIBP,DIHP,DHNUP,DHP,DMEP,DPP,合计	0.1			
DEHP,BBP,DBP,DHxP,DIBP,DIHP,DIHxP,DHNUP,DHP,DMEP,DPP,合计		0.1	0.1	0.1
有机锡化物(mg/kg)				
三丁基锡化合物(TBT)	0.5	1.0	1.0	1.0
三苯基锡化合物(TPhT)	0.5	1.0	1.0	1.0
二丁基锡化合物(DBT)	1.0	2.0	2.0	2.0
二辛基锡化合物(DOT)	1.0	2.0	2.0	2.0
其他残余化学物				
邻苯基苯酚(OPP)/(mg/kg)	50.0	100.0	100.0	100.0
芳香胺/(mg/kg)[13]	没有[5]			
短链氯化石蜡(SCCP)/wt%	0.1	0.1	0.1	0.1

产品级别	Ⅰ 婴儿	Ⅱ 直接 接触皮肤	Ⅲ 不直接 接触皮肤	Ⅳ 家饰 材料
三(2-氯乙基)磷酸酯(TCEP)/wt%	0.1	0.1	0.1	0.1
DMFu/(mg/kg)	1.0	0.1	0.1	0.1
染料				
可分解芳香胺		不得使用[5]		
致癌物		不得使用		
致敏物		不得使用[5]		
氯化苯和氯化甲苯/(mg/kg)	1.0	1.0	1.0	1.0
多环芳烃/(mg/kg)[14]				
苯并[a]芘/(benzo[a]pyrene)	0.5	1.0	1.0	1.0
苯并[e]芘/(benzo[e]pyrene)	0.5	1.0	1.0	1.0
苯并[a]蒽(benzo[a]anthracene)	0.5	1.0	1.0	1.0
䓛(chrysene)	0.5	1.0	1.0	1.0
苯并[b]荧蒽(benzo[b]fluoranthene)	0.5	1.0	1.0	1.0
苯并[g]荧蒽(benzo[j]fluoranthene)	0.5	1.0	1.0	1.0
苯并[k]荧蒽(benzo[k]fluoranthene)	0.5	1.0	1.0	1.0
二苯并[a,h]荧蒽(dibenzo[a,h]anthracene)	0.5	1.0	1.0	1.0
总计/Sum	5.0	10.0	10.0	10.0

1. 例外的情况:后续加工必须经过湿处理的产品为 4.0~10.5;泡棉制品为 4.0~9.0;第Ⅳ级别带有涂层或层压的皮革制品为 3.5~9.0;

2. 此处不得检出(n.d.)是指使用「日本法 112 法」中规定的吸收测试法应小于 0.05 吸收率单位,即应少于 16 mg/kg/n.d.;

3. 对于用玻璃制成的辅助无此要求;

4. 对于皮革类产品 10.0 mg/kg;

5. 定量限值:六价铬 Cr(Ⅵ)0.5 mg/kg,皮革中六价铬 Cr(Ⅵ)3.0 mg/kg,禁用的芳香胺 20 mg/kg,禁用的燃料 50 mg/kg;

6. 对于无机材料制成的辅助材料无此要求;

7. 包含了 EC-Regulation 1907/2006 中对该项目的要求;

8. 只适用于金属附件及金属处理之表面:0.5 mg/kg;

9. 只适用于金属附件及金属处理之表面:1.0 mg/kg;

10. 针对所有非防止辅料和组成部分,以及在纺丝时加入着色剂产生的有色纤维和含有涂料的产品;

11. 仅适用于天然纤维;

12. 适用于涂层产品、塑料溶胶印花、柔软泡棉和塑料附件;

13. 适用于所有含有聚氯脂的材料或其他可能含有游离致癌芳香胺的材料;

14. 用于合成纤维、纱线或缝纫以及塑料材料。

5.1.2　国内标准

我国纺织标准是以产品标准为主,以基础标准相配套的纺织标准体系,包括术语符号标准、试验方法标准、物质标准和产品标准四类,涉及商检、纺织机械与附件、纤维、纱线、长丝、织物、纺织制品和服装等内容。标准按照执行力度分为强制性标准和非强制性标准两种[5],如表 5-3 所示。

表 5-3　我国纺织品强制性标准

标准号	标准名称	主要内容
GB 6529	纺织品调湿和实验用标准大气	本标准对纺织品物理或机械性能测试之前的调湿和测定前的大气条件作出规定
GB 5296.4	消费品使用说明(纺织品和服装使用说明)	本标准规定了纺织品和服装使用说明的基本原则、标注内容和标注要求;适用于国内畅销的纺织品和服装的使用说明
GB 8965	阻燃防护服	本标准规定了阻燃防护服的技术要求、试验方法、检验规则、标志、包装、运输和储存;适用于劳动者从事有明火、散发火花、在熔融金属附近操作和在有易燃物质并有发火危险的场所穿用的阻燃服
GB 17591	阻燃机织物	本标准规定了阻燃机织物的产品分类、技术要求、试验方法、检验规则及包装和标志;适用于鉴定各类阻燃机织物的品质。其他纺织品的阻燃性能可参照本标准执行
GB 18383	絮用纤维制品通用技术要求	本标准规定了絮用纤维制品质量要求、卫生要求、抽样方法、检验方法、包装、标志、存储、运输等要求;适用于絮用纤维制品为填充物的床上用品、服装服饰及其他生活用品
GB 18401	国家纺织产品基本安全技术规范	本技术规范规定了纺织品的基本安全技术要求、实验方法、检测要求及实施与监督。适用于在我国境内生产、销售和使用的服装服饰用纺织品
GB 1103	棉花(细绒棉)	本标准规定了细绒棉的质量要求、分级规定、检测方法、检验规则、检验验证书、包装及标志、储存与运输要求等;适用于生产、收购、加工、贸易、仓储和使用的细绒棉
GB 9994	纺织材料公定回潮率	本标准规定了主要纺织材料的公定回潮率;适用于计算纺织材料的线密度和商业质量
GB 1797	生丝	本标准规定了绞装和筒装生丝的要求、检测规则、包装、标志

其中,GB 18401—2010《国家纺织产品基本安全技术规范》的发布和实施(图 5-2),标志着我国政府不仅对食品和药品直接入口类产品的安全性严格监控,也对危险性较小的纺织品和服装的安全性问题进行关注,强制引导生产者制造安全的纺织品,并倡导消费者转向对纺织产品安全性和环保性的注重;标志着我们的

纺织标准更进一步地与国际接轨，由注重产品的耐用质量和外观质量转向安全质量，提高了行业的生态生产意识。该标准适用于在我国境内生产、销售和使用的服用和装饰用纺织产品，覆盖的产品包括纱线、面料、制品、服装、床上用品、装饰用品等。

ICS 59.080.01
W 09

中华人民共和国国家标准

GB 18401—2010
代替 GB 18401—2003

国家纺织产品基本安全技术规范

National general safety technical code for textile products

2011-01-14 发布　　　　　　　　　　　　2011-08-01 实施

中华人民共和国国家质量监督检验检疫总局
中国国家标准化管理委员会　　发布

图 5-2　　GB 18401—2010《国家纺织产品基本安全技术规范》

GB 18401 将纺织产品分为三类：婴幼儿用品类、直接接触皮肤的产品类、非直接接触皮肤的产品类。针对不同类别的纺织产品，其考核项目和指标有所区别，关于产品符合何类产品，一定要在纺织产品的使用说明中给予标注，如婴幼儿用品必须在使用说明上标注"婴幼儿用品"或"类"字样。这些标准基本构成了我国对儿童服装检验的标准体系，对纺织产品中的甲醛含量、pH、色牢度、异味和禁用偶氮染料项目提出 A 类、B 类和 C 类三档指标进行控制。其中婴幼儿用品要求符合 A 类指标；内衣、衬衣、袜子、床单等直接接触皮肤的产品要求符合 B 类指标；外套、毛衣、床罩等非直接接触皮肤的产品要求符合 C 类指标。具体检测项目及限量指标见表 5-4[6]。

表 5-4　GB 18401 纺织产品基本安全检测项目及技术指标[6]

检测项目		限量技术指标		
		A 类	B 类	C 类
甲醛含量/(mg/kg)≤		20	75	300
pH		4.0～7.5	4.0～7.5	4.0～9.0
色牢度≥	耐水	3～4	3	3
	耐酸汗渍	3～4	3	3
	耐碱汗渍	3～4	3	3
	耐干摩擦	4	3	3
	耐唾液	4	—	—
异味		无		
可分解芳香胺燃料		禁用		

注：一般适于身高 100 cm 及以下婴幼儿使用的产品可作为婴幼儿纺织产品。

5.1.3　我国儿童纺织品的安全标准

儿童是一类特殊的人群，他们身体各个器官尚处在生长期，机能不完善，容易受到各种物质的伤害，因而自我保护能力较差，是人们重点关心和保护的对象，因此对儿童服装面料的要求，特别是在安全卫生方面，应有更加严格的要求。

针对儿童服装的特殊要求，我国对于儿童服装产品相关的标准在国家强制性标准 GB 18401《国家纺织品基本安全技术规范》的基础上，还有 GB/T 1335.3—1997《服装号型儿童》，产品标准主要有 FZ/T 73008—2002《针织 T 恤衫》、FZ/T 73007—2002《针织运动服》、FZ/T 81004—2003《连衣裙、裙套》、FZ/T 81003—2003《儿童服装、学生服》、FZ/T 73021—2004《针织学生服》、SN/T 1522—2005《儿童服装安全技术规范》、FZ/T 73025—2006《婴幼儿针织服饰》以及 FZ/T 81014—2008《婴幼儿服装》等。FZ/T 81014—2008《婴幼儿服装》中还包含了婴幼儿服装上绳带和小部件的考核要求，SN/T 1522—2005《儿童服装安全技术规范》还涉及服装面料的阻燃性能、镍金属释放的考核要求，见表 5-5。

表 5-5　儿童纺织品安全标准

标准号	标准名称	主要内容
SN/T 1522—2005	《儿童服装安全技术规范》	本标准规定了儿童服装的安全技术要求、试验方法、抽样及检验规则。儿童服装的其他性能按有关的产品标准执行。本标准适用于各类儿童穿着的服装
GB/T 22702—2008	《儿童上衣拉带安全规格》	本标准规定了 14 岁以下儿童上衣拉带的安全规格，其目的在于减少儿童上衣拉带造成的勒伤和车辆拖拽危险。本标准适用于 14 岁以下儿童穿着的上衣

标准号	标准名称	主要内容
GB/T 22704—2008	《提高机械安全性的儿童服装设计和生产实施规范》	本标准规定了 14 岁以下儿童服装的材料、设计及生产的实施规范，以提高儿童服装的机械安全性。本标准适用于 14 岁以下儿童穿着的上衣
GB/T 22705—2008	《童装绳索和拉带安全要求》	本标准规定了 14 岁以下儿童服装上使用绳索和拉带的安全要求。本标准不包括绳索和拉带的规格
GB/T 23155—2008	《进出口儿童服装绳带安全要求及测试方法》	本标准规定了进出口童装绳带的安全要求和测试方法；本标准适用于进出口童装上的绳索或束带，其他儿童纺织产品参照执行
FZ/T 73045—2013	《针织儿童服装》	本标准规定了针织儿童服装的产品号型、要求、检验规则、判定规则、产品使用说明、包装、运输和储存；本标准适用于以针织面料为主要材料制成的 3 岁（身高 100 cm）以上 14 岁以下儿童穿着的针织服装；本标准不适用于针织棉服装、针织羽绒服装

我国童装产品标准中，仅有 FZ/T 81014—2008《婴幼儿服装》标准针对幼儿提出了可萃取重金属含量、绳带、纽扣附着力等安全性能要求，而 FZ/T 73025—2006《婴幼儿针织服饰》只有拉带、纽扣缝纫强力要求，却无拉带规格及拉带安全的要求，其他标准的考核项目设计几乎无异于常规服装产品要求。

有关童装绳索与拉带安全要求的系列标准 GB/T 22702、GB/T 22704、GB/T 22705 虽已实施，但由于是推荐性标准，并无强制要求，且缺乏深度宣传，许多童装生产企业尚未深入了解，执行力度不容乐观，市场上设计本身不符合上述标准要求的童装屡见不鲜。

与此同时，各地针对童装产品的监督抽查，通常以 GB 18401 和产品标准为依据，很少涉及拉带、装饰等附件的安全性能，一定程度上也延缓了 GB/T 22702 等标准的全面执行。

综上所述，我国纺织服装中，对于婴幼儿产品的适用标准勉强兼顾到绳带等安全要求，尚不全面，而对于中童、大童服装则未曾顾及，这方面与欧美国家的要求存在较大差距，难免导致出口童装被召回的后果[7]。

此外，我国童装产品均未涉及燃烧性能要求。

国家质检总局、国家标准委于 2015 年 5 月批准发布了强制性国家标准 GB 31701—2015《婴幼儿及儿童纺织产品安全技术规范》。这是我国第一个专门针对婴幼儿及儿童纺织产品（童装）的强制性国家标准。标准将于 2016 年 6 月 1 日正式实施。童装新标准在原有的纺织安全标准基础上，对童装的安全性能进行了全面升级。

　　和原有的标准相比,童装新标准增加了机械安全、重金属等方面的检测要求。在机械安全方面,要求婴幼儿及 7 岁以下儿童服装头颈部不允许存在任何绳带。纺织附件方面,要求附件应具有一定的抗拉强力,且不应存在锐利尖端和边缘。在化学安全方面,新增加了 6 种增塑剂和铅、镉两种重金属的限量要求等。标准将童装安全技术类别分为 A、B、C 三类,A 类最佳,C 类是基本要求。要求婴幼儿纺织产品应符合 A 类要求,直接接触皮肤的儿童纺织产品至少应符合 B 类要求,非直接接触皮肤的儿童纺织产品至少应符合 C 类要求。标准同时要求童装应在使用说明上标明安全类别,婴幼儿纺织产品应加注"婴幼儿用品"字样。

　　新国家标准将童装分为适用于年龄在 36 个月及以下婴幼儿穿着的婴幼儿纺织产品,以及适用于 3 岁以上、14 岁及以下儿童穿着的儿童纺织产品。为保证市场的平稳过渡,标准设置了两年的实施过渡期。

　　2016 年 6 月 1 日~2018 年 5 月 31 日即实施过渡期。在过渡期内,2016 年 6 月 1 日前生产并符合相关标准要求的产品允许在市场上继续销售,检测机构按照企业所执行的标准进行检测。2018 年 6 月 1 日起,市场上所有相关产品都必须符合本标准要求。

5.2　纺织类产品危害儿童安全的因素及来源

5.2.1　概述

　　根据《国家纺织产品基本安全技术规范》(GB 18401),纺织产品的安全主要包括制品所用面料是否含有有害物质,所用材料是否卫生,产品的结构和附件是否安全和牢固等。

　　纺织产品与人们的生活息息相关,但纺织产品在原材料获得及加工生产过程中,不可避免地要加入各种各样的染料和助剂,它们之中都会或多或少的含有对人体有害的化学物质,当其在纺织产品上的残留量达到一定程度后就会对人体健康产生危害。因此,世界各国对纺织产品的安全性问题都是非常重视的,但在国际 Oeko-Tex 100 标准中像致敏染料、可萃取重金属和含氯有机载体等很多指标都还没有列入我国的纺织产品安全标准中[8]。

　　儿童是祖国的未来,也是自我保护的弱势群体。纺织产品的质量和设计对儿童的日常生活和人身安全有重大影响。近年来,因童装不安全造成意外伤亡的事故屡见不鲜,江西上饶、广东东莞、河南太康等地,均发生过幼童在玩滑梯时被帽带勒死的悲剧。近几年,根据国家质检总局、部分省质监局相继公布的儿童服装质量抽查结果显示,有三成以上产品甲醛超标,其中,甲醛超标的产品绝大部分是两岁以下的婴幼儿服装。所以,人们对儿童纺织产品安全性的关注越来越高,各国对儿童纺织产品的安全性检测的关注不断提高,要求越来越严格。

5.2.2　物理危害

在国外,欧美发达国家针对童装机械安全性都制定了明确的检验标准,其中美国 ASTMF 1816—97《儿童上身外衣拉带安全要求》(2004)及美国消费品安全委员会(CPSC)《儿童上衣的抽紧带指南》对绳带提出了具体要求;《危险物品管理和实施规定》提出了模拟使用和误用玩具及其他儿童物品的测试方法,其中规定了玩具和其他儿童用品上小部件安全消费的要求;欧盟标准 EN14682—2007 对 14 岁以下儿童服装上的束带或绳索,包括纺织或非纺织材料的绳索、链带、条带、细绳、狭条和塑料绳索,其安全消费有总体要求,对儿童服装上小部件安全的要求涉及纽扣、面料类饰物(包括蝴蝶结和标签)、橡胶或软塑料装饰(包括标签、徽章、绒球和流苏)、闪光装饰片、珠子和其他类似小部件、亮片和热融部件、按扣和类似小部件、黏合扣等 10 个项目;小部件要求必须很好地固定,用锁式线迹和手缝线迹缝到服装上。

针对国内外消费市场对童装机械安全性的日益关注和检验要求,在总结检验工作实际情况并参考国外相关标准的基础上,国家质检总局与国家标准委制定了有关童装机械安全性检验的一系列标准和指导,共同组成了一个监督检验体系,将服装标准化工作聚焦于儿童服装产品外观及机械性伤害,以避免儿童危险事故为主要原则和依据,规定了儿童上衣拉带的安全规格、儿童服装上使用绳索和拉带的安全要求、儿童服装的材料、设计、生产的实施规范[9]。

儿童纺织产品对儿童安全的危害,主要在于产品的设计、包装、生产加工过程中等因素,在儿童使用过程中会带来机械性伤害。主要表现有:

(1)缠绕伤害。带有绳索的服装(图 5-3)易导致勒伤、勾住和缠绊等伤害。非功能性绳索应尽量避免使用,功能性绳索可由安全的设计元素代替。用坚硬部件终结绳索末端,如套环或铃铛等,可能会增加缠绊的危险,尤其是青少年服装。与成年人领带类似的传统领带也会产生勒伤和缠绊的危险。

给孩子买衣服时,不少家长关注的都是款式和价格,可你知道吗?看着不起眼的绳带却有可能暗藏风险。儿童带帽服装使用了弹性绳索,拉伸后容易打到脸部和眼睛;服装的帽绳、下摆绳、固定腰带、裙带、背带等部位超过长度限制,形成过长套索,在儿童活动过程中易被周围的物体钩住造成意

图 5-3　带有绳索的服装

外伤害,或误套颈项后造成窒息。

2015 年 4 月,西安一名男童在小区玩滑梯时,衣服帽子上的拉绳纽扣被滑梯缝隙卡住,绳子挂住了男童的颈部,差点造成窒息。从 2007 年至今,媒体已多次报道过儿童因为衣服上的抽绳或拉带而被勒住颈部,窒息死亡的惨剧。

2011 年 4 月在江西龙南的一家幼儿园里发生了一件意外事故,一名两岁半大的女童不慎被衣帽上的绳子勒住脖子,险些窒息被紧急送往医院。

2008 年 8 月 8 日,欧盟委员会非食品类快速预警系统(RAPEX)对中国产某品牌带帽儿童棉外套发出消费者警告。原因是帽子上配有拉绳,且拉绳末端装有套索钉,如被儿童吞食或缠绕于颈部,有致其窒息的危险;当帽绳用力拉长后会弹回,有致儿童眼部和脸部受伤的危险。因此,该儿童棉外套不符合欧盟 EN14682 标准。匈牙利主管部门已下令将该产品撤出市场并召回。

在国家的相关标准中,对婴幼儿服装绳带规格作出了明确要求。标准规定一般低龄儿童服装的帽子、颈部不能有绳带;腰部拉带露出长度不得超过 7.5 cm;其他部位的拉带露出长度不得超过 14 cm;不能有自由末端和套结。绳带安全缺陷成为目前儿童及婴幼儿服装最为突出的风险项目之一,主要问题有绳带规格超长、幼童服装颈部使用绳索、风帽使用拉带等。该项目不合格,将可能导致婴童勒伤甚至勒死的意外发生。

(2)局部缺血性伤害。在人体足部或手部,松散、未修剪的绳线会包覆手指或脚趾,阻碍血液循环,产生局部缺血性伤害。这种危害短时间内不易察觉。特别是婴儿服装袖口的松紧带太紧或太硬都会阻碍足部或手部血液循环。

(3)拉链引起的夹持事故。带有拉链的男裤易造成儿童生殖器被拉链齿夹住。

(4)尖锐物体伤害。包含尖锐物体的服装会对儿童产生刺伤、划伤或更严重的伤害。纽扣、拉链或装饰物上的尖锐边缘、穿着或整理过程中部件磨损产生的尖锐边缘都会对穿着者造成伤害。服装生产、包装过程中使用的针、钉和其他尖锐物体,如果残留在服装中,也会给消费者带来严重伤害。

(5)可拆分部件伤害。纽扣、套环、花边等小部件若与服装主体分离,可能会给儿童带来危害,特别是 3 岁及以下的儿童,儿童把从服装上分离的部件放入嘴里、鼻子、耳朵,可能会造成窒息等危险。而四合扣与服装分离时,其尖爪暴露在外,也会给穿着者带来伤害。

(6)视力、听力受限。带有风帽和某些种类头套的服装会影响到儿童视力或听力,增加儿童发生事故的可能性,特别是操场事故、交通事故。

(7)窒息。风帽材料不透气可能导致窒息。3 岁及 3 岁以下的带有风帽的儿童睡衣也有可能导致窒息。

(8)哽塞。各种纽扣、铆钉、绳端件(如塑料吊钟)、标签和其他装饰件的缝制牢度未达到规定的拉力要求,儿童因对微小物体的好奇心,会撕扯、啃咬这些小附件,脱落后误吞,造成吸入性呕吐或其他严重疾病。

(9)绊倒和摔倒。大多数绊倒和摔倒是因为服装不合体,可能是服装选择不当或号型尺寸不正确。腰带或绳索太长也会导致绊倒和摔倒。

(10)擦伤、硌伤。婴幼儿皮肤娇嫩,最初几个月的婴儿,主要的时间是在睡眠。服装设计时如果使用硬的纽扣、拉链、装饰品等容易对婴幼儿造成硌伤。服装设计时如果使用了硬的面料或者装饰品,容易对婴幼儿娇嫩的皮肤造成擦伤。

5.2.3 化学危害

纺织产品生产过程中使用的各种染料和整理剂中或多或少地含有或会产生对人体有害的物质。由于很多纺织品服装长期直接与皮肤接触的特点,当有害物质残留在纺织品上并达到一定量时,可能对人们的皮肤乃至健康造成危害。特别是婴幼儿群体,同样一种面料对成年人没有影响,可对婴幼儿就会因某种原料产生刺激。因此,提倡生态纺织品,限制纺织品中的有害物质含量也是有根据的。

1)重金属含量超标

当重金属含量小于人体体重0.01%时,某些重金属如锌和铜是人体所需要的微量元素,铬、汞、钴等元素在一定剂量内对人体也起着重要的作用,但当它们的浓度在体内积蓄到一定值时,就会对人体产生毒性甚至危及生命。纺织品中残留的重金属对人体毒害最大的有5种:铅、汞、铬、砷、镉。一些儿童服装上印刷的树脂图案或面料涂层中铅含量超标;所使用的纽扣、拉链、铆钉、按钮、饰牌等金属辅助材料含有镍涂层或为镍合金制造。残留在纺织品中的重金属主要经皮肤侵入人体,人体排泄的汗液具有与金属离子络合的能力,因此对于金属络合染料来说,汗液能够将金属离子解析出来,经皮肤侵入人体,之后便不再以离子形式存在,而是与体内有机成分结合成金属配合物或金属螯合物,从而对人体产生危害。重金属一旦被人体过量吸收便会向肝、骨骼、肾和脑等组织中积蓄,对人体产生不可逆的伤害[10]。

2)含有禁用偶氮染料

偶氮染料是指分子结构中含有偶氮基(—N=N—),且与其连接部分至少含1个芳香族结构的染料。该类染料色谱齐全,色光良好,牢度较高,几乎能染所有的纤维,广泛用于纺织品、皮革制品等染色及印花工艺。目前,世界市场上三分之二左右的合成染料是以偶氮化学为基础制成的。偶氮染料致癌性问题,是人们经过长期研究和临床试验证明某些偶氮染料中可还原出的芳香胺对人体或动物有潜在的致癌性。禁用偶氮染料本身并没有直接的致癌作用,纺织品服装使用含致癌芳香胺的偶氮染料之后,在与人体的长期接触中,染料可能被皮肤吸收(这种情况特别是在染色牢度不佳时更容易发生),并在人体内扩散。这些染料在人体的正常代谢所发生的生化反应条件下,可能发生分解还原,并释放出某些有致癌性的芳香胺,这些芳香胺在体内通过代谢作用而使细胞的脱氧核糖核酸(DNA)发生变化,成为人体病变的诱发因素,具有潜在的致癌致敏性[11]。自 1994 年德国政府颁布禁用部分染料法令以来,随着人们环境和自我保护意识的不断提高,许多国家和地区已连续发布禁用偶氮染料的法规,禁用偶氮染料的种类不断扩大。目前禁用偶氮染料已成为国际纺织品服装贸易中安全健康品质重要控制项目之一。我国在 2005 年 1 月 1 日强制实施的国家标准《国家纺织产品基本安全技术规范》(GB 18401— 2003)中完全禁止使用可分解的芳香胺染料。目前禁用偶氮染料的检验方法主要是依靠气相色谱-质谱联用法(GC-MS)和高效液相色谱-质谱联用法(HPLC-MS)进行。

3) 甲醛含量超标

甲醛可与纤维素中羟基结合,作为反应剂提高了助剂在纺织品中的耐久性,因此它广泛应用于种类纺织印染助剂中,这些助剂自身游离甲醛及释放甲醛造成织物中甲醛超量。甲醛已经被世界卫生组织确定为致癌和致畸形物质,过量的甲醛会使黏膜和呼吸道严重发炎,也可导致皮炎。儿童的呼吸道和皮肤都十分娇嫩,耐受力差,危害也就更大。甲醛常用于纺织纤维、纯纺和混纺织物的树脂整理及部分服装成品的定型整理,具有免烫、防缩、防皱和易去污等作用。但含过量甲醛的纺织品,在人们的穿着过程中甲醛会逐渐释放出来,对呼吸道黏膜和皮肤产生强烈刺激,引起相关疾病并可能诱发癌症。《国家纺织产品基本安全技术规范》(GB 18401—2010)中对甲醛的限量如下:婴幼儿用品、直接接触皮肤产品、非直接接触皮肤产品的甲醛含量分别不能超过 20 mg/kg、75 mg/kg、300 mg/kg 的标准值。

4) 塑化剂超标

塑化剂(plasticizers),或称增塑剂、可塑剂,是一种增加材料的柔软性等特性的添加剂。它不仅使用在塑料制品的生产中,也会添加在一部分混凝土、墙版泥灰、水泥与石膏等材料中。在不同的材料中,塑化剂所起的效果也不同。在塑料里,它可以使塑料制品更加柔软、具有韧性和弹性、更耐用。塑化剂种类很多,但最常被使用的是 DEHP[邻苯二甲酸二(2-乙基)己酯],它主要用在 PVC(聚氯乙烯)塑料制品中,如保鲜膜、食品包装、玩具等。很多医用塑料用品,如导管、输液袋等,也都含有这种物质。它在塑料制品中的含量变化范围很大,1%~40%都有可能。对 DEHP 安全性的质疑,主要来自于它的类雌激素作用,可能引起男性内分泌紊乱,导致精子数量减少、生殖能力下降等。儿童比成人更易受到伤害。特别是尚在母亲体内的男性婴儿通过母体摄入 DEHP,产生的危害更大。有研究表明,孕妇血液中的 DEHP 浓度越高,产下的男婴有越高的风险发生阴茎变细、肛门与生殖器距离变短、睾丸下降不全等症状。也有研究发现,与 DEHP 或类似物质接触较多的人群中(如从事 PVC 塑料生产行业的人),肿瘤、呼吸道疾病的发病率相对较高,其中女性易发生月经紊乱和自然流产,男性的精子活性也似乎受到了影响。此外,DEHP 在肥胖症、心脏中毒等疾病中也可能发挥一定影响。不过,它在致癌性方面则没有确凿的医学证据。DEHP 在塑料中并非采用牢固的共价结合,比较容易从塑料中脱离,进入环境或人体中[12]。

在儿童服装中也常会使用塑化剂,如涂料印花、塑料配件、饰物等,婴幼儿可能通过咀嚼、吸吮直接吸入塑化剂。据其介绍,在国外,早就有法令限制增塑剂(塑化剂)在婴幼儿和儿童用品中的使用,《婴幼儿及儿童纺织产品安全技术规范》中也增加了考核塑化剂的项目,规定 6 种邻苯二甲酸酯总量不得超过 0.1%。

5) pH

pH 是表示溶液酸碱性强弱的一个常用指标,一般为 0~14。人的皮肤带有一层弱酸性物质,以防止疾病的侵入。因此,纺织产品特别是直接接触皮肤的服装产品的 pH 能控制在中性至弱酸性范围内,则对皮肤比较好。反之,如果 pH 过高,就会对皮肤产生刺激,导致皮肤损伤、滋生细菌、引起疾病。按照《国家纺织产品基本安全技术规范》(GB 18401—2010)的规定,婴幼儿用品和直接接触皮肤产品的 pH 为 4.0~7.5,非直接接触皮肤产品的 pH 为 4.0~9.0。如果企业对 pH 这项指标不给予特别关注,服装用面料在染色和整理后水洗不充分就烘干出厂,或者未采取一定中和措施而后期又缺乏相应的检测手段,这样势必造成纺织产品的 pH 超过标准的规定。pH 指标在消费者购买时很难鉴别,所以其很容易被人们忽略,对于可以水洗的服装,在穿着前浸泡和漂洗则能很好地改善服装 pH[13]。

6) 其他影响儿童身心健康和安全的物质

例如,某类儿童服装上的指南针饰物中,灌注了烷烃类的矿物油,儿童吸入后易引发化学性肺炎。还有某些染料从化学结构上看不存在致癌芳香胺,但由于在合成过程中中间体的残余或杂质和副产物的分离不完全,而导致部分偶氮染料在一定条件下会还原出有致癌作用的芳香胺。又如,在染色过程中加入载体可使纤维结构膨化,有利于染料的渗透。某些廉价的含氯芳香族化合物,如三氯苯、二氯甲苯是高效的染色载体。还有,棉、麻天然植物纤维在种植中会用到各种农药,如杀虫剂、除草剂、落叶剂、杀菌剂等,动物在养殖过程中也会施用杀虫剂。有一部分农药会被纤维吸收,不经后整理的制品会有较多农药残留,经后整理的产品仍有可能会有部分残留在最终产品上。

近年来,纺织行业也在向生态纺织品努力。例如,开发彩色棉花的品种,总结喷洒杀虫剂的时机,改进纤维和染色的加工工艺,研究禁用偶氮染料的替代产品,研究低甲醛或无甲醛助剂等,力争在纺织产品的生产阶段最大限度地降低有害物的使用。另一方面,积极制定安全健康的纺织品相关标准,对有害物进行限量,对监控有害物的检测方法进行研究。所有这些都为人们提供安全健康的纺织品和服装产品奠定了良好的基础[14]。

5.2.4　可燃性

所有的天然纤维素或再生纤维素纤维织物,以及部分经整理或未经整理的其他天然或合成纤维织物,都是可燃的。这些织物在接触明火源时,容易引起燃烧,由于其易燃性以及火焰的蔓延性等因素,一些可燃织物在制成服装供消费者使用时,会危及到消费者的安全。

纺织品的燃烧性能是指织物在空气中燃烧的状态和所表现出来的物理化学性能,一般可用续燃时间、阴燃时间、毁损长度来描述燃烧状态,或者通过极限氧指数(维持织物燃烧的最低氧气百分比浓度)来表征。织物的起燃时间越长、续燃时间越短就越有利于接触者及时摆脱起燃物品对人体的伤害,并在火场中对人体有短暂的防护作用,可以为人类躲避烧伤和逃生争取更多的时间。因此,纺织品的燃烧性能是影响人身安全的重要指标[15]。

目前,对于童装燃烧性能的安全要求,大多数国家特别是美国,是以技术法规形式要求的。16 CFR Part 1615《儿童睡衣(0-6X)可燃性标准》和 16 CFR Part 1616《儿童睡衣(7-14)可燃性标准》针对儿童睡衣提出了严格的要求,要求儿童织物经垂直法实验后,平均毁损长度不超过 17.8 cm,单个试样不超过 25.4 cm。

美国早在 1953 年就通过了《易燃织物法案》(FFA),在 1954 年和 1967 年又进行了修订,并由美国消费品安全委员会(CPSC)强制执行,见表 5-6。

表 5-6　美国纺织品易燃性标准

标准及法规	适用范围		燃烧性能技术要求	备注
16 CFR 1610 服用纺织品易燃性标准	等级 1: 一般易燃性	不含绒、软毛、毛绒簇和棉绒的织物以及其他表面没有凸起纤维的织物	火焰蔓延时间≥3.5 s	可用于服装制品
		含绒、软毛、毛绒簇和棉绒的织物以及其他表面没有凸起纤维的织物	火焰蔓延时间≥7 s 或表面燃烧虽然比较迅速(0～7 s),但火焰强度不能点燃或熔融织物的基质	
	等级 2: 中等易燃性	含绒、软毛、毛绒簇和棉绒的织物以及其他表面没有凸起纤维的织物	火焰蔓延时间为 4～7 s(含基底组织的燃烧、熔融时间在内)	可用于服装制品,但应谨慎使用,因纺类织物的易燃性测试结果会随织物特性而变化
	等级 3: 快速剧烈燃烧	不含绒、软毛、毛绒簇和棉绒的织物以及其他表面没有凸起纤维的织物	火焰蔓延时间<4 s	此类织物被认为是易燃性的、危险的,因其快速、剧烈燃烧性不能用于服装制品
		含绒、软毛、毛绒簇和棉绒的织物以及其他表面没有凸起纤维的织物	火焰蔓延时间<4 s,且其火焰强度足以燃烧或熔融基底组织	

标准及法规	适用范围	燃烧性能技术要求	备注
16 CFR 1615 儿童睡衣易燃性标准	0~6 号儿童睡衣及相关材料	5 个试样的平均炭化长度≤17.8 cm(7 s),5 个试样中任一试样的炭化长度≤25.4 cm(10 s),即任一试样都不能完全燃烧	只有一种抽样方法——常规抽样法,以 500 打为一批
16 CFR 1616 儿童睡衣易燃性标准	0~6 号儿童睡衣及相关材料,7~14 号儿童睡衣及相关材料		两种抽样方法:①常规抽样法;②放宽抽样法,连续 15 批检验合格的可实施放宽抽样法,以 1000 打为一批
16 CFR 1630 地毯与毡毯表面易燃性标准	地毯类	单块试样炭化区边缘至金属框(d20.3 cm)边任一点的距离≥2.54 cm,则该试样试验合格;8 块试样中至少有 7 块试样炭化区边缘至金属框边距离>2.54 cm,则地毯试验合格	
16 CFR 1631 小块地毯与毡毯表面易燃性标准	小地毯类:尺寸≤183 cm,面积≤223 m²		
16 CFR 1632 床垫与床褥易燃性标准	居家用的各种床垫,不包括交通工具上安装的各种床垫	床垫表面的任何方向上离卷烟最近点测得的炭化长度≤5.1 cm,则该单支卷烟试验部分合格;一般要求点燃 18 支香烟进行测试,所有部位试验合格才能评定床垫合格	

欧盟的成员国荷兰的《睡衣防火法规》对儿童睡衣的可燃性作出规定,测试应符合 NEN 1722,测试线在 17 s 内不应融化,滴落的溶液在 17 s 内不应引燃过滤滤纸。加拿大关于纺织阻燃性能的规定包含在危险品法规和条例当中,由加拿大卫生部负责派检查员强制执行,见表 5-7。

表 5-7　加拿大纺织品易燃性标准

标准及法规	适用范围	燃烧性能技术要求	
危险产品条例	任何易燃、有毒等对公众健康和安全造成威胁的产品,纺织品服装也属于其中	纺织纤维产品表面平坦织物	火焰扩展时间>3.5 s
		表面起绒织物	火焰扩展时间>4 s
		尺寸≤14 号的儿童睡衣裤、枕头、帆布床、婴儿床或其他一些用于睡眠的纺织品	火焰扩展时间>7 s
危险产品(儿童睡衣)条例	儿童睡衣	5 个样本的平均炭化长度≤178 mm;最多 1 个样本的炭化长度等于样本整体长度(254 mm)。经阻燃处理的儿童睡衣应附有一个永久性标签,注明阻燃剂、清洗过程及保证使用后不会降低产品的阻燃性等内容	

标准及法规	适用范围	燃烧性能技术要求
危险产品(地毯)条例	地毯	要求标签上应有易燃性警示
危险产品(帐篷)条例	帐篷的纺织材料	地面材料的损毁长度≤25 mm;墙上和顶上材料的单个样本的续燃时间≤4 s,样本的平均续燃时间≤2 s;单个样本的损毁长度≤255 mm,样本的平均损坏长度则依样本的平方米克重不同而有不同的规定范围
危险产品(玩具)条例	用纺织纤维材料制作的毛绒玩具	火焰蔓延时间>7 s,5 个试样如果有 1 个不合格,再测另 5 个试样,若 10 个试样中有 2 个不合格,则该产品不合格
危险产品(床垫)条例	床垫	香烟周围任何方向上的炭化或烧焦长度≤50 mm,并且香烟熄灭后,样本续燃时间≤10 min

燃烧性能方面,我国确实还存在较大差距,大多数标准适用于装饰、交通工具或者防护服。在服装方面,FZ/T 81001—2007《睡衣套》对服装的燃烧性能有规定,标准要求用 45°角测试织物洗涤前后的燃烧性能,无绒面纺织品的正常可燃性的织物燃烧时间不小于 3.5 s,有绒面纺织品不小于 7 s。我国关于纺织品阻燃性的规定主要如表 5-8 所示。

表 5-8 中国纺织品易燃性标准

标准及法规	适用范围			燃烧性能技术要求
GB/T 21295—2007《服装理化性能的技术要求》	以纺织机织物为主要原料生产的有延迟燃烧要求的服装产品	婴幼儿服装		损毁长度>17.8 cm
		成人服装	未起绒	火焰蔓延时间≥3.5 s
			起绒	火焰蔓延时间≥7 s
GB 17591—2006《阻燃织物》	适用于装饰用、交通工具(包括飞机、火车、汽车和轮船)内饰用、阻燃防护服用的机织物和针织物	装饰用织物		B1 级:损毁长度≤150 mm,续燃时间≤5 s,阻燃时间≤5 s;B2 级:损毁长度≤200 mm,续燃时间≤15 s,阻燃时间≤10 s
		交通工具内饰用织物	飞机、轮船内饰用	B1 级:损毁长度≤150 mm,续燃时间≤5 s,燃烧滴落物未引起脱脂棉燃烧或阻燃;B2 级:损毁长度≤200 mm,续燃时间≤15 s,燃烧滴落物未引起脱脂棉燃烧或阻燃
			汽车内饰用	B1 级:火焰蔓延速率≤0;B2 级:火焰蔓延速率≤100 mm/min
			火车内饰用	B1 级:损毁面积≤30 cm²,损毁长度≤20 cm,续燃时间≤3 s,阻燃时间≤5 s,接焰次数>3 次;B2 级:损毁面积≤45 cm²,损毁长度≤20 cm,续燃时间≤3 s,阻燃时间≤5 s,接焰次数(熔融织物)>3 次
		阻燃防护服用织物(洗涤前和洗涤后)		B1 级:损毁长度≤150 mm,续燃时间≤5 s,阴燃时间≤5 s,无熔融、滴落

续表

标准及法规	适用范围	燃烧性能技术要求	
GB 8965—2009《防护服装阻燃防护》	阻燃服:适用于从事有明火、散发火花、在熔融金属附近操作和有易燃物质并有发火危险的场所穿的阻燃服	损毁长度≤150 mm,续燃时间≤5 s,阻燃时间≤5 s	
	焊接服:适用于焊接及相关作业场所,可能遭受熔融金属飞溅及其热伤害的作业人员用防护服	(洗涤50次后)燃烧不能蔓延至试样的顶部或两侧边缘;试样不能熔穿形成孔洞;试样不能产生有焰燃烧或熔融碎片;分3个级别:A,续燃时间≤2 s,阻燃时间≤2 s,损毁长度≤50 mm;B,续燃时间≤4 s,阻燃时间≤4 s,损毁长度≤100 mm;C,续燃时间≤5 s,阻燃时间≤5 s,损毁长度≤150 mm	
GB 50222—1995(2001年修订)《建筑内部装修设计防火规范》	装饰织物系指窗帘、帷幕、床罩、家具包布等	根据不同场所的等级要求分为:B1级,损毁长度≤150 mm,续燃时间≤5 s,阻燃时间≤5 s;B2级,损毁长度≤200 mm,续燃时间≤15 s,阻燃时间≤10 s	
GB 20286—2006《公共场所阻燃制品及组件燃烧性能要求和标识》	公共场所使用的装饰墙布(毡)、窗帘、帷幕、装饰包布(毡)、床罩、家具包布等阻燃织物	阻燃1级(织物)	限氧指数≥32.0;毁损长度≤150 mm,续燃时间≤5 s,阻燃时间≤5 s;燃烧滴落物未引起脱脂棉燃烧或阻燃;烟密度等级(SDR)≤15;产烟毒性等级≥ZA₂级
		阻燃2级(织物)	损毁长度≤200 mm;续燃时间≤15 s,阻燃时间≤10 s;燃烧滴落物未引起脱脂棉燃烧或阻燃;产烟毒性等级≥ZA₃级

5.2.5　生理危害

婴幼儿处在生长发育期,生理调节功能不健全,对冷热抵抗力弱;自助能力缺乏,对感受表达力差,因此,材料的合理选用显得尤为重要。舒适性是服装材料满足婴幼儿生理卫生要求必需的性能。无论冬夏,内层衣料宜选用吸湿性强、透气性好、对皮肤刺激小的天然纤维,其良好的生物相容性,利于维持婴幼儿身体正常的热湿平衡和旺盛的新陈代谢。避免使用吸湿、透气性差的纯化纤材料,纯化纤织物妨碍汗液蒸发,使服装紧贴皮肤,产生凉感的同时,"小气候"呈高湿状态,婴幼儿易产生皮疹、汗疹[16]。

其次,婴幼儿不断处在动态中,服装要能伸、能缩、能弯,没有阻碍,弹性良好的材料及面料是首选,要避免面料平方米克重过大,过重或过紧会给婴幼儿的身体增加压力,妨碍呼吸及血液循环。

服装保暖体现在多层重叠的穿用方式,选材需由内及外依次展开。材料保暖体现在导热性、含气量及织物结构方面,中外层素材多选棉、毛、羊绒,起绒、双层、蓬松的织物,质地以紧密厚实为主。服装隔热防晒是夏季服装的主要功用,选用恰当能减少热的辐射并使汗气蒸发散热,更利于婴幼儿调节体表温度,以质地轻薄柔软、内表爽滑、弹性好的机织物或针织物为宜。

5.3　纺织类产品儿童安全风险评估常用方法

为了加大对出口纺织品服装安全、卫生、环保项目和反欺诈方面的把关力度,帮助企业更好地应对技术壁垒,促进企业出口纺织品服装可持续发展,有必要对纺织品服装企业进行风险评估,建立以风险管理为中心环节的质量安全监管制度,做到对质量安全问题早发现、早预警、早处置,提高监管工作的针对性和有效性。对纺织品服装风险评估,以防止纺织品服装质量安全环保问题产生为主线,从企业原辅材料控制、产品设计审查、安全生产条件、生产关键工序管理、人员资质考核、现场管理、外加工企业评价与质量控制等方面,系统评估产品质量安全管理和控制状况,评判产品质量安全风险程度,指导企业进行科学质量安全管理工作,保障消费者穿上安全、卫生、合格的服装。

5.3.1　风险评估

5.3.1.1　风险评估的概念及步骤

风险评估(risk assessment)是指,在风险事件发生之前或之后(但还没有结束),该事件给人们的生活、生命、财产等各个方面造成的影响和损失的可能性进行量化评估的工作。即风险评估就是量化测评某一事件或事物带来的影响或损失的可能程度。

风险评估的主要任务包括:识别评估对象面临的各种风险;评估风险概率和可能带来的负面影响;确定组织承受风险的能力;确定风险消减和控制的优先等级;推荐风险消减对策。

风险评估包括风险辨识、风险分析、风险评价三个步骤。

(1)风险辨识。风险辨识是指查找企业各业务单元、各项重要经营活动及其重要业务流程中有无风险,有哪些风险。

(2)风险分析。风险分析是对辨识出的风险及其特征进行明的定义描述,分析和描述风险发生可能性的高低、风险发生的条件。

(3)风险评价。风险评价是评估风险对企业实现目标的影响程度、风险的价值等。

5.3.1.2　风险评估的三种途径

在风险管理的前期准备阶段,组织已经根据安全目标确定了自己的安全战略,其中就包括对风险评估战略的考虑。风险评估战略,其实就是进行风险评估的途径,也就是规定风险评估应该延续的操作过程和方式。

风险评估的操作范围可以是整个组织,也可以是组织中的某一部门,或者独立的信息系统、特定系统组件和服务。影响风险评估进展的某些因素,包括评估时间、力度、展开幅度和深度,都应与组织的环境和安全要求相符合。组织应该针对不同的情况来选择恰当的风险评估途径。目前,实际工作中经常使用的风险评估途径包括基线评估、详细评估和组合评估三种。

1) 基线评估

如果组织的商业运作不是很复杂,并且组织对信息处理和网络的依赖程度不是很高,或者组织信息系统多采用普遍且标准化的模式,基线风险评估(baseline risk assessment)就可以直接而简单地实现基本的安全水平,并且满足组织及其商业环境的所有要求。

采用基线风险评估,组织根据自己的实际情况(所在行业、业务环境与性质等),对信息系统进行安全基线检查(对现有的安全措施与安全基线规定的措施进行比较,找出其中的差距),得出基本的安全需求,通过选择并实施标准的安全措施来消减和控制风险。安全基线是在诸多标准规范中规定的一组安全控制措施或者惯例,这些措施和惯例适用于特定环境下的所有系统,可以满足基本的安全需求,能使系统达到一定的安全防护水平。组织可以根据各种标准来选择安全基线,例如,国际标准和国家标准,行业标准或来自其他有类似商务目标和规模的组织的惯例。当然,如果环境和商务目标较为典型,组织也可以自行建立基线。基线评估的优点是需要的资源少,周期短,操作简单,对于环境相似且安全需求相当的诸多组织,基线评估显然是最经济有效的风险评估途径。当然,基线评估也有其难以避免的缺点,如基线水平的高低难以设定,如果过高,可能导致资源浪费和限制过度,如果过低,可能难以达到充分的安全,此外,在管理安全相关的变化方面,基线评估比较困难。

基线评估的目标是建立一套满足信息安全基本目标的最小的对策集合,它可以在全组织范围内实行,如果有特殊需要,应该在此基础上,对特定系统进行更详细的评估。

2) 详细评估

详细风险评估要求对资产进行详细识别和评价,对可能引起风险的威胁和弱点水平进行评估,根据风险评估的结果来识别和选择安全措施。这种评估途径集中体现了风险管理的思想,即识别资产的风险并将风险降低到可接受的水平,以此证明管理者所采用的安全控制措施是恰当的。

详细评估的优点在于：

（1）组织可以通过详细的风险评估而对信息安全风险有一个精确的认识，并且准确定义出组织目前的安全水平和安全需求。

（2）详细评估的结果可用来管理安全变化。当然，详细的风险评估可能是非常耗费资源的过程，包括时间、精力和技术，因此，组织应该仔细设定待评估的信息系统范围，明确商务环境、操作和信息资产的边界。

3）组合评估

基线风险评估耗费资源少、周期短、操作简单，但不够准确，适合一般环境的评估；详细风险评估准确而细致，但耗费资源较多，适合严格限定边界的较小范围内的评估。基于此实践当中，组织多是采用二者结合的组合评估方式。

为了决定选择哪种风险评估途径，组织首先对所有的系统进行一次初步的高级风险评估，着眼于信息系统的商务价值和可能面临的风险，识别出组织内具有高风险的或者对其商务运作极为关键的信息资产（或系统），这些资产或系统应该划入详细风险评估的范围，而其他系统则可以通过基线风险评估直接选择安全措施。

这种评估途径将基线和详细风险评估的优势结合起来，既节省了评估所耗费的资源，又能确保获得一个全面系统的评估结果，而且，组织的资源和资金能够应用到最能发挥作用的地方，具有高风险的信息系统能够被预先关注。当然，组合评估也有缺点：如果初步的高级风险评估不够准确，某些本来需要详细评估的系统也许会被忽略，最终导致结果失准。

5.3.1.3　常用方法

在风险评估过程中，可以采用多种操作方法，包括基于知识（knowledge-based）的分析方法、基于模型（model-based）的分析方法、定性（qualitative）分析和定量（quantitative）分析，无论何种方法，共同的目标都是找出组织信息资产面临的风险及其影响，以及目前安全水平与组织安全需求之间的差距。

1）基于知识的分析方法

在基线风险评估时，组织可以采用基于知识的分析方法来找出目前的安全状况和基线安全标准之间的差距。

基于知识的分析方法又称为经验方法，它涉及对来自类似组织（包括规模、商务目标和市场等）的"最佳惯例"的重用，适合一般性的信息安全社团。采用基于知识的分析方法，组织不需要付出很多精力、时间和资源，只要通过多种途径采集相关信息，识别组织的风险所在和当前的安全措施，与特定的标准或最佳惯例进行比较，从中找出不符合的地方，并按照标准或最佳惯例的推荐选择安全措施，最终达到消减和控制风险的目的。

2）定性分析法

定性分析法是目前采用最广泛的一种方法，它带有很强的主观性，往往需要凭借分析者的经验和直觉，或者业界的标准和惯例，为风险管理诸要素的大小或高低程度定性分级，如"高"、"中"、"低"三级。定性分析的操作方法包括小组讨论、检查列表、问卷、人员访谈、调查等。定性分析操作起来相对容易，但也可能因为操作者经验和直觉的偏差而使分析结果失准。与定量分析相比较，定性分析的准确性稍好但精确性不够，定量分析则相反；定性分析没有定量分析那样繁多的计算负担，但却要求分析者具备一定的经验和能力；定量分析依赖大量的统计数据，而定性分析没有这方面的要求；定性分析较为主观，定量分析基于客观。此外，定量分析的结果很直观，容易理解，而定性分析的结果则很难有统一的解释。组织可以根据具体的情况来选择定性或定量的分析方法。

3）定量分析法

定量分析法就是通过计算的数字金额对安全风险进行分析评估的一种方法。定量分析方法的步骤：①列出构成风险的所有要素（风险因子）；②对所有风险要素确定其损失的水平或比例；③计算累计各风险要素的数值。理论上讲，通过定量分析可以对安全风险进行准确的分级，但这有个前提，就是可供参考的数据指标是准确的。事实上，在信息系统日益复杂多变的今天，定量分析所依据的数据的可靠性是很难保证的，再加上数据统计缺乏长期性，计算过程又极易出错，这就给分析的细化带来了很大困难，所以，目前的信息安全风险分析，采用定量分析或者纯定量分析方法的比较少了。

5.3.2　儿童纺织品风险评估

2009 年 8 月实施的 GB/T 22704—2008《提高机械安全性的儿童服装设计和生产实施规范》首次在纺织产品领域引入了"风险"和"风险评估"的概念。消费品质量安全的风险评估是缺陷认定的重要手段之一，在消费品质量安全事故的预防中起到积极作用。

近几年来，我国在风险评估领域陆续发布了一些通用标准，如 GB/T 22760—2008《消费品安全风险评估通则》、GB/T 23694—2009《风险管理 术语》、GB/T 24353—2009《风险管理 原则与实施指南》、GB/T 27921—2011《风险管理 风险评估技术》等，规范了风险的定义与评估的内容，指导了产品质量安全风险评估工作的开展。

儿童纺织品风险评估主要以目前国家相应标准为基线，针对目前市场上销售的儿童纺织品进行风险评估，主要分为对评估对象的信息采集（产品分类）、危害识别、危害等级评估等步骤。

5.3.2.1　产品信息采集(分类)

按照《国家纺织产品基本安全技术规范》(GB 18401—2010)中按纺织产品的用途将纺织产品分为 3 类:A 类婴幼儿产品、B 类直接接触皮肤的纺织产品、C 类非直接接触皮肤的纺织产品。根据纺织品的使用人群及用途,对于直接接触皮肤类的纺织品可细分成小童产品、大童产品及成人产品;非直接接触皮肤的产品也可分为外衣类和装饰用纺织品,例如:

(1) 婴幼儿产品指 36 个月以下的婴幼儿用的纺织产品,如针织内衣、连衫裤、床单被套、被褥等。

(2) 直接接触皮肤的产品是指包括 3～7 岁小童产品、7～14 岁大童产品和成人产品,在使用时,表面的大部分和人体皮肤直接接触的纺织品。

(3) 非直接接触皮肤的产品是指表面不和人体皮肤接触或只有很少部分和人体皮肤接触的纺织品,如上衣、大衣和衬垫材料等,主要用作装饰用的纺织品,如桌布餐巾、窗帘、纺织品壁毯和地毯等。

5.3.2.2　纺织产品危害识别

1) 物理机械性能危害识别

纺织产品的物理机械性能危害主要包括儿童服装的纽扣及装饰亮片等小部件的脱落,尖锐装饰物及拉链伤害等。

(1) 勒伤、勾住和缠绊。带有绳索的服装易导致勒伤、勾住和缠绊等伤害。用坚硬部件终结绳索末端,如套环或铃铛等,可能会增加缠绊的危险,尤其是青少年服装。

(2) 哽塞和窒息危险。纽扣、套环、花边等小部件若与服装主体分离,可能会给儿童带来危害,特别是 3 岁及以下的儿童,若儿童把从服装上分离的部件放入嘴、鼻子、耳朵里,可能会造成窒息等危险。

(3) 绊倒和摔倒。大多数绊倒和摔倒是因为服装不合体,可能是服装选择不当或号型尺寸不正确。腰带或绳索太长也会导致绊倒和摔倒。

(4) 有尖锐装饰物造成的皮肤划伤、破损等。

儿童纺织产品的物理机械性能应该满足:《提高机械安全性的儿童服装设计和生产实施规范》(GB/T 22704—2008),该标准修改时采用了英国标准 BS 7907-1997《提高机械安全性的儿童服装设计和生产实施规范》;《儿童上衣拉带安全规格》(GB/T 22702—2008),该标准修改采用美国材料与试验协会标准 ASTMF 1816-2004《儿童上身外衣拉带安全要求》;《童装绳索和拉带安全要求》(GB/T 22705—2008),该标准修改采用欧洲标准 EN 14682-2007《童装绳索和拉带安全要求》等标准的要求。

2）燃烧性能危害识别

儿童服装阻燃性能应满足并达到《纺织织物燃烧性能 45°方向燃烧速率测定》（GB/T 14644—1993）中规定的衣着用纺织品的燃烧。

3）化学安全性能危害识别

纺织品中常见的有害化学物质主要是甲醛、可分解致癌芳香胺染料、pH 等，它们是纺织产品安全最基本的化学指标，在强制性国家标准 GB 18401—2010《国家纺织产品基本安全技术规范》中均有明确规定。另外，条文强制的行业标准 FZ/T 81014—2008《婴幼儿服装》规定了铅、砷、汞、铬、铜等 5 种常见重金属要求，生态纺织品标准 GB/T 18885—2009 对纺织品的重金属和邻苯二甲酸酯含量作出了规定，这些可视为纺织品中次常见的有害化学物质。纺织品中过量的甲醛可对皮肤产生刺激并引起皮炎、湿疹等相关疾病；可分解致癌芳香胺染料又称禁用偶氮染料，是纺织品中危害程度较高的化学物质，目前有 24 种，它们本身毒性不大，但在一定条件下可还原出有致癌作用的芳香胺，可通过皮肤渗透引发皮肤伤害和慢性中毒。重金属对人体都有一定毒性，纺织品中重金属可引起皮肤瘙痒、红肿，过量的重金属也可通过皮肤被人体吸收，造成累积毒性，对婴幼儿和儿童影响尤为突出。纺织行业邻苯二甲酸酯（PAE）主要用于涂层、印花，常见的有邻苯二甲酸二(2-乙基)己酯（DEHP）和邻苯二甲酸甲苯基丁酯（BBP）。邻苯二甲酸酯可干扰内分泌系统及生殖功能，还能对环境造成污染。纺织品是与人体皮肤长期接触的产品，pH 过大或过小，可以影响皮肤表面的酸碱平衡，引起皮肤过敏、瘙痒等。

4）生物安全性能识别

生物安全性能主要是纺织产品中填充物的卫生指标，若不符合要求，可能引起细菌感染。服装在穿着过程中，除了空气中的灰尘和外来的有机污物，还吸收人体皮肤的分泌物，如皮屑、皮脂、汗液等。儿童服装，尤其是婴幼儿内衣直接与婴幼儿的皮肤接触，它能够吸收孩子体内排出的汗垢，一旦服装被污染，不仅外观变差，更会造成服装透气性的下降，甚至变成微生物的滋生地，并危及幼童的身体健康。

5.3.2.3　危害等级评估

伤害的严重程度，某一危险所导致伤害的严重性应根据该产品在可预见的使用过程中所能导致的伤害来加以判断。使用过程的预计应当考虑使用的环境，以及产品正常使用和误用。对于严重性的判断应当是类似产品所能导致的最严重的伤害，可分为非常严重、严重、一般和微弱。"非常严重"是指导致灾难性的伤害，该类伤害对人体将造成较严重的负面影响，如死亡、身体残疾等；"严重"是指会导致不可逆转的伤害（如疤痕等），这种伤害应在急诊室治疗或住院治疗；"一般"是指该类伤害对人体造成的影响一般，在门诊对伤害进行处理即可；"微弱"是指对人体造成某种程度的不舒适感，该类伤害对人体的影响较轻，可在家里自行处理，不需就医治疗。如果某一产品可能导致多人受伤,这就会增加风险的严重程度;如果所受的伤害要经过很长时间才能显现出来,则在进行评估时应当考虑其迟延性[17]。

对于伤害发生的可能性判断,需要考虑该产品使用者在危险情形下发生伤害的可能性,也可做一下情况分级:"极高",经常存在危险并且在日常生活正常使用产品时很有可能发生伤害;"高",间歇性地存在危险并且很有可能发生伤害;"中等",间歇性地存在危险并且可能发生伤害;"低",会发生少数伤害事件;"极低",在任何情况下都不会发生伤害事件。

1) 伤害的严重程度

虽然很多风险在一般情况下不太可能发生伤害,但也有可能会导致非常严重的伤害。因此,在判断某一危险所导致伤害的严重性时应根据"该产品在可预见的使用过程中所能导致最严重的伤害"来加以判断。

2) 伤害发生的可能性

判断发生伤害的总体可能性时,不仅需要考虑该产品使用者在危险情形下发生伤害的可能,同时也需要考虑除使用者以外其他人在危险情形下发生伤害的可能性。

我们可根据伤害严重程度级别发生可能性的矩阵图,对儿童服装的物理机械性能进行风险评估。表 5-9 为儿童服装的物理机械性能风险评估表。

表 5-9　儿童服装的物理机械性能风险评估表

可能性	严重程度			
	非常严重	严重	一般	微弱
极高	严重风险	严重风险	严重风险	中等风险
高	严重风险	严重风险	中等风险	低风险
中等	严重风险	中等风险	低风险	可容许风险
低	中等风险	低风险	可容许风险	可容许风险
极低	低风险	可容许风险	可容许风险	可容许风险

例如,通过对伤害案例的收集,我们发现儿童服装上的拉带有致儿童死亡的可能,因此,将其伤害的严重程度判定为"非常严重";通过市场调研,目前带有绳索、拉带的儿童服装在市场上占有率不高,且通过案例收集发现儿童风帽处的拉带有致儿童勒伤的可能,少数情况下也可能导致勒死等恶性事件的发生,因此将其伤害的可能性定位"低"。按照表 5-9 所示,我们可以将儿童服装拉带的风险评估等级为"中等风险"。

5.3.2.4　风险评估在纺织品服装监管工作中的应用

我国是纺织品服装出口大国,但不是纺织品服装出口强国,纺织品服装的生产企业管理水平、产品质量参差不齐。对纺织品服装进行风险评估,建议先对出口轻纺企业实行诚信分类。企业的诚信情况不同,风险意识不同,产品质量安全风险程度不同。对企业的监管类别按《生产企业监管类别管理实施细则》、《进出口商品免验管理办法》、《出口商品检验监管示范企业管理办法》和特别监管企业规定确定,可分为以下监管类别:① 免验企业;②示范企业;③一类企业;④二类企业;⑤三类企业。对不同监管类别的企业确定不同的计分管理办法,将日常监督管理工作内容:原辅材料质量控制和"安全、卫生、环保"项目检测、产品设计审查、安全生产条件、生产关键工序管理、人员资质考核、现场管理、外加工企业评价与质量控制等方面进行归纳、分类,确定为风险管理要素,对所有风险要素根据其造成质量安全问题隐患的程度或比例确定分值。将日常工作中发现问题的分值进行登记,定期计算累计各风险要素的数值,确定"高"、"中"、"低"三级风险的分值。将风险评估应用在纺织品服装监管工作中,能有效地减少质量安全隐患,赢得解决问题的时间,降低纺织品服装出口遭受损失的风险,降低纺织品服装给消费者身体和健康构成损害的风险,维护中国产品的质量和信誉,维护诚信、安全、优质、可持续发展的纺织品服装消费市场,有效履行检验检疫工作职能,起到保障安全、服务经济、促进发展的作用[18]。

5.4　纺织类产品儿童安全防护

5.4.1　纺织类产品儿童安全设计要求

5.4.1.1　童装设计的特性

从宏观上看,童装设计不是个体行为,应着眼于不同年龄、不同场合的儿童的衣着。因此,童装设计须包括以下几个方面的思考:穿着的对象、场合、时间及穿着的目的,还有加工条件、市场情况、消费者心理及流行趋势的分析等多方面的问题[19]。

(1)对象。

对穿衣儿童的研究,对不同的年龄阶段、生活地区、家庭情况的儿童进行系统的归纳分析,是童装设计的定位问题。继而,在对儿童各类体型特征进行数据统计的基础上,制定出各种规格尺寸;同时结合人体工程学方面的基本知识,设计出结构科学、适体并符合儿童各部分活动所需的服装。

(2)时间。

时间的概念对童装设计来说十分重要。设计必须走在时间的前面引导人们的消费动向。设计的时间概念一般分春夏和秋冬四季。

（3）地点、场合。

以符合儿童的消费心理不同的环境和场合，有不同的需求，如典礼、婚礼等特殊场合对着装的要求也不种，均需要相应的服装来适合这些环境与场所。

（4）经济。

成衣化生产是当今社会的普遍现象，经济效益也就成为检验设计好坏的因素之一。因此，童装设计人员必须认识到经济核算的重要性，使服装在求新、求美、求安全舒适的同时，也求得较好的经济效果。

（5）市场定位。

童装是商品，由于市场经济的发展，服装的品位、价值、针对性越来越强，经营方法与经营手段也越来越多样化。每一个品牌都有它的商业形象和消费对象，因而每一个品牌都具有自己独特的风格。从衣服到一切服饰品，使品牌成为某些衣着者的形象标记。在市场经济中，优质的产品才能参与竞争。

5.4.1.2　童装的安全性设计原则

针对童装的安全性设计，我们不仅要从技术层面上考虑，更要从爱护儿童，关爱儿童健康成长的角度出发，关注儿童生理、心理、个性的每一阶段的发展特性，有目的性地、科学地进行设计，童装的安全设计应遵循以下几个原则：

（1）关注并重视儿童以及幼童的身心特点。在儿童的生长发育阶段，童装扮演着重要的角色，如保健、美化以及引导和教育等。为了满足儿童以及幼童的身心需要，要根据其生活规律和个性特点进行童装设计。

（2）充分考虑儿童着装环境。要充分考虑到儿童穿着某类服装时的周围环境或者场合，在设计时将其纳入设计范畴。例如，儿童的幼儿园服装，要避免细节过于烦琐，装饰过多，减少或避免帽子、带子、固定不牢的金属装饰以及纽扣等。

（3）强调款式的方便性。因为儿童自理能力差，身体娇嫩柔弱，穿脱衣物时，容易发生拉伤，款式的方便实用对于他们而言显得尤为重要。

（4）考虑部件的功能性。针对儿童的身体结构特点进行可随意拆卸组合与搭配的功能性设计，可以满足生长期儿童对服装款式的不同要求，使童装产品能更好地适应儿童生长。

（5）提倡健康穿衣理念。借助活泼可爱的卡通形象，乐观向上、童趣盎然的流行色彩作为童装的设计元素，使其内涵与表象达到一种有机的统一，促使孩子们接受一种积极健康、充满童趣的儿童文化，通过所穿着的服装获得寓教于衣的效果。

5.4.1.3　机械安全性能设计要求

根据 GB/T 22704—2008《提高机械安全性的儿童服装设计和生产实施规范》

和 GB/T 22705—2008《童装绳索和拉带安全要求》,对于儿童服装的设计应满足以下要求[20]。

1)概述

设计时不仅要考虑产品的所有型号、各年龄段儿童的能力,还要考虑服装在各种情况下的机械性危害,包括失足、滑倒、哽塞、呕吐、缠绊、裂伤、血液循环受阻、窒息伤亡、勒死等情况。应考虑每一种危险,并采取相应措施降低危险发生的可能性。

2)绳索、缎带、蝴蝶结和领带

设计服装的绳索、拉带时,应符合 GB/T 22702、GB/T 22705 的规定。

(1)抽绳、功能绳、腰带的末端不能打结,可通过烧头或打滚条的方法防止破损,如果确认不会发生夹住危险,将绳尾对折或折边也是允许的。

(2)套环只能用于无自由端的拉带和装饰性绳索,如图 5-4 所示。

图 5-4　套环的拉带和装饰性绳索

(3)在两出口点中间处应固定拉带,可运用套结等方法,如图 5-5 所示。

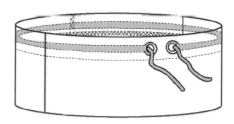

图 5-5　套结(固定拉带/绳索)

(4)长至脚踝的服装滑锁(图 5-6)上拉链头的长度不超过 75 mm,且不应超出服装底边。

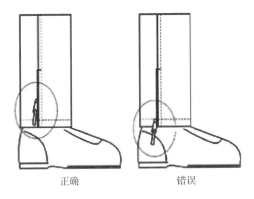

正确　　　　　错误

图 5-6　长至脚踝的服装的链头

（5）儿童三角背心的颈部系带在风帽和颈部区域应扣牢，不应呈松散、自由状态，如图 5-7 所示。

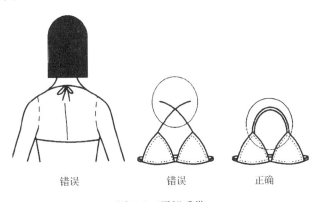

错误　　　　　错误　　　　　正确

图 5-7　颈部系带

（6）风帽抽绳两头必须固定牢。当最大程度打开服装平放无收紧时，不能有外露的绳圈；当最小程度打开服装在最小状态下平放时，即绳带收紧时，外露的绳圈周长不能超过 150 mm，且不能有弹性，如图 5-8 所示。

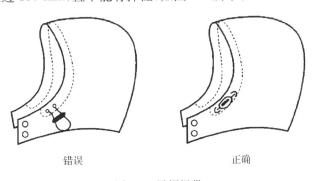

错误　　　　　　　　　正确

图 5-8　风帽绳带

（7）长至臀围线以下的服装,其底边处的拉带、绳索(包括套环等部件)不应超出服装下边缘,如图 5-9 所示。

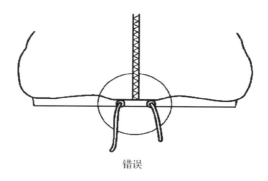

错误

图 5-9　底摆处不允许的拉带

（8）位于服装底边的可调节搭襻,不应超出服装的下边缘,如图 5-10 所示。

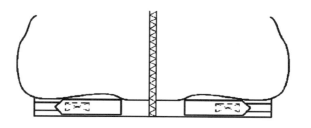

图 5-10　服装下边缘的可调节搭襻

（9）童装背部不能露出或系着拉带、功能及装饰性绳索,如图 5-11 所示。

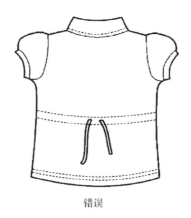

错误

图 5-11　背部打结腰带或装饰腰带

（10）在肘关节以下长袖上的拉带、绳索,袖口扣紧时应完全置于服装内,如

图 5-12 所示。

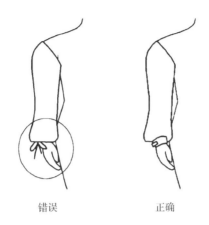

错误　　　　　　　　正确

图 5-12　长袖袖口绳带

（11）在袖子上的可调节搭袢，不应超出袖子底边，如图 5-13 所示。

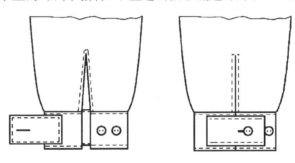

图 5-13　可调节搭袢

（12）对于幼童，在肘关节以上的短袖展开平放，袖摆处束带、绳索不超过 75 mm。对于短袖款服装，袖子长度在肘部以上，抽绳、装饰绳、功能绳可以外露，但平放时的外露长度不能超过 140 mm，如图 5-14 所示。

（13）三岁或三岁以下（身高 90 cm 及以下）童装上的蝴蝶结应固定以防止被误食，且蝴蝶结尾端不超过 5 cm。缎带、蝴蝶结的末端应充分固定保证不松开。可运用恰当的工艺技术，包括套结、热封或在绳索上使用塑料管套。在绳索末端使用塑料管套应能承受至少 100 N 的拉力，如图 5-15 所示。

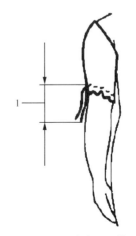

图 5-14　短袖袖口绳带
（外漏长度用"1"表示）

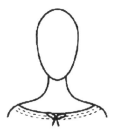

图 5-15　蝴蝶结

（14）五岁以下（身高 100 cm 及以下）儿童服装不允许使用与成年人领带类似的领带。儿童领带应设计为意脱卸，纺织缠绕，可在领圈上使用粘扣带或夹子。

3）絮料及泡沫

（1）带有絮料或泡沫的服装，其填充材料不得被儿童获取，保证安全可靠。

（2）服装生产过程中应保证包覆填充材料的缝线牢固，防止穿着时缝线断、脱。

4）连脚服装

室内穿着的连脚服装应增强防滑性，如在服装脚底面料上黏合摩擦面。

5）风帽

（1）三岁或三岁以下（身高 90 cm 及以下）儿童的睡衣不允许带有风帽。

（2）为童装设计风帽和头套时，应将影响儿童视力或听力的危害降至最低。

（3）设计师应对勾住、夹住危害进行风险评估。凡是发生问题的地方，应采取措施降低危害。

6）服装型号

按照 GB/T 1335.3 或其他适合的人体测量数据。

7）带松紧带的袖口

袖口松紧带过紧或过硬会阻碍手或脚部的血液循环，特别是在婴儿服中需要注意，其设计应参照 GB/T 1335.3。生产说明书中应包括伸缩性和弹性测试在内的面料使用记录、关键试验记录等。

8）男童裤装拉链

（1）五岁及五岁以下（身高 100 cm 及以下）男童服装的门襟区不得使用功能性拉链。

（2）男童裤装拉链式门襟应设计至少 2 cm 宽的内盖，覆盖拉链开口，沿门襟底部将拉链开口封住。

5.4.1.4　生产步骤

1）概述

生产商应记录生产过程、步骤、详细记录与产品安全有关的所有环节，保证能随时查询。

2）松紧带

生产说明书和松紧带缝合工序中应写明松紧带松弛状态的尺寸。

3）尖锐物体

服装生产过程中的针、钉或其他尖锐物与穿着者接触会造成严重伤害。生产商应尽量避免尖锐物的使用。

4）缝纫针

（1）生产商应注重厂房管理，记录各生产步骤，保证服装不受针或断针带来的污染。生产商宜引进缝针控制工序，包括：

① 确定 1 人负责缝纫针的发现。

② 保证只有指定的人才能接触缝针。

③ 保证收回旧缝纫针后才发放新缝纫针。

④ 回收所有断针碎片或处理断针服装。

⑤ 记录多有断针事件和处理方法。

（2）书面记录所有工序和处理方法，可独立审查各环节。

（3）上述方法适用于针织机针和套口机针。

5）金属污染

（1）金属探测。

① 使用服装金属扫描探测仪使服装免受金属污染，但不完全替代针控和其他程序。

② 每天进行金属探测装置的校准，保证设备的灵敏度。

③ 带有金属成分的部件在附入服装之前应进行金属探测。

④ 缝针探测器和兼容仪器应在生产完成后使用。

（2）服装分类。应明确区分已检测、未检测或被退回的服装。

6）纽扣

锁式线迹和手缝线迹的工序应得到有效控制，固定在服装上的纽扣应较牢固。链式线迹固定在服装上的纽扣易脱落，因此不适用于三岁或三岁以下（身高 90 cm 及以下）童装。线迹分类类型参照 FZ/T 80003。

7）四合扣

（1）四合扣的使用说明应告知生产工序的操作人员，包括四合扣的类型、位置等。

（2）生产商应按照以下程序控制四合扣的牢固性，并加以测试：

① 确认选择了合适的四合扣。

② 确认机器金属模板和配置的精确性。

③ 设置机器检测路线和频率。

④ 设置服装检测标准。

⑤ 记录异常现象以便今后查询。

⑥ 明确标注或鉴别特殊的服装，与正常产品区分开。

⑦ 四合扣机夹持设置变动一次，至少检查和记录两次，保证四合扣的正确使用。

⑧ 预水洗的服装在水洗工序完成后安装四合扣。

5.4.1.5　绿色设计

设计中除了考虑到儿童纺织品可能发生的机械安全性能,同时也要充分考虑到纺织品给儿童带来的化学及生理方面的危害。

绿色设计,就是要考虑到环境友好、生态保护、节约资源、以人为本等因素,进行"可持续发展"的一种设计理念。针对儿童而言,则要求从保护生态环境,珍惜自然资源,爱护儿童,关注其生理、心理、个性的每一阶段发展特性而进行设计[21]。

1) 使用绿色原材料

原材料的安全性是影响儿童健康的关键,在儿童纺织品的设计中,使用天然的棉、麻、丝、毛等纤维材料作为面料,这些面料吸水能力强,排水透气性好,抗静电性能好,具有较好的吸汗、排汗、吸湿、防湿功能。另外一些功能型面料,如抗菌防臭面料可阻止细菌和真菌生长,消除螨虫对儿童引起的过敏,有效地避免菌类传染疾病;防紫外线面料的纤维中含有多种对人体有益的物质,穿着者在穿用过程中这些物质的释放可促进和保护人体健康。

2) 功能性款式设计

功能性款式设计就是要从纺织产品的安全性、舒适性、功能性、美观性等方面出发,考虑各年龄段儿童不同的生理、心理特点和行为习惯,充分发挥纺织产品的功能性。例如,冬天穿的外套最好是活动连帽式的,刮风、下雨时非常实用。对幼儿连身衣下摆采用粘扣带式,可以减少替宝宝换尿片的时间。早春、早秋时节早晚和中午温差很大,可把外套设计成可折叠的书包,便于服用和携带。长袖上衣和长裤可以通过纽扣的设计在需要时变成短袖及短裤。这样既充分体现儿童活泼好动的生理特性,又使服装充满生机。

3) 选用生态、环保型工艺

在纺织品生产过程中选用生态、环保性工艺。例如,德国的婴儿用品 NUK 推出防滑婴儿袜子,采用特殊工艺,在底部粘上小块梯胶,可以防止在学步时站立不稳而滑倒。一些婴儿品牌服装开发了轻薄新式的无爪扣,无论是打开还是合上,摸上去都仿若无物,减少传统纽扣被儿童误吞的风险。环保型天然彩色棉的培育,大大减少了污染材料在儿童纺织品中的使用。具有凉爽、抗紫外线功能面料,具有增强人体活力的生物活性功能纤维及新型抗菌面料,也相继成为现实。

生物酶技术在纺织加工中的应用是现代纺织染整工艺的一次大革命,它改变了工艺流程,改善了纺织质量,更改善了生产环境。由于生物酶处理工艺在节能、环保、提高产品附加值和开发新型原料方面有着明显的优势,已成为最有可能在纺织工业中得到广泛应用的工艺手段之一。目前,广泛应用于纺织工业的生物酶主要有纤维素酶、蛋白酶、淀粉酶和脂肪酶。纤维素酶可使织物具有蓬松、厚实、柔软的效果,起到"生物抛光"作用,可代替牛仔服装的石磨水洗处理。蛋白酶可使羊毛织物获得柔软、丰满、抗起球、防毡缩的效果。此外,采用碱性蛋白酶对蚕丝织物进行脱胶,其脱除柞蚕丝丝胶的效果比皂碱法有效,且手感好、形态丰满。淀粉酶在染整加工中,主要应用于纤维素纤维织物的退浆工艺。经淀粉酶退浆的织物退浆率高,布面柔软,退浆的时间比碱退浆的时间短。脂肪酶可使人的皮肤污垢中所含的三脂肪酸甘油酯分解成甘油和脂肪酸而被去除,因此广泛用于洗涤行业。其特点为温度低、时间短、高效、节能,有利于劳动保护,降低环境污染[22]。

5.4.2　纺织类产品儿童安全检验方法

5.4.2.1　概述

我国现有涉及进出口儿童纺织品的标准有 GB 18401—2003《国家纺织产品基本安全技术规范》、SN/T 1649—2005《进出口纺织品安全项目检验规范》、SN/T 1522—2005《儿童服装安全技术规范》、SN/T 1932.8—2008《进出口服装检验规程 第 8 部分:儿童服装》、FZ/T 81014—2008《婴幼儿服装》以及 SN/T 2438.4—2010《进出口玩具检验规程 第 4 部分:软体填充玩具、化妆服饰》等。

其中 SN/T 1932—2008《进出口服装检验规程》的制定和实施突出了保护消费者的人身安全、卫生、健康和保护环境的主题。与之前标准相比,新标准增加了《通则》和《儿童服装》部分,《通则》部分明确了服装内在质量中的常规检验项目和安全检验项目;《儿童服装》中除了对偶氮、甲醛等有毒有害物质的检测专案有明确规定外,还根据儿童喜欢拉、扯、咬服装上装饰物的特点,对童装上小部件、装饰物的抗扭、抗拉也提出了明确的要求,防止被儿童误吞造成窒息的危险。

5.4.2.2　抽样方法

SN/T 1932.2—2008《进出口服装检验规程 第 2 部分:抽样》中规定了进出口服装外观及内在质量检验抽样方案、抽样方法、判定和转移规则等技术特征,适用于进出口服装外观及内在质量的检验抽样。

1) 定义

接收质量限(AQL):当一个连续系列被提交验收抽样时,可允许的最差过程平均质量水平。

接收数(Ac):作出批合格判定,样本中所允许的最大不合格品数。

拒收数(Re):作出批不合格判定,样本中所允许的最小不合格品数。

A 类缺陷:单位产品上出现缝制不良、整熨不良、脏污、破洞、规格不符等严重影响整体外观及穿着性能的缺陷。

B 类缺陷:单位产品上出现缝制不良、线头、脏污等轻微影响整体外观及穿着性能的缺陷。

A 类不合格品:单位产品中有一个及以上 A 类缺陷,也可含 B 类缺陷。

B 类不合格品:单位产品中有一个及以上 B 类缺陷,不含 A 类缺陷。

2) 外观质量检验抽样

(1) 抽样。

① 外观质量检验抽样,检验水平采用 GB/T 2828.1 规定的一般检验水平 I。

② 接收质量限(AQL)。

A 类不合格品 AQL=2.5。

B 类不合格品 AQL=4.0。

③ 抽样方案。

抽样方案采用正常、放宽、加严检验一次抽样方式。

正常检验、放宽及加严检验一次抽样方案见表 5-10、表 5-11、表 5-12。

表 5-10　一次正常抽验表[件(套)]

批量/N	抽样数/n	A 类不合格		B 类不合格	
		Ac	Re	Ac	Re
16~25	3	0	1	0	1
26~90	5	0	1	0	1
91~150	8	0	1	1	2
151~280	13	1	2	1	2
281~500	20	1	2	2	3
501~1 200	32	2	3	3	4
1 201~3 200	50	3	4	5	6
3 201~10 000	80	5	6	7	8
10 001~35 000	125	7	8	10	11
35 001~150 000	200	10	11	14	15

表 5-11　一次放宽检验表

批量(N)/件(套)	抽样数(n)/件(套)	A 类不合格		B 类不合格	
		Ac	Re	Ac	Re
16~25	2	0	1	0	1
26~90	2	0	1	0	1
91~150	3	0	1	1	2
151~280	5	1	2	1	2
281~500	8	1	2	1	2
501~1 200	13	1	2	2	3

批量(N)/件(套)	抽样数(n)/件(套)	A 类不合格		B 类不合格	
		Ac	Re	Ac	Re
1 201～3 200	20	2	3	3	4
3 201～10 000	32	3	4	5	6
10 001～35 000	50	5	6	6	7
35 001～150 000	80	6	7	8	9

表 5-12　一次加严抽验表

批量(N)/件(套)	抽样数(n)/件(套)	A 类不合格		B 类不合格	
		Ac	Re	Ac	Re
≤25	3	0	1	0	1
26～90	5	0	1	0	1
91～150	8	0	1	1	2
151～280	13	1	2	1	2
281～500	20	1	2	1	2
501～1 200	32	1	2	2	3
1 201～3 200	50	2	3	3	4
3 201～10 000	80	3	4	5	6
10 001～35 000	125	5	6	8	9
35 001～150 000	200	8	9	12	13

（2）检验批的构成。

应以同一合同、在同一条件下加工的同一品种唯一检验批或出口报验批唯一检验批。

（3）抽箱数量：抽箱数量＝总箱数的平方根×0.6（四舍五入，取整数）。

（4）样品的抽取方法。

在总箱数内随机抽取应抽箱数，然后根据表 5-10、表 5-11、表 5-12 规定的数量按规格、款式、颜色在样品箱中均匀抽取应抽样品。如规格、款式、颜色超过所抽样箱数，则不受抽箱数限制。如因规格、款式、颜色原因应抽取样品数量超过抽样方案要求时，按照下一档实施抽样并判定。以此类推。

（5）抽样实施：外观检验依据各类检验标准进行，规格检查按所抽样品的10％，但每一规格不得少于三件（套）。

（6）外观检验合格批与不合格批的判定。

① A 类、B 类不合格品数同时小于等于 Ac，则判定为全批合格。

② A 类、B 类不合格品数同时大于等于 Re 的数字,则判定为全批不合格。

③ 当 A 类不合格品大于等于 Re 时,则判定为全批不合格。

④ 当 B 类不合格品数大于等于 Re,A 类不合格品数小于等于 Ac,两类不合格品数相加,如小于两类不合格品 Re 总数,可判定全批合格。如大于等于两类不合格品 Re 总数,则判定全批不合格。

(7) 外观检验抽样转换规则。

① 无特殊规定,开始一般采用正常检验一次抽样方案,在特殊情况下,开始可使用加严检验或放宽检验抽样方案。

② 从正常检验到加严检验抽样:使用正常检验抽样连续 5 批中有 2 批不合格的,应及时转向加严检验抽样。

③ 从加严检验到正常检验:使用加严检验抽样若连续 5 批合格,可恢复正常检验抽样。

④ 从正常检验到放宽检验:正常检验抽样连续 10 批检验合格,被认为是可接收的,可转向放宽检查。

⑤ 放宽检验发现一批检验不被接收的,应转向正常检验抽样。

3) 内在质量检验抽样

(1) 抽样。

① 内在质量包括进出口服装的理化性能及安全、卫生性能。内在质量检验抽样应抽取加工完成的成品服装,样品的数量应满足所做试验的需要并包括所含的辅料。

② 抽取成品服装时,应具有代表性,从每一检验批中按面料品种、颜色随机抽取代表性样品,每个面料品种和各个颜色只各抽取 1 件样品。

③ 抽取面料时,至少距布端 2 m 以上,样品尺寸长度不小于 0.5～1.0 m 的整幅宽。

④ 安全、卫生性能项目样品抽取后应密封放置,其他样品应妥善保管,不作任何处理。

(2) 内在质量检验判定。

内在质量结果依据 SN/T1932—2008《进出口服装检测规程》中各部分有关条款进行判定。如果样品内在质量的测试结果有一项不合格,则判定该批服装的内在质量不合格,但复验时只对不合格品种的不合格项目进行检测,同批中的其他品种或颜色不再重复检测。

5.4.2.3 外观质量及包装的检验方法

SN/T 1932.8—2008《进出口服装检验规程第 8 部分:儿童服装》规定了进出口梭织儿童服装内在质量、外观质量的检验以及抽样、检验条件和检验结果的判定。适用于各类进出口梭织面料儿童服装的检验,以梭织面料为主的相拼服装参照使用。

　　抽样按 SN/T 1932.2—2008《进出口服装检测规程:抽样》的要求执行;检验工具和检验条件按照 SN/T 1932.1—2008《进出口服装检测规程:通则》的要求执行。

　　1) 儿童成衣部位的划分

　　(1) 儿童上衣部位划分见图 5-16。

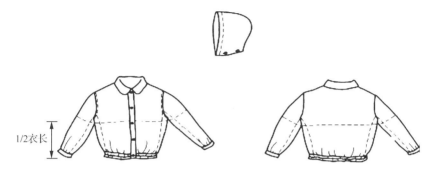

图 5-16　儿童上衣部位划分

　　(2) 儿童裤子、连衣裤部位划分见图 5-17。

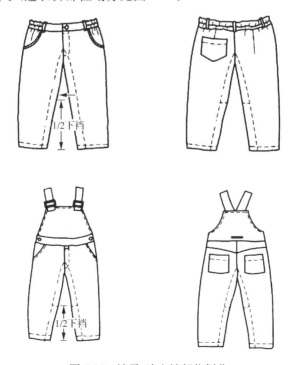

图 5-17　裤子、连衣裤部位划分

（3）儿童裙子部位划分见图 5-18。

图 5-18　儿童裙子部位划分

2）外观品质质量检验

（1）外观品质质量要求见表 5-13。

表 5-13　外观品质质量要求

检验内容	基本技术要求
整体外观	（1）面料丝绺顺直； （2）逆顺毛面料，全身顺向一致，特殊花型以主图为准，全身一致； （3）各对称部位要求大小、高低、前后一致； （4）成衣对条对格技术要求（面料有明显条格在 1 cm 以上）； （5）领面平服，翻领底领不外露； （6）门襟顺直、平服，长短一致，里襟不长于门襟； （7）止口顺直，无反吐，不起皱； （8）袖筒、裤筒不扭曲； （9）各部位里料大小、长短应与面料相适宜； （10）填充物平服、均匀，羽绒填充无跑绒现象； （11）同件（套）内色差不低于 4 级，件（套）之间不低于 3～4 级。使用 GB 250 评定变色用灰色样卡评定
缝制质量	（1）各部位线路顺直、整齐、牢固、松紧适宜，无开线、断线、连续跳针（20 cm 允许跳 1 针）； （2）锁眼、钉扣位置准确，大小适宜，整齐牢固； （3）商标、洗涤唛、尺码及附件等位置准确、整齐、牢固； （4）绣花花位正确、针法整齐平服、不错绣、不漏绣、墨印不明显外露； （5）包缝牢固、平整、宽窄适宜。各部位套结定位准确、牢固

续表

检验内容	基本技术要求
整烫质量	(1) 各部位整烫平服,清洁。不能压倒绒面,无烫黄、极光、水渍、变色等; (2) 用黏合衬部位不渗胶、不脱胶
安全性能	(1) 附件应耐用、光滑、无锈、牢固、无缺件,不允许有毛刺,可触及性锐利边缘和尖端。附件主要包括 纽扣、金属扣件、拉链、绳带、商标及标志,各类附着物及随附儿童玩耍的小物品; (2) 不允许有断针; (3) 不应有昆虫、鸟类和啮齿类动物及来自这些动物的不卫生物质颗粒; (4) 婴幼儿服装有绳带、弹性绳或易散绳带盘绕饰物,绳带长度不超过 20 cm,大于时则不可连有可能使其缠绕形成活结或固定环的其他附件; (5) 随附供儿童玩耍的小物品,应符合 GB 6675 的要求

（2）标志检验:按照 SN/T 1649—2005 中 4.2.12 和 4.2.13 的要求执行。

3）包装检验

（1）包装检验按照 SN/T 1932.1—2007 中 4.1.1.3 和 4.1.2.3 的规定执行。

（2）包装物及儿童服装包装过程中使用的定型用品不应使用金属材料。

（3）使用印有文字、图案的包装袋,其文字、图案不应污染产品。

（4）供儿童玩耍的小物品包装应符合 GB 6675 的要求。

4）外观品质质量的判定

（1）根据缺陷影响服装整体外观、穿着性能及安全卫生的轻重程度判定 A 类、B 类及否决性缺陷:A 类缺陷见表 5-14;B 类缺陷见表 5-15;断针为否决性缺陷。

表 5-14　A 类缺陷

检验内容	序号	A 类缺陷
整体外观	1	丝缕不顺直
	2	逆顺毛面料,同件(套)内顺向不一致
	3	对称部位偏差超过允许范围
	4	缺件、漏序、错序
	5	袖筒、裤筒扭曲
	6	同件(套)内色差低于 4 级,件(套)之间低于 3~4 级
	7	面料与辅料大小、长短不相配
	8	填充物明显不均匀,羽绒钻出明显
面料	9	1、2、3 号部位存在严重缺陷
	10	1、2、3 号部位轻微缺陷超过允许范围 1 处以上
	11	1、2、3 号部位累计的轻微缺陷超过允许范围 1 处以上

检验内容	序号	A 类缺陷
规格	12	规格偏差超过极限规定
缝制质量	13	缝制吃势严重不匀、严重吃纵
	14	明线线路明显不顺直、不等宽
	15	开线、断线、毛漏
	16	1 部位明线跳针,其他部位连续跳针,链式线路跳针
	17	针距密度低于规定 3 针(含 3 针)以上
	18	掉扣、残扣、扣眼未开、扣与眼不对位
整烫质量	19	整烫变色、极光,整烫严重不良
	20	黏合衬脱胶、渗胶、起泡
安全性能	21	附件品质不良,金属附件锈蚀,附件有毛刺或可触及性锐利边缘和尖端
	22	婴幼儿服装绳带长度超过 20 cm,并存在可连有可能使其缠绕形成活结或固定环的其他附件
	23	有昆虫、鸟类和啮齿类动物及来自这些动物的不卫生物质颗粒
	24	附带供儿童玩耍的小物品,不符合 GB 6675 的要求

表 5-15　B 类缺陷

检验内容	序号	B 类缺陷
整体外观	1	线头修剪不净
面料	2	1、2、3 号部位轻微缺陷超过允许范围 1 处
规格	3	—
缝制质量	4	针距密度低于规定 3 针以下
	5	明线不顺、不等宽
	6	2、3 部位明线 20 cm 内单跳针 2 处
	7	缝纫吃势不匀,缝制吃纵
	8	钉扣不牢
	9	整烫、折叠不良
	10	—

（2）按照 SN/T 1932.2 对全批外观品质质量进行判定,如发现断针判为全批不合格。

5）标志的判定

按照 SN/T 1649—2005 中 4.2.12 和 4.2.13 的要求判定。

6）包装质量的判定

按照 SN/T 1932.1—2007 中 7.1.1.3 和 7.1.2.3 要求进行判定。

　　根据外观品质质量、标志、包装三项检验结果综合判定,三项均符合标准规定,
则判外观质量合格;其中任一项不符合标准规定,则判外观质量不合格。

5.4.2.4　内在质量的检验方法

1) 内在质量的检测方法

(1) 纤维含量检测按 SN/T 1649—2005 中第 L.2 章的规定执行。

(2) 游离水解的甲醛含量检测按 SN/T 1649—2005 中 5.1 的规定执行。

(3) pH 检测按 SN/T 1649—2005 中 5.2 的规定执行。

(4) 色牢度检测(耐水、耐汗渍、耐干摩擦、耐唾液)按 SN/T 1649—2005 中
5.3 的规定执行。

(5) 异味检测按 SN/T 1649—2005 中 5.4 的规定执行。

(6) 可分解致癌芳香胺染料检测按 SN/T 1649—2005 中 5.5 的规定执行。

(7) 婴幼儿服装可能被幼儿抓起或牙齿咬住的附件扭力按 SN/T 1932.8—
2008 附录 A 的规定执行。

(8) 婴幼儿服装可能被幼儿抓起或牙齿咬住的附件抗拉强力按 SN/T
1932.8—2008 附录 B 的规定执行。

(9) 抗扭或抗拉强力不合格的附件应做小零件测试,小零件测试按 SN/T
1932.8—2008 附录 C 的规定执行。

(10) 婴幼儿服装的附件涂有染料、油漆或颜料的特定元素迁移按 GB 6675—
2003 附录 C 的规定执行。

(11) 填充材料安全卫生指标应符合 GB 18383 的要求,内充羽绒材料应符合
SN/T 1932.6—2008 中 5.2.1.12~5.2.1.21 的要求。

2) 内在质量的判定

根据内在质量检测结果综合判定,各项均符合标准规定,则判全批内在质量合
格;其中任一项不符合标准规定,则判全批内在质量不合格。内在质量各项目的判
定见表 5-16。

表 5-16　内在质量的判定

检 测 项 目	限 定 指 标
纤维含量	见 SN/T 1649—2005 附录 L
游离水解的甲醛含量	见 SN/T 1649—2005 附录 A
pH	见 SN/T 1649—2005 的 4.1
色牢度(耐水、耐汗渍、耐干摩擦、耐唾液)	见 SN/T 1649—2005 附录 J
异味	无异味
可分解致癌芳香胺染料	见 SN/T 1649—2005 附录 B

续表

检 测 项 目	限 定 指 标
附件扭力[a]	不脱落
附件拉力[a]	不脱落
附件的小零件测试[a]	不完全容入小零件试验器
附件特定元素的迁移	见 GB 6675—2003 中表 C.1
填充材料安全卫生指标	见 GB 18383
内充羽绒材料	见 SN/T 1932.6—2008 中 6.1.3～6.1.5

a. 如果附件扭力或拉力试验不合格,但附件的小零件测试合格,则判定合格。

3)结果判定

根据内在质量检测、外观质量检验两项结果综合判定,两项均符合标准规定,则判全批合格;其中任一项不符合标准规定,则判全批不合格。

参 考 文 献

[1] 纺织工业标准化研究所.国内外纺织标准总目录[M].北京:中国纺织出版社,2004.

[2] 柳萍.中美纺织标准差异与中国纺织出口[D].无锡:江苏大学硕士学位论文,2009.

[3] 于学成.美国纺织品测试标准简介[J].辽宁丝绸,2002,3:32-33.

[4] 国际环保纺织协会.2015 版 Oeko-Tex® Standard 100[S].2015.

[5] 徐路,郑宇英.国内外纺织产品技术法规和标准综述[J].纺织标准与质量,2013,1:18-21.

[6] 郑宇英,徐路,王宝军.GB 18401—2010 国家纺织产品基本安全技术规范[S].北京:中国标准出版社,2011.

[7] 阮勇.童装安全性能标准要求探讨[J].中国纤维,2012,3:44-46.

[8] 张福东.浅谈纺织产品的安全性[J].中小企业管理与科技(下旬刊),2009,2:238-239.

[9] 苏军强,丁学华,沈丹春.童装机械安全性检验与设计[J].中国个体防护备,2010,6:16-21.

[10] 卫敏.纺织品中重金属残留及其检测标准[J].中国纤检,2011,2:50-53.

[11] 任重,李一平.国内外纺织品中有害物质及相关检验标准[J].纺织标准与质量,2008,6:34-36.

[12] 华新.塑化剂到底是什么?[J].中国品牌与防伪,2011,7:24-24.

[13] 潘晓玲.浅谈生态纺织品标准中的安全性规定[J].中国纤检,2015,2:49-52.

[14] 郑宇英.纺织品的安全与标准[J].中国标准化,2007,3:14-15.

[15] 阿阳.纺织品禁用偶氮染料的检测[J].纺织科技进展,2007,6:7-10.

[16] 邵献伟.对婴幼儿服装卫生安全性能的探讨[J].丝绸,2002,10:38-39.

[17] 成嫣,李颖,裘惠敏,等.纺织产品风险评估方法研究[J].上海纺织科技,2012,8:5-11.

[18] 徐志红.纺织产品需要风险评估[J].中国检验检疫,2009,12:29-30.

[19] 贾婷婷.童装的安全性设计研究[D].无锡:江南大学硕士学位论文,2009.

[20] 中国纺织工业协会.GB/T 22705—2008 童装绳索和拉带安全要求[S].北京:中国标准出版社,2009.

[21] 严晶晶,吴微微.童装绿色设计探讨[J].纺织科技进展,2010,1:94-96.

[22] 崔永珠,魏春艳,张弛.从生态安全性角度论婴幼儿纺织品设计[J].针织工业,2002,2:53-57.

第6章 轻工类产品儿童安全风险与防护

6.1 轻工业及轻工业产品特点及范围

6.1.1 轻工业的特点

轻工业是指以提供人们日常生活必需品和制作手工工具的工业,一般情况下指二次加工的行业,如纺织业、食品业、皮革业等,与传统重工业相比,具有生产规模小、投资小、建设周期短、见效快、能源消耗少、劳动密集程度高、积累多等特点,承担着繁荣市场、满足居民消费需要的重要任务,是我国国民经济的支柱产业[1]。

根据轻工业生产中所使用的原料不同,大致可以将其分为两大类:①以农产品为主要原料的轻工业。此类轻工业直接或间接以农产品为基本原料,主要包括食品制造、饮料制造、烟草加工、纺织、缝纫、皮革和毛皮制作、造纸以及印刷等工业。②以非农产品为主要原料的轻工业。此类轻工业是指以工业品为原料,主要包括文教体育用品、化学药品制造、合成纤维制造、日用化学制品、日用玻璃制品、日用金属制品、手工工具制造、医疗器械制造、文化和办公用机械制造等工业。

轻工业产品,简称轻工品,是指由轻工行业为满足社会公众的各种需求而生产产品的总称,涉及人民物质文化生活中的吃、穿、住、用、行、教、乐等多个方面的消费需求,包括食品、造纸、家电、家具、皮革、塑料、照明电器、文体用品等19大类45个行业。

6.1.2 轻工类产品的分类

按照现行由中国轻工业联合会制定的《国民经济行业分类》(GB/T 4754—2002),国家对轻工业行业进行了分类[2],可以分为19大类、72中类和137小类。这19大类的轻工业能够囊括国计民生的所有商品,包括了采盐、农副产品加工业、食品制造业、饮料制造业、皮革、皮毛、羽毛(绒)及其制品业、木竹藤棕草制品业、家具制造业、造纸及纸制品业、文教体育用品制造业及本册印制、日用化学品产品制造及油墨、动物胶制造、塑料制品业、玻璃、陶瓷制品制造、金属制轻工业产品制造、缝纫机械、衡器及轻工专用设备制造业、自行车制造、电池、家用电力器具及照明器具制造业、钟表、眼镜及其他文化办公机械制造、工艺美术品、日用杂品制造业及制帽、印刷业等。

以饮料制造业为例,详细地列出了其包括的3大种类和12小类,如表6-1所示。首先饮料制造业根据其含有酒精含量的高低可以分为纯酒精制造业、普通酒的制造业和不含酒精的软饮料制造业;然后根据制作饮料时原料不同:普通酒的制造业可以分为白酒制造、啤酒制造、黄酒制造、葡萄酒制造、其他制造;软饮料制造业也可以分为碳酸饮料制造、瓶(罐)装饮用水制造、果菜汁及果菜汁饮料制造、含乳饮料和植物蛋白饮料、固体饮料制造、茶饮料及其他软饮料制造。

表 6-1　中国饮料制造业的分类

酒精制造	酒的制造	软饮料制造
酒精制造	白酒制造 啤酒制造 黄酒制造 葡萄酒制造 其他酒制造	碳酸饮料制造 瓶(罐)装饮用水制造 果菜汁及果菜汁饮料制造 含乳饮料和植物蛋白饮料 固体饮料制造 茶饮料及其他软饮料制造

6.1.3　轻工业及产品在国民生产中的地位

轻工业是我国国民经济的传统支柱产业、重要的民生产业和具有国际竞争力的产业,在经济和社会发展中起着举足轻重的作用。以 2011 年我国轻工业的各项数据为例,详细地阐述了轻工业在我国国民生产中的地位[3]。

2011 年,我国轻工业全行业出口 4431.1 亿美元,出口交货值 2.29 万亿元(人民币),年平均增长 16.78%。钟表、自行车、缝纫机、电池、啤酒、家具、塑料加工机械、日用陶瓷、灯具、空调、冰箱、洗衣机、微波炉、鞋、钢琴、农地膜、盐等一百多种产品的产量居世界第一。家具、家用电器、日用陶瓷、文教体育用品、自行车、钟表、缝纫机、皮革、电光源与灯具、制笔、乐器、玩具、眼镜、羽绒等行业出口额名列世界前茅。轻工产品在世界贸易量中的比例,小家电占 80%,空调器、微波炉、羽绒服、玩具占 70%,自行车占 65%,日用陶瓷占 60%,电冰箱、鞋各占 50%,洗衣机占 45%。轻工产品出口到世界 250 多个国家和地区,并成为很多轻工商品的国际制造中心和采购中心,成为重要的国际贸易。

2011 年轻工业全行业贸易顺差超过 3000 亿美元,成为国内主要的创汇型产业,为实现贸易收支平衡和外汇储备做出了重要贡献。出口市场已遍布世界 255 个国家和地区。近年来出口市场中新兴市场所占份额逐年提高,2011 年轻工业全行业首次超过美、欧、日等传统市场。出口市场多元化格局已经形成来,轻工行业各类产品出口均有大幅增长,总体上表现出传统优势产业保持强势。新兴现代产业快速发展的格局。产业贸易竞争力指数变化情况显示,家用电器、文体用品、皮革、家具、金属制品、照明电器、工艺美术等产业具有较强的国际竞争力。轻工企业开始迈出"走出去"的步伐。海尔鲁巴工业园、俄罗斯乌苏里斯克经贸合作区、中法夏斗湖经贸合作区开始启动,家电、皮革等行业在海外设厂、销售处取得进展。

近十年来,在区域经济、产业集群化发展的推动下,一批以产业区域经济为格局的产业集群、专业市场顺应了发展的需要,从特色区域中凸现出来,成为促进行业发展的重要力量和有效平台。皮革、家具、五金、家电、文体、塑料、缝制机械、制糖等专业市场,由小到大、由弱变强,逐渐成为促进产业发展的重要物流平台。特别是在长三角、珠三角一些产业集群地区,依托特色产业带动,一些专业市场已初步成为国际采购和贸易中心。截止到 2011 年在长三角、珠三角地区,轻工专业市场已达近万家,家具、皮革、缝制机械、塑料、家电、五金、陶瓷、文体用品、制糖等行业专业市场的影响力越来越大。其中家具专业市场中 2 万平方米以上的达 797 家,皮革专业市场约有 1500 个,面积达 800 万 m²。

6.1.4　儿童类轻工产品的安全问题

近些年,虽然我国轻工业产业得到了巨大发展,但是在产业基础和产业质量上与欧美轻工业还有很大差距。例如,在发展模式上,我国轻工业大部分仍处于粗放型的发展,导致轻工业产品在质量上在很长一段时间内仍不能达到欧美需求市场的标准。以下从儿童玩具、服装、家具等方面简单介绍与相关的轻工业产品存在的安全质量问题,极有可能对儿童产生哪些潜在的危害。

6.1.4.1　玩具类轻工业品

孩子是未来社会发展的希望,玩具是婴幼儿的"启蒙教育者",正确的引导婴幼儿玩玩具,可以开发孩子的智力、增长孩子的知识、锻炼孩子的思维、促进孩子对技能的学习、品德的培养及身心健康的良好发展。然而,近年来,琳琅满目的毛绒玩具在带给儿童丰富多彩生活的同时,由于部分产品其质量未达到国家要求,对儿童产生了潜在危险,以致给家长和儿童带来了很大的伤害。以下对几种常见的不达标毛绒玩具进行分析。

1) 玩具鼓

玩具鼓是婴幼儿时期,为了锻炼提高其听力和视力,经常给婴幼儿购买的玩具。部分玩具鼓经拉力测试不合格,例如,如图 6-1 所示,发现"蟹爪"握住的木腿可脱落,且质量小于 0.5 kg,木制小球在自重情况下伸出模板。同时此类相类似的玩具(拨浪鼓、挤压玩具、手控玩具等)都会因其设计或结构的不足,如形状太过尖锐和尺寸太小,容易放入儿童口中并堵塞在喉部,引起阻梗或窒息危害。例如,图 6-1 中脱落的玩

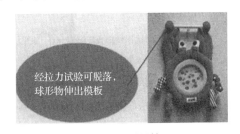

图 6-1　玩具鼓

具鼓中的"木腿"可能堵塞儿童咽喉,从而引起窒息危害。

2)钥匙圈玩具

三岁以下幼童有强烈的好奇心,经常会出现一些撕、扯玩具的举动,并将玩具上脱落的物体放入口中。钥匙环是家长经常携带且可提供给儿童玩耍的常用玩具,但是,如图6-2所示,钥匙环经拉力测试,金属链接缝处张开,钥匙圈脱落,经测试,可容入如图6-2所示的小零件筒,判为小零件。因此在生产的玩具中如含有小部件(钥匙圈、震响元件、铃等),如钥匙圈,避免用承受力小的铁圈链连接钥匙圈,应用整体无接缝的连接物连接钥匙圈等小物件,这样玩具能承受滥用试验,不会发生由容入小零件筒所导致的危险窒息事件[4]。

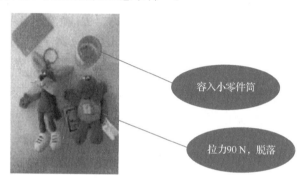

容入小零件筒

拉力90 N,脱落

图6-2　钥匙环玩具

3)弹射类玩具

处于儿童时期的男孩子,喜欢模仿电视、电影中的打斗场景,其中小型玩具气枪、弓箭及飞镖等成为他们的首选。这些玩具大部分都含有小零件,如气枪的 BB弹、弓箭的箭和发射用的各种"子弹",如图6-3所示。一旦婴幼儿在玩耍的时候稍不留意,把这些玩具的小零件吞入口中,非常危险,容易窒息;飞镖的顶端非常锐

图6-3　弹射玩具

利,是孩子随时可能触及的,往往这些部位都没有保护装置,孩子的皮肤被刺伤是随时可能发生的。这些弹射玩具若玩的时候不小心,对孩子的眼睛和身体其他部位也会造成危险,这类玩具不适合给年幼的孩子玩耍。

4) 小型电动三轮车

由于婴幼儿处于对周围环境的认知初期,用手触摸周围物体是认知的重要环节。但是因为其手指比较细小,喜欢去伸手碰触各种缝隙,在与小型电动车接触的过程中,一旦电动玩具的车轮与车身的间隙过大,孩子能把手指伸进去,就会夹伤孩子的手指,如图 6-4 所示;另外,有的电动童车松开脚踏开关时,电源还未切断,童车玩具也可以制动,依然能行驶,这对坐在上面的婴幼儿来说是极易发生意外的。充电过程中依然能启动的玩具当用手去摸,容易触电和电击,这是很严重的安全隐患。

图 6-4　小型电动三轮车

6.1.4.2　幼儿家具类

安全是人的身心免受外界不利因素影响的存在状态以及保障条件。我国 16 岁以下儿童有 3 亿多,约占全国人口的四分之一,其中 6 岁以下 1.71 亿。由于我国对幼儿的年龄段没有明确的划分,本书把 6 岁以下的儿童称为幼儿。幼儿的生理特征决定了他们比其他年龄的人更容易受到外来的意外伤害,他们的生理、心理发展尚不成熟,对事物的认知也不完全,缺乏自我保护意识,他们在使用产品时,任何潜在的问题都可能造成严重的后果。随着家庭意外伤害事故的增加,幼儿的安全问题备受关注。

从幼儿家庭意外伤害事故主要类别统计中可以得出,幼儿的家居生活存在跌伤撞伤、硬物夹伤、误食异物等伤害。由于幼儿家居生活的家具的形态、结构、材料工艺、色彩处理,具体包括边角、高度、安全护栏的间隔、细小部件的处理、形态使用的指示性等都与安全问题相关,例如,家具的边角会撞伤幼儿的头、抽屉会夹伤幼儿的手、从家具上跌落等都是非常常见的伤害情况。

我国幼儿使用的家具有两类:一类是和大人一起住在一个房间,他们使用的家具为散件,如儿童床、高脚凳等;另一类幼儿有自己独立的房间,拥有成套独立的家具,如图6-5所示。虽然目前国内的大型知名儿童家具企业已经达到近200家,但是很多儿童家具都是成人家具的缩小版、卡通版,并且以青少年家具居多,真正考虑到儿童需求的还很少,专门针对幼儿使用的家具更少。以安全作为衡量标准,目前幼儿使用的家具在设计上存在不少问题。例如,床的高度不规范,跌落易受伤,护栏的高度不可调节,不适应年龄增长的要求;抽屉常夹伤幼儿手指;有些边角没有圆滑处理会撞伤儿童等[5]。

图 6-5　儿童家具

6.1.4.3　儿童服装类

儿童作为不具备或不完全具备自我保护能力的特殊人群,其生活用品的设计和生产均有特殊的要求。在设计和生产儿童服装过程中,除了考虑威胁人类安全的常规因素外,还要考虑穿着对象行为特点和心理特点,尤其是婴幼儿。家长更是甚为关注其舒适性、安全性,能否保护儿童的身体健康,使其不受有毒有害物质的伤害,以及机械性伤害。

我国童装类产业发展迅速,不仅满足了国内的需求,且已经成为欧美的主要进口国。但是我国童装产业质量参差不齐,大部分能够达到国际标准,但是少量也存在问题,主要包括两方面问题:一是质量问题,如衣物的甲醛含量超标、pH超标,含有国家禁止使用的致癌物芳香胺,染色牢度差以及纤维含量标注与实际染色牢度差以及纤维含量标注与实际不符。二是物理安全问题,如小配件(蝴蝶结、纽扣、拉链头、绒球、流苏、装饰性闪光片、珠子等)容易脱落,拉链等金属配件存在锐利边缘、毛刺,容易割伤或刺伤儿童等,这些情况都威胁着儿童的安全和健康。

虽然目前我国童装标准体系基本建立,也达到国外标准同等水平,但在童装燃烧性能、重金属含量、增塑剂等非常规指标方面须进一步完善。以燃烧性能为例,我国仅有少数产品标准有要求,而国外对这一方面的要求非常严格,如美国消费品安全委员会(CPSC)《儿童睡衣易燃性标准》(16CFR1615 和 16CFR1616)、英国标准 BS 5722-1991《睡衣用织物和连衫织物的可燃性规范》以及加拿大的《危险产品(儿童睡衣)条例》等,我国须继续加强这一方面的标准修订工作[6]。

我国首个专门针对婴幼儿及儿童纺织产品(童装)的强制性国家标准 GB 31701—2015《婴幼儿及儿童纺织产品安全技术规范》于 2016 年 6 月 1 日正式实施。该标准对童装的安全性能进行了全面规范,有助于引导生产企业提高童装的安全与质量,保护婴幼儿及儿童健康安全。安全要求全面升级是鉴于婴幼儿和儿童群体的特殊性,该标准在原有纺织安全标准的基础上,进一步提高了婴幼儿及儿童纺织产品的各项安全要求,安全要求全面升级。

化学安全:增加了 6 种增塑剂和铅、镉 2 种重金属的限量要求。机械安全:要求婴幼儿及 7 岁以下儿童服装头颈部不允许存在任何绳带。纺织附件:要求附件应具有一定的抗拉强力,且不应存在锐利尖端和边缘。另外,该标准还增加了燃烧性能要求。依据年龄分为 2 类适用年龄:小于 3 岁,婴幼儿纺织产品;3～14 岁,儿童纺织产品。

该标准还将童装安全技术类别分为 A、B、C 三类,A 类最佳,B 类次之,C 类是基本要求。要求婴幼儿纺织产品应符合 A 类要求,直接接触皮肤的儿童纺织产品至少应符合 B 类要求,非直接接触皮肤的儿童纺织产品至少应符合 C 类要求。标准同时要求童装应在使用说明上标明安全类别,婴幼儿纺织产品还应加注"婴幼儿用品"。今后,消费者在选购童装时,可以使用说明上标明的安全类别作为参考[7]。

此外,家具和装饰装修材料行业是近几年发展较快的行业,新产品层出不穷,新型装饰材料得到广泛应用,在此过程中出现了一些产品重金属、放射性、有毒有害物质超量析出,机械伤害事故也时有发生,侵害消费者健康安全。而相关标准的制定却跟不上行业发展速度,这些行业包括家具、轻质装饰装修材料、装修装潢用纸制材料和塑料制品、各种板材、涂料、石材、建筑卫生陶瓷、屋体墙面材料、胶类、织物及灯具等。

6.2　轻工类产品危害儿童安全的因素及来源

轻工类产品存在于儿童日常生活中每个角落,同时由于儿童身体发育和认知能力的局限,缺乏危险意识,对于日常的轻工业品所具有的潜在风险无法预知,受到伤害的可能性较成年人大很多。其中由产品设计及质量缺陷导致的儿童伤害事故占据了儿童伤害的很大部分,已成为社会关注重点,本章节将从常见的轻工业品,包括儿童玩具、学步车、儿童家具、基本生活用品等方面详细介绍。

6.2.1　常见轻工产品对儿童的物理危害

6.2.1.1　物理危害和化学危害介绍

轻工业品对儿童的危害大致可以分为两种：一种是化学危害，即轻工品中所含有的一些有害物对儿童身体健康有一定的危害。例如，在玩具、饮水瓶、座椅等塑料橡胶部件中有毒物质超标，通过进入儿童体内，而产生对身体健康的危害。另外一种是物理危害，即人身物理伤害，包括由于轻工业部件自身问题对儿童安全产生摔伤、刺伤、划伤危险、窒息危险等伤害。主要表现在轻工业品材质质量不合格，而引起儿童的摔伤；设计不合理，容易被儿童吞食，吸入而产生的窒息危险；或者太过锐利，没有达到安全标准，对儿童产生划伤等危害。相对于不易察觉的化学危害，物理危害具有更高的可预见性，如果能够认真对待，可避免很多危险。

6.2.1.2　轻工产品导致的物理危害及案例分析

（1）玩具。玩具（图 6-6）是我们成长过程中必不可少的物品，对婴幼儿来说，玩具不但给他们带来欢乐，启发他们的智力，训练儿童的感官和四肢协调能力，而且改变他们的个性和与人沟通的能力，甚至影响他们未来的人生。然而，近年来，由于不合格或不安全玩具而引发安全性问题及出口后被召回的事件层出不穷。在一系列的安全问题中，人们更多关注有毒有害化学物质等化学危害因素，而往往忽视了物理危害因素，实际上在各种安全问题及召回事件中，由于物理危害因素引起的通报召回事件占 72.58%[8]。

图 6-6　儿童各种玩具

玩具专家公布了 3 类高危玩具，以提醒家长为子女尤其是婴幼儿选择玩具时注意其安全性。这三类高危玩具是：

① 附有容易脱落式细小组件的玩具,由于婴幼儿年纪小,缺乏判断力,他们很容误吞玩具组件。

② 发射式玩具,这类玩具具有攻击性,不小心会伤及自己及他人。

③ 常见的"三无"毛绒类玩具,这类玩具很常见,但是也很容易被忽视。很多孩子将毛绒玩具视作他们的亲密伙伴。但是市场上的毛绒玩具档次参差不齐,产品质量有高有低,很多家长对这类玩具对婴幼儿身心健康的影响没有引起重视。

(2) 学步车。婴儿学步车是一种为 4～16 个月大,不能自己行走的宝宝设计的产品,由轮子、硬塑料挡板及带两个洞的织物座兜组成,如图 6-7 所示。许多家长相信,学步车能让孩子更快学会走路,而现实中把孩子交给学步车也省了许多麻烦。

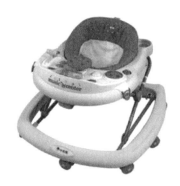

图 6-7　儿童学步车

然而国外多项研究都给出了否定的答案,发现学步车会延迟婴儿学会走路2～3周的时间。广州也有康复医学专家指出,过早使用学步车会造成婴儿步态不稳、腿骨变形甚至影响脊柱发育。据美国的统计,学步车可造成婴儿头部受伤、骨折、牙齿断裂、烧烫伤、手指被夹,甚至造成截肢和死亡。美国消费品安全委员会(CPSC)、美国儿科学会等机构都发出警示,请家长不要使用这种产品。加拿大在2004 年就禁止了学步车的销售、进口和广告,由于学步车而引起的婴幼儿的伤害可能销售者会被判罚巨额罚金或者入狱。

2011 年,我国卫生部发布的《儿童跌倒干预技术指南》明确规定:"不要使用婴儿学步车。车子会让儿童在他们没准备好时,有更大的活动力和高度,这将会使儿童处于危险之中,如从楼梯上摔下来伤及头部。"但是,学步车在国内并未禁售,还成为人们送给新生宝宝的常见礼物[9]。

(3) 儿童桌椅床,如图 6-8 所示。1989 年在瑞典斯德哥尔摩召开了"第一届国际儿童意外伤害"大会,确认意外伤害为 20 世纪儿童重要的健康问题。之后,又陆续召开了国际性的儿童意外伤害学术性会议。相关数据表明:

① 儿童在生活意外事故中占有很大比例。在全球范围内,每年约有 350 万人

死于意外伤害事故,在所有的生活意外事故中,老人和儿童是重点受伤害的对象,据统计,在所有生活意外事故中,老人和小孩受伤害的比例高达60%,而其中儿童占三分之二。主要的儿童家庭意外伤害事故类别如表6-2所示。

②儿童意外事件的主要原因是跌伤,其次是撞伤和击伤。新加坡中央医院曾对12岁以下儿童的意外受伤事件进行了一项抽样调查研究。在调查期间共有2540宗受伤事件,其中20.3%(516宗)是儿童受伤事件,这当中27%(139宗)是意外事件。跌伤是主要的伤害类型,比例高达60%;其次是撞伤和击伤,约占13%[10]。

图6-8　儿童床椅

表6-2　儿童家庭意外伤害事故主要类别

	跌打、撞伤	烧伤、烫伤	门、自行车硬物夹伤	来自同伴	刀具伤害	误食食物	其他伤害	总数
次数	147	80	82	26	24	21	7	387
百分比/%	38	20.7	21	6.6	6.2	5.5	1.8	99.8

(4)儿童轮滑鞋。轮滑鞋俗称旱冰鞋、溜冰鞋,是青少年及儿童青睐的运动用品。儿童轮滑鞋是承载儿童体重的玩具,如图6-9所示,但由于儿童自我保护能力较弱,加之轮滑鞋本身可能存在的设计缺陷等,容易导致儿童在使用时受到割伤、划伤、扭伤等伤害。

一项针对儿童轮滑运动的调查显示,在随机调查的60名轮滑运动参与者中,有56人曾因轮滑而遇到不同程度的身体伤害,且一年发生两次伤害的比例占43.33%。在德国《儿科》杂志的一项研究中,研究者跟踪调查了2006年暑假在都柏林医院里的轮滑鞋伤害事件的受害者们,发现20%的伤害发生于第一次使用轮滑鞋时,还有36%的伤害发生于学习使用轮滑鞋的过程中。儿童轮滑鞋本身存在

的缺陷是造成儿童使用过程中受伤的重要原因之一,轮滑鞋的主要危害因素及伤害机理分析如下:

图 6-9　儿童轮滑鞋

① 危险锐利边缘。许多轮滑鞋的支架是由塑料注塑、铁或铝合金冲压、铸造而成,在冲压、铸造过程中可能存在锐利毛刺和溢边。如果在冲压、铸造后,没有去除毛刺和溢边的工序,产品可能存在锐边,儿童在使用过程中,手指难免会接触锐边。另外,大部分鞋扣是由薄铁皮材料冲载而成,使用者在松紧鞋扣时可能会用手接触此锐利的边缘,稍有不慎就可能割伤手指。

② 刹车装置松动或脱落。儿童轮滑鞋的制造商会在两只鞋中其中一只的鞋跟上安装刹车装置,达到在急速行驶中刹车的目的。但由于各种原因,轮滑鞋的刹车装置可能会松动或脱落,导致刹车不灵,使儿童刹车站立时重心不稳,从而引发跌伤等意外伤害事故。

③ 内衬材料易磨破脚踝。内衬材料包括鞋跟、鞋垫、与鞋底缝在一起的鞋跟等。轮滑鞋内衬材料的牢固性决定使用者的安全,如果内衬材料厚且牢固,能对使用者的脚踝起保护作用;如果内衬材料容易位移或是容易被撕裂或是容易被儿童取出,对脚失去保护作用,脚可能与坚硬的塑料鞋底直接接触,可能造成脚扭伤、擦伤。

④ 防护用具易损坏或易取出。为防止在轮滑运动时跌倒,许多轮滑鞋配有一套防护用具,一般包括护膝 1 对、护肘 1 对、护手(护掌)1 对、头盔 1 个。防护用具的构造是由软垫和硬壳组合而成,软垫和硬壳可以减少硬壳与身体的摩擦与冲击,但是一些防护用具极易损坏,软垫或硬壳容易被取出,导致儿童腰部、手肘、手掌、头部在发生意外碰撞时引起伤害[11]。

(5) 儿童自行车,如图 6-10 所示。自行车在世界范围内得到越来越广泛的应用。目前,全球自行车拥有量超过 14 亿,人均 0.25 辆;而我国,却是真正的自行车王国,拥有 4.4 亿辆自行车,人均 0.36 辆。儿童和青少年情绪不稳,注意力易分散,活动能力、判断能力、自我控制能力、生活经验和社会知识还比较欠缺,是自行车伤害的高危人群。

图 6-10　儿童自行车

　　自行车由于其价格低廉、便利，可独立操作及不受环境限制，而深受少年儿童的喜爱，被他们作为日常玩具和交通工具。但是自行车本身的一些局限，也是导致自行车事故伤害的主要因素。

　　① 车把。与自行车有关的交通事故，是导致腹部外伤的第二位致伤因素，近几年已经引起了有关方面的重视。自行车所致腹部外伤的特点是脾破裂或包膜下破裂，也可称为自行车把综合征。国外的自行车把综合征，主要是导致少年儿童的以胰腺受伤为主的一组伤害，一种 BMX 型自行车，由于车把较宽，而使引起车把综合征的危险增加。车把表面可考虑加上质软的海绵套样装置，以减轻发生"车把综合征"时的损伤。

　　② 车闸柄。近年来，自行车车闸柄致青少年眼外伤的事故时有发生，轻者影响视力，重者致残致盲。目前国内较多自行车的车闸柄位于车把外侧，甚至向上翘起，有些车闸柄前端整齐，且边缘锐利，一旦摔倒，车闸柄前端易触及眼部而发生较严重损伤。而老式自行车车闸柄多位于车把之下，即使摔倒，车闸柄触及眼部的机会也很少。

　　③ 自行车坐垫。自行车坐垫，尤其是硬皮革坐垫，可导致男童自身的尿道伤。主要原因是：骑自行车时若遇到路面不平或障碍物时，使自行车发生颠簸，其坐垫撞击骑车者的会阴部，撞击后使骑车者发生弹跳，加之骑车者自身质量，这样使会阴部与坐垫连续碰撞，因而导致尿道挫伤的发生。若在硬皮坐垫上加有海绵样垫，将可缓冲外来的冲击力，避免尿道挫伤。

　　④ 车灯。有研究者在新西兰进行的一项研究表明，夜晚发生自行车事故伤的危险性高，骑没有安装车灯的自行车在夜间发生事故的可能性更大。这是因为夜间光线较差，无法识别障碍物和其他一些危险路面情况；同时，由于没有车灯或相应的标志，机动车驾驶员也无法辨认骑车者，因此，车祸的发生危险增大。所以，自行车安装车灯以及在夜间可反射光线的装置是非常必要的。

⑤ 车轮。成人骑自行车时把幼儿放在骑车人之前或之后,易发生儿童踝部轧伤。据 622 例小儿踝部自行车伤统计,受伤者年龄多为 6 个月～11 岁,原因通常是患儿足部嵌入滚动中的车轮钢丝之间,多为软组织挫伤。建议禁止成人骑车携带幼儿,或在车轮外附加防护装置,以防小儿下肢与车轮直接接触。另外,自行车刹车失灵、自行车维护状况欠佳等都与自行车事故有着一定的联系。

（6）儿童服装绳带问题。儿童服装上绳带的设计一方面是美观设计的需要,另一方面,绳带可调节松紧,具有功能性。由于儿童行为好动,绳带设计的不同位置会导致不同的危险。

① 脖颈区域绳带。设计在服装脖颈区域的绳带及其末端附件可能会导致儿童勒颈的危险。伤害主要是服装头部、颈部区域的绳带及其末端的附件造成的,最常见的是运动衫、夹克、防风服、毛衣等服装帽子上的束带、绳索,如图 6-11 所示。例如,儿童在玩滑梯的过程中,绳带及其末端的附件可能缠绕在滑梯设备部件当中,儿童无法挣脱即导致了勒颈事故发生。英国标准委员会统计分析大量儿童服装上绳带的消费事故案例,指出 2～8 岁儿童服装头部和颈部的绳带,易夹钩挂在滑板等操场设备上,造成勒颈危险。

图 6-11　颈部具有绳带的童装示意图

② 腰部、服装底摆区域绳带。设计在儿童服装腰部、底摆区域的绳带可能会导致儿童圈住、卷缠、钩住、夹住、绊倒等危险。儿童服装在腰部经常会有蝴蝶结的设计,而在儿童服装底摆也常用绳带作为设计元素,这些绳带可能会缠绕在外部环境或被外部环境卡住等。例如,儿童乘车腰部绳带被车尾卡住、底摆绳带被铁栅栏卡住,如图 6-12 所示。英国标准委员会指出 10～14 岁儿童服装腰部和底摆的绳带易夹、钩在机动车上,造成严重的受伤甚至死亡。

③ 其他部位绳带。除了脖颈区域、腰部、底摆区域的绳带设计,在服装的其他部位,如肩部、背部、袖子等部位也可能会有绳带的设计。这些绳带仍然存在导致儿童圈住、卷缠、钩住、夹住等危险,如图 6-13 所示。

（7）儿童服装小部件问题。儿童服装上存在着各种各样的小部件,包括用于功能性设计的纽扣、拉链、环圈、拉襻等;用于装饰性设计的毛绒球、贴花、热封的贴片、钩编的缨、边缘处小片的面料、闪光装饰片、珠子、黏合扣、流苏、蝴蝶结、羽毛、标签、徽章及其他类似小部件等,这些小部件都可能造成噎塞、误吸、吞咽、受伤等危险,如图 6-14 所示。

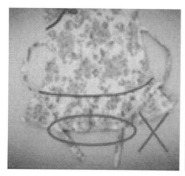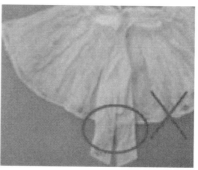

图 6-12　腰部具有绳带的童装

图 6-13　其他部位具有绳带的童装

图 6-14　服装中的小物件

针对 3 岁及 3 岁以下的儿童,小部件脱落后,儿童易将脱落的小部件放到嘴里、鼻子或耳朵里,造成噎塞、误吸伤害;12 个月以下婴儿吮吸或吞咽服装上的蝴蝶结、条带和其他类似小部件时,会刺激儿童呕吐,儿童有可能吸入呕吐物,引发哽咽或严重的病;若脱落的小部件可以通过气管,就有可能导致误吸危险,如珠子、小金属片和亮片等。这些物体由于其化学性质不易被 X 光发现,易对儿童造成中毒性休克或感染伤害,甚至不明原因的体重迅速下降。服装上脱落的小部件可能随着食物一起被儿童吞咽到胃里,最终进入身体而对儿童造成伤害。另外,儿童吞咽磁性材料的小部件后,若吸入多块,磁石互相吸引,可能导致肠穿孔、感染或潜在的致命伤害[12]。

6.2.2　可燃性

6.2.2.1　可燃性概念

可燃性是指在规定的实验条件下,材料或制品能进行有焰燃烧的能力。它包括是否容易点燃,以及能否维持燃烧的能力等有关的一些特性。常见的轻工业产品中很多具有可燃性,如衣服、塑料玩具、木质家具、泡沫制品、压缩性成人化妆品等,况且此系列产品也是儿童在家中容易接触,如果可燃性值比较高,就会对儿童产生潜在的危害。

6.2.2.2　常见商品的可燃性分析

1)纺织品服装类商品可燃性分析

由纺织品服装的燃烧而引起的事故占据众多燃烧性事故中的一大部分,这与服装本身的结构及材质有很大的关系。面料是组成服装的原材料,也是服装最重要的组成部分,同时也是引起燃烧性危险的主要部件,如图 6-15 所示。其中浴袍、睡衣、家居服、化妆服、运动衫、披肩、夹克、休闲服、毛衣、围巾等所用的面料,相比于其他服装更具有可燃性。棉质面料、绒毛或起绒织物等容易引起燃烧性危险,服

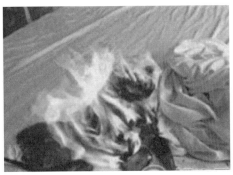

图 6-15　儿童服装具有可燃性

装宽松(如浴袍)更危险,因为此类服装有更大的空气流通量,且可以摆动,从而更可能接触到火焰,并迅速漫延或燃烧。

与纺织品服装的燃烧性相反的是阻燃性。纺织品的阻燃性,是有效降低纺织品服装燃烧可能性的参数。根据国际标准化组织的规定,阻燃性是指材料具有减慢、终止或防止有焰燃烧的特性,纺织品阻燃可使织物在火焰中的可燃性降低,火焰蔓延速度减慢,火焰移去后,织物能很快自熄,不再继续阴燃。

美国是世界上阻燃性技术法规最健全的国家之一,对儿童睡衣和一般性服装的阻燃性能均作了规定。欧盟、澳大利亚、新西兰也都制定了相关技术法规,对儿童睡衣的阻燃性能提出了要求。而我国在这方面还是空白,仅对特殊行业的人所穿用的阻燃服制定了强制性国家标准。

2) 儿童玩具类商品燃烧性分析

玩具也是儿童易接触,且具有较强燃烧性的商品。2014 年,国际标准化组织(ISO)公布了一份修订后的可燃性标准 ISO 8124-2:2014。该标准指定了玩具和玩具中使用材料的可燃性要求,目的是防止材料接触到较小火源时发生燃烧。该玩具测试标准包括了所有玩具的一般要求以及以下玩具的一些特殊要求。

可能戴于头上的玩具:由头发、绒毛或类似材料制成的胡须、触须、假发等;面具;兜帽;头巾等;飘拂的头饰玩具,但不包括派对拉炮中的纸质新奇帽子。

装扮用服装玩具和儿童玩耍中可能穿戴的玩具:儿童可以进入的玩具、填充玩具。

另外,2014 版玩具可燃性标准还修订了"头发"、"可燃气体"、"液体"和"高度易燃液体"等词的定义。修订中还添加了一些新定义,包括"极易燃液体"、"化学玩具"、"具有类似特征的材料"和"模制头部面具"。此外,"喷溅"的评估已被澄清。玩具测试方法部分还做出了一些额外的修订以澄清测试性能并包括了一定的公差。

3) 氢气球燃烧及爆炸性分析

各种色彩鲜艳、图案多样、形态各异的手持氢气球,是孩子们最喜欢的玩具。殊不知气球却暗藏着安全隐患。大多数人都知道里面填充的是氢气,但是并不知道其危险性。氢气是一种易燃、易爆的气体,很小的一点能量,就有可能引发爆炸,如图 6-16 所示。氢气球一旦遇到明火就会引起爆炸。氢气球越大,爆炸威力越大。

氢气球为塑料材质,氢气殆尽后依然可燃烧,并且会滴下塑料液体,粘在人体皮肤上会造成皮肤烫伤。在密闭的空间内,空间体积越小,氢气球爆炸威力越大。给孩子购买氢气球后,尽量不要去人多或有烟火的场所,也不要携带氢气球乘坐公交车、出租车等交通工具,以免因引燃氢气球发生爆炸造成人员伤亡。此外,氢气球在太阳底下长时间暴晒也有引燃的可能,在户外游玩时,家长们尤其要注意。为了小孩安全,请远离氢气球。

图 6-16　氢气球会发生爆炸

国家有关法律明确规定,在公共场所禁止灌充、施放氢气球及其升空物,严禁在各种场合灌充手持氢气球,儿童玩耍的气球里应充装氦气等惰性气体。

4)烟花爆竹燃烧及危害性分析

作为华夏民族几千年延续下来的传统习俗,燃放烟花爆竹是老百姓一种表达喜庆、欢快心情的形式。殊不知,在一声声烟花爆竹震耳欲聋的巨响后面,存有许多危害:容易引起火灾和伤人事故。在城区,建筑越来越高,人口相对密集,高空烟花等的燃放极易引发火灾,直接危害人民群众的生命财产安全;污染空气和城市环境。专家介绍,燃放烟花爆竹会产生大量的二氧化硫(SO_2)、二氧化氮(NO_2)、二氧化碳(CO_2)、一氧化碳(CO)等有害气体和各种金属氧化物的粉尘,其中,SO_2、NO_2是刺激性和腐蚀性极强的酸性氧化物,如图 6-17 所示;噪声扰民。一家燃放,四邻不安。燃放烟花爆竹产生的巨大噪声,使老人难以安睡,病人胆战心惊,学生无法静心学习、休息。

图 6-17　烟花爆竹引起的危害

（1）烟花爆竹作用原理及成分分析。

爆竹的主要成分是黑火药，含有硫黄、木炭粉、硝酸钾，有的还含有氯酸钾。制作闪光雷、电光炮、烟花炮、彩色焰火时，还要加入镁粉、铁粉、铝粉、锑粉及无机盐。加入锶盐火焰呈红色、钡盐火焰呈绿色、钠盐火焰呈黄色，如图 6-18 所示。当烟花爆竹点燃后，木炭粉、硫黄粉、金属粉末等在氧化剂的作用下，迅速燃烧，产生二氧化碳、一氧化碳、二氧化硫、一氧化氮、二氧化氮等气体及金属氧化物的粉尘，同时产生大量光和热而引起鞭炮爆炸。

图 6-18　烟花爆竹

烟花爆竹的化学成分大体分为四部分，每部分都有各自的功能，如表 6-3 所示。

表 6-3　烟花爆竹的化学成分及危害

含有的作用成分	化学组成	危害
氧化剂	如硝酸盐类、氯酸盐类	高能、强氧化性物质，剧烈碰撞会引起爆炸
可燃物质	硫黄、木炭、镁粉和赤磷	会产生二氧化硫、一氧化氮、二氧化氮有毒有害气体，这些气体对我们的呼吸系统、神经系统和心血管系统有一定的损害作用，对眼睛也有刺激作用
火焰着色物	如钡盐、锶盐、钠盐和铜盐	高温下金属离子的焰色反应，如果这些重金属被人大量吸入的话，将有可能使人重金属中毒，严重的有可能致人死亡
特效药物	苦味酸钾、聚氯乙烯树脂、六氯乙烷、各种油脂和硝基化合物	造成有机污染，污染生存环境

（2）常用烟花爆竹对比分析。

根据国家 GB 10631—2004 鞭炮烟花国家标准的规定和要求，可将鞭炮烟花最新分级分为 A、B、C 和 D 四级 14 类，这是根据药量和危险性的专业分法。在我

们日常生活中常见的有三类,分别是老百姓常买的普通烟花、冷焰火和电启动烟
花。其中,由于冷焰火燃点温度在 60~80 ℃,环保且对人体无害,适用于舞台和各
种造型表演,而电启动烟花控制程度高,燃放要求和限制严格,管理程度相对较好,
所以相对老百姓常买的普通烟花来说危险性较小。普通烟花由于市场需求大、流
通广、燃放人员多,因此也成为当前烟花爆竹火灾的主要元凶。

《烟花爆竹安全管理条例》经 2006 年 1 月 11 日国务院第 121 次常务会议通过
并实施,其中具体规定了关于烟花爆竹的生产安全、经营安全、运输安全、燃放安全
和相关法律责任。

除以上常见的商品之外,还有易引起静电的布料、纸质用品、压缩化妆品、压缩
杀虫剂、泡沫包装材料等属于高可燃性商品,国家均具有详细的规章制度。

6.2.3　有害物质

儿童生活在物理化学的物质环境中,日常生活接触的物质有些会对个体健康
发展起促进作用,有些则存在毒性。例如,在食品中,有些不良商人,仅为了经济利
益,向食品中添加一些违禁品,给婴幼儿带来了不可挽回的灾难;有些塑料包装使
用时不太规范,导致塑料中的有害物质进入人体;家具或者衣服中经常会用的一些
黏合剂,一旦黏合剂使用过量,在未达到标准的情况下出售,会给使用者带来危害。
因此,对日常接触的物质要有全面的认识,这样才能防患于未然。

6.2.3.1　食品中可能存在的有害物质

我们的食品从根本来源上大致可以分为两种,一种是从自然界直接得到,经过
人工处理,做成食品;另一种是利用自然界的植物,通过人工饲养牲畜,进而将牲畜
屠宰,再进行人工处理成为人们的食品。在这两种食品中,都会涉及人工处理的环
节,因此处理不规范势必会造成危害。

(1) 残留的农药。当人们在农田进行大量农作物的种植时,为了减少病虫害,
有效利用土地肥力,会使用一些必要的杀虫剂、除草剂等农药。如果杀虫剂或者除
草剂未经过足够长时间的自然分解,将会残留于动植物性食品或饲料中。农药主
要有害物包括有机氯、有机磷、有机硫、菊酯类等杀虫、杀菌剂,除草剂,植物产品
熏蒸剂,植物生长调节剂及其代谢产物等。因此不同国家或组织对动植物性食品
或饲料中限量残留的农药种类有所不同,中国 62 种、美国 364 种、加拿大 126 种、
欧盟 100 种、德国 292 种、英国 61 种、法国 188 种、日本 96 种、韩国 39 种、俄罗斯 9
种、马来西亚 147 种。

(2) 兽药。为了能够让牲畜健康生长,将兽药应用于动物性食品或饲料中,其
中兽药主要包括抗菌、驱虫、镇静、激素类等药物和促进饲料转化或动物生长发育
的添加剂及其代谢产物。有关国家或组织对动物性食品和饲料中限量残留的兽药

种类是：中国 42 种、日本 16 种、韩国 40 种、欧盟 22 种、美国 71 种、加拿大 37 种。

（3）有害元素。当动物或植物的生存环境被污染后，生物体内就会积累过多的危害元素，当人类以这些动物或者植物作为食材原料时，就会使人体摄入过多的危害元素。常见在生物内限量残留于食品的元素有砷（As）、汞（Hg）、铅（Pb）、镉（Cd）、镍（Ni）、铬（Cr）、锑（Sb）、钼（Mo）、氟（F）、硒（Se）、锡（Sn）、铜（Cu）、锌（Zn）、钡（Ba）、镁（Mg）等。目前，中国、美国、英国、法国、瑞典、日本、加拿大、澳大利亚、德国、新西兰、南非、俄罗斯、捷克、荷兰、波兰、匈牙利、联合国 UNEP 等国家或组织对上述有关元素在动植物性食品或饲料中的残留量均作出了明确规定。

（4）真菌毒素。残留于食中真菌毒素主要有黄曲霉毒素（aflatoxin）G_1、G_2、B_1、B_2、M_1 和 M_2 等，赭曲霉毒素 A（ochratoxin A）、展青霉毒素（patulin）、玉米烯酮（zearalenone）、单端孢霉烯族化合物（trichothecenes）、橘霉毒素（citrinin）和青霉酸（penicilic acid）等。目前，中国、美国、西班牙、德国、瑞士、芬兰、英国、法国、匈牙利、波兰、捷克、加拿大、欧盟等国家或组织对上述有关真菌毒素在动植物性食品或饲料中的残留作出了限量规定。

6.2.3.2 塑料包装的有害物质

塑料是有一定可塑性的合成材料，具有可塑性强、质量轻、价格便宜、便于提携等优点，应用非常广泛，尤其在包装方面更是无孔不入。据统计，塑料在包装上的用量在许多地方都超过了总用量的 40%，食品的生产和销售过程也离不开。塑料在给人们带来便利的同时，由于不合理的使用，也产生一定的危害。首先，塑料袋的材质属于人工合成材料，自然降解速度非常慢，产生白色污染；其次，人们逐渐发现有些不合格的塑料制品中含有过量的增塑剂及相关材料，这些物质的过量使用可能会有致癌的危险或搅乱内分泌的危害。增塑剂及双酚化学 A 是塑料制品中不可缺少的化学物质，其过度使用的弊端在社会上已开始引起广泛关注。

下面将从增塑剂、双酚 A 这两种主要的有害物质进行分析。

（1）增塑剂的过度使用：超市出售的食品多数都在使用塑料作包装物。食品包装分为外包装和内包装，聚乙烯（PE）和聚偏二氯乙烯允许用作食品内包装。聚乙烯可以制成厚度小于 0.3 cm 的保鲜膜，而聚偏二氯乙烯主要用于食品加工厂，如火腿肠的外衣等。聚氯乙烯（PVC）一方面能够释放出有害的单体物质氯乙烯，或者与食物中的油脂接触后也会被吸附上去；另一方面，加入大量的增塑剂后，PVC 会对食品造成更严重的污染，所以不允许用 PVC 作食品内包装。只是 PVC 作保鲜膜透明度比 PE 高，所以被超市大量使用。不幸的是 PVC 中的增塑剂的水解和光解速率都非常缓慢，属于难降解污染物，并且它们具有"三致"作用，属于环境内分泌干扰物，美国国家环境保护局（EPA）和我国已将其列为优先控制污染物。有实验显示己二酸二（2-乙基己基）酯（DEHA）能令动物致癌；食品中的

DEHA 来源于食品包装材料。类似的物质还有双-异壬基己二酸(di-isononyladi-pate,DINA),尤其是用 PVC 包装的鱼酱、炸丸子和烧卖中含量最高。干酪中含量较高,最高可达 90.6 mg/(100 g),平均为 28.1 mg/(100 g)。含有 DEHA 的保鲜膜遇上油脂或超过 100 ℃ 的高温时,增塑剂很容易释放出来,随食物进入人体后会影响健康。我国国家质检总局因此发出公告,禁止企业在生产 PVC 保鲜膜时使用 DEHA。

(2) 化学物质双酚 A:塑料包装中的另类有害物质是被确定为是环境激素化学物质双酚 A。双酚 A 的学名是 2,2-双(4-羟基苯基)丙烷(biphenol A,BPA),化学结构式如图 6-19 所示。

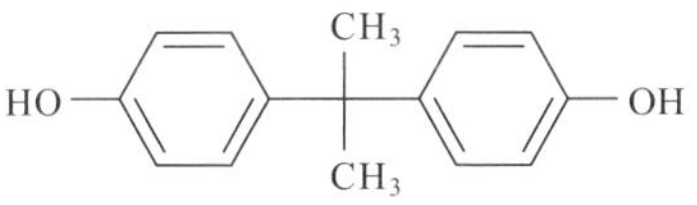

图 6-19　双酚 A 的化学结构式

目前,每年约有 280 万 t 双酚 A 用于生产食品包装。大部分都用于婴儿奶瓶和奶嘴的制造,还有一部分用于食品包装。日本大阪市立环境科学研究所从 2001 年开始进行的一项调查结果表明,人们日常生活中所使用的纸杯或多或少地存在着环境激素双酚 A。据《星期日泰晤士报》2005 年 5 月 1 日报道,一份研究表明,一种用于食品包装和罐头生产线的化学成分双酚 A 对男性前列腺癌具有极高的致病率。国外有关专家调查了 7 份鱼和肉类罐头,其中 4 份检出了双酚 A,证明双酚 A 的脂溶性较强。同时还检出了聚合物单体,如双酚 A、二环氧丙酯(BADGE)的二聚物。这些物质在金属罐装食品中都是有严格规定的,但是检查结果超标率为 38%。包装中含有的双酚 A 会侵入食品当中,当这种化学成分被孕妇吸收后,将影响到胎儿的正常发育。

6.2.3.3　家具中的有害物质

家具是人类维持正常生活、开展社会活动必不可少的一类器具,我国是世界家具生产和出口大国,全球出口量居世界首位。由于在生产过程中过分注重家具美观,而忽略了安全问题,在制造过程中不合理地利用黏合剂、有机颜料及重金属盐等有毒有害物质,从而引发了一系列质量安全问题,成为社会关注的重点。

目前,家具中有毒有害物质已成为室内污染的主要来源,严重损害消费者身体健康。家具中的有毒有害物多由原料引入。其主要材料包括木材、金属、塑料、大理石、织物、树脂等,辅助材料主要包括油漆、胶黏剂、封边条等。首先,这些原料在生产、加工及流通过程中可能会释放出多种不同有毒有害物质;其次,在存放过程中,为防止木材腐烂会添加由杂酚油、五氯苯酚、砷类化合物组成的防腐剂。用作室内装饰的胶合板、细木工板、中密度纤维板和刨花板等人造板材中含有甲醛。天然石材中可能含有放射性元素,如镭、铀等。海绵、饰面、皮革等织物一般采用甲醛杀菌防腐,因而可能产生甲醛释放。其他纺织品中除含有甲醛外,还有可能含有偶氮染料、有害金属、五氯苯酚及农药残留等。

6.2.3.4　儿童服装中的有害物质

随着生活水平在不断提高,人们已不满足于吃饱穿暖,而是追求更高层次的享受,表现在穿着上的是"穿得漂亮,穿出个性"。但在选择满意面料的同时,很少有人考虑到它可能含有的有害物质。

为了能够使各种服装达到人们预期的效果,如挺括、不起皱、鲜艳漂亮、防霉防蛀等,在制备这些服装时通常会添加各种化学品;同时,在服装存放时,为了防止衣物发霉发潮,或干洗时能够快速除去油渍,经常也会使用一些化学品。而婴幼儿的皮肤特别的娇嫩柔软,皮脂层相对于成人很薄,还不能有效地对过量的化学品起到防御作用。因此,如果对儿童服装不加注意,或者加入过量的化学添加剂,而未经过合理处理,这些化学品就会残留在衣物的表面,进而通过皮肤进入人体内部,进而会对人体产生危害。常见的在衣物生产过程中添加和存放干洗时使用的化学品有以下几种:

1) 纤维整理剂

天然纤维有植物纤维、动物纤维和矿物纤维。我们熟悉的棉、毛、丝等都是天然纤维。天然纤维具有良好的吸湿性,手感好,穿着舒适,但下水后会产生收缩现象,易起皱。纤维经过整理后可起到防缩防皱的作用,克服弹性差、易变形、易褶皱等缺点,制成的服装挺括、漂亮。纤维整理剂多为甲醛的羧甲基化合物,常用的有尿素甲醛(UF)、三聚氰胺甲醛(MF)、二羟甲基乙烯脲(DMEF)等,其他还有乙烯类聚合物或共聚物、丙烯酸酯、脂肪酸衍生物、纤维衍生物、聚氨酯以及淀粉类等。所有整理过的纺织品在仓库保存、商店陈列,甚至在加工和穿着过程中受温热作用,都会不同程度地释放甲醛。甲醛扩散到空气中会对人眼、皮肤、鼻黏膜有刺激作用,严重者可引起炎症;可诱发突变,对生殖器也有一定的影响。

2) 防火阻燃剂

在服装中加入防火阻燃剂的目的是使纤维成为难燃纤维,起到防火的作用。其主要是含磷、氯(溴)、锑等元素的化合物。防火阻燃剂又分为暂时性和耐久性,暂时性防火剂只被纤维所吸附,经不起洗涤,易脱落,代表性物质有磷酸铵、多磷酸氨基甲酸酯和硼砂;耐久性防火剂可经数十次乃至上百次的洗涤不脱落,这类物质多为有机磷酸酯类等有机磷化合物。有机磷化合物或与纤维起反应,或嵌入纤维以达到防火阻燃的作用,因而较耐久,代表物质有三(1-氮杂环丙醛)氧膦(APO)、磷酸二甲苯酯(TCP)、四羟甲基氧化磷(THPC)、磷酸(2,3-二溴丙基)三酯(TDBPP)、四羟甲基氧化磷(THPOM)、三(2,3-二溴丙基)磷酸盐(Tris-BP)、双(2,3-二溴丙基)磷酸盐化合物(BOBPP)等。

我国一般使用较多的阻燃剂主要有硼砂类、含磷类及四羟甲基氧化磷。在以上这些阻燃剂里,已发现有些物质毒性较大,已被某些国家明令限制使用,如APO、TDBPP、BBOPP 等。动物实验证明,APO 经口、经皮毒性都很强,对造血系统有特异性毒作用,类似射线效应;TDBPP 为动物致癌物;Tirs-BP 对肾、睾丸、胃、肝等器官,特别对生殖系统都有一定的毒性,并有致突和致癌作用;BOBPP 中只有某些化合物有致突性和致癌性。美国、日本等国已在某类产品(婴儿服装及用品)中或全部服装产品中禁止使用以上阻燃剂。

3) 防霉防菌剂

在适宜的基质、水分、湿度、氧气等条件下,微生物能在纺织品中生长和繁殖。天然纤维纺织品比合成纤维纺织品更易受到微生物的侵害,这是因为前者的组成成分更容易被微生物的酶系统分解和利用,且含水量高,其结果一方面使纺织品受到直接侵蚀,强度或弹性下降,严重时会变脆而失去使用价值;另一方面其活动产生会造成纺织品变色,使其外观变差,同时产生难闻气味。汗水、尿素均是微生物生长繁殖的基础,当汗水吸附到内衣、袜子上时,由于微生物的原因,不仅产生恶臭,还刺激皮肤发炎,因此为防止微生物的侵害,往往对纺织品做特殊处理,使其具有防霉防蛀的功能。

在做防霉除菌的过程中经常使用棉纤维的乙酰化和腈乙基化,以及纤维素甲基化,另外还可用甲醛、磷酸盐、尿素、苯肼、含铜化合物等处理。专用于纺织杀菌、防菌、防感染的物质多数为金属铜、锡、锌、汞等无机物,苯酚类化合物和季铵类化合物等。其中有机锡化合物(三丁基锡、三苯基锡)由于毒性较强,且容易被皮肤吸收,产生刺激性,并损害生殖系统,已被有的国家明令禁止或限制使用。有机汞化合物、苯酚类化合物对有机体也均有危害。

其他经常使用的杀虫剂,如二氯苯、萘、樟脑、拟除虫菊酯类、薄荷脑等制成的卫生球、熏衣饼等都是利用自身发挥出的气味使蛀虫窒息死亡。然而,这些化学物质或多或少都有毒性。萘的毒性很强,并可能引起癌症,已被禁止使用;樟脑具有致突性;而拟除虫菊酯类化合物的毒性一般均较低,未见致癌、致突、致畸作用,但可引起神经行为功能的改变,对中枢神经系统有影响,并会导致皮肤感觉异常。

6.2.3.5　儿童文具中的有害物质

1) 修正制品中挥发性有机物

修正制品包括修正液、修正笔、修正带,如图 6-20 所示。修正液中所含有的苯挥发性强,可发出刺鼻气味。如果长期吸入苯,可导致再生障碍性贫血,严重者可引发白血病。购买与使用时要注意尽量不要购买有刺激气味或异香的修正液。鉴于修正液中挥发性有机化合物本身的特性,应在空气流通的环境下使用,不要将呼吸器官接近有毒气体,有吮吸手指习惯的小同学不要接触或使用涂改液。应严格遵守产品使用注意事项,切莫舔食,使用中如不慎弄到皮肤上,应及时冲洗掉。

图 6-20　学生用修正文具

2）彩笔中的可迁移元素

油画棒、蜡笔、水粉颜料(图 6-21)中含有的重金属铅如超过一定限量,被孩子含咬、吮吸之后,其中的重金属铅会转移并在体内积蓄,长期将危害儿童的身体健康。购买与使用时要注意,不要养成咬笔的习惯,不能拿掉油画棒、蜡笔上的卷笔纸。使用后应及时将手洗干净,以免在吃东西时将重金属摄入体内,危害健康。

图 6-21　学生用油画棒、蜡笔、颜料

3）胶黏制品中的挥发性有机物

胶黏制品包括固体胶和液体胶,如图 6-22 所示。胶黏制品中一般多含有相当量的有机物质,有机物多具有一定的挥发性和毒性,长期接触会对人体产生伤害。购买与使用时要注意,最好不选购有香味的胶黏制品。使用胶黏制品时应注意安全,特别是儿童,要尽量避免使用胶黏制品;如需使用,切勿将胶黏制品放入嘴中,也不要把使用过胶黏制品的手指放入嘴中吮吸。避免用手直接与固体胶中的胶棒或者液体胶的胶体接触,使用完胶黏制品应及时洗手。

图 6-22　学生用胶黏制品

6.3　轻工类产品儿童安全风险评估常用方法

6.3.1　安全风险概念的提出

风险的概念最早于 19 世纪末在西方经济学领域提出,但是直到今天,学术界对风险仍然没有形成统一的定义和观点。风险在各学科的共同特点是"要发生某后果的潜在性和后果出现的概率或可能性"。其包括三个方面:"发生的有害事件是什么"、"发生的可能性有多大"、"如果发生引致的后果如何",同时这三者也构成了评估风险的基础。

风险分析与安全评估理论不是单一技术,而是跨数学、计算机科学、管理科学等多种学科技术,它是根据风险分析的不确定性理论建立起来的综合理论和方法,这种理论和方法一直在不断地变化和发展当中。安全风险分析是研究风险发生的可能性及它所产生的后果和损失的评估,并针对可能发生的风险采取相应的措施加以控制。

6.3.2　风险评估的方法介绍及应用范围

风险分析理论中一个重要的环节就是对可能存在的风险进行评估,评估的方法有很多,包括定性评估、定量评估和定性定量综合评估。其中定性评估方法包括预先危险性分析(PHA)、德尔菲法、危险性与可操作性研究、风险矩阵图法等;定量评估方法包括道化学指数法、蒙德法、蒙特卡罗模拟法等;定性定量综合评估方法包括安全检查表、故障树(FTA)、LEC 法、六阶段法、MES 法、贝叶斯网络方法、BP 神经网络法、层次分析法(AHP)、模糊综合评价法。无论是定性、定量还是定性定量综合的风险评估方法,都有各自的特点和应用范围。

风险分析与安全评价理论的应用最初集中在化工、机械项目、重大自然灾害等领域,后来才发展到运用于食品、药品安全领域。其中,化工行业在工业生产中针对火灾爆炸、毒物等进行危险性等级划分采用的评估方法主要是道化学指数法和蒙德法;在信息安全领域,运用层次分析法、模糊综合评价法对信息安全风险进行评价;在经济风险、投资领域,常用的方法为德尔菲法、模糊数学法和蒙特卡罗模拟法;在机械安全领域运用等效系数和模糊层次综合评价法进行风险分析。每个行业采用的风险评价方法各不相同,有的行业已经有完善的风险分析和评估体系。例如,美国国家环境保护局(EPA)于 1989 年颁布了《超级基金污染点风险评价导则》,在土壤地下水污染治理过程中引入健康风险分析评价,随后予以不断补充和完善;1995 年美国材料与试验协会(American Society for Testing and Materials,ASTM)将健康风险分析评价与土壤地下水污染治理相结合发展出 RBCA(risk-based corrective action)模式;美国石油学会(American Petroleum Institute,API)在 1999 年开发出健康风险评估决策支持系统(exposure and risk assessment decision support system,ERDDSS),该系统的主要用途包括:评价土壤地下水污染点对人体的健康风险,确定污染点是否需要治理,协助环保部门确定污染物的治理标准,探讨相关参数的不确定性与变异性。

6.3.3　常见儿童类轻工产品的风险评估方法

6.3.3.1　儿童服装类评估方法

我国大量的儿童服装出口到欧盟和美国,但是由于质量安全不达标,导致众多召回事件的发生,统计分析欧盟、美国等发达国家对我国纺织品服装的召回案例可以看出,纺织品服装召回的主要原因包括噎塞/误吸、勒颈、钩住/夹住/绊倒/卷缠、受伤、烧伤、化学品潜在危险。我国学者根据纺织品服装消费安全的最基本技术要求和上述不安全消费的事故原因,结合纺织品服装技术法规与标准的研究,将纺织品服装的潜在危害分为机械安全性(主要针对儿童服装)、燃烧性和有毒有害化学品性。其中的机械安全性主要是指由服装小部件和绳带引起的噎塞/误吸、勒颈、钩住/夹住/绊倒/卷缠、受伤等危害。欧盟对此非常关注,但是由于国内相关规定不是很完善,同时国内对此研究也较少,部分国内研究者针对英国出台的标准《儿童服装设计生产规范》,提出了儿童服装机械安全性的内容,并逐渐应用于国内的儿童制造市场。

根据英国家庭意外事故监测系统,1995 年统计登记在册的儿童意外事故和指定医院的儿科急诊病例中有 154 起涉及儿童服装,因而英国出台了相应的儿童服装设计生产规范。以下将要对风险矩阵法、格雷厄姆-金尼法、故障树分析法在儿童服装类评估中的应用进行简单的介绍。

1) 风险矩阵法

风险矩阵法(risk matrix)是在项目管理过程中识别风险重要性的一种结构性

方法,也是对项目风险潜在影响进行评估的一套方法论,它操作简便且能够达到定性分析和定量分析相结合。欧盟委员会在第 2001/95/EC 号通用产品安全指令下提出了非食品类消费品风险评估指南,其风险评估方法使用此方法。纺织品服装领域也采用了风险矩阵的方法,用于确定纺织品服装对人体伤害的严重程度,根据其严重程度不同,可以分为四级;而确定伤害情景的发生概率时则为伤害发生的每个步骤都设定一个概率,将这些发生概率相乘得到整体伤害发生概率,如图 6-23 所示。有研究者粗略地对 2009 年之前出口纺织品服装进行了风险评估,各项目风险评估的结果如图 6-23 所示。

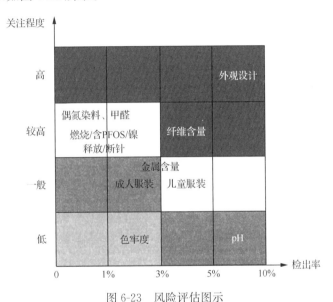

图 6-23　风险评估图示

黑色方格表示低风险;白色方格表示一般风险;灰色方格表示较高风险;浅灰色方格表示高风险

PFOS:全氟辛烷磺酰基化合物

　　风险评估是建立在大量宏观监控数据统计分析基础上的一项动态工作,运用简单的风险矩阵法对纺织品服装的项目风险和产品整体风险评估也需要界定其评估时间。

　　2) 格雷厄姆-金尼法

　　格雷厄姆-金尼法(LEC 法)是一种评价具有潜在危险性环境中作业时的危险性半定量评价方法,它是用于系统风险率相关的三种因素指标值之积来评价系统人员伤亡风险的大小,三个因素分别是:L,发生事故的可能性大小;E,人体暴露在这种危险环境中的频率程度;C,发生事故的损失后果。与风险矩阵法一样,采取给三种因素不同等级确定不同的分值,再以三个分值的乘积 D 来评价系统危险性的大小。

纺织品服装领域有学者根据出口轻纺消费品的特点及合格评定的实际要求，将 LEC 法中三个因素的含义进行重新定义，对轻纺消费品的风险进行了评估。LEC 法对其危险性大小用下式表示：

$$D = LEC$$

式中，L、E、C、D 各参数含义分别为发生事故的可能性大小、人暴露在这种危险环境的频率程度、发生事故的损失后果和危险性分值。

在对出口轻纺产品进行风险评估时，学者等重新对 LEC 法中三因素进行了定义：L 表示产品因自身固有特性而产生不合格的风险值，即发生不合格的固有风险，取值范围为 0～1；E 表示产品发生不合格的概率，取值范围为 0～1；C 表示产品不合格发生后果的严重度，简称发生不合格的后果，取值范围为 1～50；R 表示产品不合格的综合风险，作为检验方式选取的参考依据。

3）故障树分析法

故障树分析法（fault tree analysis，FTA）是安全系统工程领域的重要分析方法之一，这种方法始于 1962 年，当时应用于导弹发射控制系统的安全，现在故障树分析法已经应用于多个工业作业领域。它是一种演绎技术，以不希望发生的事件作为顶事件建立故障树，从顶事件开始逐步找出引起此事件的中间事件和基本事件，中间事件之间由"门"连接。建立了故障树以后对各个事件进行定性和定量分析。

针对纺织品服装的安全风险，各种安全问题可看作不希望发生的顶上事件，从问题本身出发，可运用故障树分析法追溯其发生的原因，从服装设计、生产和检测角度逐步确定引起事故发生的基本事件，提出相应的应对措施。

6.3.3.2　家庭木质产品安全风险评估与分析

近年来，在林业产业快速发展的过程中，林产品质量安全问题也日益凸显。例如，安信部分批次地板被曝甲醛释放量超标，达芬奇家具造假，国内部分用户因装修和新买的家具甲醛超标致病等案例或使用劣质油漆涂料导致儿童家居行业频陷"质量门"、"污染门"事件等；除了制造商在制备过程中不能完全按照法律法规之外，一些木质林产品在加工、运输、储存过程中，如果处理不当也存在着各种潜在的化学性、物理性和生物性的风险因子，这些危害因子的存在有可能将导致产品质量安全隐患。

木质林产品与人类生活息息相关，其质量安全不仅关系到消费者的健康，而且影响我国林产品生产与贸易的持续稳定发展，因此健康合理的质量安全评估方法，对解决当前的木质林产品问题至关重要。

木质林产品质量安全风险评估，指的是针对木质林产品中有可能损害或威胁人体健康的有毒、有害物质或不安全因素，对人体健康可能造成的不良影响所进行的科学评估,包括危害识别、风险估计、风险评价等。

　　影响木质林产品质量安全的风险因素主要有化学性、物理性和生物性危害因子。有研究发现,人造板、家具质量安全影响因子一般可分为物理类、化学类及生物类质量安全影响因子。通过分析近年来家具和装饰装修所引发的伤害性事故及美国与欧美对我国家具发出的预警召回等信号,发现影响人造板、家具质量安全的关键性危害因子有:涉及甲醛、重金属、挥发性有机化合物(VOCs)等的化学类危害因素;涉及木制品、家具结构设计及尺寸等的物理性危害因素。本节主要针对化学性危害因素进行阐述。

　　危害识别:人造板及其制品在生产和使用过程中,如果其中的甲醛、重金属及挥发性有机物(VOCs)超过规定的安全剂量,人体可能会因长期接触这种有毒有害物质出现各种疾病。在危害识别过程中,要对这些有毒有害物质的作用模式、伤害模式和机理及其来源进行详细分析,从而揭示其产生和作用过程。

　　风险估计:在危害识别基础上,可采用具体的风险计算公式 $R_i = P_i \cdot S_i \cdot E_i$ ($i = 1,2,3,\cdots$) 进行风险度量。式中,R_i 为风险值;P_i 为伤害发生可能性;S_i 为伤害产生的影响程度;E_i 为人体暴露于特定伤害的频率。人造板及其制品的质量安全风险由风险产生的可能性、影响程度和暴露频率三项因素共同决定,对这三项因素的评分标准可借鉴消费品质量安全风险评估通则。通过对每项因素赋分,最后估算出风险值。

　　风险评价:在对人造板及其制品中的甲醛、重金属及 VOCs 进行危害识别及风险分析基础上,根据风险分析所得结论和风险表达式 $R = P_i \cdot S_i \cdot E_i$,最终得出相应的产品质量安全风险值。将此风险值与规定的标准值进行对比,对于较高的风险必须采取相关风险管理措施;反之,则说明人造板及其制品中的有毒有害物质对消费者的健康和安全的威胁是很小的,风险基本可以接受[13]。

6.3.3.3　儿童玩具类产品安全风险评估

　　玩具是儿童成长过程中必不可少的伙伴,不仅能极大地丰富儿童的生活,而且在儿童身心健康发育的过程中扮演着极为重要的角色。然而,近年来,随着经济和社会的发展,琳琅满目的玩具在带给儿童丰富多彩生活的同时,由于不合格或不安全玩具而引发的儿童伤害及玩具出口召回通报事件也屡见不鲜。

　　玩具产品进行安全风险评估是基于风险评估理论,通过产品真实使用场景(包括产品实际使用人群、使用行为、使用环境等)模拟实验和专家决策等手段,结合产品质量安全伤害的历史数据,对危害因素进行风险评估,是一种预防和降低产品质量安全风险的重要手段。运用风险评估手段,能全面掌握产品安全风险;能预判在可预见的使用环境下的潜在伤害,产品的设计和开发者能在产品质量安全风险出现之初,就采用有效的风险控制措施;能从根本上提升产品质量水平。对儿童玩具进行安全风险评估主要分为两个过程,分别是缺陷调查和风险评估。

1) 儿童玩具的缺陷判断的参考原则[14]

(1) 儿童玩具具有危及儿童健康与安全的不合理危险,包括:①经检验儿童玩具不符合有关儿童玩具安全的国家标准;②儿童玩具已造成儿童人身伤害或健康损害的;③儿童玩具虽尚未造成儿童人身伤害或健康损害,但经检测、实验和论证,仍可能引发儿童人身伤害或健康损害。

(2) 上述不合理危险与儿童玩具的设计、生产、指示等方面的原因具有因果关系。

(3) 上述不合理危险在某一批次、型号或类别的儿童玩具中普遍存在、具有同一性。

2) 对具有缺陷儿童玩具的风险评估

(1) 风险评估应当考虑以下因素:

① 缺陷导致危害的严重程度。其中包括缺陷的表现形式和性质、与安全标准的差距、伤害的严重程度等。

② 危害儿童健康和安全的可能性。其中包括儿童玩具使用者的年龄阶段、使用方式和环境、存在缺陷的儿童玩具数量、范围和发生缺陷的概率、发生伤害的可能性、已得到的投诉或伤害情况、缺陷出现前是否有征兆、是否有安全防护措施等。

(2)风险评估的基本程序包括:

① 信息收集、风险识别、风险评定和风险控制。

② 应根据缺陷的性质选择风险矩阵图法、专家评议法等风险评估方法。

③ 可以将儿童玩具缺陷的风险分为三个等级,并采取与之相适应的消除缺陷措施:严重风险,应尽快采取措施,在最短时间内尽可能通知全部用户,通过修理、更换、退货等方式,预防和消除缺陷可能导致的伤害,召回完成率应达到较高的水平;中等风险,采取必要措施,如停止销售、补充或修正消费说明、发布产品安全警示等;轻微风险,对正在销售的产品可以不采取措施,生产者应在设计、生产中对产品进行改进和完善。

6.4　轻工类产品儿童安全与防护

6.4.1　儿童轻工产品的结构安全问题

研究发现,由产品的结构设计及构造而造成的轻工业对婴幼儿产生身体危害,占据了相当大的比例,因此产品的结构安全在产品生产初期就显得异常重要。国家对儿童易接触的各类轻工业产品的结构安全性能进行了明确的规定,本节主要从儿童服装、儿童自行车、电动玩具、文具、儿童座椅、家用儿童灯具等方面介绍系列产品容易存在的问题以及改进措施。

6.4.1.1　儿童服装类结构安全问题

1) 儿童服装存在的问题

改革开放以来,我国童装业发展十分迅猛,已成为服装界不可忽视的重要力量。尤其是 0～6 岁儿童的服装,它在童装的年龄阶梯中处在最前列,同时对儿童最初的生长发育起着十分重要的作用。但是最近几年,我国对美国、欧盟等国家和地区出口的儿童服装被召回的事件屡有发生,也从侧面反映出我国儿童服装在安全方面存在的问题。其中由于设计及结构安全的缺陷对儿童产生潜在的伤害占了很大的比例。

2) 儿童服装结构安全问题分析

儿童服装的结构安全问题主要由两方面组成:一方面是服装的小部件扭力和拉力不合格,导致脱落的小部件存在尖锐边缘,并且易被儿童误食,有使其窒息的危险;另一方面是服装腰部绳带过长,存在勒伤甚至勒死儿童的风险。因此,为了规范儿童服装的结构安全,我国及世界各国对儿童服装各方面的安全指标进行了规定。例如,规定包括:14 岁以下儿童服装上的束带或绳索(包括纺织或非纺织材料的绳索、链带、条带、细绳、狭条和塑料绳索),以及儿童服装上小部件安全的要求涉及纽扣、面料类饰物(包括蝴蝶结和标签)、橡胶或软塑料装饰(包括标签、徽章、绒球和流苏)、闪光装饰片、珠子和其他类似小部件、亮片和热熔部件、按扣和类似小部件、黏合扣等项目都要符合安全消费要求。

下面简单介绍一下我国对儿童服装在面料、填充材料、线、拉链、松紧带、不可拆分部分及其他部件的规定:

(1) 衣物面料。

作为服装的组成部分,面料不应对穿着者产生机械性危险或危害;用于支撑缝合部分(如纽扣)的面料在低负荷下不应被撕破,宜在部件缝合处使用加固材料,服装部件脱落强度的测试方法如图 6-24 所示。

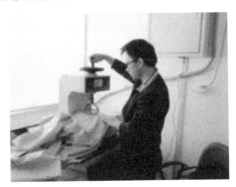

图 6-24　儿童服装的性能测试

（2）内部填充材料。

用于衬里或絮料的填充材料不得含有硬或尖的物体

（3）连接线。

单丝缝纫线用于加工细薄织物或针织物，童装制作中不应使用单丝缝纫线；在低负荷，缝合部件(如纽扣)的缝纫线不应被拉断。

（4）不可拆分部件。

① 纽扣：(i)童装纽扣应进行强度测试。两个或两个以上刚硬部分构成的纽扣，容易引发组件分离或脱离服装的危险，不应用于三岁及三岁以下(身高90 cm及以下)童装，如图 6-25 所示。(ii)纽扣边缘不允许尖锐，防止造成危险。(iii)与食物颜色或外形相似的纽扣不允许用于童装。

图 6-25　儿童服装中的纽扣

② 其他部件：三岁及三岁以下(身高 90 cm 及以下)童装不应使用绒球、花边、图案，标签不能只用胶黏剂粘贴在服装上，应保证经多次服装整理后不脱落。

（5）拉链。

拉链的采购应遵循 QB/T 2171、QB/T 2172、QB/T 2173。塑料拉链可减轻夹住事故的伤害程度。

（6）松紧带。

松紧带的使用应避免给服装者带来伤害，如图 6-26 所示。

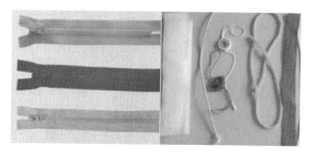

图 6-26　儿童服装中用到的拉链和松紧带

6.4.1.2　儿童自行车类结构安全问题

儿童自行车是适用于 4~8 岁儿童骑行的自行车,他们自我防护意识差、反应迟缓,往往容易受到事故伤害,因此儿童自行车的安全性能要求比普通自行车更高。安全性能的高低与儿童自行车制定的标准有着直接的关系,国际标准化委员会(ISO)修订的新的儿童自行车标准 ISO 8098-2014 已正式生效了,该标准取代了以往的 ISO 8098:2002 和 EN 14765:2005 ＋A1:2008(E),已于 2014 年 12 月 31 日正式实施。

1) 儿童自行车定义

ISO 8098-2014 规定了用于儿童使用的完全组装或部分组装自行车的安全性能要求和测试方法,并且标准中将儿童自行车定义为:鞍座高度大于 435 mm,小于 635 mm 的,通过后轮驱动的自行车。因为这类自行车不能用于公路骑行,不能推定儿童自行车必须具有公路骑行的性能和装备,如图 6-27 所示。

图 6-27　儿童自行车

2) 儿童自行车的各类安全规定

与普通自行车的比较,儿童自行车独有的安全要求:

(1) 平衡轮,儿童自行车独有的装置,其具体的要求如下:

① 车架中心线的垂直平面至每个平衡轮的垂直平面的水平距离≥175 mm;童车垂直放置在水平地面上时,每个平衡轮与地面间的间隙≤25 mm。

② 垂直负荷实验中,平衡轮的挠曲变形≤25 mm,永久变形 ≤ 15 mm。

③ 纵向负荷实验中,永久变形≤15 mm。

④ 在实验过程中,平衡轮部件的任何零件均不应断裂。以上的标准中,平衡轮与地面间的间隙和挠曲变形的允许值最大,均为 25 mm,其产生的最大倾角为 $\arctan(25＋25)/175 \approx 16°$,比照脚蹬的地面间隙倾角要求＜20°,还是安全可靠的。

(2) 对外露突出物给予了更详尽的规定。

突出物的测试棒也按照儿童的肢体比例缩小为 $\varphi45$ mm×150 mm(自行车的为 $\varphi83$ mm×250 mm),并且给出了图示,具体表示突出物的认定及测试方法。

(3) 对紧固件提出了更多的要求。

儿童自行车安全要求中,对所有的连接螺钉,都要求具有合适的锁紧防松装置,相比于成人普通自行车只对车闸部件中的紧固螺钉要求,儿童自行车的要求更多。

(4) 对把横管的把套的要求及实验条件要求。

儿童自行车不仅要满足横管末端应装有把套或把盖,它们应能承受 70 N 的拉脱力的要求(此要求只针对成年人自行车),还要求把套应由弹性材料制成并应具有扩大的尾端,包合管端,横管的把套不应妨碍闸把的操作。

对把套的实验条件要求也很严格:将装上把套的把横管浸没在室温的水中1 h,然后再将把横管置入冷冻室内,直至把横管的温度低于−5℃。将把横管取出来,让它温度升到−5℃,然后在把套松脱的方向上施加 70 N 的力,保持该力直至把横管的温度达到+5℃。

(5) 对车轮的转动精度要求。

在成人普通自行车安全要求中,对装有轮缘闸的自行车,轮辋的径向和轴向圆跳动量≤2 mm;对不是装有轮缘闸的自行车,轮辋的径向和轴向圆跳动量≤4 mm。而在儿童自行车安全要求中,轮辋的径向和轴向圆跳动量≤2 mm,对是否装有轮缘闸没有规定。

(6) 轮胎与车架、前叉、泥板或泥板附件之间的间隙要求。

在儿童自行车安全要求中,间隙为≥6 mm,使儿童的手指免遭夹入,对于儿童的安全更有利。

3) 儿童自行车的各类安全规定不足之处[15]

(1) 在重物落下、车架/前叉组合件落下、脚蹬/柄部件中,自行车要求实验后试件不应有肉眼能见的裂纹,儿童自行车要求实验后试件不断裂。

(2) 一些自行车的安全要求在儿童自行车安全要求中是没有的,其中有一项是链条。链条是儿童自行车上的重要部件,它的质量直接影响儿童的骑行安全。

(3) 在儿童自行车安全要求中,有的安全要求与自行车安全要求性质相同,但名称及要求和具体实验方法及结论的描述却有差异。既然是标准,名称和测试方法应该统一,这样会使标准更规范,更有说服力。儿童自行车安全要求与自行车安全要求相比,最大的特点是,所有的技术要求都是强制性的,使儿童自行车安全要求更严格、更细致。

6.4.1.3　儿童电动玩具类结构安全问题

目前,电动玩具进口量大,市场占有率高,是深受儿童欢迎的玩具,如图 6-28

所示。但最近几年,国内市场玩具种类繁多,诸多设计不安全的玩具产品引发了多起不安全事故。这与我国并没有最新专门的电动玩具国家标准有很大关系,我国关于电动玩具的标准只在附件中涉及,而没有详细的规定。在发达国家,都有专门的法律法规对电动玩具实行强制性的市场准入管理。我国 GB 6675—1986《玩具安全标准》是在 20 世纪 80 年代大规模采用国际标准的状况下出台的,应该说在当时是一个非常先进的标准,但由于欧洲的玩具安全标准一直在不断的修订中,相比较起来,我国的标准就显得落后了。

图 6-28　儿童类不同电动玩具

1) 常见伤害种类与事故原因

通过近几年对玩具市场及家庭情况调查,儿童电动玩具的事故种类及成因列于表 6-4。从表中的受伤害的种类以及事故起因的情况分析看出,产品的设计及结构安全受伤比例最多,同时这种因素也是通过规范要求可以避免。

表 6-4　由电动玩具造成伤害种类与事故原因的对应关系

序号	种类	事故成因
1	夹伤	玩具组件结构不合理,将儿童肢体夹伤
2	割伤	玩具边缘比较锐利,或缺乏安全保护
3	窒息	玩具上的配件或者玩具设计过小,被吞服
4	听力损伤	玩具的声音过响,造成听力损伤
5	中毒	玩具内的有害化学剂,导致中毒
6	传染病	皮毛玩具上的各种细菌引起传染
7	其他损伤	使用不当及人为伤害等

2）电动玩具安全设计中的要求

（1）结构设计中的安全性。

现代市场上一些玩具不仅自身外观带一定的攻击性，而且在内部结构上也存在很多安全隐患。例如，针对3岁以下儿童设计的玩具，有的带有可拆卸的小零部件结构，儿童很容易吞服，如图6-29所示。此外，对于电池驱动的玩具中热效应能达到什么程度却缺乏认识，电动玩具在电热效应方面的潜在危害易被忽视。还有一些机械伤害隐患，如生产时应注意玩具上避免有管子或硬质直立或近直立元件，设计符合尺寸的保护元件，避免儿童由于跌倒所产生的刺伤危害。

图 6-29　易脱落小部件的玩具

（2）制造材料的安全性。

在诸多玩具制造材料中除了考虑材质满足舒适、美观、有亲和力外，主要还应根据安全使用的原则，合理选择具有良好的化学稳定性、绝缘性、阻燃性等材料，含邻苯二甲酸酯的PVC玩具应尽量禁止使用。

（3）生产工艺标准的安全性。

为了进一步规范玩具生产工艺，强调生产厂家的专业化生产，国家安全质量管理部门应该有计划地对玩具生产和服务部门，进行玩具安全标准知识和玩具行业培训，使玩具设计实现安全设计标准化。

3）电动玩具挑选注意事项

家长们在为孩子挑选电动玩具时，应该遵从"一看，二摸，三试"的原则。首先应考虑的是安全，其次是选择适合儿童年龄的玩具。可以依照如下步骤来挑选：

一看：首先要看清玩具包装盒上的适用年龄范围，根据孩子的年龄挑选适合其年龄段的玩具。不同年龄段的玩具，一方面是复杂程度不同，适合儿童智力发展的不同阶段；另一方面是对玩具的安全性要求不同，如婴幼儿经常会将玩具塞进嘴里，因此不应有较小块的玩具。要注意包装上的警示标志或警示说明，并仔细阅读产品的使用说明书。

二摸:用手在玩具表面摸一遍,感觉一下是否有毛刺、是否有锋利的边缘,以免孩子玩耍时割破皮肤,如图 6-30 所示。螺钉等不能突出于玩具的外表面,玩具装配应贴合,不应有间隙。有传动机(齿轮传动、链条传动)的玩具,如各类玩具车,其传动机构应有遮蔽,以防止儿童的手指伸入其中而被转动的齿轮夹住。玩具上有些小配件是可以取下来的,如玩具娃娃手中拿的或身上戴的小零件,对于 3 岁以下儿童的玩具,这些小零件直径要大于 31.75 mm,这样幼儿就不易吞下去,可以避免伤害。玩具上不可拆卸的小零件,如娃娃身上的纽扣、动物的眼珠等,购买时可试着用手抠几下,看是否有松动。线控电动玩具的操纵电线安装应牢固。

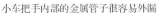
小车把手内部的金属管子很容易外漏

糖果小木车的车轮容易脱落

图 6-30　具有潜在危险的儿童玩具

三试:检查一下玩具的各种功能,电动玩具可以装上电池,电池放进和取出应方便,开、关灵活,其声响、灯光及其他动作应正常,不应出现失灵等现象。电动玩具所发出的声音不能太响,否则会损伤儿童的听力。

6.4.1.4　儿童文具类结构安全问题

1) 儿童文具的安全隐患

儿童是人生成长过程的前期阶段,无论是生理还是心理方面都不够成熟,其行为有着诸多不同于成年人的地方,幼稚、莽撞是其基本的特征。一些在成年人文具使用过程中不存在的问题,在儿童的使用过程中就变成了一个问题。也就是说,儿童的行为特征增添了文具使用过程中的安全隐患。一般认为,儿童的自制力差,容易冲动和意气用事;好动、喜欢打闹;好奇心强,喜欢摆弄和探索体验新的事物;动作的把控能力差、程度控制不到位等;加上皮肤比较细嫩,更容易被伤害。这些特征导致儿童会出现咬笔头、吞笔帽造成误伤,时不时被小刀甚至是三角板的尖角所割伤、被尖锐的文具刺伤等安全事故。

此外,市场上一些儿童文具的设计上越来越"玩具化",而忽略了安全性的考虑,如卡通铅笔、卡通橡皮等,加剧了上述安全隐患的发生。这些"玩具化"的文具不少都出现在现实生活中,儿童文具伤人的事故不断发生,这让家长和学校深为担忧,也引起业内人士的思考。

2) 文具本身存在的不足

儿童文具本身存在的不足是导致安全事故的客观原因,尤其是没有按照国家相关规定执行的不合格的产品更成了问题的关键。例如,国家《学生用品的安全通用要求》在物理层面对笔帽提出了预留空气通道的明确要求和具体规定,而市场上流行的卡通自动铅笔,大多笔帽上没有通气孔;中小学生的多功能文具盒,其按钮弹性很强,容易弹伤学生的眼睛;不少作业簿所使用的纸张太白,直接刺激学生的眼睛,如图 6-31 所示,可能会造成不同程度的损伤。

图 6-31　纸张太白而刺激眼睛

3) 文具在结构安全设计上的改进[16]

事实上,有些安全问题并不是有了安全标准就可以避免的,有些看似文具本身功能要求不可缺少、难以改变的部件,也存在着安全隐患。例如,圆规用来定位的尖脚,虽然经常充当伤人的利器,但却被当作不可变更的部件一直在使用,即使有安全标准也难以解决这个问题。通过设计创新来提高文具的安全性,是解决问题的非常好的途径。例如,通过改变产品形态构成中的一段线条、一个导角,以及局部尺度、体量、色彩质感等小方面,都会改变一件产品的使用性能与神韵面貌。以安全通用要求为准绳,在形态上做一些小的变化,就可以大大提高文具的安全性,以下通过三个案例来进行详细阐述。

案例一:安全图钉

脚底踩到图钉被刺伤的事故时常发生,这似乎是不可避免的问题,有的设计者通过小小的形态细节变化就巧妙地解决了这个问题。该设计是在常用图钉的正圆形钉帽上做了小小的改变,做成一个半弧形的图钉帽(图 6-32),从而使得脚底踩到图钉的安全事故不再发生,因为这种图钉由于重心的原因钉脚不会再朝上躺在地上,即使踩到也不会造成伤害,弧形的缺口也给取钉的行为带来方便。

图 6-32　半圆形安全图钉

案例二：内嵌型三角板

常规的儿童文具中，三角板与量角器一般都是独立的三件。三角板中的直角、45°角、30°角、60°角以及量角器的两个直角的存在都有其不可争议的先天理由，但是对儿童而言却是一种安全隐患。内嵌型三角板（图 6-33）儿童安全文具的设计，仔细分析了三角板和量角器的使用状态，发现问题的关键是传统的三角板是以正形出现的，尖角带来的安全问题几乎难以改变，而如果以内嵌型出现，则角的安全问题就可以迎刃而解。由于学龄前后的儿童只需做简单的测量和绘图，设计师针对这一特点，将三角板以内嵌型方式结合到量角器中，并将量角器两边做成圆角，就从根本上解决了尖角伤人的问题。

图 6-33　内嵌型三角板和半圆仪

内嵌型三角儿童安全文具不仅大大提高了文具的安全性，也是一个多功能设计的成功案例。导致这一结果的原因是细节，而处理的关键也在细节。

案例三：安全圆规

圆规伤人的事故时有发生，近期市面上出现的折款安全圆规在一定程度上减低了圆规的危险性。大家知道，圆规的定位尖脚通常又长又锐利，露出的长度通常为 8～15 mm，因此成了伤人的利器。图 6-34 所示的这款圆规针对定位尖脚这个部分进行了改造，把针尖的长度缩短到 2 mm 左右，将尖角放大，即使戳到肌肉也不会造成大的伤害。

图 6-34　安全性圆规

6.4.2　有害物质限量

6.4.2.1　有害物质的存在

儿童生活在物理化学的物质环境中,日常接触的物质有些会对个体健康发展起促进作用,有些则存在毒性,可能会给个体的健康发育带来损害。科学家很早就开始研究不同物质对身体的作用,尤其是有害物质及其用量的多少对身体危害的影响。例如,污染的空气、家具中超标黏合剂、食品中不符合标准的添加剂用量、化妆品刺激性香料、过度使用的农药、工厂中的粉尘、工厂废水导致地下水的污染等。各种危害存在于生活中的各个角落,无时无刻不接触我们的身体。有些危害物质含量非常少,通过人体自身的免疫系统就可以预防,而有一些含量远超过人体能够承受的范围,会对人体的各种机能,尤其是婴幼儿的发育产生致命危害。更有些是人为因素造成的,如奶粉添加三聚氰胺事件、食品中添加苏丹红事件等,此种危害更加严重,因为人们对食品就没有预防意识,导致慢性中毒,进而产生不可挽回的灾难。

6.4.2.2　儿童易接触有害物质的危害及限量

对各种有害物质,进行有效的分析,制定出安全合理的规定是解决危害事件最根本的法律依据。

1)增塑剂

塑料袋、塑料瓶、保鲜膜、增稠饮料经常含有一定量的增塑剂,增塑剂是一种在工业上被广泛使用的高分子材料助剂。在塑料加工中添加增塑剂,可以使塑料的柔韧性增强,更易加工。增塑剂同时又是一种抗睾酮物质,会对睾酮受体产生拮抗作用,从而影响雄性个体的性别分化。动物实验研究发现,在孕期生活在增塑剂暴露环境中的雄性子鼠的阴茎过短,表现出雌性特征,还会出现生殖系统畸形。

尽管普遍存在于日常生活的方方面面,但是微量增塑剂对人体健康没有明显影响。并且世界卫生组织对增塑剂[邻苯二甲酸二(2-乙基)己酯,DEMP]规定的每日耐受摄入量为每千克 0.025 mg。这意味着体重 60 kg 的人,如果终生每天摄入增塑剂 1.5~8.5 mg,才可能导致明显的健康损害。

2) 双酚 A

双酚 A(bisphenol-A,BPA),也是一种非常常见的塑料添加剂,能够使塑料具有无色透明、耐用、轻巧和耐冲击等优点,尤其能防止酸性蔬菜和水果从内部侵蚀金属容器。因此,双酚 A 被广泛用于制造食品容器。

(1) 双酚 A 的危害。双酚 A 是一种具有弱雌激素活性的环境内分泌干扰物,可与雌激素受体结合,从而干扰体内雌激素的合成、代谢等活动。在大脑发育过程中,雌激素对脑的发育具有非常重要的调节作用,而双酚 A 则会通过改变不同脑区中雌激素受体的表达,干扰雌激素对脑发育的调节作用,给发育中的大脑带来危害。受双酚 A 影响,许多脑区的性别分化会受到干扰,进而影响个体的生殖行为以及探究、焦虑和学习记忆等多种神经行为。发育中的脑对双酚 A 特别敏感,低于环境排放安全标准剂量的双酚 A 也可能影响脑的发育。

最新研究发现,长期暴露于低剂量的双酚 A 环境中,雄性大鼠的空间记忆和消极回避记忆能力均会减退,并且海马突触密度大量减少,突触的结构性参数也随之改变,如突触间隙增大、突触后活性区的长度降低等。因此,有专家指出,有必要重新制定双酚 A 环境排放安全标准。欧盟已于 2011 年 3 月 1 日起禁止生产含双酚 A 的塑料奶瓶,6 月起禁止任何双酚 A 塑料奶瓶进口到其成员国。

(2) 双酚 A 在国外限制法规。

世界各国自 2008 年之后,陆续出台各种法律,对含双酚 A 产品进行限制。表 6-5 列出部分国家对双酚 A 的限制情况。

表 6-5　部分国家对双酚 A 的限制

国家	相关法律及规定
瑞典	2013 年 3 月,瑞典法典公布了法规 SFS 2012:991,禁止 3 岁以下儿童食品包装涂料和涂层中含双酚 A(BPA),新规修订了食品法规 2006:813,并于 2013 年 7 月 1 日生效
挪威	最早将双酚 A 纳入受限物质原定于 2008 年 1 月 1 日生效,后因许多议题与美国尚未达成共识而延期。但是挪威 ROHS 指令规定中就明确说明的 10 种消费性产品中禁止使用的物质中就包括双酚 A
加拿大	2008 年 10 月 18 日,加拿大宣布双酚 A 为有毒化学物质,由此成为世界上第一个将双酚 A 列为有毒化学物质的国家,并禁止在婴儿奶瓶的制作过程中使用双酚 A
美国	2009 年 3 月份提案禁止在"可重复使用的食品容器"和"其他食品容器"中使用双酚 A(BPA)
中国	2011 年 5 月 30 日,卫生部等 6 部门对外发布公告称,鉴于婴幼儿属于敏感人群,为防范食品安全风险,保护婴幼儿健康,禁止双酚 A 用于婴幼儿奶瓶

3）重金属汞[17]

汞是对人体健康危害极大而且环境污染持久的有毒物质。发热是儿科最常见的症状之一，体温计使用频率相对较高，由于体温计采用的材料为玻璃和汞（水银），小儿具有活泼好动、不配合和识别危险能力差的特点，测温度时将体温计压断、摔碎甚至放入口腔咬碎的事件时有发生，极易造成危害。

汞在人和生物体中多积蓄于肾、肝、脑中，并且排出体外非常困难。经研究发现，汞主要毒害神经系统，破坏蛋白质和核酸。经研究人的病状与汞积蓄量关系为：使人知觉异常，25 mg；步行障碍，55 mg；发音障碍，90 mg；死亡，200 mg 以上，因此各国均对汞进行严格限制。即使是低水平暴露也会损害神经系统，表现为精神和行为障碍，能引起感觉异常、共济失调、智能发育迟缓、语言和听觉障碍等临床症状。此外，甲基汞能透过胎盘，并与胎儿的血红蛋白有很高的亲和力，对胎儿造成更大的危害。

4）重金属铅

铅是自然界中分布很广的微量元素，主要存在于岩石圈和土壤圈，是一种用途广泛的重金属元素工业原料。由于人类的活动，铅向大气圈、水圈以及生物圈不断迁移，人类通过呼吸含铅尘埃和饮水污染以及食用累积铅的蔬菜摄入。

关于铅对儿童的影响，早在 1979 年 Needleman 就报道低水平铅可引起儿童语言表达能力和语句重复能力降低，课堂不良行为增加。在临床上诊断儿童铅中毒主要是根据体内血铅含量，世界卫生组织、许多国家和我国均采纳血铅浓度≥100 μg/L 为铅中毒，一些发达国家甚至规定≥60 μg/L 为铅中毒，新生儿则更低。轻度以上铅中毒即可对儿童行为产生影响，发生行为障碍或注意缺陷多动障碍，且以攻击性行为及注意力缺陷型较为多见；中度铅中毒时，神经症行为增加。铅暴露对儿童智商的影响同样不容忽视。研究发现铅对儿童 IQ 的影响很明显，并且血铅每升高 100 μg/L，儿童的智商（IQ）值就会降低 1～3 分。而一些美国学者研究认为即使是极低水平的铅暴露（<100 μg/L）也会对儿童智力产生不良影响。我国学者统计了 1994～2004 年公开的资料显示，中国儿童的平均血铅水平为 92 μg/L，其中城区高于农村，校园在公路附近组明显高于校园远离公路组，交通干线附近的空气、土壤及学生手部的铅含量均高于普通居民区。因此，生活学习环境对儿童重金属中毒是重要的危险因素之一。

其他金属离子的限量按照中国食品中重金属限量标准 GB 2762—2012 的规定，其中包括铅、镉、总汞、甲基汞、总砷、无机砷、锡、镍、镉的含量标准。

5）儿童家具的有害物质限量

市场上大多数儿童家具产品只是外表色彩美丽，其设计和用材与普通家具并无太大差异，而儿童正处于身体发育的关键时期，儿童家具的质量和环保性能至关重要。

用于制造儿童家具的材料多种多样,不同的材料可能含有不同的有毒有害物质,主要有甲醛、挥发有机化合物、可迁移元素、禁用偶氮染料、邻苯二甲酸酯等,如果儿童长期与这些环保指标不合格的家具为伴,会严重危害儿童的身体发育和健康。

(1)儿童家具中甲醛的要求。

儿童家具标准规定了,"产品木制件甲醛释放量应符合 GB 18580 的要求(产品标准对甲醛释放量的要求,按产品标准的规定执行)"。对于木质儿童家具而言,属于"产品标准对甲醛释放量有要求的",应符合 GB 18584 的要求,即采用干燥器法进行检测。对于儿童家具中除木家具外的所有家具,其使用的人造板木制件均需要符合 GB 18580 标准的要求。

(2)儿童家具中 VOC(挥发性有机物)的检测方法。

国内外对检测 VOC 的通常方法是气相色谱法或气相色谱-质谱法(GC-MS),我国现行的家具标准还未对 VOC 进行限量,但新修订的 GB 18584 对其进行了严格限定。采用的方法是将木家具放入一定体积的气候舱内,达到规定的时间后,利用 Tenax TA 采样,GC-MS 检测。

(3)儿童家具中可迁移元素的检测方法。

目前我国大部分家具标准制定采用原子吸收法测定涂层中的可迁移元素,但该方法操作烦琐、检测周期长。采用电感耦合等离子体发射光谱法(ICP-AES),具有分析速度快、精确度高、可同时检测多种元素等优点。

(4)儿童家具中邻苯二甲酸酯的检测方法。

邻苯二甲酸酯的检测方法已经非常成熟,国内外都发布了检测标准,一般是用有机溶剂萃取后,采用 GC-MS 方法进行检测。

(5)儿童家具中禁用偶氮染料的检测方法。

禁用偶氮染料的检测原理,是用不同的方法把织物或皮革中的禁用偶氮染料萃取下来,进行还原分解,再用乙醚或叔丁基甲醚萃取,还原得到的芳香胺类化合物,经过浓缩、定容后再对还原产物用 GC-MS 或高效液相色谱进行检测。

(6)儿童家具中其他可迁移元素含量限。

除了上述替代的甲醛、可挥发性有机物、邻苯二甲酸酯的限量之外,我国相关法律还对其他对人体有害的物质进行限量规定,如表 6-6 所示。

表 6-6 产品材料中有害物质限量

材 料	项 目		指 标
表面涂层	可迁移元素	锑 Sb	≤60 mg/kg
		砷 As	≤25 mg/kg
		钡 Ba	≤1000 mg/kg
		镉 Cd	≤75 mg/kg

材　料	项　目		指　标
表面涂层	可迁移元素	铬 Cr	≤60 mg/kg
		铅 Pb	≤90 mg/kg
		汞 Hg	≤60 mg/kg
		硒 Se	≤500mg/kg
纺织面料	游离甲醛		≤30 mg/kg
	可分解芳香胺		禁用
皮革	游离甲醛		≤30 mg/kg
	可分解芳香胺		禁用
塑料	邻苯二甲酸酯(DBP、BBP、DEHP、DNOP、DINP 和 DIDP 的总量)		≤0.1%

6.4.3　阻燃性能

6.4.3.1　婴幼儿衣服阻燃性能

阻燃性能是影响纺织服装质量品质的主要指标之一。据了解,欧美阻燃安全法规对纺织品规定了三个燃烧级别,一级为一般燃烧特性;二级为中等燃烧特性;三级为快速和剧烈燃烧,这类纺织品被认为是危险易燃物。由于该类纺织品极易迅速、剧烈燃烧,有引发火灾的危险,所以不适合制成服装,尤其是儿童服装。

(1)我国婴幼儿服装阻燃性能应满足并达到 GB/T 21295—2007《服装理化性能的技术要求》中规定的衣着用纺织品的燃烧性能等级要求,如表 6-7 所示。

表 6-7　我国对婴幼儿服装阻燃性能要求

标准和法规	适用范围		燃烧性能技术要求
GB/T 21295—2007《服装理化性能的技术要求》	以纺织机织物为主要原料生产的有延迟燃烧要求的服装产品	婴幼儿服装	损毁长度>17.8 cm
		成人服装　起绒	火焰满蔓延时间≥3.5 s
		成人服装　未起绒	火焰蔓延时间≥7 s

(2)欧美国家对婴幼儿衣服阻燃性能标准。目前为止,国外没有专门针对婴幼儿服装阻燃性能的标准,仅有部分国家对儿童服装的阻燃性能作出了规定,美国、加拿大、澳大利亚和英国的标准内容见表 6-8～表 6-11。

表 6-8　美国涉及婴幼儿服装阻燃性能的标准

标准	定义	方法	备注
16CFR 1615《儿童睡衣的可燃性标准（0-6X 号）》	儿童睡衣包括睡衣、睡裤和类似服装	测试方法（垂直法）：5 个 8.9 cm×25.4 cm 的样本进行检测。样本的平均炭化长度不超过 17.8 cm（7 英寸）。单个样本的炭化长度不超过 25.4 cm（10 英寸）	尿布、内衣裤、婴儿服（小于 9 个月）、紧身服不认为是儿童睡衣（但它们应该满足 16CFR 1610 的要求）
16CFR 1616《儿童睡衣的可燃性标准（7-14 号）》		此外，法规中还要求在儿童睡衣的永久性标签上标明防护要求的所有条款	
16CFR 1610《服用纺织品的可燃性标准（7-14 号）》	该标准将服用纺织品的燃烧性能分为 3 类	采用类似于美国材料与试验协会标准 ASTMD 1230 中的 45°倾斜法，每次测试需 5 块尺寸为 5.08 cm×15.24 cm 的试样，分别在干洗和清洗前后进行测试	帽子、手套鞋子例外

表 6-9　加拿大涉及婴幼儿服装阻燃性能的标准

标准	定义	方法	备注
《危险产品（儿童睡衣）条例》	0～14 号的儿童睡衣应符合《危险产品（儿童睡衣）条例》中的阻燃性能要求	（垂直法）5 个样本的平均炭化长度不超过 178 mm；单个样本的炭化长度不超过 254 mm	对儿童睡衣的阻燃性能、测试方法和阻燃说明标签作了规定 规定经过阻燃处理的儿童睡衣应该附有一个永久标签，清楚地注明阻燃剂（flame retardant）。产品说明书应用英语和法语两种文字，要特别说明清洗过程，保证产品提供给代理商或使用后不会降低产品的阻燃性 在儿童睡衣阻燃性要求指南中还具体规定了儿童睡衣的种类及尺寸要求

澳大利亚/新西兰标准 AS/NZS 1249：2003《减少火灾危险性的儿童睡衣和有限的日用服装》中对尺寸为 00～14 的儿童晚装的阻燃性能和测试方法进行了规定。此标准根据火灾危险程度将儿童睡衣分为四类，如表 6-10 所示。

表 6-10　澳大利亚/新西兰涉及婴幼儿服装阻燃性能的标准

标准	定义	方法	备注
AS/NZS 1249：2003	儿童晚装包括儿童睡衣裤、睡袍、浴衣和婴儿睡袋	ISO 6941《纺织物，燃烧性能垂直定向试样火焰蔓延性的测定》 ISO 10047《纺织物，燃烧性能 织物表面燃烧性能的测定》	

标准	定义	方法	备注
第一类	标签信息是具有低火灾危险性的织物制成的睡衣	ISO 6941 和 ISO 10047,即在按标准的条件洗涤前后,在纵向或横向的火焰蔓延时间大于 12 s,纵向或横向的点燃时间大于或等于 10 s	二、三、四类的儿童睡衣的可燃性要求对有绒睡衣、夹层睡衣、剪外边和颈口结合处等的可燃性提出不同的要求;标准还规定了儿童睡衣的标签信息,并规定标签信息应附在儿童睡衣的规定位置上
第二类	标签信息是具有低火灾危险性的织物制成的睡衣	根据标准附录要求洗涤之后用 ISO 10047 标准进行测试	
第三类	标签信息是具有低火灾危险性的织物制成的睡衣。主要由针织物制成的尺寸大小为 00～02 的一体化睡衣	根据标准附录要求洗涤之后用 ISO 10047 标准进行测试	
第四类	标签信息是具有高火灾危险性的儿童睡衣		

表 6-11　英国涉及婴幼儿服装阻燃性能的标准

标准	定义	方法	备注
BS 5722:1991《睡衣用织物和连衫织物的可燃性规范》	儿童晚装(3个月～13岁之间儿童的衣服)	按照 BS 5438:1989《当垂直定向试样表面或底部边缘经受小火焰作用时纺织织物的易燃性测试方法》的规定进行测试	BS 5722:1991 中规定了三个水平 水平 1:当根据 BS 5438:1989 中的试验 2A 进行测试时没有任何洞的任何部分或任何火焰燃烧较低边缘的任何部分应该达到上部边缘或任何试样的任一垂直边缘;续燃和阴燃时间之和的平均值不超过 4.0 s 水平 2:试验 2A 方法进行测试时,没有任何洞的部分或任何火焰的较低边缘部分达到任何试样的上部边缘或任一垂直边缘试样 水平 3:试验 3A 被测试的 6 块试样没有一块在小于 30 s 的时间内烧断第二根标记线或在小于 42 s 的时间内烧断第三根标记线 此外,还规定了睡衣织物的易燃性可选择的评价方法 此条例还规定在婴儿衣服(3 个月以下)和成人晚装上必须永久性的标签说明其是否满足燃烧标准;如果晚装用阻燃剂整理过,则它必须有合适的警告标签,说明其洗涤性或适用的洗涤剂;测试燃烧性前必须按照 BS5651 中的清洗程序进行洗涤

6.4.3.2　毛绒玩具阻燃性能

如今玩具中大量用到了纺织品,如毛绒玩偶、布制娃娃、玩具风筝、戏偶和玩具帐篷等。因为纺织品是易引发火灾的材料,所以玩具用纺织品的阻燃性能越来越受到人们的重视。

1) 美国玩具用纺织品燃烧性能技术法规

美国玩具安全标准 ASTM F963-11 第 4.2 条款(易燃性)和附件 A5(固体和软体玩具的易燃性测试程序)、附件 A6(织物的易燃性测试程序)对玩具的燃烧性能作了规定。4.2 条款燃烧安全定义是:玩具中使用的非纺织品(不包括纸)材料不能是易燃的;为了便于测试,玩具中使用的任何纺织物应符合 16 CFR 1610 的规定,测试玩具易燃性的程序应遵照 16 CFR 1500.44。

2) 欧盟玩具用纺织品燃烧性能技术法规

欧盟 2009/48/EEC 指令对玩具的燃烧性能作出了明确规定,欧洲标准化委员会(CEN)已核准现行有效的欧洲玩具安全标准 EN71-2:2006＋A1:2007。作为协调标准,EN71-2《玩具的安全性　第 2 部分:易燃性》对玩具燃烧性能的要求包括以下几个方面:①材料,分为多种,如对毛绒面材料规定了测试方法,大部分材料未规定测试方法;②成品,穿戴在头上的玩具(如假发、披巾等)、玩具化妆服饰与预计儿童在玩耍时穿戴的衣服、预计儿童可进入的玩具(如帐篷)、有毛绒或纺织材料面料的软体填充玩具(如动物与娃娃等)。

它为判断玩具产品能否符合该指令的要求提供了"快速通道",即满足 EN 71-2 要求的产品,就认为符合指令中的玩具燃烧性能的要求。

3) 中国的标准

下列材料不能用于制造玩具:①赛璐珞(亚硝酸纤维)及在火中具有相同特性的材料,但用于清漆、油漆或胶水中的材料,或用于乒乓球或类似游戏形式的球除外,为检查玩具是否符合 4.2~4.5 条款要求而采用测试火焰对规定材料进行测试,如果能符合 4.2~4.5 条款要求,则认为该材料符合本条款要求。②遇火后会产生表面闪烁效应的毛绒面料。毛绒表面在离开测试火焰后没有出现瞬间的着火区域,则认为该毛绒表面符合本条款要求。③高度易燃固体。

此外,除下列情况外,玩具不应含有易燃气体、高度易燃液体、易燃液体、易燃凝胶体:

① 单个密封容器内的易燃液体、易燃胶体和制剂,且每个容器的最大容量为 15 mL。

② 完全储存于书写工具细管内的疏松材料中的高度易燃液体和易燃液体。

③ 按 GB/T 6753.4—1998 使用 6 号黏度杯测定,黏度大于 $260×10^{-6}$ m^2/s,对应流动时间大于 38 s 的易燃液体。

6.4.4　产品标识

6.4.4.1　标识的概念与警示标识

标识是社会在人类活动中起到引导、指示、说明、提醒、警告或介绍的一种独特的传送方式，是人类在社会活动中接受信息的一种特殊的方式。警示标识属于标识的一种，它是为了社会公用利益，保证社会秩序的一种社会工具。例如，禁止吸烟、禁止步入等，大多对社会公众有制约作用。

2012年8月1日，我国第一部儿童家具强制性国家标准《儿童家具通用技术条件》正式实施，标准第5、6章为强制性标准，分别是关于"安全要求"和"警示标识"的内容。由此可见，这一标准主要是针对儿童家具普遍存在的安全隐患和警示标识不足等问题而制定的。

6.4.4.2　产品标识的内容

(1) 产品标识中应当包括的内容。

产品名称、生产者名称和地址、产品标准号、产品质量检验合格证明（形式主要有三种：合格证书、合格标签和合格印章），如图6-35所示。

图6-35　产品标识卡

(2) 根据产品特点和使用要求，产品标识还应当包括的内容。

生产许可标识；产品的规格、等级、数量、净含量、所含主要成分的名称和含量以及其他技术要求；生产日期和安全使用期或者失效日期；警示标识或者中文警示说明；安装、维护及使用说明，如图6-36所示。

（3）产品标识中可以选择标注的内容。

产品产地、认证标识、名优称号或者名优标识、产品条码。

（4）进口商品标识。

进口商品标识用于我国进出口商品检验、认证和质量许可制度，根据不同的要求，使用不同的标识。

① 标识分为认证标识和检验检疫标识。

认证标识分为安全认证标识、卫生认证标识和质量认证标识。检验检疫标识为圆形，正面文字为"中国检验检疫"及其英文缩写"CIQ"（图 6-37），背面加注 9 位数码流水号。

图 6-36　生产许可标识

图 6-37　中国检验检疫标识

② 标识颜色的划分。

黄色为安全认证标识，蓝色为卫生认证标识，红色为质量认证标识。标识的底色为白色。标识的材质为纸质，有耐热要求时为铝箔。凡符合国家和国际有关安全标准和规定的出口商品以及符合国家安全法规和标准的进口商品，应使用安全认证标识；凡符合国家食品卫生标准或有关卫生标准的出口商品，应使用卫生认证标识；凡符合国家优质产品标准或国外先进标准的出口商品，并符合进口贸易合同或国外厂商质量标准的进口商品，应使用质量认证标识。

6.4.4.3　标识的分类及要求

1）标识的分类

安全警示类标识一共可以分为 17 大类，分别包括食品类、化妆品类、家用电器类、燃气器具及电话、传真机类、钟表类、照相器材类、计算器及电子记事本类、药品类、运动器材类、皮制品（皮带、箱包）类、鞋类、日用百货类、香烟、日用纺织品类、玩具类、金银饰品类。

2) 儿童紧密相关的标识介绍

a. 服装、纺织品类

（1）国产商品必须具备的中文标签标识内容。

品名、号型、规格、等级；产品标准号；布料原料名称和主要成分的标识；产品使用洗涤标识；生产商的厂名、厂址；商品检验合格标识（其中，号型、规格、原料成分、洗涤方法应标注在耐久性标签上），如图 6-38 所示。

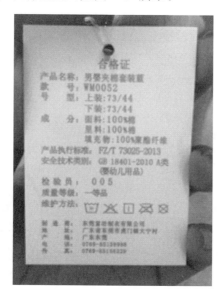

图 6-38　某品牌男婴棉衣标识内容

（2）进口商品必须具备的商品中文标签标识内容。

同国产商品，可免除标注生产商的厂名、厂址及检验合格标识；必须标注原产国（地区）和国内经销（代理）商的名称和地址，如图 6-39 所示。

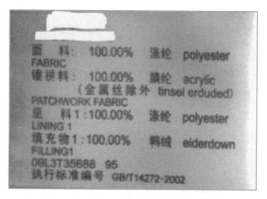

图 6-39　进口某品牌衣服标识内容

b. 玩具类

（1）国产玩具必须具备的中文标签标识内容。

产品名称（使用说明中的产品名称应与国家、行业、企业标准的名称相一致，并与其实际内容相符）；

产品型号（使用说明应与产品型号相一致，不同种类、不同型式的产品不能通用同一说明）；

主要成分或材质（对含有填充物的玩具应标明主要成分或材质）；

年龄范围（在包装及说明书、标签上应标明适合儿童使用的年龄范围）；

安全警示（对需要有警示说明的玩具应予以标明）；

生产者的名称和地址（应标明玩具生产者合法登记注册的名称、住所地）；

使用方法（使用说明上应标明使用玩具的操作方法和注意事项）；

组装程序图（拼插玩具、组装玩具有组装程序图）；

维护和保养（较复杂和容易损坏的玩具有维护、保养方法）；

产品标准号（应标明产品所执行的国家标准、保养方法）；

产品检验合格证（每单件玩具产品应有产品出厂质量检验合格证明）；

安全使用期限（需要限期使用的产品应按年、月、日顺序标明生产日期和安全使用期）。

（2）进口玩具必须具备的商品中文标签标识内容。

同国产商品，可免除标注生产者的名址、产品标准号及产品检验合格证；必须标注原产国、地区和代理商在国内依法登记注册的名称和地址。

参 考 文 献

[1] 龚明. 我国轻工业经济发展存在的问题相关探讨[J]. 南方农机,2015,5:93-94.

[2] 国家统计局. GB/T 4754—2002 国民经济行业分类[S]. 北京:中国统计出版社,2002.

[3] 中国集体经济编辑部. 拼搏奋进创造新辉煌——党的十六大以来轻工业发展成就巡礼（上）[J]. 中国集体经济,2013,8:1-3.

[4] 刘霞,罗红旗,刘志雄. 浅析玩具物理危害——由欧美玩具召回通报引发的思考[J]. 标准科学,2013,6:77-80.

[5] 朱瑞兴. 儿童家具的安全性设计研究[D]. 无锡:江南大学硕士学位论文,2011.

[6] 石海娥. 儿童服装:朝阳产业的安全隐[J]. 封面故事,2015,6:38-40.

[7] 毛纺科技编辑部. 毛纺科技儿童服装安全要求全面升级[J]. 毛纺科技,2015,7:71-71.

[8] 杨志花,陈胜,刘昕,等. 欧美玩具召回制度解析[J]. 中国标准化,2009,05:29-31.

[9] 章全奎. 婴儿学步车质量问题及风险分析[J]. 大众标准化,2015,1:248-248.

[10] 杨淳. 基于安全问题分析研究幼儿家具的设计方法[J]. 包装工程,2008,29:115-117.

[11] 刘霞,赵珊,杨典. 儿童轮滑鞋产品质量安全风险分析[J]. 风险监测,2015,4:86-88.

[12] 宋玉莹. 出入境纺织服装产品添加剂中有毒有害物质安全性及阈值匹配性研究[D]. 上海:东华大学硕士学位论文,2009.

[13] 崔敏,段新芳,吕斌. 木质林产品质量安全风险评估探讨[R]. 第五届全国生物质材料学与技术学术研讨,2013-04-23.

[14] 国家质检[2008](66)号. 儿童玩具召回信息与风险评估管理办法[J]. 玩具世界,2008,8:59-61.

[15] 姜玉凤. 儿童自行车与自行车安全要求的比较和分析[J]. 中国自行车,2014,1:100-103.

[16] 陈锡福,陈生男,韩宏. 浅谈食品添加剂与食品安全[J]. 中国卫生监督杂志,2010,6:593-596.

[17] 洪心,程紫薇. 重金属铅硒镉汞对儿童健康的影响及其研究进展[J]. 中国保健营养,2014,3:1685-1685.

第 7 章　化学类产品儿童安全风险与防护

7.1　化学类产品范围

化学类产品走进人们生活的历史已经非常悠久。自从远古时期,人们利用黏土烧造陶器,用天然矿物制成颜料绘制壁画,到后来酿酒制醋、冶炼金属、造纸以及制造火药和肥皂等,都是人类早期生产、生活中使用化学类产品的实例。随着第二次工业革命的兴起,科学技术得到了迅猛发展,一些生产、生活中积累的化学经验和理论得到了很好的总结和发展,逐渐形成了化学学科和经典的理论体系。到 20 世纪 50 年代以后,随着化学工业的发展与成熟,化学类产品开始大量进入人们生产生活的各个领域,极大地改变着人们生产、生活方式。如今,化学类产品的身影在我们的生活中几乎随处可见,遍及人们日常生活中的衣、食、住、行、用等各个领域,为促进生产力发展和人们生活质量的提高发挥着非常重要的作用。

化学类产品因其种类繁多、数量庞大,很难一一记述。大凡是利用自然资源通过化学反应和物理操作过程生产出来的为人类所需要的产品都可归入到化学类产品的范畴。表 7-1 中对化学类产品进行了大致的分类。

表 7-1　化学类产品分类

序号	化学类产品种类	各类化学类产品实例
1	化学矿	硫矿、磷矿、硼矿、钾矿及其他化学矿
2	无机化工原料	酸类、碱类、无机盐及其他金属盐类、氧化物、单质、工业气体、其他无机化工原料
3	有机化工原料	基本有机化工原料、一般有机原料、有机中间体
4	化学肥料	氮肥、磷肥、钾肥、复合肥料、微量元素肥料及其他肥料、细菌肥料、农药肥料
5	农药	杀虫剂、杀菌剂、除草剂、植物生长调节剂、杀鼠剂、混合剂型生物农药
6	高分子聚合物	合成树脂及塑料、合成橡胶、合成纤维单(聚)体、其他高分子聚合物、塑料制品
7	涂料及无机颜料	油漆、特种印刷油墨、其他涂料、无机颜料
8	染料及有机颜料	纤维用染料、皮革染料、涂料印花浆、电影胶片用染料、有机颜料、其他染料

续表

序号	化学类产品种类	各类化学类产品实例
9	信息用化学品	片基、电影胶片、X光片、特种胶片、照相用化学品、磁记录材料
10	化学试剂	通用试剂、高纯试剂及高纯物质
11	食品和饲料添加剂	包括食品添加剂、饲料添加剂
12	合成药品	各种药品、制剂用料及附加剂、其他化学原料药
13	日用化学品	肥皂、洗涤剂、香料、化妆品及其他日用化学品
14	胶黏剂	聚醋酸乙烯胶黏剂、丙烯酸酯胶黏剂、树脂胶黏剂、聚氨酯胶黏剂、三聚氰胺胶黏剂、橡胶型胶黏剂、无机胶黏剂、热熔胶、其他胶
15	橡胶制品	轮胎、橡胶运输带、乳胶制品、特种橡胶制品、其他橡胶制品
16	催化剂及化学助剂	催化剂、高分子聚合物添加剂、表面活性剂、建工及建材用化学品等
17	火工产品	烈性炸药、起爆药、导火索
18	其他化学品	煤炭化学产品、林产化学品、其他化工产品、酶等

在我国,化学工业是国民经济支柱性产业之一,其产品在发展经济和改善人民生活水平方面都发挥着极其重要的作用。这一点可以从化学工业产值以及其在工业生产总值中所占比例逐年上涨的趋势得到充分体现,如图 7-1 所示。

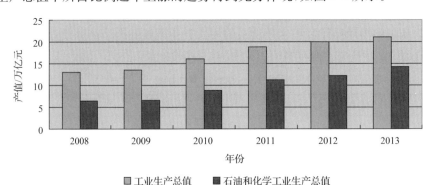

图 7-1 我国 2008～2013 年化学工业产值及工业生产总值

任何事物都是具有两面性的。随着人类消费化学类产品种类和数量的逐年增多,化学类产品在促进人类社会生产力发展,为人们带来更方便、舒适生活的同时,其中有害的化学制品也变得更多。这些有害化学类产品,有的具有毒性,通过与人体接触对健康造成急性或慢性危害;有的化学品具有燃烧、爆炸、自反应、氧化等性质,会对人体造成物理性伤害[1]。它们所引起的生态环境和人类健康的问题正在变得越来越突出。如今人们健康意识正在随着生活水平的提高而不断加强,人们对自己生命的质量也更为关注。充斥在人类生活各个领域的化学类产品对健康可能造成的影响已经引起了全社会的重视[2]。儿童作为一个特殊群体,因为其身体正处于生长发育阶段,各项生理功能尚不够完全,对有接触到的有害化学类产品的识别、免疫能力较差,比成年人更容易受到伤害,造成对健康的不利影响。儿童是国家和民族的未来,化学类产品对儿童造成的危害应得到人们更高度的重视。

本章将就一些常见的有害化学类产品对儿童健康造成的危害进行分析。通过介绍化学类产品对儿童造成伤害的机理、有害化学产品的来源以及暴露途径,引起人们对儿童暴露在有害化品环境中风险的关注。此外,还介绍了危险化学品风险评估常用的方法,以及防止或减少儿童受到化学类产品伤害所作的限量要求。

7.2　化学类产品危害儿童安全的因素及来源

化学工业经过最近 100 多年的快速发展,在世界范围内已成为重要的基础产业,其产品在人们日常生活及其他工农业生产领域应用非常广泛,可以说化学类产品在我们生活中无处不在。这些化学类产品在生产、使用以及废弃物处理过程中都会有可能产生或释放有毒有害物质,造成对人们身体健康的危害。这些有害化学物质可通过与人体的接触,经由皮肤进入人体,也可挥发到空气中,溶解到食物和水中经过呼吸道和消化道进入人体,在体内积蓄并达到一定浓度时,就会对健康造成伤害。

儿童处在生长发育阶段,心理和生理都没有达到稳定完善的程度,面对有害化学品时,相比成人受到的伤害会更为严重。儿童本身对具有危害的化学产品的认识、防范和抵御能力都比较弱,同时化学类产品对于儿童所造成的危害具有一定的隐蔽性,并不像其他类型的物理伤害那样直观可见,在未表现出严重后果之前,往往也会被看护儿童的成人所忽视。因此,化学类产品对儿童的危害通常是持久的,具有积累性。

7.2.1　重金属危害

重金属是指密度在 5×10^3 kg/m³ 以上的金属,如金(Au)、银(Ag)、汞(Hg)、铜(Cu)、铅(Pb)、镉(Cd)、铬(Cr)等,如图 7-2 中虚线框内元素所示。有些重金属元素在人体内含量非常低,却发挥着重要的生理功能,是人体必需的微量元素,如铬、锌和硒等。而有些重金属在人体中没有任何生理功能,一旦进入人体,还会干扰人体正常生理功能,危害人体健康,称为有毒重金属。儿童的某些不同于成人的行为习惯及生理活动往往导致其从周围环境和物品中摄入更多的重金属。

重金属几乎一直伴随着人类历史的发展,并在人类历史发展过程中发挥了重要作用。其中黄金应该是人类最早发现和认识的重金属,早在距今 10 000 多年前,还处在石器时代的人们就发现了天然黄金。黄金因为比较惰性,在自然界中往

往能够以较大颗粒金属形态存在,这就是自然金,又被俗称为狗头金、马蹄金,如图
7-3 所示。人类在早期活动中,偶然得到了这种天然金属,并被它金黄耀眼的光泽
所吸引,称其为"光辉灿烂的黎明"(拉丁文黄金 *Aurum* 一词的原意)。人们把黄金
与太阳联系在一起,形成了全世界范围内对黄金的普遍崇拜。这是重金属走进人
类历史的开端。

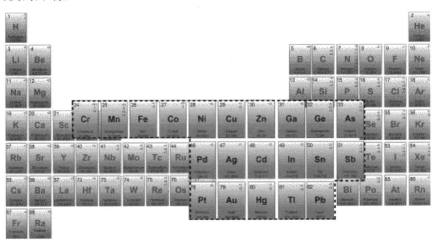

图 7-2　　重金属元素(虚线框中元素)

图 7-3　　自然金和远古时代的黄金制品

石器时代之后,人类又进入到青铜器时代。青铜时代是以使用青铜器为标志
的人类物质文化发展阶段。在此阶段,人类不再像石器时代那样只会利用自然界
中天然存在的黄金,开始学会冶炼金属,并制造青铜合金。青铜是金属冶铸史上最
早的合金,是在重金属铜(红铜)和锡或铅按一定比例熔铸在一起制成的合金。青
铜器的出现标志着人类生产力的进步,人类自此进入更高的文明形态。在青铜器

时代,世界上青铜铸造业形成几个重要地区,这些地区成了人类古代文明形成的中心。最早的青铜器出现于 6000 年前的古巴比伦两河流域。苏美尔文明时期雕有狮子形象的大型铜刀是早期青铜器的代表。在我国,龙山时代,相当于尧舜禹传说时代,人们也开始冶铸青铜器。黄河、长江中下游地区的龙山时代遗址里,经考古发掘,在几十处遗址里发现了青铜器制品。青铜器在我国出现的较晚,但却经历了一个包括夏、商、西周、春秋及战国早期,延续时间约 1600 余年的鼎盛期,即中国青铜器时代,也就是中国传统体系的青铜器文化时代。在这一时期,青铜不仅在礼乐、兵器及在礼仪祭祀、战争活动等重要场合中使用,在日常用具中也得到了广泛应用。其器别、种类、构造特征及装饰艺术都达到了相当高的水准,留下了一大批精品,为促进生产力发展和文明进步发挥了重要作用,如图 7-4 所示。

图 7-4　中国古代青铜器

在公元前 1400 年左右,继青铜时代之后,小亚细亚(今土耳其境内)的赫梯人,最早制造铁器,将人类带入铁器时代,如图 7-5 所示。中国在商代中期已经开始用铁,但属于稀有之物。西周晚期,我国开始使用铁器,进入铁铜石并用的时代(或称为早期铁器时代),河南三门峡虢国墓中出土的铜柄铁剑能够证明西周晚期我国已有人工冶炼的铁器。春秋时,铁农具开始出现,战国时,铁农具使用范围迅速扩大。公元前 2 世纪,也就是秦汉时期,完全进入铁器时代。中国冶铁业出现的时间虽晚于西亚和欧洲等地,但发展迅速,在相当长的一段时间内,一直处于世界冶金技术的前列。铁器的使用促进了社会经济的发展。铁器时代在我国一直持续到清朝晚期,进入机械时代结束。

在铁器时代,不仅是铁冶炼技术得到了很大的发展,其他很多重金属的冶炼和使用也变得非常普遍。人们使用金、银、铜、铁、锡、汞等重金属,某些重金属元素化合物的使用也非常广泛,在各种金属器皿、工具及建筑等领域中重金属都发挥了重要作用;在陶瓷、医药和颜料等方面,重金属化合物也扮演着重要的角色。

图 7-5　赫梯人的铁剑及冶铁技术

　　到了近现代,科学技术发展速度远超过人类历史以往各个时期,重金属的应用变得空前广泛,重金属对人类的影响也比以往历史时期更为明显。随着科技的发展,人类社会生产力水平不断提高,人类改造自然的能力也不断增强。重金属元素在自然界中的分布和存在形式在人类活动的影响下发生着巨大变化。人类对矿物的开采,改变了重金属元素在空间上的分布。许多原本存在于岩石圈的重金属元素,不会进入生物圈或只会通过自然风化缓慢地进入生物圈,对生物生存环境的影响微小且缓和。但是人类采矿活动则会迅速、大量地将这些重金属转移到我们的生存环境中,造成污染,影响人类以及动植物的健康和生存,如人类对化石能源的开采和使用就极大地增加了铅的排放。此外,人类在生产过程中,使用、排放重金属,还会改变它们的存在形式,这时常会造成重金属性质的改变,使其对环境和人类健康的负面作用增强,如无机汞转化为有机汞毒性会显著增强。

7.2.1.1　铅

　　铅,元素符号为 Pd,原子量为 207.2,在元素周期表中位于第六周期第 ⅥA族,是一种重金属元素。单质铅是一种蓝白色质地柔软的重金属。其在人体中没有任何生理作用,并且一旦人体中铅含量过高时会造成中毒[3],对人体健康造成影响,理想状况下人体内的铅含量应该为零。但是铅是地球上含量最高的重金属元素之一,矿物中的铅会随着风化作用迁移到土壤和水中,铅也经常和其他金属矿物共生,也会随采矿而扩散到环境中。也由于铅延展性好、可塑性强、熔点低和耐腐蚀等特点,被广泛用于印刷、焊接、塑料、橡胶、陶瓷制造以及燃油等领域,由于氧化铅有较强的吸附能力和遮盖性能,往往也被应用到化妆品中。这些都造成我们生活空间内铅的存在非常普遍。因此,人体接触铅的情况也就不可避免。它会通过呼吸道、消化道以及皮肤进入到人体内[4,5]。进入到人体内的铅会通过人体代谢分布到骨骼、内脏和血液等各种组织器官中。其中 $75\%\sim95\%$ 的铅会以不溶解的 $Pb_3(PO_4)_2$ 形式蓄积在骨骼中。儿童处于身体生长发育阶段,对铅的吸收和排泄不同于成年人,儿童对铅的吸收率远高于成年人。成年人对摄入体内的铅仅吸收 5%,儿童的吸收率高达 50%,而其排泄铅的能力却仅为成年人的 66%,所以铅在儿童体内蓄积量会高于成人,所以儿童铅中毒的问题较成人严重[6]。

铅对人体的危害最早从胎儿时期就开始显现,孕妇摄入铅过多可能会导致胎儿的早产、营养不良甚至畸形,而更为严重的脑发育迟缓和肌肉运动缺陷可能在胎儿出生后很长的时间内才会逐渐表现出来。

铅进入人体后,会对人体各种组织器官造成伤害,其中对消化、神经、循环及造血系统造成的损害最为明显和严重[7]。当儿童体内积累的铅含量超过 $1.0\ g/L$ 时,就会造成铅中毒,对儿童身心健康产生不利的影响。造血系统对铅含量最为敏感,一旦血铅含量超标,就会对血红蛋白合成产生抑制作用,造成贫血的发生[8];铅还能进入到儿童的肝脏和肾脏,对这些器官造成损伤,影响正常功能[9];铅以不溶解的 $Pb_3(PO_4)_2$ 形式在骨骼中的蓄积,会阻碍钙的沉积,影响儿童骨骼发育,影响身高[10]。

铅还会对儿童神经系统造成伤害,导致儿童智力下降、心理和行为异常。国内外许多研究表明,婴幼儿和儿童的血铅水平与 IQ 值显著相关,当血铅水平每增加 $1.0\times10^{-4}\ g/L$ 时,智商平均降低 $6\sim8$ 分[11]。此外,铅还可导致儿童心理和行为异常,表现为多动症、注意力涣散、性情冲动和过度活泼等不良行为[12]。较高的血铅水平甚至会增加儿童成年后罹患精神类疾病的风险[13]。体内铅含量过高对儿童阅读、书写和记忆力等学习能力也会有明显影响[14]。

铅对生长发育的儿童的影响表现在它不仅妨碍儿童发育,还可引起身高生长落后。研究表明,血铅每上升 $1.0\times10^{-5}\ g/L$,儿童身高将下降 $1.3\ cm$,身高生长落后的儿童的血铅水平通常会明显高于正常对照组儿童[15]。

此外,铅中毒还可造成儿童听力下降、便秘和弱视等[16]。

1) 铅中毒的机理

铅可以经过呼吸道、消化道和皮肤三种途径进入人体,蓄积在人体各组织中,从而对各系统正常生长发育及功能造成影响,如图 7-6 所示。铅经由呼吸道进入肺内,通过肺泡内的毛细血管进入血液,降低细胞对呼吸道合胞病毒的抵抗力[17]。动物的实验和铅作业工人的体检发现,无论是人还是实验动物的几项肝脏生化指标都超出正常值,还原性谷胱甘肽含量降低、δ-氨基-γ-酮戊酸脱水酶活性减弱和丙二醛含量升高,脂质过氧化作用增加,孕鼠肝脏微粒体细胞色素 P450 含量、药物代谢酶细胞色素 C 还原酶、苯胺羟化酶、氨基吡啉脱甲基酶和谷胱甘肽-S-转移酶活性均有降低。以上变化使肝脏合成转铁蛋白等多种蛋白质含量下降,对铁代谢产生不良影响,降低了肝脏解毒能力,降低了药物清除率,增加了药物毒副作用[18-20]。

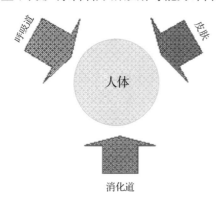

图 7-6　铅进入人体的途径

铅也可以随着消化过程通过胃肠道进入人体,成人胃肠道铅吸收率为 5%～10%,儿童的胃肠道吸收率则可以高达 42%～50%。进入体内后,铅会阻碍儿童对营养物质和氧气的吸收,造成食欲不振、胃肠炎、腹泻、便秘、消化不良等症状。铅使肠道一氧化氮合酶阳性神经元以及阳性纤维数目减少、形态改变和肠道内血管平滑肌一氧化氮合酶活性下降。一氧化氮可以使肠道平滑肌松弛,一氧化氮合酶活性下降,一氧化氮量会减少,导致肠道平滑肌长期保持紧张状态,引起腹绞痛[21]。

少量的铅即可对机体免疫功能造成影响,导致某些自身免疫性疾病。铅主要损伤 T 淋巴细胞或巨噬细胞,改变 B 淋巴细胞表面补体受体结合位点,抑制体液免疫。红细胞具有清除免疫复合物、病原体和肿瘤细胞,促进 T、B 淋巴细胞免疫应答等功能。铅能明显抑制红细胞免疫黏附和清除功能,降低吞噬细胞对衰老红细胞的清除能力,延长红细胞凝集时间,表现为继发性红细胞免疫功能低下。

长期铅接触会对泌尿系统造成严重伤害,可以引起急性或慢性肾功能损害。其机理可能是由于铅干扰肾小球旁器,刺激肾素分泌,激发肾素、血管紧张素-醛固酮升压系统,使小动脉平滑肌收缩。大量铅进入人体后可出现高血压,且与冠心病也有一定相关性。

铅还是一种亲神经物质,过量摄入会对中枢和周围神经系统造成损害。研究表明,脑组织中 NO、SOD(超氧化物歧化酶)和 MDA(丙二醛)浓度与血铅水平呈负相关,血铅升高也会引起脑干听觉诱发电位的潜伏期和波间期延长,使神经传导减慢,影响听觉系统的发育。铅降低视细胞对光照的耐受力,促进视细胞凋亡,这正是视网膜光损伤的重要机理之一。甲状腺是铅的靶器官,对铅有很强的蓄积作用,在甲状腺中铅与碘竞争结合位点引起碘缺乏。

铅对造血系统的影响,造成的铅性贫血在临床上很常见,尤其好发于儿童。铅影响、损害造血系统的主要机理有以下几方面:①阻滞骨髓内红细胞的正常成熟,造成红细胞的点彩和贫血;②干扰血红蛋白形成所必需的两种重要物质 σ-氨基乙酰和粪卟啉,从而抑制血红蛋白的合成;③降低血红素合成过程中所需酶的活力,从而造成血红素减少;④铅使红细胞膜上的三磷酸腺苷酶失去作用,使得细胞膜内外的钾、钠和水离子的分布失去控制,导致溶血;⑤铅与红细胞膜蛋白质结合,引起膜蛋白发生构象改变,导致红细胞变形性下降,在血流湍急处,机械冲击或者通过比它小的毛细血管时容易破损而发生溶血。铅对造血系统的影响表现为小红细胞、血红蛋白过少性贫血及轻度溶血性贫血。当血铅浓度大约是 4.0×10^{-4} g/L 时，就可能发生血红蛋白的减少，重症患者可出现面色苍白、心悸、气短、乏力等症状。铅与红细胞特别是细胞膜有高度亲和力，使红细胞膜的完整性受损，大量铅对成熟红细胞有直接溶血作用[22]。

铅对发育的影响表现在对胎儿和儿童的影响两方面。胎儿正处于各个器官系统发生、发育阶段，对铅极为敏感，母血中的铅绝大部分通过胎盘转移到胎儿体内积蓄。胎儿发育阶段是对铅最为敏感的时期之一。铅可造成胎儿流产和死胎率增加，宫内发育迟缓，尤其对大脑的发育更为严重，导致胎儿出生头围小，体重偏轻。血铅水平在 9.95×10^{-5} g/L 左右即可影响儿童的生长发育，对儿童的毒性作用可持续至成人。儿童处于发育期，对铅有特殊的易感性，铅对儿童的伤害以中枢神经系统损伤为主，最普遍的表现形式为智力障碍和行为缺陷。海马是人神经系统中记忆功能的关键部位，低浓度铅即可明显抑制分化中的海马神经元细胞的分裂增殖速度，使神经元的数量减少，影响神经元的正常功能。儿童长期接触低浓度铅，可引起行为功能改变。常见的有模拟学习困难、空间综合能力下降、运动失调、多动、易冲动、注意力不集中、侵袭性增强和智商下降等。

2）铅的来源

铅在自然界中存在非常广泛，而且在工业中应用也非常普遍。因此，儿童从周围的环境以及食品和用品中都可能摄入铅。随着汽车保有量的增加，导致汽油消费量的持续增加。为催化汽油充分燃烧而加入到成品油中的四乙基铅，会随着汽油的燃烧，向空气中释放出大量的铅，造成公路附近空气中铅含量增高。室内空气中的铅含量也可能因为装修使用的含铅油漆和涂料的持续释放而升高。此外，农村地区冬季室内使用燃煤取暖也会导致煤内的铅挥发到空气中，造成室内空气中铅含量升高。儿童通过空气摄入铅，已成为儿童血铅超标的一项主要原因。工业区以及公路附近居住的儿童一半以上都面临着铅中毒的危险。

大气中造成儿童铅暴露的铅尘的主要来源是煤和石油等化石燃料的燃烧。我国煤炭储量居世界第二位，既是煤炭生产大国，又是煤炭消费大国。中国是全球煤炭行业发展的主力军，作为工业化进程的引擎，中国国内煤炭产量在 2003～2013 年的 10 年中增长了 135%。在此期间，中国在全球能源消费增长中占三分之一以上的比例。2012 年，中国煤炭消费量在全球煤炭消费总量中的比例首次超过 50%。在我国目前多数电力、钢铁、建材和供暖等行业所需的能源都来自于燃煤。煤炭中含有的铅元素在燃烧过程中，会挥发到空气中造成铅污染。

在我国以煤炭为主要能源的行业分布不均匀，因此燃煤大气铅排放量分布也极不均匀。山西省是煤炭生产大省，铅排放量最高，平均每年排铅 1344 t；海南省铅排放量最低，平均每年排铅 13 t，最高和最低的省份排铅量相差 100 倍。在各大行政区中,华北地区均排铅量最高,年均达 554 t,西北地区均排铅量最低,年均 72 t。2010 年,中国科学院上海应用物理研究所的一项相关研究中估算了 2001～2005 年中国各大行政区内铅排放量[23],见图 7-7。

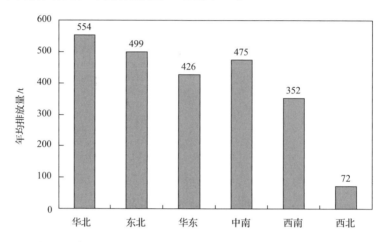

图 7-7　我国 2001～2005 年各行政区划内年均燃煤大气铅排放量

　　汽油燃烧后,汽油中的铅随汽车尾气排放到空中,然后逐渐沉降到道路周边的土壤和作物中,或悬浮在大气中。近年来,随着经济发展、人民生活水平的提高,我国汽车保有量急剧增加,因此带来的燃油消耗也在增加。与此同时,汽油燃烧造成的铅排放量也在增加,2001 年无铅汽油推广后情况有所改观,但由此造成的铅排放总量仍然不可忽视,对生活在公路附近的儿童健康会造成潜在的威胁。

　　汽油中的铅含量主要由国家规定的汽油铅含量标准决定。1964 年,我国制定了第一个汽油含铅量的国家标准 GB 484—1964《汽油标准》,其中规定汽油中四乙基铅含量不得大于 1.0 g/kg,即铅含量不大于 0.64 g/kg。直到 1989 年,我国又规定 90 号汽油铅含量不大于 0.35 g/L,93 号和 97 号汽油铅含量不大于 0.45 g/L、0.35 g/L。1993 年,GB 484—1993 规定所有牌号汽油铅含量不大于 0.35 g/L,此标准一直沿用至 2000 年实行汽油无铅化时废止。

　　自 1991 年起,我国启动汽油无铅化计划。这一年,中国石油化工总公司发布 SH 0041—1991《无铅车用汽油标准》,规定 90、93 和 95 号汽油铅含量不大于 1.3×10^{-2} g/L。1999 年,在 SH 0041—1993《无铅车用汽油》基础上,制定了 GB 17930—1999 的国家标准,将铅含量指标降为不大于 5.0×10^{-3} g/L。

　　我国从 1980 年到 2006 年,通过燃油燃烧共向大气排放近 20 万 t 铅。其中,1981～1990 年 10 年间,加铅汽油排放 9.15 万 t;1991～2000 年 10 年间排放 10.07 万 t,直至 2001～2005 年的 5 年间实行汽油无铅化后,排放量才减少到 0.11 万 t。汽油无铅化后,燃油向大气排放铅的量比从前平均降低了 98% 左右,但随着汽油消耗量的增加,由此造成的铅排放量也一直在保持增长[24],见图7-8。

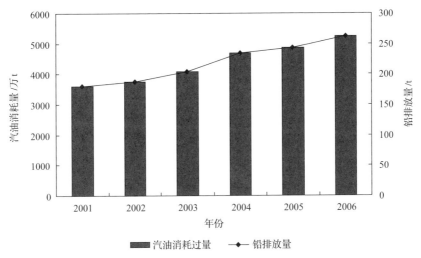

图 7-8　我国 2001～2006 年汽油消耗及铅排放量

水和食品中的铅也是儿童摄入铅的主要来源。日常使用的自来水,无论是使用金属管道还是塑料管道输送,其材料中所含的铅都会向水中迁移,使水中铅含量增加。食品可分为动物性食品和植物性食品。植物性食品可由于植物从土壤、灌溉用水和含铅农药化肥中吸收铅并积蓄在体内而含有铅;动物性食品中的铅与动物在饲养过程中从饲料、饮水以及空气中铅含量有关。此外,食品在加工、包装过程中,也可能受到加工设备和包装物内的铅的污染。

儿童摄入铅的来源还有玩具、学习用品和日常生活用品,如某些塑料制品、带有含铅瓷釉的餐具和含铅油墨的印刷品中都含有铅。也可经由暴露在含铅较高的工作环境中的成人间接获得,如在印刷厂、炼钢厂、蓄电池厂和矿山等工作的成人,衣物上会带有含铅的粉尘,这也可能成为儿童接触铅的一个来源。

7.2.1.2　汞

汞,化学符号是 Hg,原子序数是 80,在化学元素周期表中位于第六周期第ⅡB族,是一种过渡金属元素。常温常压下,金属汞为一种密度很大的银白色液体,故俗称水银。其密度为 $13.6 \times 10^6 \, g/m^3$,熔点为 $-39.9 \, ℃$,沸点为 $357 \, ℃$。由于汞有恒定的体积热膨胀系数,常压下其体积变化与温度线性相关,所以人们常利用汞制造玻璃水银温度计,日常生活使用的体温计中用以指示温度的银白色液体就是金属汞,如图 7-9 所示。汞在常温下很容易挥发成无色无味的汞蒸气。汞和汞的某些化合物毒性剧烈,并且容易通过呼吸道和皮肤侵入人体。汞进入人体后多积累在肝、肾、大脑、心脏和骨髓等部位,造成神经性中毒和深部组织病变,危害人体健康。

图 7-9　体温计中的金属汞

人类认识和使用汞的历史也非常久远,人们很早就掌握了加热氧化汞制取金属汞的技术。在公元前 1500 年的埃及墓中就找到了汞。古代汞的使用已经非常广泛,在我国古人认为汞可以延长生命、治疗骨折和保持健康,常在炼制丹药时使用;古希腊和古罗马人则将汞添加到化妆品中起到美白祛斑作用;汞在古代还被用来去除皮毛上的毛发。

汞在现代工业上同样有着广泛的用途,在总的汞用量中,金属汞约占 30％,化合物状态的汞约占 70％。例如,汞的开采、冶炼,测量仪器的制造和维修;化学工业采用汞作阴极电解食盐水,生产烧碱和氯气;军工生产中雷汞的使用;塑料、染料工业用汞作催化剂;医药及农业生产中含汞防腐剂、杀菌剂、灭藻剂、除草剂的使用;书画创作使用的含硫化汞的红色颜料朱砂、印泥等。

现代社会工矿业发达,汞及汞的化合物使用量非常巨大,不可避免地会将部分汞排放到环境中。这些被排放出来的含有汞的有害物质可以直接经由皮肤、呼吸道侵入人体;也可以经食物链蓄积到动植物体内,这些动植物最终作为食物通过消化系统将汞带入到人体。1958 年,日本发生的水俣病事件就是历史上最著名的一起汞中毒案例,见图 7-10。1949 年,坐落在水俣湾旁的日本氮肥公司开始生产氯乙烯,并将没有经过处理的废水直接排放到海湾中,由于氯乙烯生产工艺中需要氯化汞作为催化剂,所以废水中含有大量汞。这些汞经由食物链进入人体,造成当地很多人出现奇怪的病症,患者口齿不清、步态不稳,面部痴呆,进而耳聋眼瞎,全身麻木,最后精神失常,严重者甚至跳海死去,这就是 1958 年发现的水俣病。由汞中

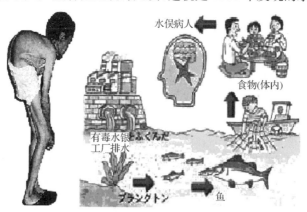

图 7-10　水俣病患者及汞的污染途径

毒引起的这种疾病危害十分严重,从 1958 年至 1972 年由于汞中毒引起的水俣病已造成 180 人患病,50 人死亡。

汞对人体健康危害极大,尤其是神经系统,汞中毒会造成感觉异常、视域收缩、听觉和表达受损、小脑运动失调及各种精神疾病[25]。胎儿和儿童大脑发育的不完善,因此胎儿和儿童受汞暴露的危害比成人更严重。汞中毒早期症状不明显,往往容易忽略;一旦出现症状,常又是不可逆转的,所以汞中毒是儿童健康的隐形杀手[26]。为了保护儿童健康,需要特别注意防护汞对儿童肌体的伤害。

1)汞的毒性机理

汞元素能够以金属汞、无机汞和有机汞三种形式进入人体,如图 7-11 所示。微量的汞进入人体内可经尿、粪和汗液等途径排出,一般不会造成严重危害。如汞摄入量过多,则可损害人体健康。汞主要危害人体中枢神经系统、消化系统及肾脏,此外也会对呼吸系统、皮肤、血液及眼睛产生一定影响。

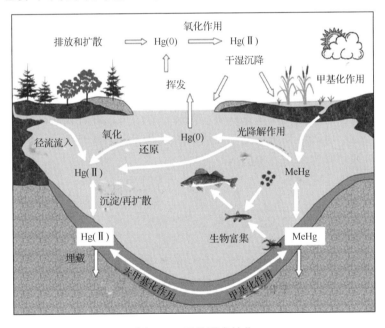

图 7-11　汞的形态转化

汞在人体内产生毒性,主要是因为汞进入人体后会被氧化为二价汞离子。二价汞离子极易与蛋白质或者酶的巯基以 Hg-S 形式结合,影响能量产生、蛋白质和核酸的合成等重要生理过程,从而影响了细胞的功能和生长。不同形式的汞进入人体后,蓄积的部位不同,造成的伤害也不同。金属汞主要在肾脏和大脑内积累,无机汞则主要集中在肾脏,而有机汞主要蓄积在血液及中枢神经系统。

造成儿童日常生活中汞暴露的是甲基汞,与其他形式的汞相比,甲基汞有很强的神经毒性[27]。各种形式的汞进入到自然界后都会经由微生物代谢转变为甲基汞等有机物的形式。甲基汞有较高的水溶性,溶解在水中会被藻类吸收,然后通过食物链富集于鱼和其他水生动物体内,最终与食物一同进入人体,这也被认为是汞进入人体的一个主要形式。

甲基汞具有很强的神经毒性,低水平暴露也会损害神经系统,表现为精神和行为障碍,能引起感觉异常、共济失调、智能发育迟缓、语言和听觉障碍等临床症状。儿童脑发育相比其他器官需要的发育时间更长。因此,汞暴露也会对儿童的脑神经产生严重的影响。

在胎儿时期,甲基汞可通过胎盘进入胎儿体内并在胎儿体内蓄积。甲基汞能够破坏胎儿神经生长因子,导致神经元细胞和胶质细胞死亡,影响大脑的早期发育。甲基汞主要通过影响谷胱甘肽抗氧化体系、钙离子和谷氨酸的稳态以及活性氧的产生而起到神经毒性作用。甲基汞暴露的儿童可能出现神经行为发育障碍、认知功能下降、运动功能受损、视觉空间感知和语言障碍等症状。

2)汞的来源

汞可以单质汞、无机汞和有机汞三种形式被人体摄入。

单质汞为液态,因为具有体积膨胀均匀的特点,被用于温度计、气压表的制造。汞的蒸气因为导电性好,又可以在电弧作用下发射高强度的可见光和紫外线,通常被应用于节能灯的制造。日常生活中,水银体温计、日光灯管破损都会释放出汞单质,汞的挥发性又较强,如果在室内泄露会很快增加汞蒸气的含量。暴露在汞蒸气下的儿童可通过呼吸道摄入单质汞。

汞是重要的工业原料,大量的汞及其化合物大规模应用于化工及油漆、电子、塑料、仪器、制药、含汞农药等工业。在这些工业品生产过程中,汞及其化合物常被用来作原料或催化剂。聚氯乙烯塑料生产过程中,需要用氯化汞(Ⅱ)$HgCl_2$作为催化剂生产氯乙烯;氧化汞(Ⅱ)HgO与石墨混合后可用作锌-氧化汞电池以及汞蓄电池的电极;硫化汞(Ⅱ)HgS则可作为油漆、橡胶和塑料的颜料。这些用汞的化合物作为原料或催化剂生产的产品都含有无机汞,儿童可能在使用这些产品过程中摄入无机汞。

儿童摄入的有机汞则主要是经由食物摄取。工业生产中释放到环境中的汞,在自然界经微生物作用而发生甲基化生成甲基汞,形成汞的有机物形式。以甲基汞为代表的有机汞可以被水生植物吸收,经由食物链富集,最终以食物的形式被人体摄入。

7.2.1.3　镉

镉,原子序数48,元素符号Cd,是第五周期第ⅡB族的过渡金属元素。单质镉是一种具有银白色金属光泽、质地柔软、延展性好并且耐腐蚀能力强的金属。金属镉可溶于酸,但不溶于碱,高温下镉与硫、卤素等可反应,受潮缓慢氧化成氧化镉,同样于溶酸,不溶于碱。

镉在自然界中广泛存在,并且在工农业中用途很广。镉是一种微量金属元素,在地壳中的含量约为 $2×10^{-5}\%$[28]。在自然界中,镉以硫镉矿形式伴生于锌矿、铅锌矿和铜铅锌矿石中。在农业生产中,镉可以抑制土壤脲酶的活性[29],可以作为化肥添加剂用以提高尿素的利用率。在塑料生产中作为抗氧化剂和抗老剂添加到塑料中,防止其被氧化和受紫外线影响而老化缩短使用寿命。镉元素色谱很宽,涵盖从浅黄至橘红到酱紫色,所以含镉化合物可被用于颜料,其中硫化镉就常被作为无机颜料的主要成分。在镉镍电池中,镉充当负极活性物质。此外,在冶炼、电镀和光电元件的领域都有其影子的存在。

镉在工农业领域被广泛应用的同时,也造成大量的镉连续不断地进入土壤、水和空气,造成严重的污染。含镉矿的开采和冶炼,煤、石油的燃烧以及城市垃圾、废弃物的燃烧等均可造成大气镉污染;工厂排出的含镉废水,镉尘沉降也会造成水和土壤的镉污染。人类可以通过食物链摄取、饮用水摄取、皮肤接触和呼吸道吸入这几种方式接触到污染物中的镉。而镉是一种人体非必需的微量元素,一旦人体摄入的镉超过安全限量就会对人体健康造成危害。

20 世纪初期发生在日本富山县神通川流域部分地区的骨痛病,就是轰动世界的镉污染造成危害的实例。骨痛病发病的主要原因是当地居民长期饮用受镉污染的河水,并食用此水灌溉的含镉稻米,致使镉在体内蓄积而造成肾损害,进而导致骨软症。该病潜伏期一般为 2~8 年,长者可达 10~30 年。初期,腰、背、膝、关节疼痛,随后遍及全身。疼痛的性质为刺痛,活动时加剧,休息时缓解,由髋关节活动障碍,步态摇摆。数年后骨骼变形,身长缩短,骨脆易折,患者疼痛难忍,卧床不起,呼吸受限,最后往往在衰弱疼痛中死亡。1931~1972 年,富山县神通川流域共有280 多名患者,死亡 34 人。我国近年来随着工农业的快速发展,镉污染的事件也屡有发生。2013 年 5 月广州市食品药品监督管理局发现大量的大米及米制品"镉"超标,其生产企业分布于广东、湖南、广西、江西等多地。一时间"镉大米"成为媒体和公众关注的热点,镉污染的危害也开始受到人们的重视,见图 7-12。

镉在人体内主要积累在肾脏和肝脏中,其在人体内的代谢非常缓慢,半衰期可长达 16~33 年,可以对人体造成长期的危害。镉不仅对蓄积量大的肝脏和肾脏有损伤,还对骨骼、免疫系统、生殖系统、酶系统等其他方面有危害。镉中毒患者有时会伴有牙齿颈部黄斑、嗅觉减退或丧失、鼻黏膜溃疡和萎缩、食欲减退、恶心,更有甚者会出现肝功能轻度异常、体重减轻和高血压。长期接触镉的人,肺癌发病率增高。儿童各器官尚未发育完成,受镉危害则会更为严重,尤其是儿童的神经系统在受到镉的影响方面比成人更显著。

图 7-12 镉大米的威胁

1）镉的毒性机理

动物实验表明,镉对雌性哺乳动物的生殖系统具有明显的毒害作用。镉可引起卵巢病理组织学改变,造成卵泡发育障碍;可干扰排卵和受精过程,引起暂时性不育;可抑制卵巢颗粒细胞和黄体细胞类固醇的生物合成,影响卵巢内分泌功能。此外,镉还对垂体内分泌功能,对雌激素受体、孕酮激素受体及其基因表达产生影响。镉对雄性生殖也产生不良影响,国内有研究表明,镉暴露人群中观察到了镉对男性生殖,特别是血清睾酮水平的影响[30]。

镉可直接抑制含巯基酶,也可导致去甲肾上腺素、5-羟色胺、乙酰胆碱水平下降,对脑代谢产生不利影响。儿童脑组织发育不够完善,中枢神经系统对镉的敏感性比成人高,在相同的污染环境中,镉对儿童神经系统的危害比成人严重。已经发现,接触镉的儿童智商水平和视觉发展水平下降,学习能力降低,头发镉水平分析有助于智商判别和精神发育迟滞的诊断[31]。

急性或长期吸入氯化镉引起肺部炎症、支气管炎、肺气肿、肺纤维化乃至肺癌。肺的炎症反应和活化的炎症细胞释放的细胞因子产生的氧化损伤是镉引起肺损害的一个重要机理。近年来的研究发现,镉化合物与人类肺癌密切相关。镉的致癌作用与其损伤 DNA 和影响 DNA 的修复有关。已知无机镉可能损害机体的免疫系统,可能是 DNA 的损伤导致淋巴细胞功能下降[32]。

镉对免疫系统的影响大多表现为免疫抑制。镉能诱导淋巴细胞 SOD 抗氧化活性升高,抑制 T 淋巴细胞增殖和引起 T 淋巴细胞亚群改变。巨噬细胞是来自组织或体液的具有重要免疫功能的细胞。镉在体内外均影响巨噬细胞功能。镉浓度在 100 μmol/L 以上时,其吞噬功能受到显著抑制,并有明显的剂量-反应关系。

此外,日本、瑞典等国家的研究也发现,镉的累积指标与肾小管功能异常指标之间存在有统计意义的剂量-响应和剂量-效应关系[33],暗示镉可以通过影响肾小管功能造成肾功能损伤。镉还能影响钙在体内的代谢,使尿钙含量增加,导致肾负担加重的同时,造成钙的流失,引起骨软化和骨质疏松。

2)镉的来源

非职业性镉暴露源主要是日常膳食和吸烟。镉含量较高的食物有大米、小麦、植物根茎叶、动物内脏以及其他多叶蔬菜和海产品类[34]。我国人群主要以米为主食,因此大米是膳食镉摄入的主要来源;吸烟人群中,吸烟则是镉的另一主要摄入途径,特别是在镉污染区居民吸用镉污染的烟草,烟草中含镉量可达 17 mg/kg[35]。因此,我们除了注意防止儿童经食物摄入镉外,更应避免儿童暴露于"二手烟"造成的镉污染之下。

7.2.1.4　锑

锑,元素符号为 Sb,原子量为 121.75,原子序数为 51,在元素周期表中处在第五周期第 V A 族。单质锑是一种银白色有光泽、硬而脆的金属,有鳞片状晶体结构,在潮湿空气中逐渐失去光泽,强热则燃烧成白色锑的氧化物。人类发现使用锑已经有 4000 多年的历史了,现在主要用于制造合金。

锑是地球上丰度最低的元素之一,其含量一般为 $(0.2 \sim 0.3) \times 10^{-3}$ g/kg,但却以极微量的含量广泛分布于土壤、湖泊和海洋等地球环境中。锑可以通过呼吸、饮食或体表等途径进入人和动物体内。人体中总锑的平均含量为 1.0×10^{-4} g/kg,总锑在各组织中的分布程度不同,其中骨骼中含量最高,其次是人发,最低的是血液。锑进入人体内主要以 Sb(III)和 Sb(V)两种形式存在。其中 Sb(III)进入血液后主要存于红细胞中,而 Sb(V)主要存在于血浆中。锑在动物和人体中主要以有机锑形式存在,动物实验表明[36],进入大白鼠体内的可溶性 Sb(III)在各组织中的分布顺序为:红细胞≫脾、肝>肾>脑、脂肪>血清。

锑有剧毒性质,锑和锑的化合物属于致突变、致癌变以及致畸形的物质,短时间接触可引起恶心、呕吐、腹泻;慢性中毒则会导致眼角膜炎、结膜炎和胃炎等[37],甚至会引起心肌衰竭、肝坏死和尿毒症等[38]。在 20 世纪 90 年代中期人们就发现 Sb_2O_3 会阻碍胚胎发育诱发婴儿猝死综合征。长期生活在含锑较高的环境里,可以造成慢性锑中毒,导致肺和肝脏的病变。

1)锑的毒性机理

锑主要以蒸气和粉末形式经呼吸道进入体内,其分布与锑的化合价以及物理状态有关。Sb(III)广泛分布于肝脏、骨骼、胰腺、甲状腺、心脏等器官中。锑可由消化系统及泌尿系统排出,但各种锑化合物排出途径不完全相同。Sb(III)有 50%由消化系统排出,Sb(V)主要分布在血浆中,并储存在于肝脏,大部分由泌尿系统排出。

长期吸入锑金属粉末以及锑化合物会对人体呼吸道、心肌、肝肾造成损害。锑可在肝脏蓄积,造成肝脏损害。锑在体内还可与巯基结合,抑制某些酶(如琥珀酸氧化酶)的活性,产生肝损伤。慢性锑中毒导致的肝细胞损伤,使肝脏组织由急性炎症向慢性炎症发展,刺激纤维增殖,胶原细胞的数量增加,脂肪细胞活化,细胞外基质形成,诱导和促进肝纤维化的形成。而肝细胞损伤是肝纤维化的始动因素,激活巨噬(Kupffer)细胞而释放一系列的细胞因子,这些因子不仅加重肝脏炎症与坏死,而且激活间质细胞,促进胶原和非胶原细胞外间质(HA、LN、Ⅳ-C、PCⅢ)的合成、分泌、沉积。HA是胶原纤维联结物质,在肝纤维化时,由于肝间质细胞合成增加,增生的胶原纤维压迫汇管区血管,肝小叶微循环障碍,肝血回流受阻,使 HA 不易达到肝脏,使内皮细胞摄取分解降低,故 HA 在血中含量增加。PCⅢ为间质胶原,在正常条件,胶原合成基因表达处于"静止状态",主要与网状纤维有关。LN Ⅳ-C 是基底膜的主要成分,LN 是一种非胶原结构蛋白,Ⅳ-C 是一种胶原蛋白,其代谢途径不同,在肝纤维化时血清含量均显著升高,共同参与构成肝基底膜,形成纤维间隔,并参与肝窦毛细血管化。因此,慢性锑中毒产生的肝损伤,可促使肝纤维化的形成。

2) 锑的来源

锑容易挥发,虽然在地球上含量很少却分布极广。自然地质活动和人为采矿活动都可将锑释放到环境中。生活在非矿区的儿童锑暴露,主要就是通过饮食和呼吸摄取。

锑可广泛存在于水体和土壤之中,植物生长过程中可将锑引入,经过食物链富集最终进入人体。在中国煤炭中锑的含量为 $0.2 \times 10^{-4} \sim 0.348$ g/kg,平均为 7.06×10^{-3} g/kg,石油中也含有一定量的锑。这些化石燃料的燃烧也会释放锑到空气中,最终通过呼吸被儿童摄入。此外,接触含有锑的玩具、学习用品等也是锑摄入的途径。

7.2.1.5 铬

铬,元素符号为 Cr,原子序数为 24,原子量为 52.0,位于元素周期表第四周期第ⅥB族,是一种过渡金属元素,单质铬为银白色金属。铬是人体必要的超微量元素,在人体参与糖与脂肪代谢,并且在儿童生长发育过程起着重要作用。

铬是维持人体糖和脂肪代谢的重要因素。铬是胰岛素的协同因子,Cr^{3+} 与胰岛素、胰岛素受体中的巯基配位形成 Cr^{3+} 的配合物,促进胰岛素和受体间的反应,如图 7-13 所示。铬是琥珀酸脱氢酶、葡萄糖磷酸变位酶等酶系统的必需微量元素,参与机体糖、脂肪代谢,促进糖碳链及乙酸根渗入脂肪,并加速脂肪氧化,有助于动脉壁脂质的运输和清除,能预防动脉粥样硬化的发生和发展。铬能增强细胞膜的稳定性,保护动脉内膜不受外因损伤的作用[39]。铬在人体内正常含量为 6~7 mg,儿童体内铬含量高于成人,呈现随年龄增长呈递减趋势。有调查表明营养不良的儿童中 89% 有不同程度的铬缺乏,通过补给铬元素,生长发育可得到较好的恢复[40]。中国营养学会制定的中国居民膳食营养素参考摄入量里推荐儿童每天铬摄入量为 0.01 mg、成人 0.05 mg,同时还制定了安全最大可耐受剂量,即儿童每人每天 0.2 mg、成人 0.5 mg。

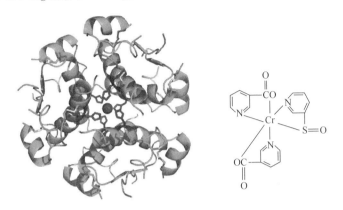

图 7-13　Cr^{3+} 与胰岛素的配合物

铬在人体内属于超微量元素,含量非常有限。缺铬会诱发多种疾病,摄取过多的铬,同样也会造成对身体的损害。

1) 对皮肤的损伤

铬化合物可以对破损的皮肤造成伤害,形成铬性皮肤溃疡,俗称铬疮。当破损的皮肤接触铬的化合物,最初会出现红肿,具有瘙痒感,随后变成丘疹。若不做适当处理可侵入深部,形成中央坏死的丘疹,溃疡局部疼痛。进一步发展可深入骨部,感到剧烈疼痛,愈合极慢。接触 Cr(Ⅵ)还可发生铬性皮炎和湿疹,皮肤患处瘙痒并形成丘疹或水泡,皮肤过敏者接触数天即可发生,有些患者铬过敏期可长达3~6 个月,如图 7-14 所示。

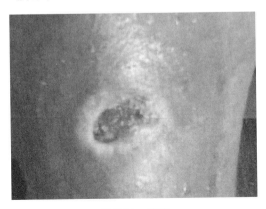

图 7-14　铬疮

2) 对呼吸道的损伤

铬化合物对呼吸道的损害主要表现为鼻中隔溃疡、穿孔及呼吸系统癌症。鼻中隔溃疡、穿孔发病率取决于接触程度,接触机会越多发病越高。早期症状表现为鼻黏膜充血、肿胀、反复轻度出血、嗅觉衰退等。溃疡一般位于鼻中隔软骨部下端1.5 cm处,此部位神经分布较少,无明显疼痛感,溃疡进一步发展可形成软骨穿孔,如图7-15所示。

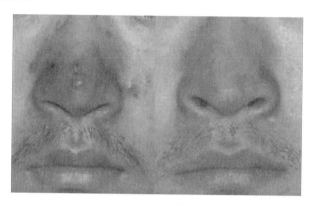

图 7-15　鼻中隔溃疡

3）对眼的损伤

铬化合物对眼的损害主要表现为眼皮及角膜接触铬化合物可引起刺激及溃疡,症状为眼球结膜充血、有异物感、流泪刺痛,并导致视力减退,严重时角膜上皮剥落,如图7-16所示。

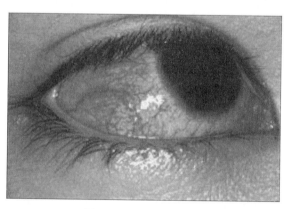

图 7-16　眼睛结膜充血

4）对胃肠道的损伤

食入 Cr(Ⅵ)化合物可引起口黏膜增厚,反胃呕吐,有时带血,剧烈腹痛,肝肿大,并伴有头痛、头晕、烦躁不安、呼吸急促、脉速、口唇指甲青紫、肌肉痉挛等症状,严重时使循环衰竭,失去知觉,甚至死亡。

5) 铬的致癌作用

Cr(Ⅵ)是国际抗癌研究中心和美国毒理学组织公布的致癌物,具有明显的致癌作用。

6) 铬的毒性机理

铬在人体内有 Cr(Ⅲ)和 Cr(Ⅵ)两种存在形式。Cr(Ⅲ)、Cr(Ⅵ)摄入到体内是一个氧化还原的过程,Cr(Ⅲ)氧化成 Cr(Ⅵ),Cr(Ⅵ)还原为 Cr(Ⅲ),如图 7-17 所示。国内外的大量研究资料证明,Cr(Ⅲ)的毒性比较小,对人体几乎不产生有害作用。而 Cr(Ⅵ)对人体的毒性则非常强,容易进入体细胞,对肝、肾等内脏器官和 DNA 造成损伤,在人体内蓄积具有致癌性,并可能诱发基因突变。进入人体内的铬被积存在人体组织中,代谢和被清除的速度非常缓慢,铬进入血液后,主要与血浆中的铁红蛋白、白蛋白、γ-球蛋白结合,Cr(Ⅵ)还可通过红细胞膜,15 min 内可有 50% 的 Cr(Ⅵ)进入细胞,进入红细胞后与血红蛋白结合。铬的代谢产物主要从肾脏排出,少量经粪便排出。Cr(Ⅵ)对人体主要是慢性毒害,它可通过消化道、呼吸道、皮肤和黏膜侵入人体,在体内主要积聚在肝、肾和内分泌腺中。经呼吸道侵入人体时开始侵害上呼吸道,引起鼻炎、咽炎、喉炎和支气管炎,后易积存在肺部,对全身各组织器官造成伤害。

$$Cr_2O_7^{2-}(Ⅵ)+H_2O \rightleftharpoons 2CrO_4^{2-}(Ⅲ)+2H^+$$

图 7-17　铬离子的氧化还原

7) 铬的来源

金属铬的熔、沸点高,硬度大,因此铬及其化合物在耐火材料和金属材料等领域中被广泛应用。金属铬经常被加入到钢、铜和铝中制作成耐热、耐腐蚀并且机械性能良好的合金材料。

铬的化合物也有较广泛的用途。铬酸酐用于电镀、金属钝化、铬黄颜料、催化剂、氧化剂、玻璃着色、织物媒染及制造氧化铬绿;三氧化二铬主要用作油漆、玻璃、陶瓷、搪瓷、水泥中的颜料,用于金属抛光,用于制造绘画颜料、印刷纸币,也用作有机合成的催化剂;铬酸钠用于墨水、印染、油漆颜料、鞣革、金属缓蚀剂及有机合成氧化剂等;铬酸钾主要用于搪瓷、鞣革和金属防腐等;重铬酸钠用作化学中间体、缓冲剂、氧化剂、制造颜料、靴制皮革和电镀等方面;重铬酸钾可用于铬矾、锌铬黄颜料的制造以及电镀、鞣革、火材、医药、搪瓷、有机合成等;重铬酸铵主要用作陶瓷釉药、制纯氮原料、催化剂、染料合成、鞣革及化学试剂等。

7.2.1.6　钡

钡,元素符号为 Ba,原子量为 137.33,原子序数为 56,在元素周期表周中位于第六周期第ⅡA 族,是碱土金属元素。单质钡是一种柔软的有银白色光泽的金属。钡在地球地壳的含量约占 0.05%，由于它的化学性质十分活泼，从来没有在自然界中发现钡单质。钡在自然界中最常见的矿物是重晶石(硫酸钡)和毒重石(碳酸钡)，二者皆不溶于水。

钡及其化合物用途很广。金属钡在电子管、显像管中用作消气剂；钡镍合金用于电子管工业；钡也可作轴承合金的成分；钡盐可当作油漆、陶瓷、玻璃、塑胶及橡胶的颜料，可作为填充料和杀虫剂，还可用来制造烟火(令烟火发出绿色光芒)。其中硫酸钡用于医疗诊断，X 射线造影用的钡餐主要成分就是硫酸钡，如图 7-18所示。

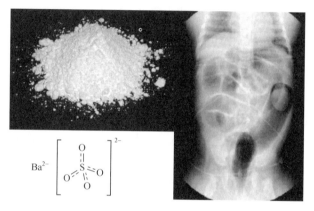

图 7-18　钡餐及其 X 射线造影

钡是有毒元素，钡化合物的毒性与其溶解度有关。除难溶的硫酸钡外，所有钡的化合物都有毒。可溶性钡化合物(如氯化钡、硝酸钡、乙酸钡)剧毒。碳酸钡虽不溶于水，但食入后与胃酸反应，可变成氯化钡而有毒。食入可溶性钡化合物会引起钡中毒。中毒症状表现为胃肠道刺激症状和低钾症候群，如恶心、呕吐、腹痛、腹泻、四肢软瘫、心肌受累、呼吸肌麻痹等。因该类患者多有呕吐、腹痛、腹泻等胃肠道症状。

1) 钡的毒性机理

氯化钡的半致死量 LD_{50} 曾被假定为约 1.0 g，在摄入数小时或数天后会死亡。钡会在血浆中形成蛋白质加合物，在骨骼中沉积的钡占钡总量的 65%。钡在骨骼中的半衰期大约是 50 天。人注射的氯化钡的吸收量高达 60%～80%，而对口服的氯化钡的吸收量只有 10%～30%。口服氯化钡的中毒量为 0.2～0.5 g，致死量为 0.8～4.0 g。钡的毒性和它抑制 K^+ 以及它与硫酸盐反应有关。

钡中毒引起低钾血症的可能机理：钡能改变细胞膜的通透性，使钾大量进入细胞内。钡中毒时，细胞膜上的 Na-2K-2ATP 酶继续活动，故细胞外液中的钾不断进入细胞，但钾从细胞内流出的孔道被特异地阻断，因而发生低钾血症。

2）钡的来源

钡矿开采、冶炼、制造、使用钡化合物过程中都可接触钡。

职业中毒主要由于呼吸道吸入引起,可部分经咽入胃;非职业中毒主要由消化道摄食所致。液态可溶性钡化合物可经创伤皮肤吸收,如高温溶液灼伤皮肤,可吸收致中毒。

钡中毒多属生产和使用过程中的意外事故,如碳酸钡烘干炉维修时违反操作规程,淬火液爆溅灼伤皮肤,掉入硫化钡或氯化钡池内等。生活中儿童钡中毒大多由误食引起,如将钡盐误作发酵粉、碱面、面粉、明矾等食入。

钡的急性中毒多为误服引起。钡及其化合物侵入肌体的途径主要是呼吸器官和消化道,如吸入钡盐的粉尘、误服钡类药物及其他情况等。

7.2.1.7　砷

砷,元素符号为 As,原子序数为 33,是自然界中遍存在的一种元素,在地壳中的含量排在第 20 位。砷并不是重金属元素,但是因为砷位于周期表中第四周期第ⅥA 族,处于金属元素与非金属元素交界处,其性质以及在生物体内作用机理与重金属元素相近,通常都会与重金属元素归在同一范畴。砷能与氧、硫、氢等元素形成化合物,其中砷的氧化物就是人们俗称的砒霜。砷对健康的危害是多方面的,摄入体内后可经血液迅速分布至全身,皮肤、神经、心、肺等均可受累。砷是国际癌症研究机构(IARC)确认的人类致癌物之一,长期暴露可引发皮肤、肺脏等的肿瘤。

砷化物广泛应用于工业、农业、畜牧业、医药卫生及食品加工业等行业。在工业生产中,As_2O_3 广泛应用于白银冶炼、颜料、玻璃制造等方面;在农业生产中,保护鸟类羽毛、兽皮,以及促进幼畜生长的添加剂;在医药卫生方面,As_2O_3 在牙科中用于杀死蛀牙中的神经,免除病人的牙疼;同时,砷化物也被广泛地应用在色素及食品添加剂中。砷和含砷金属的开采、冶炼,用砷或砷的化合物作为原材料制成的玻璃、颜料、药物,纸张的生产以及煤的燃烧过程中都可产生含砷的废水、废气和废渣,从而造成对环境的污染。

人体可以通过接触含砷的产品以及被砷污染的空气和水摄入砷,砷进入人体后随血液分布于全身各组织器官,可造成包括皮肤、神经、循环、内分泌、呼吸、消化、泌尿和免疫系统等多器官组织结构和功能上的异常改变。儿童正处在快速的生长发育期,容易受到环境中各种含砷物质的危害。

儿童砷中毒可分为急性和慢性中毒,急性中毒主要是由于大剂量的摄入 As_2O_3 等剧毒砷化合物造成,一般较少发生。更多的儿童砷中毒情况则是由于长期接触含砷的化学类产品以及污染物而引起的慢性砷中毒。

慢性砷暴露可致砷皮肤损害,主要包括色素沉着、脱失、角化过度和细胞癌变;砷吸收后通过循环系统分布到全身各组织、器官,对循环系统的危害首当其冲。临床上主要表现为与心肌损害有关的心电图异常和局部微循环障碍导致的雷诺氏综合征、球结膜循环异常、心脑血管疾病等;砷具有神经毒性,长期砷暴露可观察到中枢神经系统抑制症状,包括头痛、嗜睡、烦躁、记忆力下降、惊厥甚至昏迷和外周神经炎伴随的肌无力、疼痛等;进入人体的砷主要经尿液排出,因此不可避免地对肾脏产生一定的影响,形态和功能均可能出现异常;砷暴露对消化系统也会造成伤害,砷的代谢主要在肝脏内进行,长期摄入高砷水可导致肝脏病变;呼吸系统中肺脏是砷致癌的靶器官之一,长期砷暴露可导致肺癌发病率升高;砷的摄入会对机体免疫功能产生抑制作用,砷中毒患者 T 淋巴细胞群会偏低。

1) 砷的毒性机理

砷主要通过饮水、食物经消化道进入体内,也可通过呼吸、皮肤接触等途径而被摄入。砷不断积累在人体内,会给人体造成多种疾病,危害人体的生命和健康。砷存在于人体中的致毒机理主要是含砷的化合物能与含巯基的酶结合,砷与酶结合后,可以导致酶活性降低甚至失去原有的活性,从而影响细胞的正常代谢,降低甚至损伤细胞的功能。砷酸盐进入人体,还可与体内参与呼吸过程的磷酸盐产生拮抗作用,从而抑制了呼吸链的氧化磷酸化,进而抑制了细胞内的呼吸作用。砷可以在人体内蓄积造成长期危害。对人体的心肌、呼吸系统、神经系统、生殖系统、造血系统、免疫系统都具有不同程度的损伤。此外,砷在人体代谢过程中还会发生甲基化,生成二甲基砷酸盐(DMA),这种含砷化合物可以引起人体 DNA 的损伤,增加砷性皮肤癌及其他内脏器官肿瘤的患病风险[41]。国际癌症研究机构(IARC)、美国国家环境保护局(EPA)和美国"国家毒物学计划"都已将砷列为人类致癌物。

儿童智力的发育与脑发育程度密不可分。砷摄入体内后,可通过血-脑屏障在脑内蓄积。砷可以通过促进脂质过氧化和脑细胞凋亡、影响脑组织内酶的活性和神经递质浓度等机理发挥对脑发育的毒作用。砷在体内生物转化成甲基化代谢产物时产生自由基,过量砷直接攻击分子氧,干扰氧代谢,使脑中脂质过氧化水平升高,谷胱甘肽水平下降,以及超氧化物歧化酶和谷胱甘肽还原酶活性下降,同时脑中自由基介质退化变性[42]。体内砷的剂量达到 0.3 mg/L,就可以造成人大脑皮质神经元退化,神经元内及其邻近的细胞内均出现典型的凋亡,最终导致细胞数目减少。脑组织内酶活性的稳定性和神经递质浓度对人类思维、学习以及行为活动至关重要。砷可以通过影响脑细胞内酶和中枢神经系统神经递质的浓度而发挥其神经毒作用。砷中毒后,脑内乙酰胆碱酯酶活性下降。多巴胺水平在下丘脑呈现显著的剂量效应关系,随着染砷剂量的加大,多巴胺水平下降。

2) 砷的来源

砷是自然界中储量丰富的元素,在自然界中就有 200 多种含砷化合物。这些含砷化合物可以通过自然界的物理、化学及生物作用进入到土壤、水和空气中。这些含砷化合物可直接或者经过食物链被人体摄入。

　　某些煤炭产区内的煤因为含砷量较高,使用这种煤炭的地区内儿童也可通过煤炭燃烧产生的含砷烟尘摄入砷。

　　儿童也可以通过与玩具、颜料等含有砷元素的产品接触而摄入砷。

7.2.1.8　硒

　　硒,元素符号为 Se,原子量为 78.96,原子序号为 34,在化学元素周期表中位于第四周期第ⅥA族,单质硒为灰色带金属光泽的固体。硒也是一种非金属,与砷类似都因与重金属元素性质相近,通常也归于重金属。可以用作光敏材料、电解锰行业催化剂。硒是动物体必需的营养元素和植物有益的营养元素等。硒在自然界以无机硒和植物活性硒两种形式存在。无机硒一般指亚硒酸钠和硒酸钠,从金属矿藏的副产品中获得;后者是硒通过生物转化与氨基酸结合而成,一般以硒代蛋氨酸的形式存在。硒在地壳内含量很低,硒在地球中的丰度为 $9.0 \times 10^{-3} \mathrm{g/kg}$,并且分布不均。

　　硒是一种必要的微量元素,在体内发挥着重要的生理作用。它是动物体内重要的抗氧化剂,通常它和维生素 E 共同作用,保护细胞膜的正常结构与功能,避免氧化剂的损伤。硒还是谷胱甘肽过氧化物酶(GSH-Px)的重要组成部分,而 GSH-Px 能有效清除体内自由基,起到保护细胞的作用[43]。硒还可构成多种的硒蛋白酶。此外,硒能拮抗如镉、汞、氟和铜等多种微量元素的毒性[44]。

　　但是长期、大量摄入硒元素还会导致急性或慢性硒中毒。两种硒中毒在动物身上有大致相同的表现。前者症状表现为呼吸急促,后者表现为食欲下降和生长停滞。

　　1) 硒的毒性机理

　　关于硒的毒性作用机理目前仍有争议。一般认为,进入体内的可溶性硒和有机硒经小肠吸收入血,主要与白蛋白结合,迅速散布全身,部分在肝脏、肾脏和被毛中沉积,另一部分在红细胞和肝脏内经还原和甲基化,生成二甲基硒随呼吸排出体外,也可生成三甲基硒随尿液排出。体内过量的硒通过氧化-还原酶而发挥其毒性作用。组织中抗坏血酸和谷胱甘肽含量减少与硒中毒有关,抗坏血酸减少可造成血管损伤。有人认为,硒化合物毒性作用的可能机理之一是攻击特定的脱氢酶系统,尤其是琥珀酸脱氢酶所依赖的羟基基团结合而抑制了该酶的活性。因此,硒化合物的毒性可能与其形成活性氧的能力有关。硒可通过胎盘引起胎儿畸形,可使禽孵化率降低,并影响雏禽的生长[45]。

　　2) 硒的来源

　　硒的分布极不均匀,在某些硒含量丰富的地区,土壤中大量的硒可被生长在其上的植物吸收,动物通过采食这样的植物而摄入过量的硒。我国多数地方属于硒缺乏地区,而且硒又属于人体必需的微量元素,儿童一般不会因为进食或接触摄入过量的硒导致中毒。儿童硒中毒多是由于补充硒元素过程中,服用硒制剂用量不当所造成。

7.2.2　有机物危害

含碳元素的化合物或碳氢化合物及其衍生物总称为有机物。有机物除含碳元素外,绝大多数有机化合物分子中含有氢元素,有些还含氧、氮、卤素、硫和磷等元素。已知的有机化合物近 8000 万种。最早的有机化合物指的是由动植物有机体内取得的物质,被认为是"生命力"参与才能形成的。直到 1828 年维勒人工合成尿素后,有机物和无机物之间的界线才随之消失,但由于历史和习惯的原因,"有机"这个名词仍沿用。有机化合物对人类具有重要意义,地球上所有的生命形式,主要是由有机物组成的。有机物对人类的生命、生活、生产有极重要的意义。地球上所有的生命体中都含有大量有机物。

和无机物相比,某些有机物的危害更严重。有机物数目众多,可达几千万种,而无机物目前却只发现数十万种。在溶解性方面,有机化合物一般可溶于非极性或弱极性有机溶剂,难溶于水,无机化合物则易溶于水。有机物的熔、沸点也普遍低于无机物。正是由于有机物这些特点,使某些有机物对生物构成的危害更加严重。这些有机类的有害物质,种类多且作用机理更复杂;易溶于有机溶剂,进入生物体更容易,与生物体亲和力更强;熔、沸点低,容易挥发,进入机体途径更多。

7.2.2.1　甲醛

甲醛,化学式为 HCHO,分子量为 30.03,又称蚁醛。无色气体,有特殊的刺激气味,对人眼、鼻等有刺激作用,气体相对密度为 1.067,液体密度为 0.815 g/cm³(−20 ℃)。熔点为 −92 ℃,沸点为 −19.5 ℃,易溶于水和乙醇。甲醛的水溶液的浓度最高可达 55%,通常是 40%,称为甲醛水,俗称福尔马林(formalin),是有刺激气味的无色液体,常用作标本防腐剂。甲醛是重要的工业原料试剂,主要用作合成树脂、染料、药品、试剂和多种化工产品,如脲醛树脂、三聚氰胺甲醛、酚醛树脂等,如图 7-19 所示。

近年来,甲醛由于屡屡成为儿童患白血病的元凶而被人们所关注。谈到甲醛往往会引起紧张,认为是一种对健康具有极大危害的有毒物质。其实,甲醛是人体代谢过程中的正常产物,无论是否暴露在甲醛环境下人体内都会有一定的甲醛含量,这并不会

图 7-19　酚醛树脂板

危及人体健康。只有当人体摄入过量甲醛时,才会对人体造成伤害。之所以甲醛危害频频发生,主要是因为现代社会中甲醛使用变得非常普遍,导致人们生活环境中甲醛含量增加,造成由外界摄入的甲醛量大大超出人体正常代谢的能力,如装修材料、服装面料以及不法商贩在食品中违法使用等都会增加人体摄入外源性甲醛的量。

甲醛对人体健康的影响主要表现在嗅觉异常、肺功能异常、肝功能异常、免疫功能异常等方面。当室内空气中甲醛浓度达到$(0.1\sim2.0)\times10^{-6}$ g/m³时,50%的正常人可嗅到;达到$2.0\sim5.0$ mg/m³时,眼睛、气管将受到强烈刺激;达到10 mg/m³以上时,可发生呼吸困难;达到50 mg/m³以上会引起肺炎等危重疾病,甚至死亡[46]。人对甲醛感受的个人差异较大,眼最敏感,嗅觉器官、呼吸道、皮肤次之,甲醛气体刺激眼部症状多为眼干、眼痒、刺痛、流泪等。

1) 甲醛的毒性机理

经呼吸道被吸入体内的甲醛,可溶解于呼吸道黏膜表面的黏液中,并迅速进入血循环,经血液运送到体内各组织。鼻腔是甲醛的主要沉积器官,吸入体内的甲醛含量以肺组织中最高,其次是血、脑、肝、肾。进入人体的甲醛能直接与蛋白质、核酸等大分子的自由氨基形成加合物,产生毒性。甲醛的毒性包括一般毒性和特殊毒性。一般毒性涉及对眼部、呼吸、致敏和免疫、神经、内分泌系统的影响;特殊毒性主要指遗传、肿瘤和生殖毒性。

甲醛的一般毒性表现为:甲醛对眼部、呼吸道具有很强刺激刺激作用。甲醛刺激可以引起中枢神经系统的刺激感受,并造成局部组织的神经源性炎症。暴露的人群里,甲醛的吸入能引起神经症状,如疲劳、记忆困难或情绪波动等。甲醛是一种环境致敏源。皮肤直接接触甲醛可以引起过敏性皮炎、色斑,甚至坏死。吸入高浓度甲醛时可以诱发过敏性鼻炎、支气管哮喘。甲醛能穿过胎盘进入胎儿组织,且胎儿器官内的甲醛含量会高于母体组织。甲醛对受精卵或胚胎有不利影响,胚胎显示有细胞受损和高的死亡率[47]。

甲醛的特殊毒性是指其具有遗传毒性,可以引起包括多种形式的 DNA 损伤、基因突变、染色体断裂、姐妹染色单体互换、微核、细胞转化以及破坏基因组、抑制DNA 的修复。此外甲醛还是一种强氧化剂,能直接氧化生物大分子,引起 DNA-蛋白质交联。甲醛对遗传物质的破坏,会导致基因突变和细胞癌变的发生。

2) 甲醛的来源

儿童接触甲醛可分为内源性和外源性。内源性甲醛是由体内的一些氨基酸(如丝氨酸、组氨酸、甘氨酸、精氨酸、甲硫氨酸、胆碱等)代谢生成的。

外源性甲醛一方面由外源物质在体内的代谢产生,如甲醇、甲胺、二甲醚等进入体内可氧化生成甲醛。另一方面来源于:①生产或使用甲醛的工业废气、汽车尾气和光化学烟雾。②建筑材料、室内装修材料、家具及吸烟、烹调油烟、燃料燃烧等是室内甲醛污染的主要来源,见图 7-20。例如,作为隔热建材的脲甲醛绝缘泡沫老化时会释放甲醛;装修和做家具用的人造板材(如胶合板、细木工板、中密度纤维板、刨花板、大芯板等)多以脲甲醛树脂做黏合剂并常用甲醛进行防腐处理,这些产品当遇热潮解时会释放甲醛。其他装饰材料,如壁纸、内墙涂料、地板革、油漆、化纤地毯等也会向室内释放甲醛。③服装面料中一般都含有甲醛。由于甲醛防腐能力特别强,为了使服装能达到防皱、防缩、阻燃等效果,或为了保持印花、染色的耐久性以及改善手感,都需在助剂中添加甲醛。牛仔休闲免烫服、免烫衬衫、纯棉防皱衣物及童装中甲醛含量都有可能超标。④食物中甲醛浓度超标。用甲醛浸泡可使产品外观漂亮,产品不易腐败变质,如用甲醛来浸泡水产品,可以固定海鲜、河鲜形态,保持鱼类色泽,但甲醛超标后食品对人体有害。

图 7-20　室内甲醛污染

7.2.2.2　苯及苯的同系物

苯的分子式为 C_6H_6,分子量为 78.11,在常温下为一种无色、有甜味的透明液体,具有强烈的芳香气味。苯的沸点为 80.1℃,熔点为 5.5℃。苯比水密度低,密度为 0.88 g/mL,但其分子质量比水重。苯难溶于水,是一种良好的有机溶剂,溶解有机分子和一些非极性的无机分子的能力很强,除甘油、乙二醇等多元醇外能与大多数有机溶剂混溶。甲苯、二甲苯属于苯的同系物,它们都具有与苯相似的理化性质,见图 7-21。

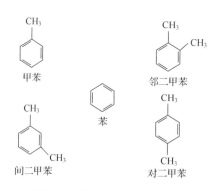

图 7-21　苯及苯的同系物示例

苯及苯的同系物对有机分子和一些非极性的无机分子有很好的溶解性,所以工业上经常被作为生产各种油漆、涂料、胶黏剂、化工材料的溶剂、添加剂和稀释剂使用。苯具有很强的毒性,其蒸气可经呼吸道吸收,液体经消化道完全吸收,皮肤可吸收少量。苯能对中枢神经系统产生麻痹作用,短期接触即可引起急性中毒。重者会出现头痛、恶心、呕吐、神志模糊、知觉丧失、昏迷、抽搐等,严重者会因为中枢系统麻痹而死亡。少量苯也能使人产生睡意、头昏、心率加快、头痛、颤抖、意识混乱、神志不清等现象。摄入含苯过多的食物会导致呕吐、胃痛、头昏、失眠、抽搐、心率加快等症状,甚至死亡。吸入 20 000 ppm 的苯蒸气 5～10 min 会有致命危险。

　　长期吸入苯能导致再生障碍性贫血。初期时齿龈和鼻黏膜处有类似坏血病的出血症,并出现神经衰弱症状,表现为头昏、失眠、乏力、记忆力减退、思维及判断力降低等症状。以后出现白细胞减少和血小板减少,严重可使骨髓造血功能发生障碍,导致再生障碍性贫血。若造血功能完全破坏,可发生致命的颗粒性白细胞消失症,并可引起白血病。近些年来很多劳动卫生学资料表明:长期接触苯系混合物的工人中再生障碍性贫血罹患率较高。国际癌症研究机构(IARC)已经确认为致癌物。

　　相比于男性,女性对苯及其同系物危害更敏感,甲苯、二甲苯对生殖功能也有一定影响,育龄妇女长期吸入苯还会导致月经异常。孕期接触甲苯、二甲苯及苯系混合物时,妊娠高血压综合征、妊娠呕吐及妊娠贫血等妊娠并发症的发病率显著增高,统计表明在工作场所接触甲苯的女性工作人员的自然流产率明显增高。

　　苯可导致胎儿的先天性缺陷。在整个妊娠期间吸入大量甲苯的妇女,她们所生的婴儿多有小头畸形、中枢神经系统功能障碍及生长发育迟缓等缺陷。专家们进行的动物实验也证明,甲苯可通过胎盘进入胎儿体内,胎鼠血中甲苯含量可达母鼠血中的 75%,胎鼠会出现出生体重下降、骨化延迟。

　　1) 苯的毒性机理

　　47%～80% 苯通过呼吸道吸入人体,经胃肠及皮肤吸收的方式进入人体的比例较少。进入人体的苯,一部分可通过尿液排出,未排出的苯则首先在肝中细胞色素 P450 单加氧酶作用下被氧分子氧化为环氧苯(7-氧杂双环[4.1.0]庚-2,4-二烯)。环氧苯与它的重排产物氧杂环庚三烯存在平衡,是苯代谢过程中产生的有毒中间体。接下来有三种代谢途径:与谷胱甘肽结合生成苯巯基尿酸;继续代谢为苯酚、邻苯二酚、对苯二酚、偏苯三酚、邻苯醌、对苯醌等,最后以葡萄糖苷酸或硫酸盐结合物形式排出;被氧化为毒性较低的己二烯二酸、乙醇和甲苯。

　　苯的代谢物进入细胞后,与细胞核中的脱氧核糖核酸(DNA)结合,会使染色体发生变化,导致发生变异。染色体是遗传物质,它控制着细胞的结构和生命活动等。长期摄入苯,就会引发癌症[48]。

　　2) 苯及苯的同系物的来源

　　儿童苯暴露主要发生在室内,室内环境中苯的来源主要是燃烧烟草的烟雾、溶剂、油漆、图文传真机、电脑终端机和打印机、黏合剂、墙纸、地毯等。家庭装饰中使用大量的化工材料,如涂料、油漆及各种装修材料,其中很多都在生产过程中使用苯作为原料或溶剂,装修后这些苯挥发到室内,成为儿童苯暴露的污染源。

油漆中的溶剂包括苯、甲苯、二甲苯,苯从油漆中挥发出来可造成室内苯污染。苯在各种建筑装饰材料的有机溶剂中大量存在,如装修中俗称天那水和稀料,主要成分都是苯、甲苯、二甲苯。各种胶黏剂,特别是溶剂型胶黏剂在装饰行业仍有一定市场,而其中使用溶剂多数为甲苯,其中含有 30% 以上的苯,对人体健康危害极大,但因为价格、溶解性、黏接性等原因,还被一些企业采用。

由于板材生产中使用了含苯高的胶黏剂,沙发、橱柜等一些家具也会释放出大量的苯。一些低档的涂料,也是造成室内空气中苯含量超标的重要原因。例如,某些用原粉加释料配制成的防水涂料也含有大量的苯,使用 15 h 后检测数据显示,室内空气中苯含量甚至会超过国家允许最高浓度的 14.7 倍。

7.2.2.3 苯并芘

苯并芘是苯与芘稠合而成的一类多环芳烃,按稠合的位置不同,有苯并[a]芘和苯并[e]芘两种同分异构体,其中最常见的是苯并[a]芘。苯并[a]芘简称 B(a)P,其分子式为 $C_{20}H_{12}$,分子量为 252.32,常温下为无色至浅黄色针状晶体,碱性情况下性质稳定,遇酸易发生化学变化,见图 7-22。熔点为 179 ℃,沸点为 310~312 ℃,不溶于水,微溶于甲醇、乙醇,溶于苯、甲苯、二甲苯、氯仿、乙醚等有机溶剂。

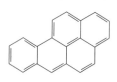

图 7-22　苯并[a]芘

苯并芘普遍存在于环境中。这类物质由于水溶性差,对微生物的生长有抑制作用,以及其特殊而稳定的环状结构,因此很难被生物所利用,环境中多环芳烃呈不断积累的趋势。研究表明,工业生产中燃料的不完全燃烧、石油污水灌溉、焦炭生产、金属冶炼、汽车尾气等都能产生多环芳香烃。

苯并芘危害极大,是公认最强的致癌物质之一,其毒性超过黄曲霉毒素,进入人体后可对皮肤、食道、肺、肝、胃、肠等多脏器都有致癌性、致病性[49]。动物实验还表明,苯并芘还会导致子代发生肿瘤癌变,既会造成动物免疫功能下降,也会造成胚胎畸形或死亡。苯并芘伴随食物、饮水等途径进入人体后,并不会立即产生不良反应,但是苯并芘在人体内降解相当缓慢,依靠人体自身降解不能使其含量达到安全标准,会在体内长期积累,逐渐造成伤害。因其危害有隐蔽性、长期性和潜伏性的特点,在表现出明显的症状之前容易被人们所忽视。

1) 苯并芘的毒性机理

苯并芘的菲环双键具有较高电子密度,被称为"K 区"。易与细胞内的 DNA、RNA 等大分子发生共价结合,有可能破坏 DNA 和 RNA 的正常功能,主要是使

DNA 的遗传信息发生改变,引起细胞突变,从而引发癌变。例如,苯并芘的 K 区环氧化物 4,5-环氧化物和 DNA 上的鸟嘌呤环-2-氨基相结合,结合后发生基因突变,其原来与胞嘧啶共价结合的三个氢键发生变化,不能再与正常对应胞嘧啶配对。

苯并芘代谢有关的氧化产物也具有强致癌性。其代谢产物的毒性作用通常是经过氧化代谢过程产生的中间体与大分子发生反应,导致靶细胞结构和功能的改变。其代谢产物中的二氢二醇环氧苯并芘(BPDE)不仅能和 DNA 形成加合物,而且代谢过程中产生的大量活性氧簇(ROS)也会造成 DNA 损伤。DNA 损伤后如果得不到及时修复,就会在复制过程中产生突变,最终致癌。例如,苯并芘在生物体内混合功能氧化酶(MFO)的作用下被激活,其 K 区经过环氧化作用可形成4,5-环氧化物也是一个重要的致癌物。

　2) 苯并芘的来源

苯并芘的形成是含碳燃料和有机物热解过程的产物,煤炭、石油和天然气等不完全燃烧产生的废气、汽车尾气以及吸烟产生的烟雾中都有苯并芘的存在。这些苯并芘分散在空气中,沉降在土壤和水体中都会造成环境污染,最终影响到人类的健康。人类除了从环境中直接摄入苯并芘外,更多的还是通过食物吸收。粮食、菜籽在柏油公路上晾晒,如图 7-23 所示,温度较高时熔化的柏油可附着在粮食上,沥青中苯并芘含量为 2.5%～3.5%,会导致粮食中苯并芘含量显著增加。

图 7-23　柏油公路上晾晒的小麦

动物长期摄入被苯并芘污染的饲料,其体内的苯并芘通过富集作用逐渐在体内蓄积,用这类动物制成的肉品、乳制品及禽蛋类食品则会不同程度地遭受苯并芘的污染,人类通过食物链的富集作用,也会受到一定程度的危害。

食品加工过程中的烟熏、烘烤和油炸等烹调方式,也会因高温而产生苯并芘污染食物,见图 7-24。

图 7-24　易产生苯并芘的食品加工方法

包装纸上的不纯石蜡油或工业用石蜡油可以使食品污染多环芳烃。此外,油墨中的炭黑含有几种致癌性的多环芳烃,特别是苯并芘的含量较高。有些食品包装纸的油墨处于潮湿状态时,未干的油墨里的多环芳烃可以直接污染食品。

7.2.2.4　多氯联苯

多氯联苯(PCBs)是一类具有两个相连苯环结构的含氯有机化合物,是一系列氯代烃的总称,共有 209 种同系物。PCBs 最早于 1881 年由德国人合成,1929 年在美国首先开始工业生产。由于其具有化学稳定性、低挥发性、高绝缘性及不可燃等特性,PCBs 曾被广泛应用于阻燃剂、增塑剂、润滑剂以及电容器和变压器中的热交换剂和绝缘油。PCBs 也可用于油漆、油墨和农用杀虫剂、热传导系统的传导介质等。

据世界卫生组织(WHO)统计报道[50],自 20 世纪 20 年代开始生产以来,至 80 年代末,全世界生产了约 2×10^7 t 的工业 PCBs,其中约 31% 已排放到环境中去。由于 PCBs 的理化性质稳定,难以降解,属于典型的持久性有机污染物。其半衰期可长达 40 年左右,加上其长期积累以及其中某些异构体和同族体高度的生物富集性和毒性,PCBs 已造成了全球性的污染。

PCBs 急性毒性并不大,但亚急性、慢性中毒可导致皮肤损伤、行为异常、繁殖和发育异常及潜在的致癌作用。PCBs 对人体健康危害是多方面的:破坏或抑制神经系统和免疫系统;破坏或干扰内分泌系统;是一种干扰激素,能影响人类生殖功能,产生“雌性化”作用,造成生长障碍和遗传缺陷,对人类繁衍及新生儿健康产生不良影响。PCBs 几乎都直接或间接地具有环境激素作用,这些物质长期与人类和动物接触,会渐渐引起内分泌系统、免疫系统、神经系统出现多种异常,并诱发癌症和神经性疾病。几年来的男性精子数量下降和女性乳腺癌的发生都与 PCBs 污染有关。

1968 年发生在日本北九州市、爱知县一带的米糠油事件就是一起 PCBs 引起的食品污染公害事件。生产米糠油时用 PCBs 作脱臭工艺中的热载体,因管理不善,致使 PCBs 混入米糠油中,造成 5000 多人患病,其中死亡 16 人,实际受害者超过 1 万。用米糠油中的黑油作家禽饲料,引起几十万只鸡死亡。患者毒症状有眼皮肿、掌出汗、全身起红疙瘩,重者呕吐恶心,肝功能下降,肌肉痛,咳嗽不止,甚至死亡。

1) 多氯联苯毒性机理

多氯联苯的生物转化有两条主要途径[51]：一种是形成甲磺基多氯联苯；另一种是转化成羟基多氯联苯，其中以形成羟基化代谢产物为主。其中羟基多氯联苯主要是借助细胞色素 P450 酶系统，通过多氯联苯芳环上间、对位的氧化作用，包括氯原子的 NIH 转换（芳环在羟基化的过程中分子内氢原子位置的转换），或者直接加上羟基形成。羟基多氯联苯在结构上与雌激素和甲状腺激素类似，能够在生物机体内产生类雌激素干扰和甲状腺干扰效应。目前的研究结果表明，羟基多氯联苯的内分泌干扰作用在多氯联苯引起的毒性效应中起着十分重要的作用，尤其是其内分泌干扰毒性效应不容忽视。

雌激素不仅对生殖系统的发育和第二性征的维持至关重要，而且影响骨骼、心血管等系统功能，干扰雌激素的合成、分泌、转运、代谢和反馈调节等过程，而其中的任一环节都会造成雌激素功能紊乱。多氯联苯及其代谢产物羟基多氯联苯可在人体表现出类雌激素活性，形成对雌性激素的干扰。

雌激素磺基转移酶（EST）是一种存在于胞浆中的催化雌激素硫酸结合作用的代谢酶，能使雌激素失活。羟基多氯联苯（OH-PCB）对 EST 有强烈抑制作用，可通过抑制 EST 活性而使雌激素浓度升高，从而表现出类雌激素活性。羟基多氯联苯（OH-PCB）与雌性激素受体（ER）与形成的复合物转移至细胞核内，与雌激素反应元件结合，发挥生理功能，表现类雌激素活性。另外，PCBs 还可以通过干扰雄激素与雄性激素受体（AR）的结合，而发挥抗雄激素活性，表现为类雌激素作用。

甲状腺作为人和动物重要的内分泌器官，在促进机体的基础代谢、生长和发育等方面至关重要。PCBs 对甲状腺激素系统的干扰作用比其对雌激素系统的干扰作用要强得多，几乎所有的商品混合物和同类物都可干扰甲状腺激素系统的自身稳态。

PCBs 结构与甲状腺素非常相近，可以影响甲状腺素参与的很多生理过程。PCBs 可导致甲状腺组织结构的改变，造成对甲状腺的直接损害。PCBs 和 OH-PCB 还可以通过影响甲状腺脱碘酶及磺基转移酶的活性，影响甲状腺正常功能。PCBs 还可以通过干扰甲状腺激素转运造成甲状腺激素紊乱。

此外，PCBs 除了对雌雄激素系统、甲状腺激素系统有影响之外，还对视黄酸系统、肾上腺激素系统有干扰作用。PCBs 对机体的影响涉及整个神经-免疫-内分泌网络系统。

2) 多氯联苯的来源

自 20 世纪 30 年代开始，PCBs 广泛应用于电容器和变压器中的绝缘油、耐火增塑剂、液压油、润滑剂、密封剂、油漆涂料的添加剂、染料以及杀虫剂（五氯酚及其钠盐）等产品的生产。含 PCBs 的工业废气、废水、废渣的排放以及工业液体的渗漏均可直接或者通过食物链的生物富集污染食品，在人体内蓄积，如图 7-25 所示。

PCBs 用于塑料、橡胶、涂料等产品的添加剂和染料的生产，与食品接触时，可发生迁移而造成污染。

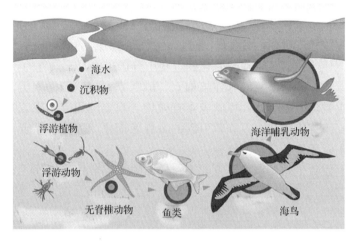

图 7-25　多氯联苯在食物链中富集

7.2.2.5　三聚氰胺

三聚氰胺分子式为 $C_3N_6H_6$，分子量为 126.12，为纯白色单斜棱晶体，无味，密度为 1.573 g/cm^3；在常压下，300 ℃升华，354 ℃分解，比热为 1.473 $kJ/(kg \cdot ℃)$；溶于热水，微溶于冷水，极微溶于热乙醇，不溶于乙醚、苯和四氯化碳，可溶于甲醇、甲醛、乙酸、热的乙二醇、甘油、吡啶等；在一般情况下较稳定，但在高温下可能会分解释放出氰化物，其结构式见图 7-26。

图 7-26　三聚氰胺结构式

三聚氰胺是一种以尿素为原料生产的氮杂环有机化合物。主要用于生产三聚氰胺-甲醛树脂，也用于木材加工、塑料、涂料、造纸、纺织、医药的行业。因其含氮量高又被称为"蛋白精"，一般蛋白质中含氮量为 16％，三聚氰胺含氮量高达 66％，食品中每增加一个百分点的三聚氰胺，通过凯氏定氮测定的蛋白质含量就会增加四个百分点。又因为三聚氰胺合成工艺简单、成本低廉，很多不法分子通过在食品中添加三聚氰胺的方式，提高食品的蛋白质测定含量。2008 年轰动全国导致全国 158 名婴幼儿发生肾衰竭，3 名婴幼儿死亡，另有数万名患病的"三鹿奶粉事件"，就是违规向奶制品中添加三聚氰胺所致。

1）三聚氰胺毒性机理

三聚氰胺在用昆明种小鼠做急性毒性实验结果表明，全部不致死的最大剂量为 5 g/kg，半致死量 LD_{50} 为 12.5～15.0 g/kg[52]。根据我国药物急性毒性分级标准，三聚氰胺基本可认定其微毒或无毒。

三聚氰胺经消化道吸收后,并不会在肝脏内发生分解或转化[53],而是经泌尿系统排除,目前认为三聚氰胺中毒的机理仅是形成结石而导致肾衰。三聚氰胺颗粒在婴儿肾内形成后,即使大的颗粒排除了,小颗粒也会作为一个结石核,慢慢结聚形成更大结石,几个月后会再次形成结石,最终导致尿毒症和慢性肾衰症状。

然而,近来的研究显示三聚氰胺的毒性不止如此。虽然在摄入三聚氰胺的患者肾脏和膀胱中都发现了结晶,但现在仍未能确定在三聚氰胺摄入之后肾衰竭的发生和肾脏的结晶作用之间是否有直接的联系。Cornell 大学的 Smith 就强调,三聚氰胺已知的毒性反应还不能解释所有病例的临床及病理症状,如中毒后在肾脏中出现的肾小管急性损伤和特征性的细胞炎症等,这些都暗示三聚氰胺的毒性机理比我们已知的更为复杂。

2）三聚氰胺的来源

三聚氰胺是一种用途广泛的有机化工中间产品,最主要的用途是作为生产三聚氰胺甲醛树脂的原料。三聚氰胺还可以作阻燃剂、减水剂、甲醛清洁剂等。该树脂硬度比脲醛树脂高,不易燃、耐水、耐热、耐老化、耐电弧、耐化学腐蚀,具有良好的绝缘性能、光泽度和机械强度,广泛应用于木材、塑料、涂料、造纸、纺织、皮革、电气、医药等行业。

儿童摄入三聚氰胺的方式主要是通过消化道,除食用违法添加三聚氰胺的食品外,最主要的方式就是通过不正确使用含有三聚氰胺的塑料餐具。三聚氰胺甲醛树脂耐热性强,高温、高湿稳定性好,其制品表面具有平整、无毒、无味、耐摔、自动熄灭电弧等特性,适宜高温消毒、机械洗涤;其导热率低,保温性能好,可任意着色,不易褪色,被广泛应用于餐具、日常生活用品等方面,如图 7-27 所示。但是以三聚氰胺甲醛树脂为原料合成的三聚氰胺餐具、食品包装材料等,经光照、加热或遇酸时,残留的三聚氰胺会向与之接触的食品发生迁移,从而污染食品并危害健康。三聚氰胺树脂餐具在微波炉、烤箱加热,或盛放油炸食品的情况下都可造成三聚氰胺的释放。

图 7-27　三聚氰胺甲醛树脂为原料合成餐具

7.2.2.6　增塑剂

增塑剂,又称塑化剂,是工业上被广泛使用的高分子材料助剂,增塑剂是一类重要的化工产品添加剂,作为助剂普遍应用于塑料制品中,使其柔韧性增强,容易加工。增塑剂被广泛用于玩具、食品包装材料、医用输液袋、胶管、清洁剂、化妆品等多种产品的工业生产过程中。

增塑剂产品种类多达 100 余种。目前国内外工业生产中,邻苯二甲酸酯是使用最多的增塑剂,占生产总量的 80%,是由二羧酸邻苯二甲酸及醇类所形成的酯类,有良好的防水性及防油性。这类的增塑剂并非食品或食品添加物,且具有毒性。常见的邻苯二甲酸酯有邻苯二甲酸二(2-乙基)己酯(DEHP)、邻苯二甲酸二异壬酯(DINP)、邻苯二甲酸二丁酯(DBP)、邻苯二甲酸丁苄酯(BBP)、邻苯二甲酸二异癸酯(DIDP)、邻苯二甲酸二正辛酯(DOP)、邻苯二甲酸二异辛酯(DIOP)、邻苯二甲酸二乙酯(DEP)、邻苯二甲酸二异丁酯(DIBP)等。

邻苯二甲酸酯类增塑剂分子有类似于雌性激素结构,因而增塑剂是一种环境激素,对人体的危害是相当大的。而且增塑剂进入人体的途径很多,包括通过消化系统进入人体,通过呼吸系统进入人体,甚至增塑剂还能通过皮肤进入人体,这就大大增加了增塑剂对人体的危害性。增塑剂对儿童的危害尤其严重,可以导致女童性早熟及男童性器官发育不良。2011 年我国台湾地区出现不法企业向食品中添加增塑剂造成重大食品安全危机,引起了人们对增塑剂的关注[54]。

1) 增塑剂的毒性机理

增塑剂的急性毒性很低,更多地表现为慢性毒性。

增塑剂有致癌、致畸、致突变作用,可作用于细胞的染色体,使染色体的数目或结构发生变化,从而使一些组织、细胞的生长失控,产生肿瘤。如果发生在生殖细胞,则可造成流产、畸胎或遗传性疾病。美国国家毒理规划署(NTP)的实验报道,大鼠和小鼠能通过食物长期吸收 DEHP 而引起肝癌,同时 DEHP 的代谢单体单-(2-乙基己基)邻苯二甲酸酯(MEHP)也可引起睾丸间质细胞肿瘤。国内相关实验也表明,DEHP 可在无明显细胞毒性的剂量下,导致胚胎生长发育异常,因此,DEHP 被认为是一种潜在的强致畸剂[55]。

增塑剂最重要的危害表现在对生殖系统的方面。增塑剂在体内、体外实验以及动物模型中均表现出明显的抗雄性激素作用,可对发育中雄性生殖系统产生毒性作用。增塑剂对婴幼儿内分泌和生殖系统的发育产生严重影响[56]。动物实验表明,增塑剂及其代谢产物暴露会导致雄性大鼠性细胞分化异常,表现出特殊毒性症状,如尿道下裂、隐睾症等,类似于人类胎儿期性腺发育异常引起的睾丸发育不全综合征。

对具有正常的雌性 SD 大鼠进行增塑剂灌胃染毒,结果发现受试大鼠自然排卵周期改变,动情周期延长和不排卵,受试组大鼠卵泡颗粒细胞变小致使卵泡的体积减小和出现多囊卵巢。主要原因在于其代谢产物(MEHP)影响卵巢功能,作用位点主要是卵巢颗粒细胞。孕酮分泌量的下降与 MEHP 存在剂量-效应关系。增塑剂的雌激素效应可能与生物体的生殖系统发育异常、生殖功能障碍、生殖系统及内分泌系统肿瘤以及神经系统发育和功能损伤有关。

2）增塑剂的来源

全世界增塑剂年产量已超过 200 万 t。增塑剂作为增塑剂添加于聚氯乙烯等基质中，广泛用于生产日常用品，如儿童玩具、润滑油、婴儿用品、美容用品、医疗用品等。因此，增塑剂在环境中存在十分普遍，在空气、土壤和水体中均存在并且含量较多。

对于婴幼儿来说，增塑剂暴露的主要来源是含聚氯乙烯塑料制品、个人护理用品、食物和食物包装、室内空气和尘埃暴露以及含有增塑剂的医疗用具。研究发现，几乎所有儿童尿样中都含有可测定浓度的苯二甲酸酯（PAEs）代谢产物。

此外，儿童还可以通过与塑料玩具接触摄入增塑剂。相关研究表明，对 32 种塑料玩具进行检测，发现 DBP 和 DEHP 的检出率分别高达 95.65% 和 100.00%[57]。

7.2.3　易燃易爆物

易燃易爆类化学产品对儿童的伤害与其他类型的化学物质伤害不同。它不是通过进入儿童体内或与儿童身体接触引起正常生理活动异常或组织损伤造成的化学伤害，而是通过燃烧、爆炸释放出大量能量形成物理伤害。

烧伤是儿童最主要的意外伤害之一。根据一些儿童烧伤病例分析，有五分之一的情况都是由于儿童玩火及火灾引起火焰烧伤。在燃放鞭炮等情况下造成的爆炸对儿童肢体和眼部的伤害也屡有发生。主要原因就是儿童对外界事物好奇，活动范围及活动量逐渐增大，但是动作欠协调，识别危险能力不足[58]。在模仿成人活动时，经常不能够识别易燃易爆化学类产品，发生危险后也没有能力采取有效防护措施。因此，成人必须认识儿童身边可接触到的易燃易爆物，采取措施避免这些产品可能产生的危害。

本节将就儿童在日常生活中可以接触到的易燃易爆物进行介绍，以期提高人们对易燃易爆物危险性的认识，预防儿童受到此类物品的伤害。

易燃易爆物范围非常广泛，凡是容易燃烧、爆炸的物品都属于此列。其数量种类繁多，且在生活中应用普遍，在此仅按气体、流体和固体三种形态举例加以介绍。

7.2.3.1　易燃易爆气体类

易燃易爆气体类包括以容易燃烧、爆炸为主要特征的各种气态产品。氢气、天然气、一氧化碳、丁烷、甲烷、乙烷、丙烯、乙烯、乙炔、水煤气等易燃气体，以及液化石油气、氧气和氟利昂等压缩气体也属此类。

1）家用燃气

我国目前家用燃气使用的主要气源为人工煤气、天然气和液化气，见图 7-28。

人工煤气是由煤、焦炭等固体燃料或重油等液体燃料经干馏、气化或裂解等过程所制得的气体的统称。按照生产方法，一般可分为干馏煤气和气化煤气（如炉煤

图7-28　家用燃气

气、水煤气、半水煤气等）。人工煤气的主要成分为烷烃、烯烃、芳烃、一氧化碳和氢等可燃气体,并含有少量的二氧化碳和氮等不可燃气体。

天然气是埋藏在邻接石油或煤矿区的地壳内的有机物,经过化学分解而形成的可燃气体,它共存于石油,有的溶解于深层地下水。它主要存在于油田、气田、煤层和页岩层。天然气是一种多组分的混合气态化石燃料,主要成分是烷烃,其中甲烷占绝大多数,另有少量的乙烷、丙烷和丁烷。天然气燃烧后无废渣、废水产生,相较煤炭、石油等能源具有使用安全、热值高、洁净等优势。

液化石油气是一种石化产品,为无色气体或黄棕色油状液体,主要成分是丙烷和丁烷的混合物,通常伴有少量的丙烯和丁烯。主要用作石油化工原料,用于烃类裂解制乙烯或蒸气转化制合成气,可作为工业、民用、内燃机燃料。

家用燃气容易燃烧,燃烧释放热能高。燃气使用现已遍及我国城市和农村大部分地区,成为家庭主要热能来源之一,用于厨房燃料。儿童在家中接触燃气非常容易,儿童玩弄燃气灶具很容易引起火灾,造成伤害。

2）氢气

氢气分子式为H_2,分子量为2.02,是分子量最小的物质,是世界上已知的密度最小的气体。氢气的质量只有空气的1/14,即在0℃时,一个标准大气压下,氢气的密度为0.0899 g/L,所以氢气可作为飞艇、氢气球的填充气体。常温常压下,氢气是一种极易燃烧、无色透明、无臭无味的气体,现在工业上一般从天然气或水煤气制氢气。

氢气自燃点为400℃,遇到明火或高于400℃以上高温即发生爆炸。氢气产生最大爆炸压力浓度是32.3%;最大爆炸压力为0.73 MPa;最小引爆能量为0.019 mJ,仅相当于一枚钉书钉从1 m高处自由落下的能量。只要有很小的能量,如静电火花,就足以引起燃烧、爆炸,同时氢气燃烧热为286.9 kJ/mol^{-1}。燃烧爆炸时会释放较高的能量,很容易造成伤害。

目前市场上销售供儿童玩耍氢气球（图7-29）因为成本原因充填的大多不是惰性的氦气,而是容易燃烧爆炸的氢气。这样的气球遇明火或静电火花极易发生爆炸造成对儿童的伤害。

2015年3月28日,陕西安康市的一只气球经过十几个小时飞行,降落在200多千米外的十堰丹江口市均县镇洪家沟一小区旁的广场上后爆炸,致使附近7人受伤,包括3名小孩。

图 7-29　飘飞的氢气球

　　气球色彩鲜艳、造型多样，深受儿童喜爱。家长在为孩子选择"氢气球"切不可贪图便宜购买不法商贩使用氢气充填的气球，要选择安全的氦气充填的气球。在带儿童参加放飞氢气球的庆典时，要注意防止儿童过于靠近气球，尤其在空气干燥易于产生静电的秋冬季节，以免静电火花引爆氢气球造成儿童的烧伤。

　　3）压缩气体类

　　喷雾罐是一类特殊的商品包装，用于盛装压缩、液化或加压溶解气体的一次性金属、玻璃或塑料容器，同时可能装有液体、糊状物或粉状物，并带有释放装置，可使内装物变成悬浮于气体中的固体或液体微粒而喷射出来，喷射物呈泡沫状、糊状或粉状，或为气体或液体，这种包装广泛地应用于医药品、化妆品、食品和工业用品等消费市场的各个领域，如摩斯、气雾杀虫剂和空气清新剂等，如图 7-30 所示。借助于喷雾罐产品的密闭、卫生、简便、有效、定量及定向取用的优点，喷雾罐在消费品中的使用日益广泛，尤其是日用消费品方面的使用。

　　但喷雾罐中的气雾剂主要有压缩空气、碳氢化合物、氟利昂化合物，其中碳氢化合物、碳氟化合物都属于易燃物质；压缩空气等虽不燃烧，但仍属于压缩气体，受热或罐体受到破坏时可发生爆炸。喷雾罐类产品使用不当容易造成各种燃烧、爆炸等问题，造成危险事故。儿童不能了解此类产品使用时需要注意的问题，在靠近火源、热源的地方使用玩弄喷雾罐时容易引起罐内气体的燃烧和爆炸，造成意外。

图 7-30　喷雾罐

4）打火机

打火机是小型取火装置，主要用于吸烟取火，也用于炊事及其他取火，在生活中使用普遍，如图 7-31 所示。打火机主要部件是发火机构和储气箱，发火机构动作时，迸发出火花射向燃气区，将燃气引燃。

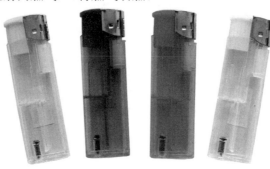

图 7-31　打火机

打火机所使用的燃料主要是可燃性气体。早期多用汽油，因有异味，现已很少使用。现多采用丁烷，经加压后充入封闭气箱。打火机采用的丁烷是两种有相同分子式（C_4H_{10}）的烷烃碳氢化合物的统称，包括正丁烷和异丁烷（2-甲基丙烷）。丁烷是一种易燃、无色、容易被液化的气体。

现在打火机多采用塑料作为储气箱箱体材料，塑料耐压性能较差，丁烷受热体积容易膨胀。因此，打火机在阳光暴晒、靠近热源甚至是冬日贴身存放时都可能发生爆炸，其危害随可燃气量的增加而增大，一些违规生产的巨型打火机危险性更高。儿童玩弄打火机时，可点燃其他易燃物引起火灾或打火机罐体爆炸造成伤害。

儿童不慎被烧烫伤时，成人应迅速使儿童脱离热源，中小面积烧伤可立即用冷水冲洗 15～30 min，能够起到止痛、减轻烧伤程度、洗去创面上的污物和微生物、减少继发感染概率等作用。也可以将烧伤的肢体浸泡在水中，同时脱去受伤部位的衣裤鞋袜。还要尽可能保持水泡皮的完整，以减少感染机会。禁止外涂有颜色的膏剂或药物，如龙胆紫、油膏、牙膏等，以免妨碍医生对创面深度的判断，而且在清创过程中会增加患儿痛苦。儿童烧烫伤部位初步处理之后，需要简单覆盖创伤部位后立即送医院接受正规治疗。

7.2.3.2　易燃液体类

苯、汽油、丙酮、煤油、柴油、乙醇、油漆、松香油、乙醚、稀料（香蕉水、硝基漆稀释剂）及含易燃溶剂的制品等容易燃烧的液体产品都属于易燃液体类。

1）燃油类

燃油包括日常作为燃料的汽油、柴油和煤油等，属于石化产品，主要用作汽车等内燃机及燃油炉的燃料[59],见图 7-32。其主要成分均为不同链长的液态烷烃,极易燃烧。其中汽油的爆炸极限为 $1.0\%\sim6.0\%$,燃点为 $427\,℃$;柴油的爆炸极限为 $0.5\%\sim4.1\%$,燃点为 $260\,℃$。汽油或柴油通过挥发,在空气中达到爆炸极限浓度时,遇明火或静电火花可发生爆炸。家庭储藏燃油时应当注意防止儿童接触。

图 7-32　燃油

2）乙醇

乙醇是一种有机物,俗称酒精,化学式为 CH_3CH_2OH,是带有一个羟基的饱和一元醇,在常温、常压下是一种易燃、易挥发的无色透明液体。乙醇密度是 $0.789\ g/cm^3$（20 ℃）,乙醇气体密度为 $1.59\ kg/m^3$,沸点是 78.4 ℃,熔点是 $-114.3\,℃$,其蒸气能与空气形成爆炸性混合物。

乙醇的用途很广,可用乙醇制造乙酸、饮料、香精、染料、燃料等。医疗上也常用体积分数为 $70\%\sim75\%$ 的乙醇作消毒剂等,在国防工业、医疗卫生、有机合成、食品工业、工农业生产中都有广泛的用途。

乙醇溶液燃烧的临界质量分数为 36.25%[60],中高度白酒和消毒用酒精中乙醇浓度均可超过此浓度界限。因此,白酒和消毒用酒精达到一定量即可视为易燃危险物。

3）油漆和稀料

普通油漆都是由成膜物质和溶剂组成的,如图 7-33 所示。一般说来,成膜物质是没有味道的,而有味道的是溶剂,也就是俗称的稀料,主要由各种有机化合物组成,如苯、甲苯、二甲苯、丁酯等。

稀料即稀释剂或溶剂油,通常为无色透明液体,易挥发,有花香气味,俗称香蕉水。在油漆中,稀料在空气中散发出来就形成油漆的气味。稀料主要由苯、甲苯、二甲苯、丁酯等各种有机化合物组成。

稀料的最大特点就是容易挥发气化,在很短时间内,挥发的油气可以扩散到数米乃至数十米以外。当挥发的油气遇到明火就会引燃,火焰能够沿着气流相反的方向回火,从而引起剧烈的燃烧。当挥发的油气在空气中的浓度达到适当比例的时候，就会发生剧烈的爆炸，造成巨大的经济损失和人员伤亡。

图 7-33　油漆

　　稀料的另一特点就是绝缘性好，很容易产生静电。当盛载稀料的塑料桶经反复摇晃后，其静电荷可高达上万伏，很容易引起火灾。因此，稀料不宜用塑料桶盛装，而应使用金属容器或玻璃容器。

　　2014 年 7 月 5 日发生在杭州，造成 32 人受伤的公交车纵火案，经查就是犯罪嫌疑人引燃"香蕉水"所致，见图 7-34。

图 7-34　杭州公交纵火案现场

　　稀料和油漆都属于易燃易爆混合流体，危险性非常高，不宜在家中存放，更不可以被儿童接触到。

7.2.3.3　易燃固体

固体酒精、易燃塑料制品、闪光粉等容易燃烧的固体物品都属于易燃固体。

1）可燃塑料

聚苯乙烯（PS）、苯乙烯丙烯腈共聚物（SAN）、丙烯腈-丁二烯-苯乙烯共聚物（ABS）、聚乙烯（PE）、聚丙烯（PP）的塑料容易燃烧，并且燃烧过程中会伴随熔融滴落的现象。燃烧的熔融滴落物会继续燃烧，溅落到皮肤会造成严重灼伤；溅落到其他可燃物上容易造成更大危害，见图 7-35。

图 7-35　燃烧的塑料

用聚苯乙烯制作的泡沫塑料和聚乙烯制成的保鲜膜、塑料袋等塑料产品也就成为了易燃物。

2）固体酒精

固体酒精或称固化酒精，因使用、运输和携带方便，燃烧时对环境的污染较少，与液体酒精相比，比较安全。作为一种固体燃料，广泛应用于餐饮业、旅游业和野外作业等。近几年来，出现了各种使工业酒精固化的方法，而这些方法的差别主要在于不同固化剂的选择。使用火柴即可将其点燃，燃烧时无烟尘，火焰温度均匀，温度可达到 600 ℃ 左右，每 250 g 可以燃烧 1.5 h 以上。

另外一种外形和用途与固体酒精相似，也被误称为"固体酒精"的固体燃料——乌洛托品，也是家庭中常见的易燃物。乌洛托品，化学名为六亚甲基四胺，是一种白色吸湿性结晶粉末或无色有光泽的菱形结晶体，可燃，见图 7-36；熔点为 263 ℃，如超过此熔点即升华并分解，但不熔融。乌洛托品是一种重要的化工原料，在实际生产中有很多应用，而实际生活中最为常见的用途与真正的固体酒精相同，都是作为固体燃料使用。

图 7-36　乌洛托品的可燃性

家庭中使用的固体酒精等便携燃料,在储存时应特别注意防止儿童获得。避免儿童模仿成人点燃此类物质玩耍。

3)烟花爆竹

烟花爆竹是指以烟火药为主要原料制成,引燃后通过燃烧或爆炸,产生光、声、色、形和烟雾等效果,用于观赏,见图 7-37。烟花爆竹在我国具有悠久的历史,深受人们喜爱。人们通常在婚礼和节庆等欢乐喜庆的场合燃放烟花爆竹以增添喜庆的气氛。尤其在春节期间,中国绝大部分地区的人们都有燃放烟花爆竹庆祝节日的习俗。

图 7-37　烟花爆竹

(1)烟花爆竹的历史。

火药是中国的四大发明之一,是我国古代的炼丹家在长期的炼制丹药过程中发现的,公元 808 年,唐朝炼丹家清虚子撰写了《太上圣祖金丹秘诀》,是世界上关于火药的最早文字记载,而在此后的 1000 多年里,火药的用途除了用于制作武器以外几乎只是用来做鞭炮。因此,我国也很自然地成为了烟花爆竹的发源地。燃放鞭炮已成为中国人的传统习俗,除了过年过节要放鞭炮外,无论喜庆的事还是悲伤的事,只要是重大的事情都是需要放鞭炮的。

中国是烟花爆竹的发源地,毋庸置疑,但中国的烟花爆竹最早出现在哪个地区却有多种说法。有一说法为江西的上栗,也有说法为湖南醴陵,还有一种说法为湖南浏阳。三个地方都是历史悠久、源远流长,至今已有 1300 多年的历史。最初,人们燃放鞭炮是为了驱鬼避邪,后来,燃放烟花爆竹渐渐地成为了一项娱乐活动,在古代已经变得非常流行了,逢年过节的时候,不管达官贵人还是平民百姓,都喜欢放爆竹、燃焰火,增添节日的喜庆气氛。宋代著名文学家、政治家王安石曾在他的诗《元日》中这样描绘过过年时燃放鞭炮的情景——“爆竹声中一岁除,春风送暖入屠苏。千门万户曈曈日,总把新桃换旧符。”可以说,在 1300 多年的发展中,烟花爆竹已不仅是一种风俗,更成为了一种文化,这种文化一直延续至今,并随着中世纪中西方文化的交流一起走出了国门,传遍了全世界。

（2）烟花爆竹的危害。

由于烟花爆竹其中的火药成分,属于易燃易爆危险的物品。燃放者在燃放时如果不按照有关规定进行燃放或者燃放违规产品,就有可能导致安全事故的发生。儿童在燃放烟花爆竹时发生意外伤害,造成眼睛和手炸伤的案例屡见不鲜。因此,烟花爆竹也成为一种危害儿童健康安全的危险化学类产品。每年由于燃放烟花爆竹所致的意外伤害案例中,未成年人比例均较高。据河北省一项调查显示,烟花爆竹致伤人员中,三分之一是未成年患者,2013 年 41 人中有 13 名儿童,2014 年 54 人中有 17 名儿童,最小的孩子年仅 4 岁。

（3）烟花爆竹的分类。

在我国,烟花爆竹种类也很多。根据结构与组成、燃放运动轨迹及燃放效果,烟花爆竹产品分为以下 9 大类。

① 爆竹类:燃放时主体爆炸(主体筒体破碎或者爆裂)但不升空,产生爆炸声音、闪光等效果,以听觉效果为主的产品。

② 喷花类:燃放时以直向喷射火苗、火花、响声(响珠)为主的产品。

③ 旋转类:燃放时主体自身旋转但不升空的产品。

④ 升空类:燃放时主体定向或旋转升空的产品。

⑤ 吐珠类:燃放时从同一筒体内有规律地发射出(药粒或药柱)彩珠、彩花、声响等效果的产品。

⑥ 玩具类:形式多样、运动范围相对较小的低空产品,燃放时产生火花、烟雾、爆响等效果,有玩具造型、线香型、摩擦型、烟雾型产品等。

⑦ 礼花类:燃放时弹体、效果件从发射筒(单筒,含专用发射筒)发射到高空或水域后能爆发出各种光色、花形图案或其他效果的产品。

⑧ 架子烟花类:以悬挂形式固定在架子装置上燃放的产品,燃放时,以喷射火苗、火花,形成字幕、图案、瀑布、人物、山水等画面,分为瀑布、字幕、图案等。

⑨ 组合烟花类:由两个或两个以上小礼花、喷花、吐珠同类或不同类烟花组合而成的产品。

按照药量及所能构成的危险性大小,烟花爆竹产品分为 A、B、C、D 四级。

A 级:由专业燃放人员在特定的室外空旷地点燃放、危险性很大的产品。

B 级:由专业燃放人员在特定的室外空旷地点燃放、危险性较大的产品。

C 级:适于室外开放空间燃放、危险性较小的产品。

D 级:适于近距离燃放、危险性很小的产品。

按照对燃放人员要求的不同,烟花爆竹产品分为个人燃放类和专业燃放类。

个人燃放类:不需加工安装,普通消费者可以燃放的 C 级、D 级产品。专业燃放类:应由取得燃放专业资质人员燃放的 A 级、B 级产品和需加工安装的 C 级、D 级产品。

烟花爆竹其中的火药成分,燃放者在燃放时如果不按照有关规定进行燃放或者燃放违规产品,就会有可能导致安全事故的发生。目前烟花爆竹的国家最新标准 GB 10631—2013《烟花爆竹 安全与质量》于 2013 年 3 月 1 日实施,其中对个人严禁燃放 A 级和 B 级产品作了说明,降低了烟花爆竹的含药量,确保安全。

7.3 化学类产品儿童安全风险评估常用方法

现代社会化工产业发达,其产品广泛应用于生产生活的各个领域。儿童在成长过程中接触到的化学类产品数量非常庞大。这些化学类产品是否对儿童健康有负面影响,以及摄入多大的剂量会对儿童健康产生影响,都需要采用科学的方法进行评估,以便于制定策略对这些化学类产品的使用加以管理,防范其对儿童健康可能产生的风险。

近几十年来,在经济合作与发展组织(OECD)、世界卫生组织(WHO)、欧洲及地中海植物保护组织(EPPO)、欧洲化学品生态毒理学和毒理学中心(ECETOC)等国际组织的推动下,化学品风险评估技术有了显著的进展。早期的风险评估主要关注的是对人类的风险,随着人类对环境风险的不断重视,目前的风险评估也同时将环境风险作为重点评估领域。当前,美国、加拿大、欧盟等发达国家和经济体都已将化学品风险评估结果作为化学品安全管理的依据。

7.3.1　风险评估的概念

　　风险评估(risk assessment)是指特定化学品暴露条件下,对靶标生物、系统或(亚)种群产生风险及其不确定性的计算或估计过程,此过程中应考虑到该化学品的内在特性及特定靶标生物系统的特性。风险评估的过程包括四个步骤:危害识别、危害表征、暴露评估以及风险表征。

　　危害识别(hazard identification)是对化学品所具有的潜在的、能够引起生物体、系统或(亚)种群产生不良影响的类型和性质的识别。危害识别是危害评估过程中的第一阶段,也是风险评估中的第一步。

　　危害表征(hazard characterization)就是定性或定量(如果可行)描述一种化学品可能引起潜在危害影响的固有特性。危害表征包括剂量-反应评估以及伴随的不确定性。危害表征是危害评估的第二阶段,也是风险评估中的第二步。

　　暴露评估(exposure assessment)是对生物体、系统或(亚)种群暴露于化学品(以及其衍生物)的评价。暴露评估是风险评估过程中的第三步。

　　风险表征(risk characterization)关于化学品在某特定暴露条件下对生物体、系统或(亚)种群产生已知或潜在不良影响概率的定性,以及只要可能时的定量决定,包括其不确定性。风险表征是风险评估中的第四步。

7.3.2　风险评估的原则

　　风险评估想要得到预期的效果,达到避免或减少风险的目的,就需要遵守一定的原则。在一个公认有效的原则指导下做出的风险评估才具有价值。化学物质风险评估也同样要遵循这样的规则[61]。

　　(1) 信息有效。

　　评估前应广泛收集相关信息,评估时应使用现有可获取的最合理可信的科学信息,并确保信息的可靠、相关、适用与及时。

　　(2) 全面评估。

　　评估时应考虑到所有可能的危害(如急性和慢性的风险、癌症和非癌症的风险、对人类健康和环境的风险等)。使用定性、定量或两者相结合的方式开展评估,当可获得适宜数据时应优先考虑定量评估方法。除了考虑对所有人群的风险,还应针对特别易受到该类风险和/或可能更高程度暴露的易感高危人群。

　　(3) 综合衡量。

　　评估应考虑到科技和知识发展水平,基于现有科学数据/信息,同时还应考虑到相关管理法规。

　　(4) 程序。

　　化学品风险评估主要包括危害识别、危害表征、暴露评估和风险表征四个步骤。其中危害识别、危害表征同属危害评估范畴,如图 7-38 所示。

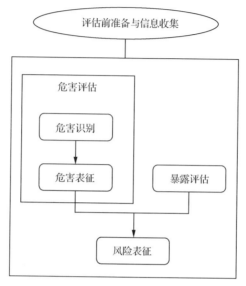

图 7-38　化学类产品风险评估流程图

7.3.3　化学类产品安全风险评估的方法

　　化学类产品数量庞大,种类繁多,其中可能对人体健康构成威胁的物质数量也很惊人。建立科学有效的评估方法对其进行安全风险评估,对于保护人体健康免受有害化学品的伤害意义重大。本节我们将就几种在化学品风险评估中比较成熟的方法进行介绍。

7.3.3.1　欧盟化学品风险评估

　　2006 年 12 月欧盟《化学品注册、评估、授权和限制》(REACH)法规的实施,使欧盟的化学品风险评估体系得到进一步完善,使其成为目前世界上最先进的化学类产品风险评价体系。

　　欧盟对化学产品风险评估最早始于 1979 年 9 月欧盟对危险物质指令进行的第 6 次修订。这次修订规定将 1981 年前上市的化学品列为现有物质,1981 年后上市的化学品列为新物质,要求新物质在上市前,企业要对物质潜在的职业/消费者风险和环境影响进行预评估,然后进行通报。之后又经历了多次修订和补充,使得该评价体系日臻完善。

　　1) REACH 框架下的化学品安全评估

　　欧盟化学品风险评估主要由四个基本步骤构成:数据采集、效应评估(危险评估)、暴露评估、风险表征。REACH 法规框架下的化学品安全评估(CSA)是基于欧盟化学品风险评估技术建立的,主要包括数据采集、效应评估、PBT(持久性、生物蓄积性和毒性)和 vPvB(高持久性和高生物蓄积)评估、暴露评估、风险表征等五个部分,评估流程如图 7-39 所示。

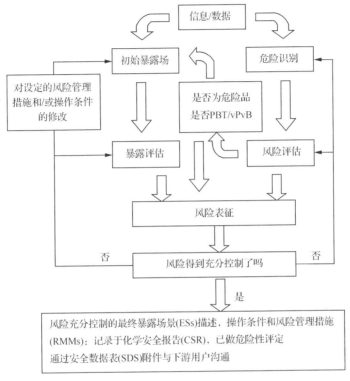

图 7-39　CAS 流程图

2）数据采集

通常需根据 Klimisch 等在 1997 年开发的评分系统来评估数据的可靠性。该方法分四个等级:1 级,无条件可靠类;2 级,有条件可靠类;3 级,不可靠类;4 级,无法归属类。一般来说符合 1 级条件的数据可直接用于评估;2、3 级数据经过证据权重分析后也可用于评估。在 REACH 法规框架下的 CSA,其中实验数据主要通过物质信息交流论坛(SIEF)获得。

3）效应评估

效应评估由两部分组成:第一部分危险识别,是指根据收集的信息对可能存在的危险进行识别,并对物质的危险进行分类,并判断是否属于危险品;第二部分危险评估,是 CSA 的一个重点,包括三个方面:环境危险评估、人类健康危险评估、对人类健康有影响的物化危险评估。

4）环境危险评估

环境危险评估的核心内容就是对剂量（浓度）-环境效应关系进行评估，即通过确定对环境没有负面影响的最高浓度，来定量评价一个污染物的环境危害，这个浓度称为预计无效应浓度（PNEC）。目前，在环境危险评估中使用最多的方法是外推法，包括敏感度分布法和评价因子法，表7-2中列出了对不同环境对象进行危害评估的主要方法。

表7-2　环境对象危害评估的方法

评估对象	评估方法	推荐考虑生物级别
水环境	评价因子法、敏感度分布法	鱼类、水生无脊椎动物、藻类和水生植物
陆地环境	评价因子法、平衡分配法	土壤大型生物、陆地植物、微生物
大气环境	目前还没有确定的方法	—
污水处理系统中微生物	评价因子法	—
二次毒性	评价因子法	—

5）人类健康危险评估

人类健康危险评估的核心是对剂量（浓度）-效应关系进行评估，即推导出物质对于某一种健康危害的剂量-效应浓度，即推导无效应水平（DNELs）。然而人类健康危险评估涉及的范围很广，并非所有的健康危害都能推导出DNELs，这主要存在于下列两种情况：不能确定可靠的作用阈值，这可能发生在致敏性和刺激性上；物质通过非阈值模式发挥其效应，因而不能确定无效剂量，这可能发生在致突变性和致癌性上。出现上述两种情况时，我们需要定性/半定量的安全评估，如果数据允许，可确定推导最小效应水平（DMEL）。DNEL表示低于此水平暴露可被控制，代表一个相当低的理论上可接受的风险。目前，推导DNELs的主要方法是评价因子法，用于DMEL推导的方法主要有线性方法和大评估因子法（也称为EFSA法）。

6）PBT和vPvB评估

PBT和vPvB评估的主要步骤是把收集相关数据与PBT和vPvB标准进行比较，然而对很多物质来说，可用的数据并不足以确定最终结论。在这种情况下可采用筛选标准，以代替信息来决定一种物质是否可能符合PBT或vPvB标准。如果物质不属于危险品且不属于PBT和vPvB物质，则评估将到此结束；否则将进行暴露评估和风险表征。

7）暴露评估

该部分要求对化学品整个生命周期的各个阶段建立暴露场景，估算化学品在各场景中可能的暴露量。该部分主要由两个步骤构成：根据收集的信息，针对可能存在的暴露,基于风险控制措施(RMMs)和操作条件(OCs),建立初始暴露场景;针对每一个暴露场景进行暴露评估,包括暴露估算和暴露场景确立两个步骤。其中,由于暴露估算的步骤复杂,因此欧盟推出了大量的计算机工具用于计算暴露量,如欧盟物质评估系统(EUSES)、欧洲化学品生态毒理学和毒理学中心(ECE-TOC)的定向风险评估模型(TRA)等。

8) 风险表征

对于可以量化的风险,将估算出的暴露量 PEC 与 PNEC、DNEL 或 DMEL 比较得出 RCR 值,如果 RCR 值小于等于 1,则说明风险得到了控制,将前述的内容进行汇编,包括 OCs、RMMs、暴露量,完成最终的暴露场景;如 RCR 值大于 1,则说明风险还未得到有效控制,存在不可接受的风险,则需要重新进行暴露评估,修改 OCs 和 RMMs,降低暴露量直至 RCR 值不超过 1;如果经过反复修改,RCR 值仍大于 1,就需要对 PNEC、DNEL 或 DMEL 进行再评估,通过进一步的实验研究,重新修正这些数值;如果最后的结果显示风险仍然得不到有效控制,则将得出结论,该暴露场景对应的用途或活动存在不可接受风险,建议禁止。

对于无法量化的风险,如呼吸超敏性,只能以定性的方式去判断现有的 OCs 和 RMMs 能否将致敏性对相关暴露途径(呼吸道、皮肤)的风险降到可接受的范围。

7.3.3.2　全球产品策略

2006 年,国际化工协会联合会(ICCA)为在化工企业和供应链涉及消费者的范围内加强对化学产品的安全监督提出了全球产品策略(GPS)。GPS 实施过程主要由三个阶段构成:①准备阶段,包括先导项目、概念推广和能力建设;②实施阶段,对贸易中的化学品进行风险评估(即 GPS 风险评估),并将化学品危害信息和评估结果编制成安全总结(即 GPS 安全总结),同时公开评估信息;③成果转化阶段,企业和消费者获得化学品的评估信息。并在此基础上制定恰当的管理措施,实现开展 GPS 的最终目标,加强对化学品的安全管理并增强公众对安全使用化学品的信心。

截至 2011 年 10 月,ICCA 已在其官网数据库(ICCA GPS RR Portal)上添加了 1200 多种物质的 GPS 安全总结。就化学企业和消费者而言,这些数据大大有助于提高产品的安全使用水平。

GPS 准备阶段的目的是确定需要对哪些物质优先进行风险评估,主要由四个步骤构成;实施阶段的目的是对物质进行风险评估,也主要由四个步骤构成。

1) 准备阶段

第一步,选择待评估物质。在 GPS 风险体系中,需要进行风险评估的物质包括每年销售或在世界范围内运输量超过 1 t 的物质,以及量小于 1 t 但是对人类健康或环境有严重威胁的物质,如已知致癌物、生殖毒性物质、剧毒物质、高持久性和富集性物质。但是,某些物质不在考虑范围之内,如活性医药成分、农药、食品添加剂、军工产品等,因为这些物质通常受特殊的法律管理。

第二步,收集信息。包括基础信息、危害信息和暴露信息。

第三步,对物质进行分级。基于物质固有危害和暴露情况,将物质分为 4 个级别,即对高暴露和/或高危险的物质,1 级优先评估;对中等暴露和/或中等危险的物质,2 级优先评估;对低暴露和/或低危险的物质,3 级优先评估;极低暴露和/或极低危险的物质,不需要进一步评估。

第四步,对应物质的分级,完善数据信息。包括:识别可以豁免的信息,对于不同分级,某些数据是可以豁免的,如某些物化指标;收集开展指定级别风险评估所需的信息;识别并弥补数据缺口。

2）实施阶段

第一步,危害表征(效应评估),建立剂量-效应关系。对于环境危害,通常需推导预计无效应浓度(PNECs);对于健康危害,可选择推导无效应水平(DNELs)/推导最小效应水平(DMELs)。

第二步,暴露评估。针对物质生命周期的各个阶段,如生产、配制、使用等,建立暴露场景,然后评估对工人、环境和消费者的暴露量。

第三步,风险表征。通过对比物质的剂量-效应关系与其在各个暴露场景产生的暴露量,确定物质对不同场景不同对象的风险。

第四步,对评估的过程和结论进行规整,形成 GPS 安全总结。

7.3.3.3　毒理学关注阈值方法

毒理学关注阈值(TTC)方法是毒理学界最近发展起来的一种新的风险评估工具。1995 年,美国食品药物管理局(FDA)首次应用 TTC 方法在有关食品接触化学物质管理阈值评估上,从此 TTC 类似方法首次进入管理体系。

该评估方法的基础是所有化学物质都可确定一个人体暴露阈值,只要人体暴露水平低于该阈值,其对人体健康危害的可能性是极低的。利用 TTC 方法,根据化学物质的化学结构和结构类似化学物的已知毒性,就可以确定该化学物质的安全暴露水平。TTC 方法对人体健康可提供足够保护,因为它假定某个化学物质和它所属的分类中毒性最强的化学物质有一样的潜在毒性。

传统的风险评估的内容包括危害识别、剂量反应关系评定、暴露评定和风险特征。其中危害识别和剂量反应关系评定需要根据化合物的毒性实验获得的毒性资料进行分析。暴露评定是依据消费者的使用习惯,如暴露时间和暴露频度等来评价。风险特征分析则是危害识别和暴露评定结合在一起,在相关人体暴露条件下对化合物的毒性作出定量评价。传统的风险评估过程需要一套详细的毒性数据。相反,对于缺乏详尽毒性数据的化合物,不能使用传统的风险评估方法。TTC 方法作为替代方法,可以依靠各种化学物质分类的现存数据来推测毒性未知的化学物质的潜在毒性。当暴露量很低时,可以使用 TTC 方法来评价化学品毒性,同时也避免了不必要的广泛毒性实验。目前 TTC 方法已被广泛应用于食品包装材料、食用香料、药物中遗传毒性杂质的安全性评价,许多专家还建议将 TTC 方法用于化妆品等其他领域。

当前我们所处的环境中有上百万种化合物,要了解所有这些化学物质的性质,就需要开展大量的毒性实验和风险评价,这势必会消耗大量人力物力。在面临巨大的资源挑战的情况下,我们无法用传统评估方法对每一种化学物质存在的风险作出评估。而 TTC 方法原则的建立将有利于消费者、生产者和管理者,不但能避免不必要的广泛的毒性研究,而且能将有限的时间、动物、费用和专业人才等资源放到对人体健康有较大潜在危害的化合物毒性研究和安全学评价上。

7.3.3.4 其他风险评估方法

除了国际组织和发达国家的较成熟的风险评估方法外,在我国也初步形成了针对化学类产品进行风险评估的一些方法。2004 年,中国国家环境保护总局发布了《新化学物质危害评估导则》行业标准。该标准中提出的新物质风险评估的方法包括一般风险评价方法的四个步骤:危害性鉴定、效应评价、暴露评价、风险表征,是目前国内同类方法中体系最完整的。

但是,中国国家环境保护总局提出的新物质风险评估方法也存在局限性。该方法在定量评估只涉及环境部分内容,健康危害部分只要求定性评估,并不是完整的化学品风险评估,确切地说应该是化学品的环境风险评估,而且在评估的形式上,基于物质量的不同可分别采用定性或定量的评估方式。

7.4 化学类产品儿童安全防护

化学类产品在生活中的广泛应用,极大地丰富了我们的物质生活,改善了我们的生活条件。数量众多的化学类产品进入到我们生活中,不可避免地也会引入有害物质。这些有害物质通过各种方式进入人体就可能对人体健康造成危害,尤其是尚处在身心成长过程中的儿童,更容易受到这些有害物质的伤害。

生活中化学类产品已经渗透到衣、食、住、行、用的所有领域,其使用不可避免。目前条件下,我们还不能完全了解这些化学类产品中的有害物质,更不能够将它们彻底清除。但是我们知道生物体是一个非常复杂的体系,它有保持这个系统稳定的机理,并不是有害化学品进入人体就一定会构成伤害。所有的有害化学品都有一个安全阈值,如果身体摄入有害物质的量没有超过安全阈值,一般就不会对身体健康造成伤害。因此,我们虽然还不能了解所有化学类产品的性质,也不能完全消除有害物质,但我们可以通过限制其含量,使可能进入到人体内有害物质的量不超过它的安全阈值,以减少或避免这些化学类产品对健康造成的危害。

防范化学类产品给儿童安全带来的危害最有效的方式,就是在了解各种化学类产品造成危害的对象以及来源的基础上,按照安全可实现的条件下尽量最低的原则制定法规和标准,限制规范对健康有危害的化学产品的使用范围和用量。

7.4.1 针对儿童的重金属限量要求

重金属通常作为原料或催化剂应用在化工生产过程中,在很多化工类产品中都可能存在,如油漆、颜料、塑料制品及玻璃制品等。随着这些化工产品的生产和使用,重金属元素会被释放出来。此外,重金属也可以通过地质运动、自然风化及人类采矿活动,释放到环境中来,分布于水体、土壤和大气中。这些重金属元素可以通过直接或间接的方式被人体所吸收。

处于生长发育阶段的儿童新陈代谢旺盛,相比于成人对重金属元素吸收量大,抵御伤害的能力却更差,因此受到的伤害也更为严重。为保护儿童健康成长,不受重金属的毒害,需要对儿童成长每个阶段在衣、食、住、行、用各方面可能接触到的工业产品中重金属作出严格的限量要求。

7.4.1.1 一般产品内重金属元素限量

除食品以外,儿童接触到的其他产品也会普遍含有重金属元素,这些重金属元素虽不能像食品中所含的重金属那样随食品进入消化道被直接吸收,但也可以通过挥发到空气中被儿童通过呼吸道摄入,或通过接触经皮肤进入儿童体内。一般产品中的重金属元素进入儿童体内不如食品那样直接,但是重金属在人体内具有累积效应,长期暴露危害也不容忽视。

玩具是每个儿童在成长过程中都不可或缺的产品,对儿童身心成长起着至关重要的作用。当今儿童玩具多以塑料、橡胶和纺织品等现代工业品为材料制成,这些材料在生产过程中不可避免会引入重金属。儿童每日与这些玩具相伴的时间很长,玩具中的重金属也成为儿童重金属暴露的一个重要来源。国家标准 GB 6675 对儿童玩具中重金属含量也作出了比较严格的限量规定。该国家标准所规定的限量基本与国际玩具安全标准 ISO 8124、美国玩具安全标准 ASTM F963、欧洲玩具安全标准 EN 71、澳大利亚/新西兰玩具安全标准 AS/NZS ISO 8124 及日本玩具安全标准 ST 2002 等标准对玩具表面图层特定的可迁移元素限量要求一致,见表 7-3。

表 7-3　玩具材料中可迁移元素最大限量

玩具材料	元素限量/[mg/(kg 玩具材料)]							
	锑(Sb)	砷(As)	钡(Ba)	镉(Cd)	铬(Cr)	铅(Pd)	汞(Hg)	硒(Se)
指画颜料	10	10	350	15	25	25	10	50
造型黏土	60	25	250	50	25	90	25	500
其他玩具材料(除指画颜料和造型黏土外)	60	25	1000	75	60	90	60	500

该标准中对除指画颜料和造型黏土外其他玩具材料中重金属限量要求,被许多其他限制儿童产品中重金属含量的标准所采纳,如 GB 14748—2006《儿童推车安全要求》、GB 14749—2006《婴儿学步车安全要求》、GB 21027—2007《学生用品的安全通用要求》、GB 28477—2012《儿童伞安全技术要求》、GBT 22753—2008《玩具表面涂层技术条件》、QB 1336—2000《蜡笔》、QB 2586—2003《油画棒》、SNT 2144—2008《儿童家具基本安全技术规范》。

以上标准对相应儿童产品中重金属限量要求均与国家标准 GB 6675 基本相同。

7.4.1.2　儿童餐具和儿童安抚奶嘴等物品中重金属限量要求

儿童餐具和儿童安抚奶嘴等物品不同于一般儿童用品,它们与儿童身体接触更为紧密,经常是可以入口的。这类产品中所含的重金属通过迁移进入儿童体内相对其他产品更为容易,所以欧盟标准 EN 14372《儿童使用和护理用品 餐具和喂养器具 安全要求和试验》和 EN 1400-3 2002《儿童用品和保育品 婴孩和儿童用橡皮奶头》对此类产品中重金属限量作出要求,见表 7-4。

表 7-4　餐具、奶嘴等物品内重金属限量指标

重金属元素	限量/(mg/kg)
Sb	15
As	10
Ba	100
Cd	20
Pb	25
Cr	10
Hg	10
Se	100

7.4.2 针对儿童的有机物质限量要求

7.4.2.1 一般物品中有机物质限量要求

有机物质中甲醛、苯和一些其他有机物质在很多产品中作为溶剂使用,它们具有易挥发的性质。这些产品应用到儿童生活环境中,残留在其中的挥发性有机物就会挥发到空气中,儿童通过呼吸摄入过多就可能造成伤害。例如,装修过程中使用的油漆、黏合剂和各种板材中都会有甲醛等易挥发溶剂存在。由于住在新装修的房间内而导致儿童患上白血病的案例时有发生。

为了保护儿童健康安全,许多产品标准中都对这类挥发性的有机物质含量作出明确规定,见表 7-5～表 7-7。

表 7-5 GB 21027—2007《学生用品的安全通用要求》

项目	游离甲醛/(g/kg)	苯/(g/kg)	甲苯十二甲苯/(g/kg)	总挥发性有机物/(g/L)
限量值	≤1	≤0.2	≤10	≤50

表 7-6 GB 24613—2009《玩具用涂料中有害物质限量》

项目	限量要求
挥发性有机化合物(VOC)含量/(g/L)	≤720
苯含量/%	≤0.3
甲苯、乙苯和二甲苯含量总和/%	≤30

表 7-7 GB 28007—2011《儿童家具通用技术条件》

材料	项目	要求
纺织面料	游离甲醛	≤30 mg/kg
	可分解芳香胺	禁用
皮革	游离甲醛	≤30 mg/kg
	可分解芳香胺	禁用

儿童可接触到的很多产品材质都是塑料的,包括玩具、儿童家具和包装材料等,这些塑料制品在生产过程中不可避免会加入增塑剂,增塑剂可以在特定情况下溶出而被儿童摄入。这些增塑剂能起到类似雌性激素的效果,对儿童生长发育造成不利影响。对增塑剂在大多数儿童可接触的塑料制品中限量要求比较一致,见表 7-8。

表 7-8　限定增塑剂类别和限量要求

范围	限定增塑剂类别及对应 CAS 号		限量/%
所有产品包括可放入口中的产品	邻苯二甲酸二丁酯(DBP)	CAS 84-74-2	三种增塑剂总含量≤0.1
	邻苯二甲酸丁苄酯(BBP)	CAS 85-68-7	
	邻苯二甲酸二(2-乙基)己酯(DEHP)	CAS 117-81-7	
可放入口中的产品	邻苯二甲酸正辛酯(DNOP)	CAS 117-84-0	三种增塑剂总含量≤0.1
	邻苯二甲酸二异壬酯(DINP)	CAS 68515-48-0	
		CAS 28553-12-0	
	邻苯二甲酸二异癸酯(DIDP)	CAS 26761-40-0	
		CAS 68515-49-1	

7.4.2.2　儿童餐具及安抚奶嘴等产品中有机物质限量要求

儿童餐具及安抚奶嘴等这类与儿童接触紧密的特殊产品中除了对重金属含量有严格要求外,还对有机物质中亚硝基化合物作出了特别规定,见表 7-9。

表 7-9　儿童餐具及安抚奶嘴中亚硝基类物质限量

物质名称	限量/(mg/kg)	允差/(mg/kg)
N-亚硝胺	0.01	0.01
N-亚硝基物质	0.10	0.10

7.4.3　警示标志

凡具有爆炸、易燃、毒害、腐蚀、放射性等危险性质的物质,在运输、装卸、生产、使用、储存、保管过程中,在一定条件下能引起燃烧、爆炸,导致人身伤亡和财产损失等事故的化学物品,统称为化学危险物品。目前常见的、用途较广的有 2200 余种。危险化学品种类繁多,性质各异,所具有的危害性也各不相同。为了使人们在接触化学品时,能方便地了解该化学品所具有的危害性,国家技术监督局于 1992 年 9 月 28 日发布《常用危险化学品的分类及标志》(GB 13690—1992),并于 1993 年 7 月 1 日开始实施。该标准还对当时 107 种常用危险化学品按其主要危险特性进行了分类,并规定了每一种危险品的包装标志。

国家标准 GB 13690—1992 适用于常用危险化学品的分类及包装标志,也适用于其他化学品的分类和包装标志。这些标志和分类的对照使用可以通过图形的形式,形象直观地展示出危险化学品所具有的危害性,很大程度上避免因为没有及时了解化学品的危害性所造成的伤害。在该标准中常用危险化学品按其主要危险特性分为 8 类:

第 1 类　爆炸品

本类化学品指在外界作用下(如受热、受压、撞击等),能发生剧烈的化学反应,瞬时产生大量的气体和热量,使周围压力急骤上升,发生爆炸,对周围环境造成破坏的物品,也包括无整体爆炸危险,但具有燃烧、抛射及较小爆炸危险的物品。

第 2 类　压缩气体和液化气体

本类化学品是指压缩、液化或加压溶解的气体,并应符合下述两种情况之一者:

(1) 临界温度低于 50 ℃,或在 50 ℃时,其蒸气压大于 294 kPa 的压缩或液化气体。

(2) 温度在 21.1 ℃时,气体的绝对压力大于 275 kPa,或在 54.4 ℃时,气体的绝对压力大于 715 kPa 的压缩气体;或在 37.8 ℃时,雷德蒸气压力大于 275 kPa 的液化气体或加压溶解的气体。

第 3 类　易燃液体

本类化学品是指易燃的液体、液体混合物或含有固体物质的液体,但不包括由于其危险特性已列入其他类别的液体。其闭杯试验闪点等于或低于 61 ℃。

第 4 类　易燃固体、自燃物品和遇湿易燃物品

易燃固体是指燃点低,对热、撞击、摩擦敏感,易被外部火源点燃,燃烧迅速,并可能散发出有毒烟雾或有毒气体的固体,但不包括已列入爆炸品的物品。自燃物品是指自燃点低,在空气中易发生氧化反应,放出热量,而自行燃烧的物品。遇湿易燃物品是指遇水或受潮时,发生剧烈化学反应,放出大量的易燃气体和热量的物品。有的不需明火即能燃烧或爆炸。

第 5 类　氧化剂和有机过氧化物

氧化剂是指处于高氧化态,具有强氧化性,易分解并放出氧和热量的物质。包括含有过氧基的无机物,其本身不一定可燃,但能导致可燃物的燃烧,与松软的粉末状可燃物能组成爆炸性混合物,对热、振动或摩擦较敏感。有机过氧化物是指分子组成中含有过氧基的有机物,其本身易燃易爆,极易分解,对热、振动或摩擦极为敏感。

第 6 类　有毒品

本类化学品是指进入肌体后,累积达一定的量,能与体液和器官组织发生生物化学作用或生物物理学作用,扰乱或破坏肌体的正常生理功能,引起某些器官和系统暂时性或持久性的病理改变,甚至危及生命的物品。经口摄取半数致死量:固体 $LD_{50} \leqslant 500$ mg/kg;液体 $LD_{50} \leqslant 2000$ mg/kg;经皮肤接触 24 h,半数致死量 $LD_{50} \leqslant 1000$ mg/kg;粉尘、烟雾及蒸气吸入半数致死量 $LC_{50} \leqslant 10$ mg/L 的固体或液体。

第 7 类　放射性物品

此类化学品是指放射性比活度大于 7.4×10^4 Bq/kg 的物品。

第 8 类 腐蚀品

本类化学品是指能灼伤人体组织并对金属等物品造成损坏的固体或液体。与皮肤接触在 4 h 内出现可见坏死现象,或温度在 55 ℃时,对 20 号钢的表面均匀年腐蚀率超过 6.25 mm/年的固体或液体。

在国家标准 GB 13690—1992 中,根据常用危险化学品的危险特性和类别,规定了它们对应的标志,其中包括主标志 16 种和副标志 11 种,如表 7-10 所示。主标志是由表示危险特性的图案、文字说明、底色和危险品类别号四个部分组成的菱形标志。副标志图形中则设有危险品类别号,用以进一步详细说明化学品的性质。

根据每种常用危险化学品易发生的危险,综合归纳出其基本危险特性。对每种危险化学品应选用适当的基本危险特性来表示它们易发生的危险。当一种危险化学品具有一种以上的危险性时,应用主标志表示主要危险性类别,并用副标志来表示重要的其他危险性类别。

表 7-10 危险化学品警示标志

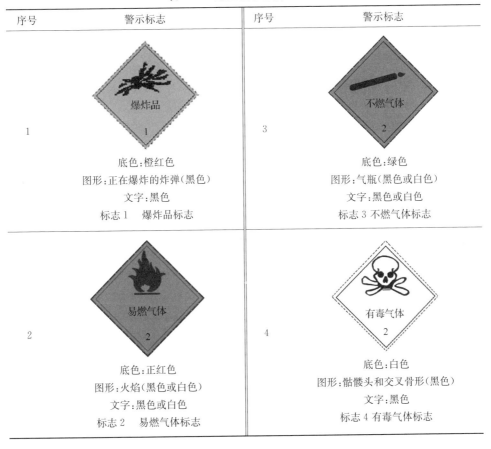

序号	警示标志	序号	警示标志
1	底色:橙红色 图形:正在爆炸的炸弹(黑色) 文字:黑色 标志 1 爆炸品标志	3	底色:绿色 图形:气瓶(黑色或白色) 文字:黑色或白色 标志 3 不燃气体标志
2	底色:正红色 图形:火焰(黑色或白色) 文字:黑色或白色 标志 2 易燃气体标志	4	底色:白色 图形:骷髅头和交叉骨形(黑色) 文字:黑色 标志 4 有毒气体标志

续表

序号	警示标志	序号	警示标志
5	底色:红色 图形:火焰(黑色或白色) 文字:黑色或白色 标志 5　易燃液体标志	8	底色:蓝色,下半部红色 图形:火焰(黑色) 文字:黑色 标志 8　遇湿易燃物品标志
6	底色:红白相间的垂直宽条(红 7、白 6) 图形:火焰(黑色) 文字:黑色 标志 6　易燃固体标志	9	底色:柠檬黄色 图形:从圆圈中冒出的火焰(黑色) 文字:黑色 标志 9　氧化剂标志
7	底色:上半部白色 图形:火焰(黑色或白色) 文字:黑色或白色 标志 7　自燃物品标志	10	底色:柠檬黄色 图形:从圆圈中冒出的火焰(黑色) 文字:黑色 标志 10　有机过氧化物标志

续表

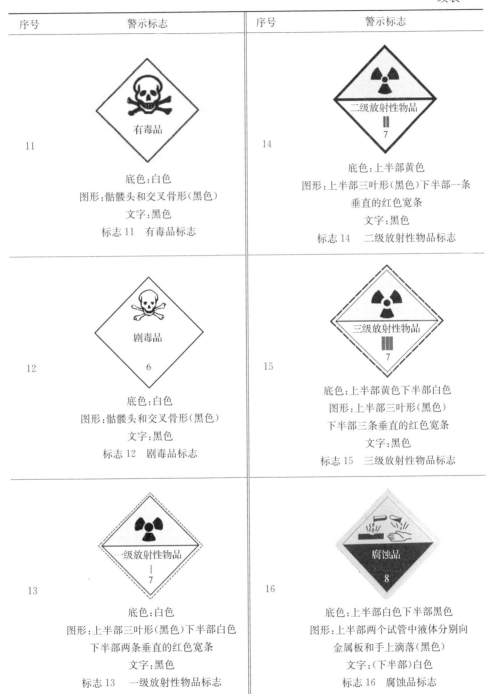

序号	警示标志	序号	警示标志
11	有毒品 底色:白色 图形:骷髅头和交叉骨形(黑色) 文字:黑色 标志 11　有毒品标志	14	二级放射性物品 7 底色:上半部黄色 图形:上半部三叶形(黑色)下半部一条 垂直的红色宽条 文字:黑色 标志 14　二级放射性物品标志
12	剧毒品 6 底色:白色 图形:骷髅头和交叉骨形(黑色) 文字:黑色 标志 12　剧毒品标志	15	三级放射性物品 7 底色:上半部黄色下半部白色 图形:上半部三叶形(黑色) 下半部三条垂直的红色宽条 文字:黑色 标志 15　三级放射性物品标志
13	一级放射性物品 7 底色:白色 图形:上半部三叶形(黑色)下半部白色 下半部两条垂直的红色宽条 文字:黑色 标志 13　一级放射性物品标志	16	腐蚀品 8 底色:上半部白色下半部黑色 图形:上半部两个试管中液体分别向 金属板和手上滴落(黑色) 文字:(下半部)白色 标志 16　腐蚀品标志

序号	警示标志	序号	警示标志
17	爆炸品 底色:橙红色 图形:正在爆炸的炸弹(黑色) 文字:黑色 标志17　爆炸品标志	20	有毒气体 底色:白色 图形:骷髅头和交叉骨形(黑色) 文字:黑色 标志20　有毒气体标志
18	易燃气体 底色:红色 图形:火焰(黑色) 文字:黑色或白色 标志18　易燃气体标志	21	易燃液体 底色:红色 图形:火焰(黑色) 文字:黑色 标志21　易燃液体标志
19	不燃气体 底色:绿色 图形:气瓶(黑色或白色) 文字:黑色 标志19　不燃气体标志	22	易燃固体 底色:红白相间的垂直宽条(红7、白6) 图形:火焰(黑色) 文字:黑色 标志22　易燃固体标志

续表

序号	警示标志	序号	警示标志
23	底色:上半部白色,下半部红色 图形:火焰(黑色) 文字:黑色或白色 标志 23　自燃物品标志	26	底色:白色 图形:骷髅头和交叉骨形(黑色) 文字:黑色 标志 26　有毒品标志
24	底色:蓝色 图形:火焰(黑色) 文字:黑色 标志 24　遇湿易燃物品标志	27	底色:上半部白色,下半部黑色 图形:上半部两个试管中液体分别向 金属板和手上滴落(黑色) 文字:(下半部)白色 标志 27　腐蚀品标志
25	底色:柠檬黄色 图形:从圆圈中冒出的火焰(黑色) 文字:黑色 标志 25　氧化剂标志		

参 考 文 献

[1] 李运才,郭秀云,曹永友.美国有害化学品的分类[J].危险化学品管理,2007,2:30-31.

[2] 金永才.日常生活中的化学品危害[J].科普知识,2007,2:112-113.

[3] 胡志成,陈洁,党玉涛,等.中枢神经铅中毒机制及维生素 C 的保护作用研究进展[J].国际儿科学杂志,
2007,5:380-382.

[4] He K M,Wang S Q,Zhang J L,et al. Blood lead levels of children and its trend in China[J]. Science of the
Total Environment,2009, 13:3986-3993.

[5] IARC Working Group on the Evaluation of Carcinogenic Risks to Humans. Inorganic and organic lead
compounds[J]. IARC Monographs on the Evaluation of Carcinogenic Risks to Humans, 2006, 87: 1-471.

[6] 吴培华,朱建如,杨晓敏.儿童铅中毒的现状及其危害[J].公共卫生与预防医学,2006,4:61-63.

[7] 陈桂霞,苏妙玲,王宏,等.母乳喂养状况及其与婴儿铅汞暴露的关系[J].中国儿童保健杂志,2010,6:
515-518.

[8] Rahman M A,Rahman B,Ahmad M S,et al. Blood and hair lead in children with different extents of iron
deficiency in karachi[J]. Environmental Research,2012,4:94-100.

[9] Henryk J. Advantages of the use of deciduous teeth,hair,and blood analysis for lead and cadmium bio-mo-
nitoring in children. A study of 6-year-old children from Klakow(Poland)[J]. Biological Trace Element
Research,2011,2:637-658.

[10] 陈桂霞,冯慧玲,吴星东.儿童铅暴露对骨密度影响的研究进展[J].国际儿科学杂志 2013,6:610-612.

[11] 沈晓明,郭迪,许积德,等.铅对学前儿童智能发育的不良影响——单因素和多因素分析[J].实用儿科
临床杂志,1991,5:271-274.

[12] Jusko T A,Henderson C R,Lanphear B P,et al. Blood lead concentrations<10 μg/dL and child intelli-
gence at 6 years of age[J]. Environmental Health Perspectives,2008,2:243-248.

[13] Opler M G A,Brown A S,Graziano J,et al. Prenatal lead exposure,δ-aminolevulinic acid,and schizophre-
nia[J]. Environmental Health Perspectives,2004,5:548-552.

[14] 张燕,姚华,张乐成,等.接铅女工子女智商与血铅浓度等因素的逐步分析[J].中华劳动卫生职业病杂
志,1989,3:135.

[15] 汪玲,徐苏恩,张国栋,等.低浓度铅接触对儿童体格发育的影响[J].环境与健康杂志,1989,4:33.

[16] 沈晓明,郭迪,许积德,等.学前儿童血铅水平及其对生长发育的影响[J].中华儿童保健杂志,1993,1:
27-30.

[17] 朱宝立,杜晨杨,陈敏,等.铅降低机体抗病毒能力的实验研究[J].中国工业医学杂志,2000,6:329-331.

[18] 于淑兰,邓一夫,王悦,等.锰、铅联合染毒对小鼠肝脏内部分生化指标的影响[J].卫生毒理学杂志,
2000,4:228-229.

[19] 陈敏,谢吉民,高小饮,等.铅对小鼠脏器脂质过氧化作用的影响[J].中国公共卫生,2000,12:
1107-1108.

[20] 丁虹,彭仁.铅对孕鼠及胎鼠肝微粒体药酶活性的影响[J].卫生研究,2000,6:333-334.

[21] 孔杏云,廖丽民,雷德亮,等.铅对大鼠肠道神经元和血管平滑肌细胞 NOS 的影响[J].湖南医科大学学
报,2000,2:135-137.

[22] 段永寿,邹成钢.铅对红细胞膜蛋白和变形性的影响[J].中华预防医学杂志,1999,2:114-114.

[23] 秦俊法,李增禧,楼蔓藤.燃煤大气铅排放量估算[J].广东微量元素科学,2010.5:31-38.

[24] 秦俊法.中国燃油大气铅排放量估算[J].广东微量元素科学,2010,10:27-34.

[25] Ekino S,Ninomiya T,Imamura K,et al. Methylmercury causes diffuse damage to the somatosensory cortex how to diagnose Minamata disease[J]. Seishin Shinkeigaku Zasshi,2007,5:420-437.

[26] 王丽. 儿童汞中毒的诊断治疗与预防[J]. 中国当代儿科杂志,2008,4:574-576.

[27] Freire C,Ramos R,Lopez-Espinsa M J,et al. Hair mercury levels,fish consumption,and cognitive development in preschool children from Granada,Spain[J]. Environmental Research,2010,1:96-104.

[28] 黄宝圣. 镉的生物毒性及其防治策略[J]. 生物学通报,2005,11:26-28.

[29] 和文祥,黄英锋,朱铭莪,等. 汞和镉对土壤脲酶活性影响[J]. 土壤学报,2002,3:412-420.

[30] 唐宜,李维信. 镉对男性生殖系统的影响[J]. 重庆医科大学学报,1989,4:343-347.

[31] Wu X,Jin T,Wang Z,et al. Urinary calcium as biomarker of renal dysfunction in a general population exposed to cadmium[J]. Journal of Occupational & Environmental Medicine,2001,10:898-904.

[32] Zeng X,Jin R,Zhou Y,et al. Changes of serum sex hormone levels and MT mRNA expression in rats orally exposed to cadmium [J]. Toxicology,2003,1-2:109-118.

[33] Hill C H. Influence of time of exposure to high levels of minerals on the susceptibility of chicks to Salmonella gallinarum[J]. The Journal of Nutrition,1980,3:433-436.

[34] Schartz G,Il'yasova D,Ivanova A. Urinary cadmium,impaired fasting glucose and diabetes in the NHANES Ⅲ[J]. Diabetes Care,2003,2:468-470.

[35] Soisungwan S. Michael R. Adverse health effects of chronic exposure to low-1evel cadmium in foodstuffs and cigarette smoke[J]. Environmental Health Perspect,2004,10:78-84.

[36] Poon R,Chu I,Lecavalier P,et al. Effects of antimony on rats following 90-day exposure via drinking water[J]. Food and Chemical Toxicology,1998,1:21-35.

[37] Maher W A. Antimony in the environment-the new global puzzle[J]. Environmental Chemistry,2009,6: 93-94.

[38] 戈招风,韦朝阳. 锑环境健康效应的研究进展[J]. 环境与健康杂志,2011,7:649-653.

[39] 闻芝梅,陈君石. 现代营养学[M]. 北京:人民卫生出版社,1999.

[40] 颜世铭,洪昭毅,李增禧. 实用元素医学[M]. 郑州:河南医科大学出版社,1999.

[41] Chen C J,Hsu L I,Wang C H,et al. Biomarkers of exposure, effect, and susceptibility of arsenic-induced health hazards in Taiwan[J]. Toxicology and Applied Pharmacology,2005,2:198-206.

[42] Chaudhurt A N,Basu S,Chattopadhyay S,et al. Effect of high arsenic content in drinking water on rat brain [J]. Indian Journal of Biochemistry & Biophysics,1999,1:51-54.

[43] 廖鲁兴,李巧云,赖玉熔. 硒与体内酶活性及其他元素分布的关系[J]. 国外医学地理学分册,1995,2: 53-55.

[44] 罗海吉,吉雁鸿. 硒的生物学作用及其意义[J]. 微量元素与健康研究,2000,2:70-71.

[45] 贺建中. 硒中毒的研究进展[J]. 饲料研究,2007,6:37,48-48.

[46] 金媛娟. 居室内甲醛污染的危害及防治对策[J]. 引进与咨询,2006,3:30-31.

[47] 易建华,张敬华,高宇香. 甲醛对小鼠精子毒作用实验[J]. 工业卫生与职业病,2000,5:263-264.

[48] 杨明生,陆小平. 常见化学污染物与职业病[J]. 化学教育,2002,3:1-3,37.

[49] 王家锦,穆莹,宋桂芒,等. 苯并芘致癌致畸作用的观察与研究[J]. 中国生育健康杂志,1997,4:159-161.

[50] 聂湘平. 多氯联苯的环境毒理研究动态[J]. 生态科学,2003,2:171-176.

[51] 杨方星,徐盈. 多氯联苯的羟基化代谢产物及其内分泌干扰机制[J]. 化学进展,2005,17(4):740-748.

[52] 林祥梅,王建峰,贾广乐,等. 三聚氰胺的毒性研究[J]. 毒理学杂志,2008,22(3):216-218.

[53] 中国经济周刊. 台湾塑化剂事件探因[N]. http://focus. news. 163. com/11/0607/09/75UEMPBR00011

SM9. html. 2011-06-07.

[54] 高丽芳,李勇,裴新荣,等. 邻苯二甲酸二(2-乙基)己酯对小鼠胚胎发育毒性的体外实验研究[J]. 卫生研究,2003,3:198-200.

[55] Smith J L,Wishnok J S,Deen W M. Metabolism and excretion of methylamines in rats[J]. Toxicology and Applied Pharmacology,1994,125:296-308.

[56] 沈霞红,李冬梅,韩晓冬. 邻苯二甲酸酯类胚胎生殖毒性研究进展[J]. 中国公共卫生,2010,9:1215-1216.

[57] 刘海文,林琳,刘渠. 塑料玩具中 7 种环境雌激素含量检测[J]. 中国公共卫生,2006,8:1003-1004.

[58] 王慕逊. 儿科学[M]. 5 版. 北京:人民卫生出版社,2001.

[59] 王基铭. 石油炼制辞典[M]. 2 版. 北京:中国石化出版社,2013.

[60] 史泰然,商晓芹. 酒精可燃与不可燃的临界质量分数的研究[J]. 高中数理化,2010,19:17-18.

[61] 国家认证认可监督管理委员会. SN/T 3522—2013 化学品风险评估通则[S]. 北京:中国标准出版社,2013.

第8章 产品包装中的儿童安全风险与防护

8.1 概　　述

包装(packaging)的定义:包装是指在流通过程中为保护产品、方便运输、促进销售,按一定技术方法而采用的容器、材料及辅助物的总体名称;也指为了达到上述目的而采用的容器、材料及辅助物的过程中施加的一定技术方法的操作活动[1]。这里所说的包装包含两方面的含义,一是包裹、盛放产品的容器;二是对产品进行包装的技术和操作活动。当我们走进市场和商店中,看到琳琅满目的商品,几乎没有一样商品是不带有包装的,见图 8-1。从农贸市场上一捆韭菜上面捆扎用的稻草绳,到实验室中一台精密仪器的包装箱无一不是包装在我们生活中的存在。

图 8-1　无处不在的产品包装

包装在我们生活中的存在如此普遍,但有时候却像包围在我们身边的空气一样容易被我们所忽视。包装伴随商品而存在,往往会被我们简单地看作是商品的附属品,是一些没用的、需要丢弃的东西。包装对商品以及使用商品的消费者的作用和影响,通常会被我们普通消费者所忽略。实际上包装的作用不仅是保护产品,有时更重要的作用是保护使用商品的消费者,如气雾杀虫剂外包装的喷雾罐,可以保护使用者,避免其与杀虫剂直接接触。

好的包装可以保护产品也能保护消费者,而设计不合理的包装不仅起不到对消费者的保护作用,还会对消费者的安全造成伤害,尤其是儿童更容易受到这种伤害。在联合国《儿童权利公约》中,儿童指的是 18 岁以下的所有人,除非对其适用

的法律规定成年年龄低于 18 岁。在此概念下,儿童可分为以下阶段:学龄前(0~6
岁)、小学(6~12 岁)和中学(12~18 岁)三个年龄段。在本章中,"儿童"一词更为
侧重的是指年龄较为幼小的未成年人。此阶段的儿童身体和心智尚未发育完全,
对周围事物和自己的行为认识和控制能力有限,容易受到伤害。生活中无处不在
的产品包装也会不可避免地出现在儿童身边,在儿童错误地使用和操作下,这些包
装本身及其所容纳的产品极可能对其造成伤害。儿童由于年幼无知,缺乏生活经
验和安全意识,识别危险的能力差,加之他们天生好奇和善于模仿的本性使他们比
任何其他人群受到这些设计不合格的包装的伤害状况更为严重。产品包装的不合
理或不规范所导致的儿童误服成人药品事件、儿童食品包装袋内干燥剂伤人事件、
果冻引起儿童窒息事件、玩具伤人事件等屡有发生。这些惨痛事件的发生时刻提
醒着我们要对因包装引起的儿童伤害重视起来。

8.1.1　产品包装中存在的儿童安全问题

产品包装应该不仅可以保护商品,也应该起到保护消费者安全的作用,尤其是
对危险物品缺乏辨识能力的儿童,产品包装往往会成为隔离儿童与危险品的最后
一道屏障。然而,一般的包装经常起不到这最后的保护作用:有的包装材料不够结
实,导致儿童能够破坏包装接触到其内容物;有的包装材料虽够强韧,但结构简单,
容易被儿童私自开启得到包装内的产品;还有的包装说明不详细,造成对所包装产
品的不正确使用造成伤害。包装所带有的这些问题都有可能造成儿童意外伤害的
发生。

儿童中毒已经成为现代社会中对儿童造成的意外伤害的主要原因之一。导致
儿童中毒的原因很多,但药物中毒的比例最高。年龄小的儿童好奇心比较重,尤其
是 1~4 岁的儿童,一些药品的色彩、形状以及甜味的糖衣对他们都有极大吸引力,
如果储存不当,儿童可以拿到,就很容易把药片当作好吃的糖豆误食,如图 8-2 所

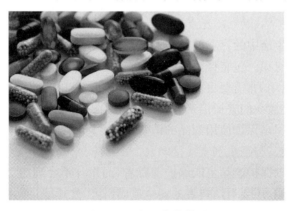

图 8-2　五颜六色的药品

示。儿童和成人不同,他们喜欢用手、用嘴来感受新奇的东西,加上模仿能力极强,儿童就可能偷偷模仿家长吃药,导致误食而中毒。这也是儿童中毒情况中,误服药物占比最高的主要原因。在儿童中毒中,由于药品保存不当,精神类药、呼吸道疾病与感冒发烧药以及心血管类药成为儿童最容易误服的药品,一旦儿童将降压药当成糖果误服,可直接导致血压下降,心跳减慢,甚至死亡。

全球儿童安全组织(Safe Kids Worldwide)在 2014 年进行了一项"幼儿用药安全调研",该调查结果显示,当没有大人看护时,1/3 的幼儿都曾在家里拿到过药品,并且 99% 的幼儿可以在 2 s 内打开普通药瓶。如果儿童食用了这些药品,很可能造成严重的后果。0~5 岁的儿童身体各项功能发育尚未成熟,肝肾解毒排泄功能比成人弱很多,如果误服大量成人药,后果不堪设想。而且儿童的血脑屏障很薄弱,药物很容易到达中枢神经产生危害,误服造成的伤害比成人严重得多。

40 多年前美国就开始关注儿童误服家中药物造成意外伤害频发的这个问题。根据当时美国全国伤害监控电子系统的监测数据,每年大约有 85 000 名 5 岁以下儿童因中毒而进急诊室。针对这种情况,美国政府在 1970 年就颁布了《毒物预防包装法(PPPA)》,该法案要求除了一些药品外,农药、日常化学用品等有潜在危害的家用产品也必须有特殊的儿童安全包装。这项法案规定,儿童安全包装是指药品、家用化学用品等有毒物品必须有防止儿童开启的安全包装,5 岁以下儿童难以自行打开,但一般成人可无困难开启并正确使用。

为了进一步降低 5 岁以下儿童误服药品的发生,1974 年美国则进一步立法强制要求所有口服药采用可防儿童开启的安全包装。在美国,药品的儿童安全包装使用要求非常严格,具有强制性。美国大部分医院里没有药房,患者需要凭借医生开具处方到药房或超市购买药物。在药房或超市购买药品时,患者必须出示医生的处方,并且药剂师还会询问患者家里是否有 5 岁以下儿童。如果有,药房就会对某些药物进行二次包装,患者就必须选择带有儿童安全包装的药品;如果家中没有 5 岁以下儿童,只需要购买普通包装的药品时,药剂师就会让患者签一份法律文书,保证家里没有 5 岁以下的儿童,以免儿童误服造成伤害。这样严厉的举措,使得儿童安全包装在药品上的使用变得很普遍,有效地减少了美国儿童误服药品导致的伤害,使 5 岁以下儿童药物中毒死亡率减少了 45%。

目前,我国 0~14 岁的儿童超过了 2.2 亿,保护儿童免受药物中毒危害也是我们面临的一项艰巨任务。据中国医药包装协会 2011 年收集的数据显示,我国儿童(年龄小于 15 岁)每年因药物中毒而就医的患儿为 3 万~5 万人,因药物中毒而死亡的儿童有 2000~3000 人,因药物中毒而留有后遗症或致残的儿童有 3000~4000 人,每年治疗这些患儿的费用超过 2 亿元。根据北京儿童医院急诊科 2013 年的统计数据,在 369 例中毒病例中,误服药品的占到了一半多,且 87% 都发生在家里。2014 年 6 月 全球儿童安全组织与强生在上海环球港联合发布的《2014 年儿童用药安全报告》更表明在我国儿童药物中毒是一个严重问题。在报告中,通过对上海儿童医学中心、北京儿童医院、首都儿科研究所的数据综合分析表明,在2013年的儿童中毒病例中,药物中毒占到了64%。导致儿童中毒的原因很多,但药物中毒的比例最高。在儿童中毒中,因为儿童误服药物导致中毒的比例从2012年的58.2%上升到2013年的71.9%。

目前我国采用儿童安全包装的药品极为少见,据中国医药包装协会了解的情况,95%以上的药品包装不具备儿童保护功能,其安全提示一般只体现在简单的文字说明上,只有极其个别的保健药品和儿童止咳类药剂等产品的瓶口有儿童安全设计。

8.1.1.1 包装结构上存在的问题

儿童误服成人药品或其他有毒化工产品的案例中,绝大多数都是由儿童在家人未注意的情况下打开包装,误食其中的有害物质所造成的。儿童之所以能轻易打开这类装有危险物品的外包装物,造成儿童与危险物品的接触或误食,就是因为这些产品没有采用规范的儿童安全包装。如果这些产品可以采用压-旋盖、挤-旋盖、暗码盖、压-拔盖、锁扣式安全盖、迷宫式安全盖、拉-拔盖等形式的儿童安全包装,会很有效地避免此类儿童意外伤害的发生,见图8-3。然而由于儿童安全包装在我国起步较晚,并且采用儿童安全包装必然使包装成本大幅增加,因此,目前相当多的生产企业出于成本考虑,未能采用具有防护作用的儿童安全包装。

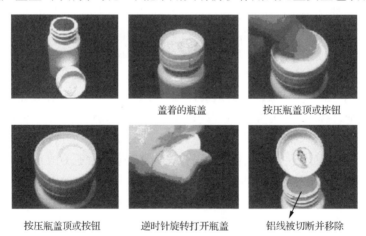

盖着的瓶盖　　　　　　按压瓶盖顶或按钮

按压瓶盖顶或按钮　　　逆时针旋转打开瓶盖　　　铝线被切断并移除

图8-3　常见的儿童安全包装形式

儿童安全包装的常见结构形式主要包括瓶、桶、袋和泡罩等,其中瓶、桶、袋类的儿童安全包装主要是针对封闭容器用的盖子进行安全设计,主要是设法增加儿童打开包装的难度,并且开启后可再次封闭,以达到隔离儿童与包装内容物,并可重复使用的目的。此类包装是用于大量多次取用的物品。泡罩包装则是一次性开启包装,开启后内容物被一次性取用,包装不可以再次封闭,适用于少量物品的安全包装。

带有安全盖的瓶、桶和袋等包装常用在药品、化妆品及日用品等物品上,根据结构设计的不同,目前使用的儿童安全盖主要有以下三种类型。

第一,通过两种动作协调操作来开启的儿童安全盖。这类安全盖是利用儿童手部操作不灵活、协调性不高的特点而设计的,主要有压-旋盖、挤-旋盖、压-拔盖、拉-拔盖等。这类安全盖是通过对瓶盖、瓶颈结构进行特殊设计而实现的,仅转动或拉拔盖子都无法开启,只有通过两个动作的协调操作才能开启,由此达到保护儿童的目的,但同时也对成年人及老年人的使用造成了不便。总体来说,这类安全盖的实际使用情况较好,但由于其结构比普通盖复杂,生产成本也会比普通盖高。

第二,通过辅助工具来开启的儿童安全盖。这类安全盖是利用儿童缺乏使用工具的能力而设计的,需要通过包装所附带的辅助工具、钥匙或硬币等人们常携带的物品来开启。此类安全盖可以很好地达到保护儿童的目的,但也会对成人开启造成不便,尤其是老年人的手部灵活性差,在使用工具时存在一定的困难。

第三,通过瓶盖上的特殊标记来开启的儿童安全盖。这类安全盖是利用儿童缺乏标记识别能力而设计的,主要有暗码安全盖、锁扣式安全盖和迷宫式安全盖。这类安全盖可以很好地保护儿童安全,但是有时也会因为标记不明显而对视力差的老年人甚至成年人造成开启困难。

以泡罩包装形式为例,它是市面上最常见的药品包装,其具有首次开启的识别能力。泡罩一经开启,其中的药品就会被取出使用,但普通泡罩背面的铝箔很薄,用手就可以轻易开启,不能很好地保护儿童安全。儿童安全泡罩是在普通泡罩的基础上改进的,可以防止儿童开启药品包装而误服药品。儿童安全泡罩由一个含多个空穴的扁长形盒和一个塑料封盖组成。其中,塑料封盖的两端设计有弹性很好的翘舌;扁长形盒中的每个空穴可容纳单剂量药品,在填充后各用一片可剥离的铝箔封闭,在扁长形盒的两端留有供封盖翘舌插入的阴槽。在开启这类包装时,需要拇指和食指的抓捏和提拉两个复合动作来完成,当药盒长度在 10 cm 以上时,成年人及老年人都不难开启,儿童却因手的张开程度不够而难以开启。这类包装的结构设计简单、安全,但是可装药品数量不多,除非是贵重药品,否则成本较高。

另外,产品包装的结构尺寸设计不合理也是包装结构不合理的一种常见情况。产品包装尺寸过小,也能导致儿童意外伤害的发生。例如,连连发生的果冻导致儿童窒息死亡事件。据调查分析,果冻之所以能够导致儿童窒息死亡,在很大程度上与其形状体积和包装方式不当有关,尤其小型杯状果冻问题最为突出。小型杯状果冻由于体积小,可一口吸食,而此种小型杯状果冻的大小正好与儿童喉咙的大小相当,当儿童挤压吸食果冻时,极有可能将整块果冻吸入喉咙引起窒息死亡,特别是 3 岁以下幼儿咽部吞咽功能还没有发育完善,更容易在吸食时堵住气管,造成严重后果,如图 8-4 所示。

图 8-4　小型杯状果冻

8.1.1.2　包装材料与技术上存在的问题

由于儿童正处在生长发育阶段,尤其是学龄前的儿童,免疫力低,对危险物品基本没有识别能力。如果儿童食品的包装材料本身不符合安全与环保要求,如加入了有毒有害添加剂的塑料、印刷油墨及黏合剂等,都会对儿童健康产生很大影响。

包装是以包装材料为基础的,产品包装材料的选择决定着包装容器的造型、包装结构以及包装外部的色彩及图案。随着社会的发展,科技的进步,可以作为商品包装的材料也比前更为丰富,如功能高分子材料、抗菌材料、纤维材料等。这些新材料的开发和应用,给包装行业带来丰富的材料的同时,也带来很多新的问题。很多新的包装材料性能优越,加工方便,成本低廉,可以使包装形式变得更丰富,外形更美观,也可降低包装企业的生产成本。

但是新的包装材料大量的出现,也使许多企业来不及对新型材料特性进行全面的了解,造成应用的不合理。而且由于法规制度的滞后性,很多新型材料刚开始应用时,经常缺乏相对应的实用管理条例,于是就会引起许多不可预知的安全性问题。尤其对于儿童可能接触到的产品包装更是如此。

婴儿的感知能力相较于成人迟缓很多,视力及听力也没有发育完全,所以婴幼儿早期对事物的感知主要依靠于触觉。婴儿接触某样事物的时候,首先是通过将其与嘴唇和舌头进行接触,即将物品放入口中,来感知新鲜事物的。在用口唇感受了事物的表面材质及温度后,然后他们才通过视觉、听觉和嗅觉等其他方式来进一步认识这个事物。随着年龄的成长,儿童会逐渐由口唇感知转变为用手触摸的方式来探索事物。口唇和手的触觉就成为儿童认识世界最早的方式。但是这样以唇舌触摸认识世界的方式,会使有害物质或病菌轻易进入婴幼儿的体内,对儿童身体健康造成损害。所以儿童对物体亲密的接触行为,很容易对健康安全造成危害。因此,选用安全的材料对各种儿童可接触的商品进行包装,对于保护儿童健康安全至关重要。

　　一方面适合的包装材料应该保证材料本身是安全的,即包装材料不能含有有害的化学成分,或者材料本身的有毒化学成分以及包装上附着的油墨等印刷物质迁移量不应超过安全值;另一方面是保证包装材料对内含的商品能起到有效的保护作用,即包装的物理特性要过关,能抗挤压、防变形,保证密封性,能有效防商品的泄露。这两方面是构成包装材料安全性的重要组成部分,也可以说是儿童包装安全性的基础方面。同时,还需要注意外界环境的温度、湿度等客观条件可能会对材料引起的物理化学变化,在不同的环境下,材料会表现出不同的特性,需加以区别和应用。如果材料的安全性无法保证,则容器结构造型以及其他方面的安全性更无从谈起。因此,在设计一款儿童安全包装时,安全卫生的材料应该是首先被考虑和确定的方面,以此为前提,才能继续其他方面的设计。

　　包装材料上目前存在两个主要问题:一是包装材料本身含有有害金属和化学成分,且这种成分会逐步向所包装的商品中迁移;二是包装材料上的附着物,如油墨以及其他印刷辅料会对商品造成污染。各种类型的包装材料都有可能存在这方面的安全风险。

　　纸作为包装材料具有很多独特的优点,在包装中占有非常重要的地位,见图 8-5。在某些发达国家,纸包装材料占总包装材料总量的 $40\%\sim50\%$,在我国纸质包装占比也达到 40%[2]。单纯的纸主要成分为天然的纤维素,因此是一种无毒、无害且卫生的包装材料,且在自然条件下能够被微生物分解,不会对环境造成污染。但是,现代工业造纸过程中,尤其是在化学法制浆的造纸工艺中,纸制品通

图 8-5　纸质包装

常会残留一定的化学物质,如硫酸盐法制浆过程残留的碱液及盐类。此外,用纸质材料作为包装时,印刷、粘贴等加工工序中也会引入油墨、颜料和黏合剂等化学物质。这些化学类物质有可能迁移到所包含的食品和药品等产品中,或被使用者接触而对健康造成危害。因此,必须要根据包装内容物来适当选择各种纸材料,避免纸质包装材料中的化学类物质对使用者健康安全的影响。

　　塑料是一种以高分子聚合物(树脂)为基本成分的物质。生产过程中为改善其性能,往往加入增塑剂、防老剂和抗氧化剂等一些助剂。塑料因其原材料丰富、成本低廉、性能优良及质轻美观的特点,近年来被大量应用于包装材料,成为近四十年来世界上发展最快的包装材料,见图8-6。塑料包装材料的主要缺点就是某些品种存在着卫生安全问题。其次,塑料性质稳定,包装废弃物的回收处理困难,会对环境造成长期污染。塑料包装材料存在的卫生安全问题主要就是材料内部残留的有毒有害化学污染物的迁移与溶出而导致的污染。这些有毒有害物质主要包括以下方面:①高分子聚合过程中遗留的有害单体、聚合度低的低聚体以及裂解物及老化产生的有毒物质;②塑料制品在生产过程中添加的稳定剂、增塑剂和着色剂等添加剂带来的毒性;③废旧塑料回收利用过程中,旧塑料在高温融化重塑的状态下,含有的各种添加剂以及加工助剂都遇热分解,产生有毒的化学成分,而废旧塑料本身也黏附不可预知的有毒成分,因而对人体健康的伤害更大。其中,塑料中的有害单体、低聚物和添加剂残留与迁移是影响食品安全问题的主要方面[3]。此外,塑料包装材料用作食品包装时,还应注意抵抗生物侵入。塑料包装材料在无缺口及孔隙缺陷时,一般都可抵抗环境微生物侵入渗透,但由于塑料的强度比金属、玻璃低得多,要抵抗昆虫、老鼠等生物的侵入则比较困难,因此,在选用塑料包装材料时,应特别注意保证包装食品在储存环境中免受生物侵入污染。

图 8-6　塑料包装

　　金属是传统包装材料之一,见图 8-7。金属包装材料可以金属薄板或箔材等形式加工成各种形式的容器用于包装。金属材料因其高阻隔性、耐高低温性和废弃物易回收等优点,在各种产品的包装上得到了广泛应用。金属作为包装也存在着许多缺点,化学稳定性差、不耐酸碱性、金属离子易析出,导致用金属材料包装食品或药品容易被腐蚀,或是析出有害的金属离子而对产品造成污染。为防止金属包装材料被腐蚀或析出离子,一般需要在金属包装容器的内、外壁涂布涂料。内壁涂料在金属罐内壁形成有机涂层,可防止内容物与金属直接接触,避免电化学腐蚀,但涂层中的化学污染物质也会向内容物迁移造成污染。这类物质有双酚 A(BPA)、双酚 A 二缩水甘油醚(BADGE)、酚醛清漆甘油醚(NOGE)及其衍生物。双酚 A 环氧衍生物是一种环境激素,进入体内会造成内分泌失衡及遗传基因变异,在选择内壁涂料时应符合国家标准。外壁涂料主要是为防止外壁腐蚀以及起到装饰和广告的作用。在食品药品包装中,金属材料外涂层也要求符合卫生标准,涂料及油墨不得污染食品、药品。

图 8-7　金属包装物

　　玻璃也是一种被普遍应用的包装材料,见图 8-8。玻璃作为包装的历史非常久远,3000 多年前埃及人就制造出玻璃容器,从此并用它作为食品及其他物品的包装材料。玻璃作为包装材料的最大优点是化学稳定性好、高阻隔、光亮透明且易成型,在现代包装领域中玻璃材料占包装材料总量的 10% 左右。在包装安全性方面:①玻璃熔炼过程中应避免有毒物质的溶出。玻璃内部离子结合紧密,高温熔炼后大部分形成不溶性盐类物质而具有极好的化学惰性。一般玻璃不与被包装的物品发生作用,具有良好的包装安全性。但是,熔炼不好的玻璃也可能发生来自玻璃原料的有毒物质溶出问题。所以,对玻璃制品应做水浸泡处理或加稀酸加热处理。对包装有严格要求的食品药品可改钠钙玻璃为硼硅玻璃,同时应注意玻璃熔炼和成型加工质量,以确保其所包装商品的安全性。②注意避免铅、镉等重金属的超标。③对有色玻璃,应注意着色剂的安全性。④玻璃瓶罐在包装啤酒、汽水等含气饮料时易发生爆瓶现象,常有媒体报道啤酒瓶爆炸伤人事件。

图 8-8　玻璃包装

　　陶瓷制品在我国有着最悠久的历史,我国陶瓷技术发达,各类陶瓷制品品种多样、使用广泛。陶瓷容器作为包装材料是我国包装材料领域的一大特色,见图 8-9。与金属、塑料等包装材料制成的容器相比,陶瓷容器化学性质稳定,基本不与内容物发生作用。此外,陶瓷包装还会给人以纯净、天然的感觉,更能体现传统的民族特色。因此,尽管陶瓷容器质量大、易破碎且不透明,一般也不再重复使用,但仍有一定用量。陶瓷包装材料用于包装的安全问题,主要是指上釉陶瓷表面釉层中重金属元素铅或镉的溶出。一般认为陶瓷包装容器是无毒、卫生、安全的,不会与所包装物品发生任何不良反应。但是各种彩釉中所含的有毒重金属,如铅和镉等,易溶入到食品中去,造成对人体健康的危害。彩釉是由硅酸盐和金属盐类物质构成的。着色颜料也常使用含有铅、砷和镉等有毒成分的金属盐类物质,这些物质在烧

图 8-9　陶瓷酒瓶

制质量不佳时,彩釉未能形成不溶性硅酸盐,在使用陶瓷容器时易使有毒有害物质溶出而污染内容物。所以,应选用烧制质量合格的陶瓷容器包装食品,以确保包装食品的卫生安全。国内外对陶瓷包装容器铅、镉溶出量均有允许极限值的规定。欧盟委员会的《关于与食品接触的瓷器制品的性能标准与合格声明》规定在与食品接触的瓷器制品中,采用仪器分析方法检测出的铅和镉限量标准均为 2.0×10^{-4} g/L。

橡胶制品作为包装材料也有一定的应用,橡胶多用于瓶盖胶圈、奶嘴等的制作。橡胶种类很多,天然橡胶一般认为是无毒的、安全的;而合成橡胶是人工合成的高分子化合物,具有毒性,在食品包装生产中被禁止使用。但即使是无毒的天然橡胶,因为在制作过程中加入的配合剂,也会具有一定的毒性。因此我国《食品用橡胶制品卫生管理办法》中明确规定了禁止使用的配合剂,同时禁止使用再生橡胶生产食品用橡胶制品。

此外,儿童食品中为了防止食品吸潮变质往往会加入干燥剂,这些干燥剂成分以生石灰和硅胶为主,其中生石灰是可能会对人体造成伤害的化学物质,见图 8-10。生石灰干燥剂多是粉末状的,不小心拆开后可能喷溅入眼内,造成眼睛受伤;一旦儿童误食,将灼伤口腔或食道,同时还会导致皮肤和黏膜受损。此外,商家为促销产品常会在儿童食品包装内装入赠品玩具或卡片。这些玩具和卡片如果包装不严,其中所含的重金属、油墨等有害物质会污染食品,造成对儿童健康的危害。

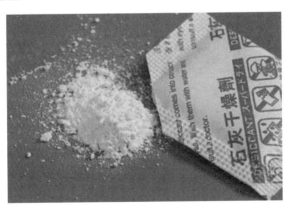

图 8-10　生石灰干燥剂

8.1.1.3　包装上文字说明不规范引发的问题

包装表面的文字作为信息的载体,向消费者传达与商品相关的信息,而消费者正是通过对文字的阅读,才能正确理解商品的品质、性能、产地以及使用方法等信息。包装上的说明文字是视觉传达中的一个重要元素,不仅承载着传达企业品牌形象、包装设计个性的任务,更重要的是让消费者在最短时间内最全面地了解到商品的信息,了解商品及其使用过程,从而保障消费者使用的安全性。

对商品的说明文字,需要简明详尽,包括生产日期、保质期、制造商(厂家)、产品标准号、储藏方法以及服务电话等。而这些信息在儿童包装中显得尤为重要。准确而必要的说明,有助于儿童及其监护人了解产品的特性,对其安全性有提前的预知和了解,传递给消费者关于产品准确可靠的信息。这种安全性文字说明的重要性,决定了文字的字体、距离、排列等要素要具有可读性和易读性。只有这样,才能保证信息的准确而迅速传达,让消费者更能全面了解安全信息。

从人机工程学角度来讲,文字的尺寸也对消费者的阅读有很大影响,文字尺寸又涉及很多方面,如观看距离的远近、光照度的高低、字符的清晰度、可辨性、要求识别的速度快慢等。其中清晰度、可辨性又与字体、笔画粗细、文字与背景的色彩搭配对比等有关。在中等光照强度,字符基本清晰可辨,并且稍作定睛凝视即可看清的条件下,说明文字规格的基本数据是

$$字符的(高度)尺寸 = (1/200)视距 - (1/300)视距$$

若取中间值,则有

$$字符的(高度)尺寸 = 视距/250$$

在说明性文字的字体方面,针对不同的阅读者需要,字体的选择应当不同,包括可辨性、识别性等。一般来说,相对于圆弧形字体来说,方正的直角直线字体观看效果更佳,因此汉字字体中以宋体、仿宋体、黑体为佳,阿拉伯数字和拉丁字母中印刷体好过于手写体,大写字体好过于小写字体。

字符的排列中,通常根据字符的大小以及横排竖排等因素来确定如何排列,按照人机工程学的文字识别要求,汉字高宽比的适宜范围有一定的规范,见表8-1。

表 8-1　汉字的高宽比范围

横向	一般的高度宽度比范围	每行字数较多时高宽比
横排	$(1.0:1.0) \sim (1.0:0.8)$	可加大到 $1.0:0.7$
竖排	$(0.8:1.0) \sim (1.0:0.8)$	可减小到 $0.75:1.0$

拉丁字母和阿拉伯数字一般只能横排,字形均为竖高大于横宽,但也有特殊,分为以下三种情况:①大多数拉丁字母与数字的高宽比:$(1.0:0.6) \sim (1.0:0.7)$;②字母 W、w、M 和 m 的高宽比:$(1.0:0.8) \sim (1.0 \sim 1.0)$;③字母 I、i 和数字 1 的高宽比可达到 $1.0:0.5$。

产品包装传达商品信息是其一项重要的功能,对于保护消费者的安全具有重要作用。它可以使消费者正确使用商品,避免使用不当造成危险。然而,在数量众多的产品包装中,缺乏详尽的产品说明信息的包装不在少数,尤其是在假冒伪劣商

品和低档商品中的情况则更为严重。屡有发生的儿童玩具伤人事件及儿童用药出现的意外,很多情况都是由于产品包装上对产品信息描述不详细,表述不清。玩具包装往往忽略对玩具所适用的年龄段的说明,造成低龄儿童操作超出其控制能力,导致玩具造成对儿童自己或他人的伤害。此外,在儿童用药剂量上普遍存在着没有做过详细的量化研究问题,往往针对儿童用药使用"儿童酌减"的含糊字样,让人无所适从,造成用药过量导致儿童伤害甚至死亡事件的发生。

8.1.2　儿童安全包装的使用

中国实行计划生育政策以后,很多家庭都是独生子女家庭,导致出现了"一对夫妻一个娃"、"多对夫妻一个娃"的普遍现象,使得独生子女成为了家庭的中心,被看作是一个家庭未来的希望。一旦儿童发生意外伤害,不仅是对儿童个体的伤害,更是对一个家庭的伤害。因此,防止儿童受到伤害成为全社会都应该高度关注的事情。

就产品包装安全而言,什么样的产品包装对儿童才是安全的呢? 答案就是儿童安全包装对儿童才是安全的。设计、使用儿童安全包装是防止儿童受到意外伤害的有效手段。

儿童安全包装系统是一种用于保护儿童安全的包装,即对某些有毒害的药品和化学物品等各类危险产品实行特殊包装,使五岁以下的儿童在一定的时间内难以开启或难以取出相当的数量,以避免这些儿童在接触、使用或吞服后引起严重的中毒或其他意外伤害事故。

显然,这种包装比普通包装结构复杂、成本昂贵。在欧美发达国家儿童安全包装已经使用了多年,特别是在美国使用更为普遍,并且对防治儿童意外伤害发挥了很重要的作用。

世界卫生组织将意外伤害列为世界范围内人群的第五位死因。而在我国,儿童因意外引起的死亡已占儿童总死亡率的 50% 左右。意外伤害引起的儿童死亡数量已超过四种最致命的儿童疾病(肺炎、恶性肿瘤、先天畸形和心脏病)致死率的总和[4]。在儿童意外伤害中,由于误食而造成的意外伤害位居第三位。然而这些损失通常是可以避免的,除了监护人采取必要的防护措施外,大力提高儿童安全包装意识,推广儿童安全包装方法,将是进一步减少儿童意外伤害隐患的根本途径。

近几年来,随着药品及各类危险化学品使用的增多,儿童中毒事件呈增多趋势,并且多为急性中毒,发生年龄高峰为幼儿和学龄前儿童。儿童急性中毒主要是误服有毒物品,如农药、药品等。这类中毒占儿童急性中毒事故的 30% 以上;其次是一氧化碳中毒,占 25.7%;食物中毒占 16.8%。根据重庆医科大学附属儿童医院统计 1997~2006 年收治住院的 221 名城市儿童中毒病案,其中由于误服药品所致的儿童中毒占到总数的 76%[5],如图 8-11 所示。

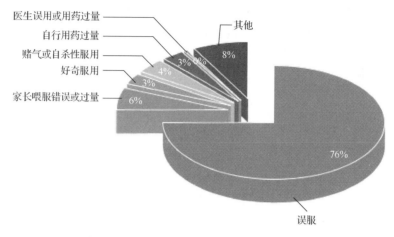

图 8-11　重庆医科大学附属儿童医院统计数据

儿童中毒的主要原因是其年幼无知缺乏生活经验和安全意识以及识别能力差造成的。他们天生好奇善于模仿的本性,使他们比任何人更容易发生中毒意外。儿童们往往喜欢用味觉来探索这个多彩的世界,不幸的是,这也就意味着我们日常的用品(如化妆品、家用清洁剂以及药品)可能被儿童吞服,从而可能导致致命的中毒伤害。

从全社会的角度来看,加强儿童安全包装意识是进一步防止儿童误吞药品或有毒物品事件发生的根本途径。同时通过安全包装意识的强化,体现了国家对儿童权益的重视和保护。美国在 1970 年就立法通过了《有毒品安全包装条例》(the Poison Prevention Packaging Act,PPPA),强制推行了药品儿童安全包装的使用[6]。儿童药品安全包装应避免五岁以下儿童自行打开,并且保证一般成人可以无困难地开启。

但是在国内,儿童安全包装设计、使用要落后西方发达国家 30 多年。日常家庭使用的处方药缺乏规范的安全包装,以及家长疏忽而造成幼儿误食药品导致意外中毒事故时有发生。以北京儿童医院急救中心抢救的儿童每年就有 30 多例。这个数字还不包括未住院的轻度中毒儿童。经市场调查发现,市场中现有药品的 95.5% 以上都不具备儿童药品包装的功能。在调查取样的样本中,其安全提示一般只体现在简单的文字说明上,而在药瓶瓶口安全设计上只有极个别的保健药品和儿童止咳类药剂产品才有使用。此现象已经引起消费者协会的高度重视,并积极呼吁加强对药品制造商的监督和引导,同时也呼吁政府应及时制定关于儿童安全包装的规格、颜色、标志等规范标准。

8.2　儿童接触产品包装的行为特性分析

行为是指个体能够被人观察或测量到的以及不能被人观察到的个体内在意识活动或反应。行为是心理现象的一种反映,受心理现象的支配,二者相互联系不可分割。心理现象包括人活动的各个方面,是感觉、知觉、记忆、思维、性格、能力等的总和。心理发展,又称心理发育,指个体从产生到死亡期间持续的有规律的心理变化过程。

心理是脑的机能,脑是人全部行为和经验的物质基础。新生儿的大脑实质只有 350 g 重,仅为成年人脑质量的四分之一,随着儿童脑组织迅速发育,脑细胞数量不断增多,直到 7、8 岁接近成人水平。大脑作为心理活动的物质基础,直接影响着儿童心理,表现为儿童行为。随着脑组织不断发育,儿童心理活动也会逐渐变得复杂、微妙起来。儿童在不同成长阶段,也会有不同的心理反应特征,直接表现为不同阶段儿童对外界事物做出的行为也会有所不同。

随着儿童年龄和肌体的成长表现出来的各种行为特征的变化,影响着他们对周围事物的作用的同时,也会使周围事物对他们自身作用发生改变。某些包装对于成人或年龄较大的儿童不构成危害,而对于年幼的儿童就会由于其安全意识没有形成或行为方式不同而受到伤害。儿童身心健康成长直接关系着整个社会未来的发展,所以儿童应该成为全社会最重要的保护和培养对象。据调查得知,目前中国家庭中约有一半的家庭将 40% 的资费投资在儿童身上。这使得儿童可接触到的和可消费的商品增多,遇到的包装随之增加,受到包装影响的情况也在增多。设计安全儿童包装保障儿童健康安全,要从儿童行为特点出发。

从消费商品方面讲,儿童 0~6 岁时期的购买能力全部由家长来决定和支配,7~15 岁这个年龄段 70% 购买力由家长来决定,这都是不同年龄段儿童心理特点的反映。儿童消费的商品主要都是由成人代为购买,成人通常从自己的角度出发去选择商品,这就导致很多商品包装存在的威胁儿童安全的问题容易被忽视。安全的儿童包装设计的研究主体是儿童,包装上的每个设计要素、每个环节都有可能影响儿童的安全使用,所以充分了解儿童发展的心理是必要过程。

我国心理学家对儿童个体的心理发展分为几个阶段:婴儿期(0~2 岁)、幼儿期(3~6 岁、7 岁)、童年期(6 岁、7~11 岁、12 岁)、少年期(11 岁、12~14 岁、15 岁)。儿童每个阶段心理意识是不一样的,表现出来的行为方式也各不相同。

8.2.1　婴儿期

婴儿期的儿童是指从刚出生到成长为 2 岁的儿童,这时期的儿童是发育的高峰期,身体、心智等各方面都处于成长发育的雏形阶段。

0~3个月的婴儿身体弱小,睡眠则是他们成长发育的关键时刻,这个时期的儿童大部分时间都处于睡眠状态。在此期间,他们的食物通常都是母乳或是专卖的适合婴幼儿年龄段的奶粉。当婴儿4~6个月大时,视力逐渐发育接近成熟,会喜欢看周围色彩鲜艳、明快的物体,他们开始变得好动,总愿意翻来滚去挪动位置。当婴儿10个月时,会长三四颗的牙齿帮助咀嚼,可喂食一些容易咀嚼和消化的辅食,如牛奶、果泥和稠粥等。

1岁的儿童开始学习自我感知这个世界,他们蹒跚学步开始去朝向远处的目标物挪动。这时期的他们还不了解事物的特性,不懂危险,无论拿到什么,总是往嘴巴里塞。因此,尺寸较小的物品极有可能被他们"吞"下从而造成危险。即使是一些儿童食品也需在父母的监护下适当食用,才能避免此类危险。这时的他们不懂购买行为,只是部分商品的最终消费者。

2岁左右的儿童身体继续发育,活动更加敏捷,可以随意的奔跑、行动。随着意识和身体灵活度不断的发育,他们的活动范围扩大,但他们的心理、意识和智力发育很单一,对事物没有判断力。这时期的儿童开始对一些食品或包装表示出喜欢或不喜欢,他们也会独自操作一些食品或玩具的包装,独自吃食物或玩玩具,却没有安全与危险的概念。

8.2.2　幼儿期

幼儿期儿童是指3~6岁的儿童,即幼儿园教育阶段,也称学龄前期,是儿童成长的关键时段。幼儿期儿童不但自身成长经历着深刻的变化,而且认知意识不断提升,逐渐接触家庭外面的世界,并加入到一些社会活动中。

3~4岁的儿童大部分会在幼儿园里度过,他们会接触到更多的新鲜事物,认识能力和生活能力迅速发展,但尚未成熟。他们活泼好动,情绪很不稳定,主要受外界事物和自己的喜好情节所支配。当在商场或其他地方看到自己喜欢的物品,就会产生好奇并且设法去得到,如为征得父母同意而哭闹不休。他们可独立进餐和吃零食,独自玩耍或做一些生活小事,但对事物的性质没有判断,没有安全意识与防范行为能力。例如,儿童都喜欢吃小果冻,造型好看,色彩口味多样,但果冻却极易被儿童一口吸入喉咙导致窒息。

5~6岁的幼儿性别差异化逐渐突显出来,相对而言,男孩比女孩接受新生事物快,适应性强,个性强,性格外向,易兴奋,好动,喜欢蓝色、深绿色等。而女孩普遍胆小,性格内向,情绪不稳定,依恋行为多,喜欢红色、粉色等。这一时期儿童在学前班逐渐有时间观、秩序观,他们求知欲强,很好问,不怕危险困难,情绪较之前更加稳定,并开始学着控制自己的情绪,能听从成人的要求,并能用语言比较完整地表达自己的意识。这一年龄段儿童逐渐拥有了小额零花钱,他们在同伴或市场广告的影响下,会去购买或要求父母去购买自己喜欢的某种商品,可以讲他们已开始了一些简单独立的消费行为。但他们对消费中存在的某些问题无法预见其可能带来的危害。例如,他们总是选购一些颜色鲜艳的小食品,却不知其中可能含有色素对身体有危害;另外,对包装不合格的食品他们也不懂得拒绝,仍会购买并食用。因此,幼儿期的儿童饮食与生活其他方面的安全健康发展都必须要父母的特别关注与帮助,无监护状态下会面对很多危险。

8.2.3　童年期

童年期的儿童段为 6 岁、7～11 岁、12 岁,在小学及中学接受教育的儿童,因此也称为学龄儿童。这一时期儿童的体格发育,心理、个性、思想和品格的发展都带有向成人发展的过渡性质,他们自身的发育成长进入人生成长的最重要阶段。

儿童在 7 岁时大脑的形态结构基本完成,基本接近成人,大脑皮层发育抑制过程强于兴奋过程,心理智能逐渐成熟。他们的情感意识更加丰富,易表现喜怒哀乐,但情绪行为控制力变强,道德感、理智感趋于深化、稳定,意志力逐渐增强,认知能力、求知欲望明显增强。由无意识记忆转变为有意识记忆,由形象思维阶段逐步进入逻辑思维阶段。这时期男孩和女孩的身体特征出现差异,性格差异也更加明显,男孩比较刚强、果断、豪爽,而女孩则比较温柔、犹豫和细腻。

随着年龄逐渐增大,他们一面面对着繁重的学习任务,一面享受儿童时光的快乐。他们有了独立思维的能力,可以对事物进行更准确的判断,可以独立做出抉择,因此他们的生活显得更加独立。由于家庭环境等因素,他们的零花钱越来越多,这意味着他们有更多的购买行为。据调查显示,他们的钱主要用来购买食品、学习用具和游戏玩具,而食品却占一半以上。这时期儿童的消费行为相对于学前期儿童比较稳定,幼稚的心理以及冲动的情绪逐渐减少,购买时不仅要考虑商品的实用性、功能性以及附加价值,而且更多的还要考虑所购商品的个性特点。但是他们除了能够独立地进行一些简单的消费外,对于一些较为复杂的消费过程(如儿童营养品、生活食品、药品等购买)时,仍然由父母做主进行购买。学龄期儿童的消费行为处于一种半自主型阶段。

8.2.4　少年期

11 岁、12～14 岁、15 岁为少年时期,这个阶段主要是逻辑思维不断发展,他们已经有了很强的自己的动机、能力、情感等,对事物具有一定的决策和选择性,此时的他们已经是大儿童了。本阶段儿童思维能力具有灵活性,而他们的思维发展水平也已经接近成人,该阶段的儿童对购买求知欲具有很强的判断性。例如,商场购买食品,他们会有意识选择自己所需要的产品,按照包装上的使用方法进行操作,通常发生事故的概率比较低。

总结儿童在各阶段的行为特点,我们可以清晰地看到幼儿期及婴儿期是儿童最为脆弱的阶段,身心发育都处在起始阶段,对危险没有辨识能力,最容易受到伤害,这也是儿童安全包装主要针对 5 岁以下儿童的原因。

8.3　产品包装的儿童安全防护

8.3.1　儿童安全包装设计指南

安全设计要求设计者在进行某一项实际的产品开发时,通过各种方法和手段,认真、细致、全面、客观深入地分析目标群体的各种特性,并从产品的材料、结构、形态、色彩、功能等各个方面及产品从生产到废弃的整个过程进行最安全充分的设计和规划。其本质是使设计出的产品对购买者和使用者安全无危害,并能满足目标群体的人身安全需求和更高层次的精神消费需求,同时也最大程度地节省资源和保护环境。

儿童产品的安全设计应该以满足儿童特点为中心,设计出有利于儿童安全和健康发展的安全产品。儿童是一个特殊的人群,与成人相比,他们在身体、智力、情感、思维和记忆力上都没有发育完全。他们的自理能力有所欠缺,动作还不够协调、稳定,精细动作也不够准确,注意力也不能长时间的集中,只有接触对象具有鲜明色彩、生动形象外观的特征时才能引起儿童的注意。儿童的无意记忆占优势,有意记忆开始萌发,以具体形象性和机械性记忆为主,抽象记忆相当不足[7]。儿童往往有丰富的想象力,缺乏生活经验,往往用自己的逻辑和过多的臆想进行推理和判断,得出不正确的结论。对色彩鲜艳的事物比较敏感,因此为儿童设计产品就要从儿童的特点出发。只有这样,才能设计出适合儿童且有益于儿童成长的产品。

不同年龄、性别的儿童各方面的能力发展状况也不相同。包装设计者在进行儿童安全包装设计时,需要符合安全性要求。儿童安全包装在选材上必须采用无毒无害的,结构上安全合理,形态易于识别,色彩鲜艳纯度较高,以便引起儿童的注意。

根据儿童生理及心理特点,设计儿童安全包装时,其包装设计的依据除遵循一般的安全包装要求外,还应考虑以下内容:

(1)人体工学角度。因为幼儿的手的力气远比成人弱小,而且幼儿仍然在发展肢体活动的协调能力,没办法执行某些比较复杂的动作,如下压后旋转或下压后往上提这一类难度较高的动作。

(2)视觉警示角度。可以利用不同色彩的包装标签来表示危险并提高注意力,也可以采用一些警示提示音从而转移儿童的兴趣目标,同时也容易被监护人注意到。研究报告指出,黑色与红色的图像对标示危险的效果最显著,红色和绿色的图像则较有效提高注意力。

（3）儿童行为心理学与行为学角度。儿童具有极强的好奇心和模仿能力。他们喜欢通过味觉来体会多彩的世界,在他们眼中所有的未曾触及的东西都是新鲜的。这种强烈的求知欲推动他们按照大人们的行为方式去尝试这些"新鲜"的东西。同时儿童在触及事物时一般具有一次性行为,即当他们第一次没有成功开启物品时一般会主动放弃,从而转移目标捕捉另一个新鲜事物。利用儿童的这种一次行为特点给儿童安全包装很大启示:可以通过设计经过两次以上但相对较为简便的方式开启物品,从而有效防止儿童误食[8,9]。

8.3.1.1　儿童安全包装的材料设计

在儿童生活环境中,可以被儿童接触到需要使用儿童安全包装的产品主要有药品、家用清洁剂、花园化学用品、家庭日常整修产品、化妆品、染发剂、油类等。这些产品中所含化学物质如果被儿童接触或误食会对儿童安全造成危害,因此,需要选择适当的包装材料加以防护,避免儿童轻易接触到这类有害物质。以其中的药品为例,因为药品的特殊性,所以对药品的包装用材料和容器都要有严格的管理。在我国颁布的《药品包装用材料、容器管理办法(暂行)》(局令第 21 号)中,将药包材分为Ⅰ、Ⅱ、Ⅲ三类。Ⅰ类药包材指直接接触药品且直接使用的药品包装用材料、容器。Ⅱ类药包材指直接接触药品,但便于清洗,在实际使用过程中,经清洗后需要并可以消毒灭菌的药品包装用材料、容器。Ⅲ类药包材指Ⅰ、Ⅲ类以外其他可能直接影响药品质量的药品包装用材料、容器。除了考虑药品这类产品的独特性外,针对药品的儿童安全包装,需要考虑儿童的开启包装方式对包装材料的要求。儿童的开启包装行为涉及抓、压、扭、捏、咬等动作,这就对包装材料提出了更高的要求。

通常可以作为产品包装材料的有纸、玻璃、金属和木材等,范围十分广泛。但是作为儿童安全包装材料,其中很多因为材料自身的性质不能被使用。纸质材料包括纸和纸板,是最传统的包装材料,因为折叠、印刷和粘贴等操作容易,价格便宜广泛用于产品包装。但是纸质材料强度不高,容易被儿童通过撕、咬等方式破坏,无法起到有效隔离危险物质、保护儿童的目的。

玻璃材质晶莹透明、化学性质稳定、耐腐蚀能力强,是包装液体产品很好的材料。但是由于玻璃制品容易因为摔、砸而发生破裂,不仅不能起到保护儿童的作用,还有可能因为破碎形成锋利碎片划伤儿童,所以也不适宜作为儿童安全包装材料使用。

金属包装材料,如锡纸、铝罐等,因为内含的重金属与儿童产品接触会造成重金属污染,如果用于食品类产品还会对产品的口感造成不良影响,因此也不适宜作为儿童安全包装材料使用。

木质包装材料加工会受到限制,我们知道儿童安全包装为了起到让 5 岁以下儿童难以短时间打开获得内容物,而成人还要比较容易打开的效果,通常会采取较复杂的结构。而要将木质材料加工成比较复杂的结构,工艺上实现起来相对比较困难。故木质材料也不适合作儿童安全包装材料。

塑料则因为具有质量轻、不易破碎、使用方便、对气体具有阻隔作用、不同塑料之间以及塑料与其他材料易于复合、成型工艺成熟等许多优点,而成为儿童安全包装领域最主要包装材料。塑料作为包装材料也存在着一定的局限,塑料包装在加工成型过程中通常需要加入增塑剂、防老剂和填料等,这些物质溶出会对包装内容物造成污染。但是在塑料的溶出物的量满足安全标准要求的情况下,塑料包装总体来说还是安全的。综合来看,塑料以上诸多优点决定了塑料成为药品、家用清洁剂等产品的儿童安全包装的主要材料。

8.3.1.2　儿童安全包装中常用塑料

塑料种类很多,儿童安全包装需要选择安全无毒、容易加工成型的塑料为原料制造。满足这样条件,常用来制作儿童安全包装的材料主要有以下几种:

1) 聚乙烯塑料

聚乙烯是由乙烯单体聚合而成,是乙烯聚合高分子化合物的总称,聚乙烯树脂一般无色、无臭味、无毒、吸水性小、耐寒性强,是口服药品包装中最常用的一种塑料。根据聚乙烯原材密度的不同,有高、中、低三种密度之分,低密度聚乙烯是第一代产品,其特点是柔软、耐低温性好、热封性好、但强度比较低,耐针刺性和耐油性也较差,在 SP 包装用复合膜中经常作为内封层。

高密度聚乙烯是第二代聚乙烯,跟低密度聚乙烯一样,化学稳定性好,耐寒、耐磨、阻湿性较好,比低密度聚乙烯的强度高,耐油性也稍好一些,药用塑料瓶一般用高密度聚乙烯制成。由于聚乙烯阻味性较差,耐油性不强,因此,高密度聚乙烯制成的塑料瓶一般不宜存放芳香性的、油脂性的药品,也不易存放对氧气或水蒸气特别敏感的药品。

聚乙烯塑料是由乙烯聚合而成,乙烯是成熟水果分泌的植物激素,对人无毒无害,所以聚乙烯塑料为材质的包装中即使有单体的迁移也无安全上的问题,只要对使用的添加剂品种和数量进行控制,在安全性上是没有问题的。

2) 聚丙烯塑料

聚丙烯无色、无臭、无毒,耐热性和化学稳定性都较强,拉伸强度比聚乙烯大,在常用塑料中是唯一可以在水中煮沸和在 130 ℃消毒的塑料,其缺点是耐寒性、透明性较差,在药品包装上可制成固体制剂塑料瓶、口服液塑料瓶,还可由双向拉伸法制成输液瓶等。聚丙烯在复合膜中经常作单膜使用,在复合膜中使用的聚丙烯膜有拉伸膜和流延膜两种。双向拉伸的聚丙烯塑料膜透明度好且光亮美观,缺点是撕裂强度大幅降低,热封性也不好,所以双向拉伸聚丙烯塑料膜一般作为复合膜的外表层;流延聚丙烯塑料膜保持了撕裂强度和热封性好的特点,一般可作为复合膜的内封层。

3) 聚氯乙烯塑料

聚氯乙烯由氯乙烯单体聚合而成,是世界上实现工业化生产最早的塑料品种之一。聚氯乙烯原本的形态透明而坚硬,只有加入足够多的增塑剂才能使其变得柔软。聚氯乙烯是油类、挥发和不挥发醇类的优良阻隔物。有关聚氯乙烯使用安全性的担忧,主要在于未经聚合的聚氯乙烯单体——氯乙烯的游离问题上,并且聚氯乙烯塑料输液容器还有增塑剂迁移问题。氯乙烯单体和增塑剂均属于环境激素类物质,摄入过多会干扰人体内分泌,并且燃烧后会产生二噁英,故已建议尽量少用,不建议用于食品及玩具上。一般作为药品或食品包装的聚氯乙烯塑料容器以及所用的聚氯乙烯塑料粒料,对氯乙烯单体的含量控制都非常严格,一般要控制在小于 1 ppm 的范围内,才被允许使用。

4) 聚酯

聚酯是一类树脂的总称。"聚酯"通常是指其中的一种,即聚对二甲酸乙二醇酯(PET)。PET 透明、强度大,耐热性能和耐低温性能都很好,无毒、质轻、化学稳定性优良,对水蒸气和氧气的阻隔性以及对气味的阻隔性也很好,没有针孔。这些都是 PET 的优点。PET 塑料中的添加剂的量比聚乙烯和聚丙烯都少,迁移出来的机会也少一些,在安全上不会构成问题。PET 是可用于制造饮料、调味品包装瓶等包装较好的一种塑料,也是制造糖浆等口服液塑料包装瓶的最佳塑料品种。固体口服制剂包装瓶、泡罩包装成型材料以及条形包装用复合膜的外层单膜经常用 PET 制成。

5) 聚苯乙烯

聚苯乙烯(PS)吸水性低、耐酸碱、低温性能良好、价格便宜并且容易加工成型,可用射模、压模、挤压、热成型加工,PS 主要应用于建材、玩具、文具、滚轮、镶衬(如冰箱的白色内衬)等,也可以作工业的包装缓冲材料。未发泡的 PS 在食品容器上也多有应用,如饮料瓶罐、酸奶瓶、布丁盒、外带奶茶杯、快餐店饮料的杯盖等,PS 可耐热至 90 ℃。

6) 其他

除了上述常用塑料之外,药品包装还用一些具有特殊作用的塑料,如聚偏二氯乙烯(在包装材料中实际上使用的是偏二氯乙烯与 5%～50% 氯乙烯的齐聚物)。其突出的优点是对气体的阻隔性能优良,对水蒸气阻隔性是聚乙烯、聚丙烯、聚氯乙烯的几倍至几十倍,对氧气的阻隔性是这几种塑料的几百倍。聚偏二氯乙烯(PVDC)在药品包装中一般用于形成复合聚氯乙烯硬片(PVC/PVDC 硬片)以提高聚氯乙烯硬片的阻隔性;条形包装所用复合膜中的单层和涂层[10]。此外,也有在 PE 或 PP 制造的药用塑料瓶内涂敷 PVDC 以改善其阻隔性的报道。

8.3.1.3　儿童安全包装常用塑料容器

药品剂型种类多样,固态和液态药物剂型最为常见,与之相应,药品包装容器种类也具有多样性。对不同剂型的药品在大量采用塑料包装前,几乎全部片剂、胶囊剂以及口服液全部用棕色玻璃瓶包装(片剂、胶囊剂用大口瓶,口服液用小口瓶)。玻璃瓶在装药前先要经过清洗、消毒和烘干等工序。装药后采用碎木软内塞烫蜡工序加以密封。包装后在运输途中,还存在玻璃容易破碎的问题。由于存在着包装工序多、外观差、消耗多、破损多等问题,玻璃瓶目前在固体内含物包装中已不多见(口服液还有用玻璃瓶包装)。玻璃瓶包装使用比较麻烦,因此现在多用塑料材质的包装容器取代玻璃包装。

目前,在药品行业内接触口服固体制剂的塑料包装形式有以下几种:

1) 塑料瓶

塑料瓶是目前口服制剂使用较多的包装容器之一。据报道,国外有70%的口服固体制剂使用塑料瓶包装。自20世纪80年代初我国开始引进注-吹法三工位制瓶工艺以来,药用塑料瓶的产量和质量都取得了很大的提高,见图8-12。

图 8-12　注-吹法三工位制瓶设备

固体制剂包装用塑料瓶一般用聚烯烃(PE 或 PP)制成,并加入钛白粉作着色剂,起避光作用,见图8-13。也有用 PET 制成的无色透明或棕色透明塑料瓶。液体口服制剂用塑料瓶一般用 PP 或 PET 制成。

近年来药用塑料瓶使用封口膜的情况多了起来。封口膜对药品运输、储存期内稳定性或许有好处。但是,它不可能改变瓶装药品一旦开盖取出一片(粒)后,瓶中剩余的药品就不可避免地要受到外界气体的影响及细菌感染。

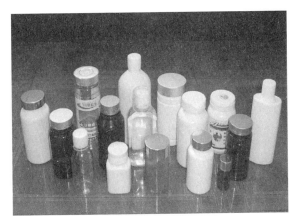

图 8-13　塑料瓶

瓶盖一般都带有保险环,一旦开启瓶盖,保险环自行脱落,这有利于安全用药,见图 8-14。另有一种称为安全盖的瓶盖,确保 5 岁以下儿童不能自行打开服食,属于儿童安全包装。

图 8-14　带保险环的瓶盖

2）单剂量泡罩包装

泡罩包装是指塑料硬片先加热制成小泡,泡内装一片片剂或一粒胶囊,然后以涂有黏合剂的铝箔作为覆盖材料加以密封的包装形式,一般称为 PTP 包装,见图 8-15。

片剂型和胶囊剂型的药品采用 PTP 包装已有三十多年历史,其主要优点是:单剂量包装,取出一片(粒)后其他药品仍包装完整,具有单片密封作用;可以透视包装内容物以便核对;包装轻便、运输便利。

到目前为止,PTP 包装的成型材料主要还是 PVC 硬片。PVC 硬片易于成型、透明性好,但对水蒸气阻隔性较差。为此现在又有 PP、PET 硬片出现,同时又出现了既能保留 PVC 硬片的优点,又能克服其缺点的 PVC/PVDC、PVC/PCTFE(PCTFE:聚三氟氯乙烯)和 PVC/PE/PVDC 等复合硬片[11]。

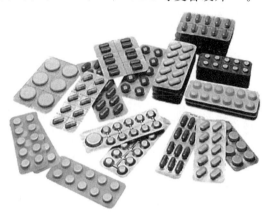

图 8-15　泡罩包装

PVDC 和 CFE 对气体阻隔性优良,厚度为 250 μm 的 PVC 硬片的透湿量为 2.5 g/(m² · 24h)。复合了一层 30 μm 的 PVDC 后其透湿量可下降为 0.39 g/(m² · 24h)。作为单剂量泡罩包装的另一面是药品包装用铝箔(通称"PTP"铝箔),作为主要材料的金属铝应能对光和气体完全隔绝。一般认为铝箔越厚,产生针孔的可能越小。泡罩包装一般放入纸盒中,纸盒作用是保护、装饰和阻光。

3) SP 包装

SP 包装有单剂量条形包装和单剂量或多剂量袋形包装等多种形式。

条形包装是一种在两层条状 SP 膜中间放置片剂、胶囊或栓剂,在药剂周边的两层 SP 膜内侧热合封闭,在各片剂之间压上齿痕,形成单位包装,见图 8-16。使用时依齿痕逐步撕开使用。条形包装的优点是使用方便,缺点是必须在专用的 SP

图 8-16　SP 包装

包装机上操作,一般还需用纸盒包装。袋形包装一般是三边或四边热压密封的平面小袋,可以是单剂量,也可以是多剂量,适合包装粉剂、颗粒剂或片剂、胶囊剂。

SP包装所用的包装材料是各种复合膜。复合膜从基材结构来分有塑/塑复合膜、纸/塑复合膜和塑/铝/塑复合膜等。从复合方法来分,可分为干式复合膜、共挤复合膜和挤出涂布复合膜等。复合膜的要求:卫生性,必须满足卫生要求;保护性,必须使药品在其有效期内保持其药用价值(要达到这点要求,必须要有一定的物理强度,良好的阻湿性、阻气性能);作业性,对充填、密封机械有良好的适应性,具有良好的热封性等;简便性、安全性、携带方便等;商品性、印刷性能好;经济性、价格低、易于运输、储存等。

SP包装所用复合膜中主要的单种膜品种有[12]:

(1)聚乙烯薄膜。聚乙烯膜是药用复合膜使用量相当大的薄膜,在复合膜中常用作直接接触药品的内封层,一般使用的是低密度聚乙烯膜,单层聚乙烯在进行印刷和干式复合前要进行电晕处理。另外,还有一种线性低密度聚乙烯膜,目前在复合膜中的使用越来越多。其特点是热封性能极好、热封温度范围宽、机械强度比低密度聚乙烯好。一般可在低密度聚乙烯中掺入部分线性低密度聚乙烯制成薄膜/复合膜,用以提高热封性能。

(2)聚丙烯膜。复合膜中使用的聚丙烯单膜中,有拉伸聚丙烯膜和流延聚丙烯膜两种。拉伸聚丙烯膜透明、光亮度好,可作为复合膜的外表层;流延聚丙烯膜可作为复合膜的内封层。

(3)聚酯膜。聚酯膜是生产各种高性能复合膜的主要基材之一,是高温蒸煮类复合膜、真空包装复合膜的主要组成部分。具有强度高、韧性好、耐油性好、透明、光亮度好等优点。

(4)铝箔。金属对气体和光都具有较好的阻隔作用,用铝箔作为中间层可大幅度提高其阻隔性。

8.3.1.4　儿童安全包装的密封性

儿童安全包装要求包装物必须具有足够高的密封性,以确保包装物能够在内容物与消费者之间形成有效的隔离。在国际标准(ISO)中,EN 28317标准规定了儿童安全包装应具有打开包装后能重新盖紧的特点,即装有大剂量产品的带盖容器,可反复开关的包装;EN 862标准规定了一次性使用的包装,如普遍使用的药片上的挤压式泡眼包装,包装一旦破坏,产品便被取走。一次性使用的包装密封性容易实现,但不能反复使用,仅适用于包装量比较小的产品。大量包装的产品往往就需要使用带盖容器进行包装,这样的包装使用起来需要反复开启和封闭,其密封性能要求就会比较高。

充分认清每一件产品,并且评估其对消费者可能产生的影响,对于选择不同密封形式的包装是至关重要的。产品对于消费者的影响不仅涉及摄食一个方面,而且还涉及对皮肤、眼睛等多方面的影响,同时儿童打开产品所使用的时间长度也必须考虑在内。例如,如果一滴漂白剂溅到人的脸上,成人的第一反应是迅速用冷水将之洗去,尽可能地减轻它对皮肤的伤害,并防止皮肤短暂地变红,而儿童的反应则不同。这就意味着同样一滴漂白剂会长时间地留在儿童的脸上,并造成长久的、更大的伤害。所以,对每一种产品都应当进行客观全面的评估,采用合理的密封包装来保障儿童的安全[13]。

经济合理性是选择密封包装材料的另一项基本要求之一。在进行密封包装材料的选择时,不仅要考虑被包装物的品性,还应该考虑被包装物的价值,对于高档产品或附加值高的产品,应选用价格、性能比较高的密封包装材料。对于价格适中的产品,除考虑美观外,还要多考虑经济性,其所用材料应与之对等。对于价格较低的产品,在确保其具有安全性,又保持其保护功能的同时,应注重经济性,选用价格较低的密封包装材料。

密封包装材料的选用还应充分考虑到流通条件、气候条件。流通条件在很大程度上左右着包装材料的选择,流通条件包括气候、运输方式、流通对象与流通周期等。气候条件是指密封包装材料应适应流通区域的温度、湿度、温差等。密封包装材料的选择还应取决于包装的预计保存期、打开后重新关上的需要以及产品外观的要求等。包装材料的某些性质是我们已知的,这些性质及数据对我们挑选材料具有很大的指导作用。如果一个密封包装要求设计是多次重复使用的,则塑料材料的柔韧性就变得十分重要,特别是对于那种浇铸型弹起盖和一体型的铰链盖尤为突出。包装材料和装饰的选择也将直接影响产品在市场上的形象,所以在设计产品包装时,设计者也要考虑到材料的装潢效果。环境也是设计者不得不考虑的又一重要因素,在满足产品要求的前提下,应尽可能选用对环境不会产生污染,包装废弃物容易处理的材料。

此外,还有一个需要注意的问题就是针对部分产品中为了防止湿气的影响,而在包装中加入干燥剂,这也导致儿童误食事件发生,并值得高度注意的问题。特别是在儿童食品中,很多儿童食品因容易吸潮而发生品质下降乃至腐败变质,因此常在包装袋内装入一定量的干燥剂用来降低包装袋内的湿度,以保持食品的干燥,此种包装工艺法也被称为防湿包装。食品中常用的干燥剂有生石灰和硅胶。生石灰干燥剂多是粉末状的,不小心拆开后会喷入眼睛造成伤害,误食则会灼伤口腔或食道,同时还会导致皮肤和黏膜受损。硅胶呈半透明颗粒状,色泽形状均较漂亮,更容易引起小孩误食,近年来发生的干燥剂伤人事件大多都是由生石灰干燥剂引起的。虽然干燥剂包装袋上均标有警示字样"不能食用"、"如果不小心进入眼睛内,请用水冲洗或找医生"等,但这些对年幼的儿童和老年人则形同虚设。因此,对于儿童食品内的干燥剂应采用无毒、无害的材料,如确实要采用有危险的干燥剂,则可将干燥剂包装在密封性能好的,儿童难以撕破的包装袋内。

8.3.1.5 儿童安全包装的结构设计

由对儿童安全包装的特性分析而知,一般儿童中毒情况的发生是儿童接触成年人使用的药品和物质造成的。成年人使用的药物通常需要方便取用,而一般的设计也势必会使儿童也可轻易打开这类药物包装,接触到里面的药品。这就需要在儿童安全包装结构设计上,既能让成人比较轻松地打开包装,又能有效地阻止儿童开启包装,误食药品或化学用品。儿童安全包装的结构比普通包装结构复杂、成本昂贵。目前,在世界范围内,儿童安全包装系统的专利有数百种,其中不少结构过于复杂,成本相当昂贵,造成相对浪费。因此,儿童安全包装的结构设计要综合考虑上述因素。

1) 儿童安全包装的常用结构

在美国市场上最常用的儿童安全包装有两种,一种是压扭盖(push and turn closures),另一种是掀开盖(snap caps)。

a. 压扭盖

压扭盖打开时,必须将外盖和内盖紧压,使外盖内的舌片顶住内盖端部的凸块,并使牙齿嵌合在一起,同时旋转,见图 8-17。否则,只有嗒嗒的响声而无法打开。虽然该包装有缺陷,但用"压下并扭转"两个综合动作打开包装的确是个好的方法。同时做两个动作,往往是儿童办不到的。此外,该结构设计所需的按压力要适合于老年人使用。为此,压扭盖已开发有三种变形。其中两种是在原有压扭盖结构基础上稍加变化——利用辅助工具,如随身所带的硬币或钥匙,即可方便地打开或合上瓶盖,获得相当好的效果[14]。

外盖　　　内盖　　　容器

图 8-17　压扭盖包装结构

b. 掀开盖

掀开盖在对准缺口箭头后才能将盖打开,见图 8-18。箭头等标志的对准属于智力行为,幼儿还做不到。若凸耳过小或凸缘过大,老人掀开也有困难。

内盖　　　　　去盖

图 8-18　掀开盖包装结构

对其结构的修改,主要使外露的凸耳区域的瓶与盖间距增大,易于老年人动作,而保留对儿童的防范作用。具体可有几个方案,例如,箭头对准后在槽隙中插入餐刀之类的工具来掀开瓶盖,或把瓶颈上的凸缘缺口加深,把缺口和凸耳增宽,这样就增大了瓶盖上凸耳的外露部分,便于老年人用大拇指掀盖。

这两种包装对儿童起到一定安全作用的同时,也存在某些局限性。由于压扭型盖的内外盖经由一些凸块和牙齿压合后才能扭开,对于大多数人,特别是老年人来说确有困难。如果在内盖端部有许多牙齿啮合,情况就会改善。如果在内盖周围有许多牙齿啮合后使内外盖接合起来,情况就会更好。

这些问题很多是由于在下压力量的大小和位置上难以把握造成的。最难打开的压扭盖下压的力取决于弯曲中间的舌片,大约要求 49.03 N 的压力,这就超过了许多老年人的能力。在内外盖周围接合不需要太大的下压力,只需 9.81~19.62 N,这对许多成年人没有太大的困难。此外,在内外盖之间如果用自适结构(self-seeking mechanism)也能降低打开盖子所需的力量[15]。

掀开盖也是现存的另一种被认为难于打开的儿童安全包装。它存在着以下三个问题:

(1) 对准箭头不容易。一些小的掀开盖,特别是直径小于 20 mm 的瓶子,瓶与盖之间位置有限,要把箭头对准就更为困难。

(2) 箭头的可见性不够。许多使用者感觉很难看到瓶与盖之间的箭头标志。大多数情况下,箭头与底色没有差异。例如,白色箭头在白色的瓶盖上,由于没有色差,很难看得清楚。另一个因素属于设计问题,一些瓶子的凸缘很大,有时在箭头位置连缺口也没有,对准就更困难了。

(3) 取下瓶盖困难。掀开盖需要一个向上的力推动凸耳,某些老年人使用大拇指也有困难。特别是凸耳部分做得太小,更不便推掀。有时凸耳局部被凸缘挡住,或者凸耳边际锐利,容易戳刺皮肤,对老年人也是障碍。这几方面因素综合起来,构成掀开盖类型包装的缺陷。

这些儿童安全包装在使用过程中出现的问题传递出非常有用的信息。有三分之一的使用者抱怨说他们必须使用工具,如刀子、钳子、螺丝刀、锯片或榔头才能打开包装容器,有时甚至需要打破容器。一旦打开包装,就会出现四种情况:①让包装一直打开,因为他们不能合上或不愿合上包装,以免再打开时又遇到困难;②将内装物转移到一个不具有儿童安全作用的普通容器中去;③继续放在这个容器中,但是这个容器已被破坏而丧失了儿童安全包装的作用;④换一个普通的瓶盖。有的用户甚至说他们不愿购买儿童安全包装。用户并不愿意在使用儿童安全包装时采取不合规范的行动。他们明知包装被破坏不能复原时,内装物会变质和失效,他们之所以这样做是出于不得已。只要儿童安全包装能容易和方便地打开和合上,他们仍然乐于使用这种包装。

2）改进革新儿童安全包装系统

在综合分析研究了现有各种儿童安全包装系统后,充分听取和考虑了制造者和使用者的意见,并进行了研究和试验,美国密歇根州立大学包装学院课题组改进并开发了 10 多种儿童安全包装系统。主要的可分为两类:

a. 改进现有的包装系统

（1）压扭型瓶盖。

压扭型瓶盖是目前美国最常用的儿童安全包装之一。如前所述,因为难于打开,也是用户不太喜欢的包装形式。但是用"压下并扭转"两个综合动作打开包装的确是一个好主意。因为它要求用两个明显的动作把内外盖接合起来而后打开,同时做这两个动作往往是小孩办不到的。但由于它所要求的过度力量,也使很多老年人做不到。因此,若能降低所需的力量,就会成为较好的包装形式。

对压扭型瓶盖有三种变型改进方式,每一种都能降低所需力量,从而便于老年人使用。其中有两种是在原来压扭型瓶盖结构的基础上稍加变化,塞入一个辅助性的工具,如硬币或钥匙,就可方便地打开或合上,成为两用型包装,获得相当好的效果,见图 8-19。

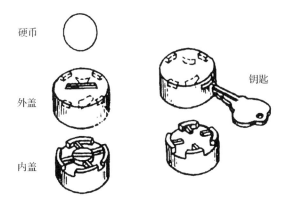

图 8-19　改进型压扭式瓶盖(左为硬币式压扭式瓶盖;右为钥匙式压扭式瓶盖)

（2）掀开盖。

掀开盖也是很常用,但又存在问题的一种儿童安全包装。使用时要求盖与瓶的箭头对准,然后从瓶子的凸缘缺口处,掀开瓶盖的凸耳,将包装打开。

由于开启此类包装要求箭头必须准确对准,儿童往往做不到。但是,因为掀开瓶盖用的凸耳尺寸过小,被瓶子凸缘遮挡,这样虽然儿童打不开,但是成年人打开也同样存在困难。

因此,需要对现有瓶盖结构做出一些改变,主要变化是使外露的凸耳区域的盖与瓶的间距增大,容易让老年人打开,但是仍保留对小孩的防范能力。这里有几个方案均取得较好的效果,例如,对准箭头后,从槽子里插入一个类似餐刀之类的工具把瓶盖掀开;或者把瓶颈上凸缘的缺口增深,把缺口和凸耳增宽,这样就增加了凸耳外露部分,便于老年人用大拇指掀开瓶盖,见图 8-20。

图 8-20　改进型掀开式瓶盖

(3) 泡罩型儿童安全包装。

为了防范儿童打开泡罩包装,要求泡罩包装角上撕开背面粘贴着的一层薄纸,或者使劲将内装物从背面按出来,见图 8-21。由于纸箔有相当的强度,或粘贴得很牢固,很多老年人对此包装无法使用。如果在粘贴的纸上穿有针孔,折弯后背纸从针孔处断裂,就很容易将内装物从背面取出。这样既防范了儿童,又方便了老年人。

图 8-21　儿童安全泡罩

b. 开发新型儿童安全包装系统

(1) 迷宫盖。

迷宫盖是依靠智力技巧开启的包装形式,其结构在外盖内壁有一凸耳,瓶口外围是迷宫式螺族线,它要求成年人能辨认和记住一系列动作,方能打开瓶盖。一般小儿童要掌握一系列动作,显然做不到,见图 8-22。迷宫式盖有单盖和双盖两种。前者迷宫在瓶体上,走通迷宫后,外盖带动内盖,使之松开或拧紧。即瓶盖只能按箭头方向通过,而不能逆行。

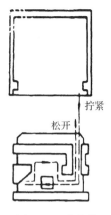

图 8-22　迷宫盖

（2）滚珠盖。

打开滚珠盖包装需借助内外盖之间的一个滚珠,当外盖提起时,滚珠进入楔形空间,可带动内盖将瓶盖打开;当外盖落下时,滚珠自动进入另一楔形空间,可带动内盖将瓶盖拧紧。由于外盖经常处在落下状态,顺时针方向旋转时拧紧,逆时针方向旋转时空转,从而达到安全防范的目的,见图 8-23。

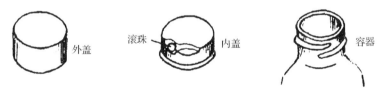

图 8-23　滚珠盖

（3）拉-拔盖。

拉-拔盖是一种新型盛装药物容器的包装方法,瓶盖密封由外盖下部带有两个向内凸的舌头(高 1～2 mm,长 2～3 mm)和内塞组成。内塞为倒置帽形高 3～5 mm,帽檐圆周上有向内凸的舌边,瓶口下部有一凸边,边缘圆周上均布两个缺口(比外盖舌头稍长),见图 8-24。一般情况下,外盖在瓶上可空转。当转到特定位置(有标志记号)时,外盖脱开,但是此时因外盖与内塞相扣,需加一定的力做拉拔动作以克服内塞与瓶口间的摩擦力。这一系列的动作,儿童难以完成,但对有一定辨识能力的成年人或老年人来说并无困难,也不影响重新封闭。

此包装的难点是:针对不同材料与尺寸公差,测定合适的拉-拔力大小及持续时间。

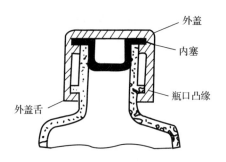

图 8-24　拉-拔式瓶盖结构示意图

（4）单剂量药物防童包装。

单剂量药物防童包装是一种能防止儿童误服的单剂量药物包装，包括一个具有多个空穴的扁长形容器和一个封盖。塑料封盖两端设计有富于弹性的翘舌，扁长形盒中每个空穴容纳单剂量药物，在充填后各用一片可剥离的铝箔封闭，其两端留有供封盖翘舌插入的凹槽，撕开铝箔即可得到药片，此包装盒可重复封闭，见图 8-25。

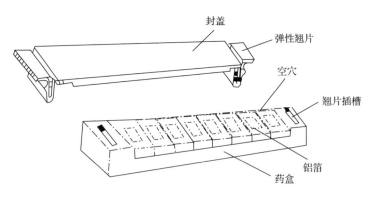

图 8-25　单剂量药物防童包装结构图

由于打开包装需要张开食指（中指）和大拇指后的抓捏和提拉两个复合动作，儿童难以完成。尤其当药盒长度在 10 cm 以上时，儿童的手小张开程度不够。这种结构简单而安全，老年人不难打开。

其缺点是：可装药物数量不多。若非贵重药品，则显成本稍高。

（5）卡口片防童瓶。

一种卡口式封盖，比迷宫式盖简单，其原理类似于插口式灯座。瓶盖内壁均布两小凸块（直径 2～3 mm），瓶口上设计有方向连续曲折的凹槽。成年人可按瓶体上指示记号开启瓶盖。若儿童玩弄时，仅觉得瓶可有限转动。由于其辨识能力有限，很难通过二次不同方向的连续转动而打开瓶子。

8.3.1.6　影响儿童安全包装有效性的其他影响因素

在评价许多儿童安全包装时,可以发现除了包装的材料和结构以外,还有很多因素能明显影响儿童安全包装的有效性。

1)感官刺激

儿童的理性思维很弱,他们认识事物主要依靠自己的各种感官,在处理一些他们没有见过的事物时,他们会对独特的造型、优美的图案、和谐的色彩或者动听的声音产生浓厚兴趣,同时他们会不加思考地去摸索、去品尝。另外,在好奇心的驱动下,他们会在不自觉中模仿大人的行为,如吃药的动作等。从这个层面来说,药品的儿童安全包装设计应该从有意设置一些感官障碍入手,反其道而行之,在药品包装设计中尽量抑制儿童的兴奋点,阻碍他们不必要的包装关注欲望。

对儿童来说,最好的规避理由是厌恶,当他们对一种事物产生厌恶时,自然会远离。基于这种规律,一些药品的包装中不可采用过于明艳的颜色,而多采用一些朴素的颜色,其至选择一些儿童不喜欢的颜色与图案。一般来说,儿童对医生、医院或者护士的一些元素会望而生畏,在一些成人药品的设计中,可以融入一些相关因素,采用“恐吓法”在设计药品包装中加入了医院红十字的标志,这个标志会让儿童害怕,从而阻止他们探索的勇气与行为。当然,如果是对儿童常用药的包装设计则不可采用这种方式,但是并不能因此而设计一些趣味性图案来吸引儿童,毕竟药品并不是儿童自助服用,需要家长指导。对于儿童常用药的包装设计中还可以采用其他感官融合的方式,如在包装材料中加入儿童厌烦的医院消毒水的气味,或者给包装加上提示装置,转移儿童注意力的同时引起家长的警觉。

2)标记的可见性

使用儿童安全包装的目的在于保护儿童免受危险物质的伤害。但是,其是否可以被接受并被广泛使用,起到保护儿童的作用,还要看成人接受程度。如果儿童安全包装阻止儿童轻易打开包装的同时造成成人开启的困难,也会影响人们对其接受的程度。如果一种儿童安全包装不能被广泛接受,也就很难起到保护儿童的作用。

儿童安全包装上面标记的可见性是影响人们接受安全包装的一个重要影响因素。在使用儿童包装时,必须使包装上的标志和说明清晰可见、容易识读。人们视力随年龄增大而减弱,若标志色与底色无明显差别,不易被老年人识别。例如,对准箭头,老年人往往有困难。研究认为,改善标记的可见性,便于多数老年人能更好地使用安全包装,也是一件重要的工作。要使标记和基底的颜色有明显的差别,可以采用不同的颜色加以区分。过去曾一度使用不同颜色的油墨印刷,其成本高且质量不佳影响使用效果。现在已寻求到用非接触的印刷方法,能够得到比较满意的效果。这种方法不但成本低,而且在流通过程中,标志不会被蹭掉,增强了儿童安全包装使用的方便性,促进了儿童安全包装的应用。

在测量可见性时,使用了偏振光镜。运用偏振光镜测量的光亮度与可见性成正比的原理,把对比相差大的标志和对比相差不明显的标志进行比较,研究的初步结论表明两者被识别的难易程度相差 1.5 倍,这一结论对于文字说明和其他标志都是一致的。

3）打开包装所需力量的研究

打开包装所需的力量也是影响成人开启包装难易程度的一个因素,也同样影响人们对此类包装的接受程度。现在市场上大多数儿童安全包装都存在所需打开的力量比老年人所能施加的力量大的问题。特别是压扭型瓶盖,老年人很难施加向下的力使内外盖结合起来,因而无法打开。

自动扭矩测试仪能够测量儿童安全包装和一般包装开启所需力度,为设计者设计出更容易被接受的儿童安全包装提供帮助。测量过程中避免了许多人为的误差因素,提高了测试精度。还能自动绘图记录扭矩和下压力量的大小,并能表示扭矩曲线随时间衰减的关系。操作扭矩测试仪时,容器和瓶盖的尺寸先输入机器并储存起来,在测试过程中调出作为参考。在做瓶盖拧紧试验时,操作者输入一个具体的扭矩和向下的力,机器就把瓶盖拧紧在瓶口上,并且绘图表示所使用的扭矩和向下力,指出拧紧瓶盖所需的实际扭矩。在做瓶盖松开试验时,操作者预先输入一个向下力,如果向下力是足够的,机器就用打印机打出所使用的实际扭矩。因此,向下力要在一定范围内测试若干次,直至打开瓶盖为止。然后记下所施加的实际向下力。

通过仪器测量设计者可以量化了解包装开启所需力量,并可以据此对开启包装所需力量加以调节,达到成人,尤其是老年人容易开启,儿童则难于打开的目的。只有这样,开启力量适中的儿童安全包装容易被人们接受而得到广泛应用,也才能真正起到保护儿童安全的作用。

4）其他因素

相配材料摩擦力:相同的封闭物在不同的材料容器上效果有所不同,例如,塑料容器及金属容器比玻璃瓶密封性能好,就是因为塑料和金属均有一定柔性,结合在一起时产生的摩擦力较大,密封效果就会比较好;而玻璃材料则是刚性的,部件之间难以紧密结合,难以产生很大摩擦力,密封性也就较差。

尺寸因素:对儿童来说开启较小尺寸（18～24 mm）的封闭物比开启较大尺寸（≥33 mm）的封闭容器容易,原因是儿童手掌的尺度较小。另外,不同尺寸的容器用完全相同的封闭物,其性能可能不同。

封闭衬垫物:不同的衬垫材料用于相同的封闭物,其性能也不同。

通过以上影响儿童安全包装的各种因素分析,可以看到不同年龄的成年人,特别是老年人,在使用儿童安全包装中所遇到的问题以及问题存在的原因,并在此基础上提出了改进现有包装系统和开发新型包装系统的方案。

在开发新型儿童安全包装时,两个问题最值得注意,也可以说是衡量此类包装有两个准则:

(1)为达到安全防范目的而设计的儿童包装系统,不应要求使用过度的力量去打开。试验研究结果表明,要求的力量超过小孩的能力,同样也可能超过老年人的能力。也就是说,这种包装虽然对儿童起到了防范安全的作用,却也使真正的包装使用者受到妨碍。因此,未来的儿童安全包装都应该在打开的技巧性上做文章。应该认识到,在儿童与老年人之间只存在着智力技巧上的差异,而力量方面的差异几乎是没有的。当然,构造简单、方便易行也应兼顾。

(2)老年人能正确使用儿童安全包装,迫切需要解决让老年人能够清楚地看到和识别打开包装的说明和图案标志,现有文字和标志的可见性必须提高,使用现代印刷工艺很容易做到这一点。文字指示必须清楚准确,标志必须清晰明白,最好本身就具有解释性。

遵循这两个基本准则,就会开发更多优秀的儿童安全包装。儿童安全包装系统在美国和其他国家已经使用了多年,而且不断地进行开发研究。儿童安全包装成本虽略有提高,但对保障儿童安全确有很好的积极作用。

8.3.2 儿童安全包装检测技术

8.3.2.1 儿童安全包装抽样检测

儿童安全包装是否具有安全性,是否起到了防止儿童私自打开危险物品包装,保障儿童安全的目的,这需要根据一定的评价标准进行检测。检测儿童安全包装效果的方法,原理很简单,就是选取一定数量和比例的儿童与成人,在不同情况下尝试打开被测包装。观测包装是否可以在成人顺利开启包装的同时,有效阻止儿童打开包装。并根据一定的标准评价试验的结果,确定儿童安全包装的有效性。

欧美的发达国家关于评价儿童安全包装的试验程序比较严格。其中包括用人做评价试验。参加试验人员要求包括:200名没有明显缺陷的健康儿童,其年龄为42~51个月,并按年龄和性别平均分组;还包括10 000名成年人,其年龄为18~45岁,其中女性70%,男性30%。

儿童试验应在熟悉的环境中进行,并在测试执行者监督下成对进行。首先给每个儿童一个包装,让其开启,要求5 min内完成。如果他们不能完成,就向他们做开启的无声示范,并告诉他们,如果愿意,允许用牙齿开启。然后再给他们5 min。将开启的情况记录下来。如果参试儿童中至少85%的人在头5 min内不能开启,至少有80%的人在整个10 min内不能开启,这项包装即算通过了。

在成年人组的测试中,试验是对单个人进行的。要他们在5 min内打开包装并重新关闭包装,且只借助于包装上的指示方法去完成。一个合格的商品包装至少 90% 的参试成人能打开,并能重新关闭。

对销售包装,如泡罩或条形包装,儿童试验时若有 8 个以上的泡罩或小包装被打开或者一定数量含有中毒剂量的个体包装被打开,这项包装即判为失败[中毒剂量是指能伤害体重 25 磅[①](11.3 kg)的儿童的物质质量]。销售包装要在成年人试验中获得通过,必须有 90% 的人能打开。

国际标准 ISO 8317 推荐的两种试验方法

ISO 8317-1989 规定,儿童安全包装必须对儿童组和成人组分别进行试验。儿童组由特定年龄和性别分布的 200 名儿童组成,测试他们不能开启包装的能力;成人组由特定年龄和性别分布的 100 名成人组成,测试他们开启并能重新封口的能力。标准推荐试验方法有两种,即全数试验和贯序抽样试验。

全数试验是指对儿童组和成人组的全部成员进行试验;贯序抽样试验则是一种抽样试验[抽样试验是通过一部分成员(儿童或成人)进行试验后,根据所取得的结果,对整批包装做出评估]。

全数试验要求参试成员百分百参加测试,优点是覆盖面广、保险性高。但这种方法费力且不经济,特别是样本大又需要做破坏性试验时,全数试验并不一定是最佳的方案。贯序抽样试验不需要全员参加,与全数试验相比较是一种经济的方式。

ISO 8317-1989 推荐采用贯序抽样方案。它每次试验一名儿童(或成人)打开包装的能力,并将结果填入标准所提供的贯序抽样图中,直到能做出成功或失败的判断为止。因此,参加试验的儿童或成人数目取决于所获得的试验结果。但贯序抽样也不是无限制地抽下去,而是要事先规定截止时的抽样数,到达此数时,则按截止判定规则作出合格或失败的判断[16]。

实验方案确定

采用抽样试验就可能产生两种错误评价,即可能将合格批次判断为不合格,也可能将不合格批次判断为合格。将合格批次判断为不合格而被拒收,对生产方不利,因此称为生产方风险,它是对生产方质量水平为 P_0 的批次的拒收概率,用 α 表示。将不合格批次判断为合格而被接受,对使用方不利,因此称为使用方风险,它是对使用方质量水平为 P_1 的批次的接收概率,用 β 表示。生产方质量水平 P_0 是用合格质量水平 AQL 表示的可以接收的不合格率;使用方质量水平 P_1 是用极限质量 LQ 表示的不能允许的不合格率。在抽样试验中,α、β、P_0、P_1 值都要确定。

1) 全数试验方案的确定

全数试验的样本量是按一次抽样方案来确定。制定一次抽样方案的单位值表是在泊松分布的基础上得到的。

---

①　磅的符号为 lb,为非法定单位,1 lb≈0.454 kg。

（1）儿童组的样本量（儿童数）。

儿童组给出的参数：$\alpha=\beta=5\%$，$P_0=10\%$，$P_1=20\%$。

在单位值表中有 $\alpha=\beta=5\%$，操作比 $P_1/P_0=1.99\approx2.00$，单位值 $nP_0=15.719$，接收数 $AC=22$。

因 $P_0=10\%$，故 $n=15.719\approx158$。

国际标准取儿童组样本量为 200，并规定：

① 在没有示范的情况下，试验小组中至少有 85% 的儿童在 5 min 内不能打开包装。

② 在没有示范的情况下，试验小组中至少有 80% 的儿童在 5 min 内不能打开包装，并对在第一个 5 min 内未打开包装的儿童做示范后，在第二个 5 min 内仍有 80% 的儿童不能打开包装。

（2）成人组的样本量（成人数）。

成人组给出的参数：$\alpha=\beta=5\%$，$P_0=5\%$，$P_1=15\%$。

在单位值表中有 $\alpha=\beta=5\%$，操作比 $P_1/P_0=3.074\approx3$，单位值 $nP_0=4.695$，接收数 $AC=8$。

因 $P_0=5\%$，故 $n=93.9\approx100$。

国际标准取成人组样本量为 100，并规定在不做示范的情况下，至少有 90% 的成人能够在 5 min 内正确地打开并重新封口包装。

2）贯序抽样方案的确定

在贯序抽样试验时，每次有一名儿童（或成人）参加试验，根据结果对包装作出下列三种情况之一的判断：通过、没有通过、继续试验。重复这一过程直到能作出通过或没有通过的结论为止，如图 8-26 所示。

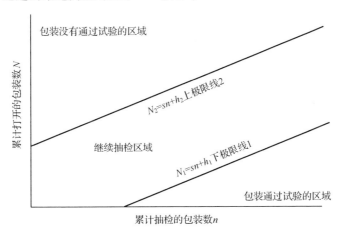

图 8-26　贯序抽样图

从图 8-26 可以看到,平面上共有三个区域:通过试验的区域、没有通过试验的区域和继续抽检区域。图中还有两条斜向的上、下极限线,它们的方程式分别为

$$N_1 = sn + h_1 \tag{8-1}$$

$$N_2 = sn + h_2 \tag{8-2}$$

式中,N——累计打开的包装数(即失败的次数),其值应小于儿童组打开的包装数或成人组没有打开和不能正确封口的包装数;n——累计抽检的包装数;s——相关系数;h_1、h_2——参数,决定了图中斜线的位置。

如果抽检到 n_i 个包装后,其累计失败次数 $N_1 \leqslant sn_i + h_1$,则试验是成功的,可以认为该包装通过了试验;如果 $N_1 \geqslant sn_i + h_2$,则试验是失败的,可以认为该包装没有通过试验;如果 $sn_i + h_2 > N_i > sn_i + h_1$,则应继续抽检第 $n_i + 1$ 个包装,直至能作出失败或成功的结论为止。

式中参数的计算公式为

$$h_1 = \frac{\ln[\beta/(1-\alpha)]}{\ln(P_1/P_0) - \ln[(1-P_1)/(1-P_0)]} \tag{8-3}$$

$$h_2 = \frac{\ln[(1-\beta)/\alpha]}{\ln(P_1/P_0) - \ln[(1-P_1)/(1-P_0)]} \tag{8-4}$$

$$s = \frac{\ln[(1-P_0)/(1-P_1)]}{\ln(P_1/P_0) - \ln[(1-P_1)/(1-P_0)]} \tag{8-5}$$

应该指出,当 $\alpha = \beta$ 时,则有 $h_2 = -h_1$。

3) 国际标准的贯序抽样图

根据儿童安全包装试验的需要,国际标准中序贯抽检图具有以下特点:

(1) 儿童组所用抽检图的纵坐标为累计打开包装数(失败次数)N;横坐标为累计未打开包装数(成功次数)n',而不是累计抽检包装数 n。成人组所用抽检图的纵坐标为累计没有打开和不能正确重新封口的包装数(失败次数)N;横坐标为累计打开并正确重新封口的包装数(成功次数)n',而不是累计抽检的包装数 n。N、n 与 n' 三者之间有如下关系:

$$n = n' + N \tag{8-6}$$

将式(8-6)代入式(8-1)、式(8-2),设 $\alpha = \beta$,则有

$$N = s(n' + N) \pm h$$

即

$$N = (sn' \pm h)/(1-s) \tag{8-7}$$

据式(8-7)可分别计算图 8-27、图 8-28 和图 8-29 的序贯抽检图。

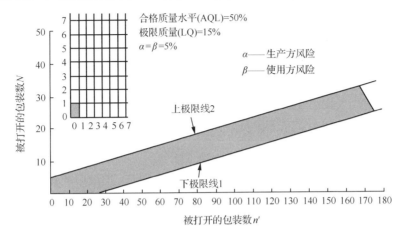

图 8-27　可重新封口的儿童安全包装儿童组贯序抽样图(示范前)

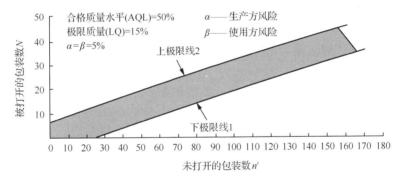

图 8-28　可重新封口的儿童安全包装儿童组贯序抽样图(示范后)

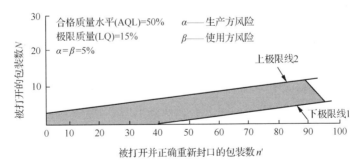

图 8-29　可重新封口的儿童安全包装成人组贯序抽样图

① 图 8-27 中,把合格质量水平 AQL=10% 看作 P_0,把极限质量 LQ=20% 看作 P_1,又 $\alpha=\beta=5\%$,根据式(8-3)~式(8-5)计算出 $s=0.145$,$h=\pm 3.6310$。

将 s、h 值代入式(8-7),则有

$$N = 0.17n' \pm 4.247 \qquad (8\text{-}8)$$

从而绘出图 8-27 中上极限线 2 和下极限线 1。

② 图 8-28 中,把合格质量水平 AQL＝15％看作 P_0,把极限质量 LQ＝25％看作 P_1,又 $\alpha＝\beta＝5\%$,根据式(8-3)～式(8-5)计算出 $s＝0.197$,$h＝\pm4.630$。

将 s、h 值代入式(8-7),则有

$$N = 0.245n' \pm 5.766 \qquad (8\text{-}9)$$

从而绘出图 8-28 中上极限线 2 和下极限线 1。

③ 图 8-29 中,把合格质量水平 AQL＝5％看作 P_0,把极限质量 LQ＝15％看作 P_1,又 $\alpha＝\beta＝5\%$,根据式(8-3)～式(8-5)计算出 $s＝0.092$,$h＝\pm2.434$。

将 s、h 值代入式(8-7),则有

$$N = 0.101n' \pm 2.681 \qquad (8\text{-}10)$$

从而绘出图 8-29 中上极限线 2 和下极限线 1。

(2) 为了便于在抽检过程中记录每次试验的结果,将序贯抽检图中继续抽检区域,即上、下极限线之间绘出与坐标轴线平行的单元小方格,每个单元小方格的数值为 1。

(3) 在纵、横坐标轴上,均有一排 0 数的单元小方格,如图 8-27 左上角的放大图所示。

(4) 绘制阶梯状单元方格图。

① 示范前,儿童组序贯抽检图按式(8-8)。当 $n'＝0$ 时,N 取整数 4。当 $n'＝30$ 时,每递增 b,N 下限可取相应的整数值。例如,$n'＝30,36,42,48,\cdots$ 时,有 $N＝1$,$2,3,4,\cdots$。同样,$n'＝4,10,16,22,\cdots$ 时,N 上限可取相应的整数值,即 $N \approx 5,6,7$,$8,\cdots$。据此,可绘制如图 8-27 所示的阶梯状单元方格图。

② 示范后,儿童组序贯抽检图按式(8-9)。当 $n'＝0$ 时,N 取整数 5。当 $n'＝27$ 时,每递增 4,N 下限可取相应的整数值。例如,$n'＝27,31,35,39,\cdots$ 时,有 $N \approx 1$,$2,3,4,\cdots$。同样,当 $n'＝1,5,9,13,\cdots$ 时,N 上限可取相应的整数值,即 $N \approx 6,7$,$8,9,\cdots$。据此,可绘制如图 8-28 所示的阶梯状单元方格图。

③ 成人组序贯抽检图按式(8-10)。当 $n'＝0$ 时,N 取整数 2。当 $n'＝36$ 时,每递增 10,N 下限可取相应的整数值。例如,$n'＝36,46,56,66,\cdots$ 时,有 $N \approx 1,2,3$,$4,\cdots$。同样,当 $n'＝3,13,23,33,\cdots$ 时,N 上限可取相应的整数值,即 $N \approx 3,4,5$,$6,\cdots$。据此,可绘制如图 8-29 所示的阶梯状单元方格图。

8.3.2.2　儿童安全包装仪器检测

抽样检测的方法侧重用人做评价测验,选取不同人群在不同条件下实际开启

儿童安全包装,并对成人和儿童开启包装的结果加以分析,对包装的安全性作出评价,是一种基于概率统计的方法。除此之外,还有借助专用仪器对儿童安全包装的安全性、实用性的各项指标加以测试,以评价包装的安全性。

　　美国材料与试验协会(ASTM)标准目录中,就有 ASTMD 3469-1997(2002)《ⅡA 型凸耳式儿童安全盖分离垂直力测定的试验方法》和 ASTMD 3470-1997(2002)《ⅡA 型儿童安全盖破坏凸耳力矩测定的试验方法》两个标准,规定了通过使用两种不同的测试设备测试儿童安全盖力矩的两种方法(方法 A 和方法 B)。方法 A 使用的设备是力计量器,如图 8-30 所示。用力计量器测量向下的垂直力的同时,还可以用数字指示器读取力矩的值。在施加垂直力的同时,要保持住垂直运动,且控制盖的扭曲最小。方法 B 使用的设备是电子压力检测装置。

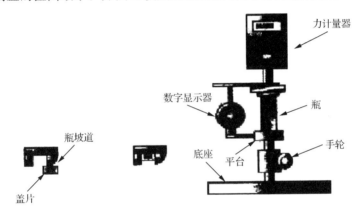

图 8-30　方法 A 所用装置图

　　要保证试验的可重复性,必须要注意时间、温度和湿度条件对力矩测量的影响。表 8-2 是可选用的一些特殊环境条件。如果没有特殊环境条件要求,则需要将凸耳盖和容器分别在温度(23±2)℃和相对湿度(50±5)%的条件储存 24 h,组装后在同样温湿条件下再储存 24 h。

表 8-2　包装试验环境条件

温度/℃	相对湿度/%
−55	—
−19	—
5	85
20	65
23	50
20	90
38	85
60	30

方法 A 的检测步骤为:打开力计量器和数字指示器;升高刻度盘指示器。

方法 B 的检测步骤为:打开电子测试设备,负载/速率置于正常值。把包装放在负载单元的中间位置,调整机械行程以便于包装测试。将包装容器放置在力矩检测仪上,三次或多次逆时针方向旋转儿童安全盖的外盖;以相同的速度平稳而又缓慢地旋转所有样本;在垂直方向上不要产生力,并避免过多地挤压外盖;力矩检测仪上读取的最大力矩就是反向棘齿力矩值。需要注意的是,凸耳盖的螺纹结构、内外盖材料、内盖的涂层材料、容器材料及结构都会对试验结果产生影响。

凸耳盖破坏凸耳力矩测定的试验方法

在 ASTM 标准目录中,凸耳盖破坏凸耳力矩测定的试验标准是 ASTMD 3470-1997(2002)《ⅡA 型儿童安全盖破坏凸耳力矩测定的试验方法》。此试验方法主要是确定破坏凸耳力矩值,以检验凸耳盖防护儿童特性的能力。破坏凸耳力矩的试验方法既可用来对比两种或多种凸耳盖结构的防护儿童特性,也可用来分析不同凸耳材料对防护儿童特性的影响。检测分为手工操作和机器操作两种。

试验条件中时间、温度和湿度等对力矩检测影响很大,要保证试验的可重复性,必须要确定具体的试验条件。表 8-3 是可选用的一些特殊环境条件。在进行盖-容器系统检测之前,必须先将各部件独立放置在特定环境条件下至少 48 h,不要将各部件叠加堆放以确保其周围的环境足够流通。如果没有特殊环境条件要求,则需要将凸耳盖和容器分别在温度(23±2)℃和相对湿度(50±5)%的条件下储存 24 h,组装后在同样温湿度条件下再储存 24 h。

表 8-3 特殊环境条件

环境	温度/℃ (°F)	相对湿度/%
低温	−55±3(−67±6)	—
冷冻储存	−18±2(0±4)	—
冷藏储存	5±2(11±4)	85±5
常温高湿度	20±2(68±4)	85±5
热带	40±2(104±4)	85±5
沙漠	60±3(140±6)	15±2

试验步骤:①将每个盖-容器样本夹持在力矩检测仪上,确保盖的旋转轴和仪器的旋转轴一致。②手工夹持操作,在两凸耳结构之间或正上方,大拇指和食指以一定压力牢固地夹持住盖的外边缘,且确保操作人员的手指不接触凸耳结构。均匀地逆时针旋转瓶盖,保证测量仪表上的旋转速率恒定,用力矩检测仪读取旋开盖时的最小力矩值。对于相对较大的瓶盖,手指放置于两凸耳结构的之间或是正上方进行测试,结果是完全不同的。③机器夹持操作。选择合适的夹持设备,见图 8-31,调整夹持装置和容器的轴线垂直,确保夹持装置不会碰到瓶身。均匀地

逆时针旋转瓶盖,保证测量仪表上的旋转速率恒定,用力矩检测仪读取旋开盖时的最小力矩值。

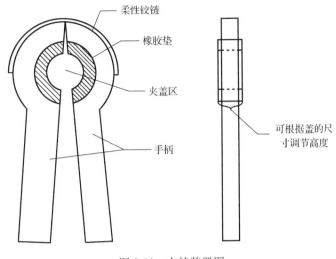

图 8-31　夹持装置图

8.3.2.3　问卷调查检验法

以上由国际标准化组织(ISO)和美国材料与试验协会(ASTM)提出的两种方法都是针对已经应用或将要应用的儿童安全包装产品安全效果进行检验评价的方法。这类产品检验方法系统严谨,是基于儿童安全包装产品的标准要求提出的检验方法。国际标准 ISO 8317 提出的抽样检验方法对抽样人群规定严格,且该方法基于统计分析,检测方案确定及结果分析比较烦琐;美国材料与试验协会提出的通过专业设备检验的方法对设备要求较高,并且不适用于全部类型的儿童包装产品。

而处于初步研究阶段的儿童安全包装则没有必要经历这样系统的检验,其有效性检验可以通过比较简单的问卷调查方式进行。该方法是通过将所要检验的儿童安全包装样品及调查问卷分发给调查对象,并由参与调查的对象按要求操作样品并完成调查问卷的方式进行的。最终产品的安全性需要通过对调查问卷的结果进行分析得出。

据报道,有研究者设计了一种基于人体工效的新型智能儿童安全盖,在检验该设计的有效性过程中就采用了问卷调查的方式。他们向参与调查的对象分发了他们设计的儿童安全包装产品和相应的调查问卷,并在调查问卷中第八个问题设计成有关他们设计的样品安全性的问题"这是我所设计的新型智能儿童安全盖,可以请您和您的儿童(五岁以下)或您亲友的儿童(五岁以下)做一下测试吗?"。并且通过该问题的调查结果确定了该设计的有效性。

　　但问卷调查方式并不可替代儿童安全包装产品实际应用时所需达到的标准中规定的检验方法,仅可作为产品研发过程中初步评价方法使用。若投入生产和使用,还需要做符合相关标准更加权威、更大规模的检验。

参 考 文 献

[1] 国家标准局. GB 4122—1983　包装通用术语[S]. 北京:中国标准出版社,1984.

[2] 章建浩. 食品包装学[M]. 北京:中国农业出版社,2002.

[3] 陈志锋,潘健伟,储晓刚,等. 塑料食品包装材料中有毒有害化学残留物及分析方法[J]. 食品与机械,2006,2:3-7.

[4] 朱慈,黄志刚. 我国儿童安全包装势在必行[J]. 今日印刷,2006,4:85-86.

[5] 宋萍. 497 例儿童中毒相关因素分析[J]. 儿科药学杂志. 2008,1:33-35.

[6] 王峥. 产品包装中的儿童安全问题及对策[J]. 湖南包装,2006,3:6-8.

[7] 刘小红,李兴民. 儿童行为医学[M]. 北京:军事医学科学出版社,2003.

[8] 李疏秋,梁全英. 心理学原理与应用[M]. 北京:经济科学出版社,1999.

[9] 伯纳德·韦纳. 心理学与动机[M]. 孙名译. 杭州:浙江教育出版社,1999.

[10] 苏珊 E·M·赛克. 塑料包装技术[M]. 北京:中国轻工业出版社,2006.

[11] 陈新. 智能包装技术特点研究[J]. 包装工程,2004,3:40-42.

[12] 王立党,赵美宁,李小丽. 基于人体工效的新型智能儿童安全盖设计[J]. 中国包装工业,2005,20:61-63.

[13] 王立党,王玉林,赵美宁,等. 新型智能儿童安全盖的设计[J]. 包装工程,2005,5:150-151.

[14] 金国斌. 儿童安全包装技术特点及开发[J]. 中国包装,1996,4:63-66.

[15] Hermansson A. Openability of retail packages[J]. Packaging Technology and Science,1999,15:219-223.

[16] 潘松年. 国际标准"儿童安全包装"试验的理论根据[J]. 中国包装工业,2002,101:33-36.

附录 1 儿童可接触工业产品检索目录

附录 1.1 1 岁以下儿童常见可接触工业产品检索目录

类别	产品		可能存在风险及注意事项
机电类可接触工业产品	电器、插座等	插座 电线 台灯 落地扇 吊扇 电热水壶 微波炉 洗衣机 电视、电脑	(1)"万能插座"由于插孔粗大,使用时插头与插座金属片接触面积太小,产品本身也存在一定的安全隐患; (2)插座没有盖子,可能导致儿童用手戳、插电器,导致触电; (3)化学风险:重金属元素、塑化剂、有机涂层等
纺织类可接触工业产品	儿童服装	蝴蝶衣 内衣 泳衣、裤 连体衣 卡通装	(1)化学风险:甲醛、可分解致癌芳香胺等,经过电镀处理之后的童装纽扣、拉链等配饰很容易出现重金属释放超标的问题; (2)机械性风险:儿童服装上起功能性或装饰性作用的绳索、绳带、系带、纽扣、珠子、亮片、绒球、流苏及蝴蝶结等小附件容易造成意外伤害;松紧带过紧碍血液循环;衣服脖带可能引起窒息、勒死的伤害; (3)pH; (4)耐水色牢度:纺织品原样的变色牢度应不小于 4 级,或贴衬织物沾色牢度评定值不小于 3 级; (5)燃烧类风险:阻燃性能不合规定,其接触火源易着火并且燃烧速度过快,引发伤害
	鞋帽等	帽子 袜子 围巾 童鞋 饰品	
	家庭及日用	地毯 毛巾 浴巾 手帕 窗帘 床垫 蚊帐	

续表

类别	产品		可能存在风险及注意事项
轻工类儿童 可接触工业产品	玩具*	毛绒玩具 积木 (遥控)汽车 塑料玩具 卡通玩偶 沙滩类玩具 电动玩具 游戏机等电子产品	(1) 机械性能:家具的边部、角部必须设计成良好的圆角,杜绝锐角、毛刺、金属尖角、大片玻璃或镜子,避免对儿童造成人身伤害;台面、桌面要避免设计成锐角,所有的尖角应用塑料或橡胶等软性材料包角,以免孩子被刮伤或碰;避免表面坚硬、粗糙和尖利的棱角,线条应圆滑流畅、边角应光滑,要有顺畅的开关和细腻的表面处理,以免伤到孩子; (2) 结构安全:家具结构稳固,能在承受不断和多次摇晃下保持牢固;家具有足够的强度和稳定性,在儿童好动的情况下,不破裂、倾倒;固定家具的铆钉不要外露;抽屉外拉要有定位装置,以免拉出过度滑出而砸伤脚部;安装衣柜时,一定要注意将其固定在墙面上,否则,小孩可能因为打开抽屉、门板攀爬而导致柜子倒下; (3) 材料安全:家具和装饰材料必须通过国家绿色认证,环保、无毒、无污染,使用绿色环保材料;目前,用作儿童家具的材料比较丰富,在保证坚固、实用的前提下应尽量选用无毒、环保的材料;UV 喷涂工艺和金属穿钉,是减少有害物质对孩子伤害的有效方法;要避免用大块玻璃作为隔断,如果有落地窗,应该在玻璃上贴上明显的图案,以免小孩奔跑时撞到; (4) 童车设计和质量缺陷,引发儿童的物理性伤害;坐有儿童的折叠式手推婴儿车,还可能因锁定不当,导致界都不稳定,造成儿童手指切断; (5) 化学风险,如重金属元素、塑化剂、电池电解液泄露等;增塑剂、有机溶剂、荧光白、有机染色剂等,易引起儿童中毒和皮肤过敏; (6) 儿童玩具产品中的绳线长度或绳套周长设计不当,易脱落小部件等造成危害; (7) 器官伤害性风险:玩具电话、玩具手机等音量分贝数过高,儿童听力受损危险
	儿童家具	儿童桌 儿童椅 储物柜 玩具柜 书架 壁橱 衣橱 沙发 柜子 儿童高椅 桌子 吊床 椅子 摇篮 凳子 收纳箱	
	车	婴儿车 推椅 儿童推车 婴儿学步车 儿童安全座椅	
	纸张纸浆	卫生纸 厨房用纸 餐巾纸	
	家庭洗浴用品 和设施	浴缸 马桶 洗脸池(盘) 儿童游泳桶 洗澡盆 镜子 牙刷(含电动)、牙膏	

续表

类别	产品		可能存在风险及注意事项
化学类可接触工业产品	一次性使用卫生用品	纸巾	（1）有害化学成分，如增塑剂、有机溶剂、荧光白、有机染色剂等，易引起儿童中毒和皮肤过敏； （2）毒性风险：药品的致毒性及误食药品中毒和洗浴产品的误食导致的中毒； （3）燃烧类风险：阻燃性能不合规定，其接触火源易着火并且燃烧速度过快，引发伤害
		纸尿片	
		湿巾	
		口罩	
	洗护用品	洗手液、洗衣液	
		洗发液	
		护发素	
		沐浴露	
		护肤霜/粉	
		花露水	
		驱蚊液	
		润肤露	
	油漆、涂料等	油漆	
		壁纸	
		涂料	
产品包装中可接触工业产品	儿童餐具和喂养器具	刀叉	（1）毒性风险：药品的致毒性及误食药品中毒和洗浴产品的误食导致的中毒； （2）机械性风险：工具表面的细刺或突兀边缘易刺伤或划伤儿童；儿童专用筷子和勺子，容易造成儿童手指勒伤；筷子、刀叉、汤勺等容易戳伤自己和他人； （3）塑料包装有造成儿童窒息危险； （4）食品中常用的干燥剂，如石灰干燥剂多是粉末状的，不小心拆开后会喷入眼内造成眼睛受伤视力严重下降，一旦误食将灼伤口腔或食道同时还会导致皮肤和黏膜受损； （5）危险性化学物质（包括铝、钡、硼、镉、钴、砷、铅）的迁移； （6）防腐剂绝大多数都是人工合成的，使用不当会有一定的副作用；另外有些防腐剂甚至含有微量毒素，长期过量摄入会对人体健康造成一定的损害；增白剂超标，水解后产生的苯甲酸会对肝脏造成损害
		奶瓶	
		勺子	
		碗	
		水杯	
	食品添加剂	防腐剂	
		干燥剂	
		抗氧化剂	
		着色剂	
		增稠剂和稳定剂	
		酸味剂	
		面粉增白剂	
	食品包装材料	橡胶包装	
		纸质包装	
		塑料包装	
		复合包装袋	
		干燥剂	

续表

类别	产品		可能存在风险及注意事项
其他可接触工业产品	住房及相关产品	地板	（1）机械性风险：结构缺陷，如锐利尖端、锋利边缘、缝隙间距不当； （2）强聚焦的高强度可见光，包括激光灯、激光笔，很快就能导致可能导致皮肤和眼睛损伤、神经反应（闪光）
		大理石	
		瓷砖	
		窗户	
		灯饰	
	儿童护理用品	安抚奶嘴	
		牙床按摩器	
		橡皮奶嘴	
		牙刷（含电动）、牙膏	
		奶嘴夹	
		牙床按摩器	
	其他	激光灯	
		激光笔	

* 由于种类繁多，无法一一列出。

附录1.2　1～3岁儿童常见可接触工业产品检索目录

类别	产品		可能存在风险及注意事项
机电类可接触工业产品	电子产品	手机	（1）电线及插座，儿童可触及的开孔位置和尺寸相当重要，可能发生儿童抓住或绊倒，导致触电、烫伤、勒死； （2）插座没有盖子，可能导致儿童用手戳、插插器，导致触电； （3）化学风险：重金属元素、塑化剂、有机涂层等； （4）对于使用iPad的幼儿来说，他们可能比成人花更长时间盯着屏幕，而且无法保持成人的阅读距离，他们甚至不知道眼部疲劳可能会带来近视； （5）炊具外表面、烹调表面等引起接触热表面的烫伤； （6）电梯和自动扶梯卡夹儿童的手指、手、脚、衣服和佩戴物
		平板电脑	
		电视	
		笔记本电脑	
		台式电脑	
	电器、插座等	电线	
		插座	
		台灯	
		落地扇	
		吊扇	
		电热水壶	
	电梯	电梯	
		自动扶梯	

续表

类别	产品		可能存在风险及注意事项
机电类可接触工业产品	炊具、热水器	微波炉 电水壶 电咖啡壶 洗碗机 洗衣机 电暖器	
纺织类可接触工业产品	儿童服装	内衣 睡衣 外衣 泳衣、裤 连体衣 卡通装	(1) 化学风险:甲醛、可分解致癌芳香胺等,经过电镀处理之后的童装纽扣、拉链等配饰很容易出现重金属释放超标的问题; (2) 机械性风险:儿童服装上起功能性或装饰性作用的绳索、绳带、系带、纽扣、珠子、亮片、绒球、流苏及蝴蝶结等小附件容易造成意外伤害;松紧带过紧阻碍血液循环;衣服脖带可能引起窒息、勒死的伤害; (3) pH; (4) 耐水色牢度:纺织品原样的变色牢度应不小于 4 级,或贴衬织物沾色牢度评定值不小于 3 级; (5) 燃烧类风险:阻燃性能不合规定,其接触火源易着火并且燃烧速度过快,引发伤害,特别是用合成纤维布制造的衣服遇火或靠近火源时可能熔化,黏结到皮肤上
	鞋帽等	帽子 袜子 围巾 童鞋 饰品	
	家庭及日用	地毯 毛巾 浴巾 手帕 窗帘 床垫 蚊帐	
轻工类儿童可接触工业产品	玩具*	毛绒玩具 积木 坦克 飞机 (遥控)汽车 机器人 卡通玩偶	(1) 机械性能:家具的边部、角部必须设计成良好的圆角,杜绝锐角、毛刺、金属尖角、大片玻璃或镜子,避免对儿童造成人身伤害;台面、桌面要避免设计成锐角,所有的尖角应用塑料及橡胶等软性材料包角,以免孩子被刮伤或碰伤;避免表面坚硬、粗糙和尖利的棱角,线条应圆滑流畅、边角应光滑,要有顺畅的开关和细腻的表面处理,以免伤到孩子;

类别	产品		可能存在风险及注意事项
轻工类儿童可接触工业产品	玩具*	沙滩类玩具	（2）结构安全：家具结构稳固，能在承受不断和多次摇晃下保持牢固；家具有足够的强度和稳定性，在儿童好动的情况下，不破裂、倾倒；固定家具的铆钉不要外露；抽屉外拉要有定位装置，以免拉出过度滑出而砸伤脚部；安装衣柜时，一定要注意将其固定在墙面上，否则，小孩可能因为打开抽屉、门板攀爬而导致柜子倒下； （3）材料安全：家具和装饰材料必须通过国家绿色认证，环保、无毒、无污染，使用绿色环保材料；目前，用作儿童家具的材料比较丰富，在保证坚固、实用的前提下应尽量选用无毒、环保的材料；UV 喷涂工艺和金属穿钉，是减少有害物质对孩子伤害的有效方法；要避免用大块玻璃作为隔断，如果有落地窗，应该在玻璃上贴上明显的图案，以免小孩奔跑时撞到； （4）童车设计和质量缺陷，引发儿童的物理性伤害；坐有儿童的折叠式手推婴儿车，还可能因锁定不当，导致不稳定，造成儿童手指切断； （5）化学风险，如重金属元素、塑化剂、电池电解液泄露等；重金属一旦进入体内，代谢非常缓慢，会长期危害人体健康；以铅为例，当其含量超过 2500 mg/kg 时，就会给儿童带来极大的潜在危害。增塑剂、有机溶剂、荧光白、有机染色剂等，易引起儿童中毒和皮肤过敏； （6）儿童玩具产品中的绳线长度或绳套周长设计不当，易脱落小部件等造成危害； （7）器官伤害性风险：玩具电话、玩具手机等音量分贝数过高，儿童听力受损危险
		数字算盘类玩具	
		悠悠球	
		拼图类玩具	
		电动玩具	
		武器类游戏	
		交通类游戏	
	儿童家具	儿童桌	
		儿童椅	
		储物柜	
		玩具柜	
		书架	
		壁橱	
		衣橱	
		沙发	
		柜子	
		儿童高椅	
		桌子	
		吊床	
		椅子	
		摇篮	
		凳子	
		收纳箱	
	乘坐设施	头盔	
		推椅	
		护膝	
		护肘	
		自行车	
		儿童推车	
		婴儿学步车	
		儿童安全座椅	

续表

类别	产品		可能存在风险及注意事项
轻工类儿童可接触工业产品	家庭洗浴用品和设施	浴缸	
		马桶	
		洗脸池(盘)	
		儿童游泳桶	
		洗澡盆	
		镜子	
		牙刷(含电动)、牙膏	
	纸张纸浆	打印纸	
		卫生纸	
		厨房用纸	
		餐巾纸	
		书籍	
		报纸	
	一次性使用卫生用品	纸巾	
		纸尿片	
		湿巾	
	其他	伞	
化学类可接触工业产品	药品制剂	处方药	
		避孕药	
		补钙产品	(1) 有害化学成分,如增塑剂、有机溶剂、荧光白,有机染色剂等,易引起儿童中毒和皮肤过敏;
		维生素	(2) 毒性风险:药品的致毒性及误食药品中毒和洗浴产品的误食导致的中毒;
		补铁产品	(3)燃烧类风险:阻燃性能不合规定,其接触火源易着火并且燃烧速度过快,引发伤害
	家用饮料和化学药品以及家用清洁剂	颜料	
		墨水	
		蚊香	
		杀虫剂	
		下水道清洁剂	
		烤箱清洁剂	
		洗洁精	
		除尘剂	

类别	产品		可能存在风险及注意事项
化学类可接触工业产品	油漆、涂料等	油漆	
		壁纸	
		涂料	
	洗护用品	洗手液、洗衣液	
		洗发液	
		护发素	
		沐浴露	
		护肤霜/粉	
		花露水	
		驱蚊液	
		化妆品	
		护肤品	
		浴盐	
		去污粉	
		鞋靴皮革上光剂	
		润肤露	
	其他	打火机	
		火柴	
		鞭炮	
产品包装中可接触工业产品	儿童餐具	奶瓶	(1) 毒性风险:药品的致毒性及误食药品中毒和洗浴产品的误食导致的中毒; (2) 机械性风险:工具表面的细刺或突兀边缘易刺伤或划伤儿童;儿童专用筷子和勺子,容易造成儿童手指勒伤;筷子、刀叉、汤勺等容易戳伤自己和他人; (3) 塑料包装有造成儿童窒息危险; (4) 食品中常用的干燥剂,如石灰干燥剂多是粉末状的,不小心拆开后会喷入眼内造成眼睛受伤视力严重下降,一旦误食将灼伤口腔或食道同时还会导致皮肤和黏膜受损;
		碟子	
		刀子	
		筷子	
		汤勺	
		碗	
		水杯	
	食品添加剂	防腐剂	
		干燥剂	
		抗氧化剂	
		着色剂	

续表

类别	产品		可能存在风险及注意事项
产品包装中可接触工业产品	食品添加剂	增稠剂和稳定剂	(5) 危险性化学物质(包括铝、钡、硼、镉、钴、砷、铅)的迁移; (6) 防腐剂绝大多数都是人工合成的,使用不当会有一定的副作用;另外有些防腐剂甚至含有微量毒素,长期过量摄入会对人体健康造成一定的损害;增白剂超标,水解后产生的苯甲酸会对肝脏造成损害
		酸味剂	
		面粉增白剂	
	食品包装材料	橡胶包装	
		纸质包装	
		塑料包装	
		复合包装袋	
		购物袋	
其他可接触工业产品	住房及相关产品	地板	(1) 机械性风险:结构缺陷,如锐利尖端、锋利边缘、缝隙间距不当; (2)强聚焦的高强度可见光,包括激光灯、激光笔,很快就能导致可能导致皮肤和眼睛损伤、神经反应(闪光)
		大理石	
		瓷砖	
		窗户	
		灯饰	
	运动场器材		
	儿童护理用品	安抚奶嘴	
		牙床按摩器	
		橡皮奶嘴	
		牙刷(含电动)、牙膏	
		奶嘴夹	
		牙床按摩器	
	游乐场设施	蹦蹦床	
		跷跷板	
		木马	
		滑梯	
	其他	激光灯	
		激光笔	

　* 由于种类繁多,无法一一列出。

附录 1.3　3～6 岁儿童常见可接触工业产品检索目录

类别	产品		可能存在风险
机电类 工业产品	机械类产品	洗衣机	(1) 化学风险：甲醛、重金属元素，有机涂层以及电池的泄露等； (2) 机械性风险：产品上的凸起和尖锐部分，易发生撞伤、划伤等危害；产品结构设置的不合理而引发的危害，如缝纫机中连皮带和转轮的结合处，没有防护措施儿童可能会夹伤手指；洗衣机如果没有防儿童开启装置，则易发生夹伤和儿童爬入窒息的危险； (3) 燃烧类风险：电器过度使用发热而引起的燃烧等； (4) 电性能类风险：电伤、电死
		缝纫机	
		体重秤	
		碎纸机	
	医疗器械	儿童温度计	
		手脚腕固定夹板	
		儿童弱视训练仪	
		儿童轮椅	
		脊椎校正仪	
		儿童吸痰器	
		物理治疗仪	
		校正仪	
	电器及附属产品	电风扇	
		电灯	
		吹风机	
		电饼铛	
		微波炉	
		吸尘器	
		榨汁机	
		电饭锅	
		电视机	
		电脑	
		暖手宝	
		电热水器	
		手电筒	
		电梯	
		音响	
		饮水机	
		电机(玩具用)	
		电线电缆	

续表

类别	产品		可能存在风险
纺织类工业产品	衣物	内衣	(1) 化学风险:甲醛等; (2) 机械性风险:衣服上的绳索,有勒颈窒息危险;衣物上的小部件又被吞食窒息风险;鞋子设计不合理易崴脚等; (3) 燃烧类风险:过度易燃; (4) 生理性风险:地毯的绒簇拔出力不够,儿童会轻易拔出,吞咽,引发肠胃疾病;毛地毯容易滋生螨虫等寄生虫,增加儿童患呼吸道疾病的几率;化纤地毯则会引起一些孩子的过敏反应
		睡衣	
		外衣	
		泳衣、裤	
		运动衣(含带帽子)	
		卡通装	
		帽子	
		口罩	
		袜子	
		围巾	
		童鞋	
	玩具*	毛绒玩具	
		布艺玩具	
	家居用品	地毯	
		被褥	
		蚊帐	
		床单	
		床帘	
		窗帘	
		枕头	
		桌布	
		沙发罩	
		毛巾/浴巾	
		手帕	
轻工类的工业产品	房屋及其相关产品	房屋	
		壁纸	
		地板	
		大理石	
		瓷砖	
		房门	
		窗户	

续表

类别	产品		可能存在风险
轻工类的工业产品	餐具、厨房工具	筷子	(1) 化学风险:甲醛、阻燃剂、增塑剂、香味剂等;
		刀子	
		叉子	(2) 机械性风险:窗户安装如果不规范、不牢靠,儿童在窗户附近玩耍时,可能造成坠落伤亡事件;地板或者大理石、瓷砖地面如果过于光滑,儿童易滑到摔伤;玩具架、书架、衣柜如果太高或者固定措施不到位,孩子因够不到而攀爬引起架子和柜子翻倒砸伤;家具的棱角容易造成孩子的磕伤、碰伤;带盖子的收纳箱容易造成孩子窒息危险;牙刷刷头的尺寸和刷毛的硬度问题;童车设计和质量缺陷,引发儿童的物理性伤害;
		汤勺	
		碗盘	
		水瓶	
		烧水壶	
		暖瓶	
		水杯	
		锅具	
		煤气灶	
	儿童家具	床	(3) 生理性风险:车子鞍座高度、脚蹬离地高度以及鞍座到脚蹬距离不合理,对儿童处于生长期的骨骼造成危害;床垫和枕头的软硬以及结构对儿童骨骼乃至脊柱造成影响;学习光盘中的不良内容,对儿童心理造成影响等;
		床垫	
		枕头	
		桌子	
		椅子	(4) 电性能类风险:电击危险和视力受损,如学习机音量过大造成听力受损;近视镜度数不合实际,影响视力等;
		文具架	
		衣架	
		书架	
		壁橱	(5) 燃烧类风险:阻燃性能不合规定,其接触火源易着火并且燃烧速度过快,引发伤害
		衣橱	
		沙发	
		柜子	
		凳子	
		收纳箱	
	学习文具、工具和书籍、纸品	笔	
		橡皮	
		铅笔盒/袋	
		尺子	
		书包	
		剪刀	

续表

类别	产品		可能存在风险
轻工类的工业产品	学习文具、工具和书籍、纸品	铅(铅笔用)	
		书皮	
		转笔刀	
		儿童小黑板	
		学习机	
		学习光盘	
		书本	
		打印纸	
		餐巾纸	
	洗浴用品和设施	浴缸	
		马桶	
		洗脸池(盆)	
		洗脚盆	
		镜子	
		梳子	
		牙刷(含电动)	
	车类及防护设备	儿童自行车	
		儿童三轮车	
		儿童推车	
		摩托车	
		汽车	
		自行车上座椅	
		头盔	
		护膝	
		护肘	
		护腕	
		安全座椅	
	玩具、娱乐设施设备以及户外用品	坦克	
		飞机	
		(遥控)汽车	
		机器人	

续表

类别	产品		可能存在风险
轻工类的工业产品	玩具、娱乐设施设备以及户外用品	卡通玩偶	
		球类	
		沙滩类玩具	
		数字算盘类玩具	
		拼图类玩具	
		电动玩具	
		武器类游戏(枪等)	
		交通类游戏	
		蹦蹦床	
		木马	
		跷跷板	
		滑梯	
		驱蚊手环、手带	
		帐篷	
		沙滩垫、防潮垫	
		望远镜	
包装类工业产品	包装容器和包装材料	橡胶包装	(1)化学风险:甲醛、重金属元素、塑化剂、有机涂层等; (2)机械性风险:包装上的绳索、小部件、卡扣、不光滑的边缘等会给儿童带来勒颈、窒息、弄伤、划伤等伤害
		纸质包装	
		塑料包装	
		陶瓷器、搪瓷容器	
		铝制品、不锈钢容器	
		铁质食具容器	
		玻璃食具容器	
		复合包装袋	
		购物袋/包	
化学类工业产品	化妆品和洗浴用品	洗手液、洗衣液	(1)化学风险,如塑化剂、有机溶剂、毒胶囊等; (2)毒性风险:药品的致毒性及误食药品中毒和洗浴产品的误食导致的中毒;
		洗发液	
		沐浴露	
		护肤霜/粉	
		花露水	
		驱蚊液	

类别	产品		可能存在风险
化学类 工业产品	化妆品和 洗浴用品	润肤露	(3) 机械性风险:结构设计存在缺陷和质量不符合相关标准,如洗衣机无防儿童开启功能; (4) 趋向性风险:产品结构缺陷影响儿童骨骼、脊椎的生长; (5) 放射性风险:医疗器械的放射性
		香/肥皂	
		牙膏	
		洗涤擦洗膏	
	颜料和墨水	涂料	
		墨水等	
	医药类	药物(含各类药物)	
		葵花小儿感冒颗粒	
		护彤	
		尤卡丹	
		小儿氨酚黄那敏颗粒	
		小快克	
		伊可欣等	
	其他	浴盐	
		鞋靴皮革上光剂	
		蚊香	
		杀虫剂	
		鞭炮	

* 由于种类繁多,无法一一列出。

附录 1.4　6 岁以上儿童常见可接触工业产品检索目录

类别	产品		可能存在风险
机电类 工业产品	机械类产品	洗衣机	(1) 化学风险:甲醛、重金属元素、有机涂层以及电池的泄露等;
		缝纫机	
		体重秤	
		碎纸机	
	电器及附属产品	电风扇	
		电灯	
		吹风机	
		电饼铛	

类别	产品		可能存在风险
机电类 工业产品	电器及附属产品	微波炉 吸尘器 榨汁机 电饭锅 电视机 电脑 暖手宝 电热水器 手电筒 电梯 音响 饮水机 电机(玩具用) 电线电缆	(2)机械性风险:产品上的凸起和尖锐部分,易发生撞伤、划伤等危害;产品结构设置的不合理而引发的危害,如缝纫机中连皮带和转轮的结合处,没有防护措施儿童可能会夹伤手指;洗衣机如果没有防儿童开启装置,则易发生夹伤和儿童爬入窒息的危险;健身器械无防护设施,易受伤; (3)燃烧类风险:电器过度使用发热而引起的燃烧等; (4)电性能类风险:电伤、电死
纺织类 工业产品	衣物	内衣 睡衣 外衣 泳衣、裤 运动衣(含带帽子) 卡通装 帽子 口罩 袜子 围巾 童鞋	(1)化学风险:甲醛等; (2)机械性风险:衣服上的绳索有勒颈窒息危险;衣物上的小部件有被吞食窒息风险;鞋子设计不合理易崴脚等; (3)燃烧类风险:过度易燃; (4)生理性风险:地毯的绒簇拔出力不够,儿童会轻易拔出、吞咽,引发肠胃疾病;毛地毯容易滋生螨虫等寄生虫,增加儿童患呼吸道疾病的概率;化纤地毯则会引起一些孩子的过敏反应
	玩具 *	毛绒玩具 布艺玩具	
	家居用品	地毯 被褥 蚊帐 床单	

类别	产品		可能存在风险
纺织类 工业产品	家居用品	床帘	
		窗帘	
		枕头	
		桌布	
		沙发罩	
		毛巾/浴巾	
		手帕	
轻工类的 工业产品	房屋及其 相关产品	房屋	(1) 化学风险:甲醛、阻燃剂、增塑剂、香味剂等; (2) 机械性风险:窗户安装如果不规范、不牢靠,儿童在窗户附近玩耍时,可能造成坠落伤亡事件;地板或者大理石、瓷砖地面如果过于光滑,儿童易滑到摔伤;玩具架、书架、衣柜如果太高或者固定措施不到位,孩子因够不到而攀爬引起架子和柜子翻倒砸伤;家具的棱角容易造成孩子的磕伤、碰伤;带盖子的收纳箱容易造成孩子窒息危险;牙刷刷头的尺寸和刷毛的硬度问题;童车设计和质量缺陷,引发儿童的物理性伤害;琴弦一般较细且韧性高,容易划伤手指; (3) 生理性风险:车子鞍座高度、脚蹬离地高度以及鞍座到脚蹬距离不合理,对儿童处于生长期的骨骼造成危害;床垫和枕头的软硬以及结构会对儿童骨骼乃至脊柱造成影响;学习光盘中的不良内容,对儿童心理造成影响等; (4) 电性能类风险:电击危险和视力受损,如学习机音量过大造成听力受损;近视镜度数不合实际,影响视力等; (5) 燃烧类风险:阻燃性能不合规定,其接触火源易着火并且燃烧速度过快,引发伤害
		壁纸	
		地板	
		大理石	
		瓷砖	
		房门	
		窗户	
	餐具、厨房工具	筷子	
		刀子	
		叉子	
		汤勺	
		碗盘	
		水瓶	
		烧水壶	
		暖瓶	
		水杯	
		锅具	
		煤气灶	
	儿童家具	床	
		床垫	
		枕头	
		桌子	
		椅子	
		文具架	
		衣架	

类别	产品		可能存在风险
轻工类的工业产品	儿童家具	书架	
		壁橱	
		衣橱	
		沙发	
		柜子	
		凳子	
		收纳箱	
	学习文具、工具和书籍、纸品	笔	
		橡皮	
		铅笔盒/袋	
		尺子	
		书包	
		剪刀	
		订书器	
		铅(铅笔用)	
		书皮	
		转笔刀	
		儿童小黑板	
		学习机	
		学习光盘	
		画板	
		吉他	
		钢琴	
		小提琴	
		口风琴	
		小/大号	
		古筝	
		书本	
		打印纸	
		报纸	
		画册	
		餐巾纸	

续表

类别	产品		可能存在风险
轻工类的工业产品	洗浴用品和设施	浴缸	
		马桶	
		洗脸池（盆）	
		洗脚盆	
		镜子	
		梳子	
		牙刷（含电动）	
	车类及防护设备	儿童自行车	
		儿童推车	
		摩托车	
		汽车	
		自行车上座椅	
		头盔	
		护膝	
		护肘	
		护腕	
		安全座椅	
	玩具、娱乐设施设备以及户外用品	坦克	
		滑板	
		飞机	
		（遥控）汽车	
		机器人	
		卡通玩偶	
		球类	
		沙滩类玩具	
		数字算盘类玩具	
		拼图类玩具	
		电动玩具	
		武器类游戏（枪等）	
		交通类游戏	
		蹦蹦床	

续表

类别	产品		可能存在风险
轻工类的 工业产品	玩具、娱乐设施设备以及户外用品	木马	
		跷跷板	
		滑梯	
		驱蚊手环、手带	
		帐篷	
		沙滩垫、防潮垫	
		雨披	
		雨伞	
		望远镜	
包装类 工业产品	包装容器和 包装材料	橡胶包装	(1) 化学风险:甲醛、重金属元素、塑化剂、有机涂层等; (2) 机械性风险:包装上的绳索、小部件、卡扣、不光滑的边缘等会给儿童带来勒颈、窒息、弄伤、划伤等伤害
		纸质包装	
		塑料包装	
		陶瓷器、搪瓷容器	
		铝制品、不锈钢容器	
		铁质食具容器	
		玻璃食具容器	
		复合包装袋	
		购物袋/包	
化学类 工业产品	化妆品和 洗浴用品	洗手液、洗衣液	(1) 化学风险,如塑化剂、有机溶剂、毒胶囊等; (2) 毒性风险:药品的致毒性及误食药品中毒和洗浴产品的误食导致的中毒; (3) 机械性风险:结构设计存在缺陷和质量不符合相关标准,如洗衣机无防儿童开启功能; (4) 趋向性风险:产品结构缺陷影响儿童骨骼、脊椎的生长; (5) 放射性风险:医疗器械的放射性
		洗发液	
		沐浴露	
		护肤霜/粉	
		花露水	
		驱蚊液	
		润肤露	
		香/肥皂	
		牙膏	
		洗涤擦洗膏	
	颜料和墨水	涂料	
		墨水等	

续表

类别	产品		可能存在风险
化学类 工业产品	医药类	药物(含各类药物)	
		葵花小儿感冒颗粒	
		护彤	
		尤卡丹	
		小儿氨酚黄那敏颗粒	
		小快克	
		伊可欣等	
	其他	浴盐	
		鞋靴皮革上光剂	
		蚊香	
		杀虫剂	
		鞭炮	

＊由于种类繁多,无法一一列出。

附录2 儿童伤害事故的类型及其预防措施实例

附录2.1 接触机电类工业品的常见事故类型及预防实例

案例1——插座

南京第一医院曾接收三个被电火花击伤的三四岁的小孩子。这三个孩子趁父母不在,拿着电水壶的插头就去捅插座。结果噼里啪啦一阵响,一股电火花蹿了出来,瞬间就将三个孩子的手电伤了。其中一个三岁小女孩的左手几个手指间的皮已破裂。医生说,由于家用电压不是很高,这三个孩子的伤还算较轻,靠上药换药就能够恢复了,如果是高压电,三个孩子会有生命危险。

案例解析:家中的各种电器安装要符合安装标准,一般来说,电插座应该放在1.4 m的高处。平时要教育孩子不要玩灯具、电器等物。家长发现孩子接触电源后,应首先迅速切断电源,或者用干燥木棍、竹竿或塑料物品将电源拨开或将接触孩子的电线拉断或移开,切忌用手或潮湿物品直接接触小儿和电源。当孩子脱离电源之后。轻度灼伤者,可在受伤部位涂龙胆紫,用消毒纱布、棉花包扎。重度灼伤者应立即送往医院。对呼吸、心跳停止的孩子要马上就地进行心脏按压和口对口人工呼吸。

案例2——电梯

男童手掌卷入电梯履带与地面结合缝隙。3岁小男孩在下行电梯上摔倒,手指旋即被卷入电梯与地面的缝隙中,被救出时,手指被夹断。

案例解析:梯级与围裙板之间的缝隙,就会产生冲力将孩子的手指甚至手臂带入缝隙;踏板与末端梳齿板间缝隙,孩子手指细小,平衡性不好,一旦趴倒在扶梯上,易造成伤害;自动扶梯下面的扶手槽;扶手与构筑物夹角(剪刀手),孩子好奇心强,对眼前的危险预计不足,当上行过程中把头部伸出扶梯向下看时,易导致意外发生。

案例3——洗衣机

近年来,国内发生多起洗衣机导致儿童受伤甚至死亡的事例。2013年2月19日,山东一名3岁女孩爬进洗衣机玩耍,消防官兵用切割锯、剪断钳等工具将其从甩干桶中救出。2013年2月8日下午,山东枣庄一名2岁男孩被卡在洗衣机甩干桶内,消防官兵破拆洗衣机的金属外壳将男孩救出。杭州萧山瓜沥镇有个3岁的小女孩,玩耍的时候,不慎掉进了自家的老式双筒洗衣机里。孩子伸手按住洗衣机的边缘,正好按在甩干键上,孩子的两条腿呈麻花一样蜷曲在甩干桶内。

案例解析:导致幼童伤亡的多为老款洗衣机,并且型号主要集中在两种款式上:一种是老式双筒波轮洗衣机;另一种是老款滚筒洗衣机。老式双筒波轮洗衣机的隐患在于,洗衣机处于正常工作状态时,洗涤桶的桶盖能够打开。而一些顽皮幼童站在椅子上伸手"捞水玩",一旦翻进洗涤桶里,将会溺水身亡。另外,幼童钻进洗涤桶或脱水桶里,机器启动时,幼童惊慌失措试图扶住桶壁逃出,却被洗衣机夹住手臂或手指,最终留下了终身残疾。老款滚筒洗衣机的隐患在于,幼童钻进洗涤桶后,从内部关闭了舱盖,而由于洗衣机没有逃生设施,进而导致幼童窒息死亡。为确保儿童安全,洗衣机生产商应设计"儿童锁"等防止儿童进入的功能,且应设有逃生功能,即儿童不慎进入洗衣机后能使儿童从内部打开逃出。家长一方面应增强防范意识,另一方面应从儿童的角度寻找家中的潜在危险,确保儿童的安全。

案例4——碎纸机

一名儿童看见方方正正的碎纸机很好奇,将手伸到了碎纸机放纸的缝隙中,导致手指被绞断,对儿童造成严重伤害。

案例解析:我国已发生多起碎纸机导致的儿童手指绞断事故,皆因儿童好奇将手指伸入碎纸槽内导致。目前,碎纸机的安全测试是以一个成人的手指无法插入就可以通过,但国内其实并没有实质性的任何标准,各企业都是按照自己的企业标准自行设计生产,因此,比成人手指更加细小的儿童手指常在无意间就可插入碎纸机中,造成极大的安全隐患。碎纸机生产设计厂商在设计制造时应设计儿童保护功能,部分厂商已设计"异物自动断电保护装置",但其安全性能还有待考证。此外,政府部门应完善相关法规、标准,制定相应的安全要求,减少产品的潜在安全隐患,保护儿童安全。

案例5——冷冻柜

据《广州日报》报道,一名5岁女童在打开冰箱拿巧克力时,右手触碰到冷冻柜而被强大的电流吸住,经抢救无效死亡。死者家属拿电笔去测冰箱的外壳,只见电笔发出亮光。

案例解析:夏季空气湿度大,而人体多汗会导致皮肤电阻变小,加之穿的衣服单薄,增加了触电的可能性。不要用湿手接触带电设备,不要用湿布擦抹带电设备。家长平时要教育孩子不要用手去移动正在运转的电器。如要搬动,应关上开关,并拔去插头。

案例 6——安检仪

2012 年 6 月 24 日一名 3 岁女孩美美的手臂被卷进安检仪传送带和不锈钢平台的缝隙里。在地铁工作人员的控制下,传送带停止了运转,但美美的右臂手肘附近被夹在缝隙中,无法挪动。地铁工作人员先拨打了 119 求助,随后又用工具尝试撬开,几分钟后成功将美美的手臂解救出来。

案例解析:安检仪黑色传送带与主机不锈钢接缝处,有一道不足 1 cm 的缝隙,虽然上面贴有"易夹手"的警示标志,但并不起眼。儿童手指较细,很容易卡在缝隙中发生危险。为防止安检仪"吃手",北京给安检仪安装了防夹手装置。该防护装置非常不起眼,浅灰色的防护板被加装在安检仪传送带的下方,装上以后对安检仪的外观无任何影响,但如果再有孩子不慎将手卡在缝隙里,不会造成危险。

案例 7——转门

2014 年 3 月 29 日,在淄博火车站附近的 7 天连锁酒店门口,两名小男孩在跑进酒店时,一人被旋转门夹住大腿动弹不得,一人被困在旋转门内出不来,情况十分紧急。在场众人齐力营救,最终在消防队员的帮助下,男孩被救出。

案例解析:旋转门外侧存在一定的缝隙,儿童将手指或者双脚挤入其中都会发生危险。当转门旋转速度过快时,儿童出入转门也极有可能被夹伤。近年来,出现不少旋转门伤人案例,受伤的多为儿童,这些儿童轻则受到刮擦,重则失去生命。家长带孩子通过旋转门时,要牵着孩子的手,并让孩子走在旋转门的内侧。

案例 8——空调

漳州台商投资区角美镇福井村亭头社的郭女士家经历了惊魂之夜。怀孕快 38 周的她、她的妹妹和 8 岁外甥睡在同一个房间里,睡梦中突然感到很热,之后被一股刺鼻的气味熏醒,睁眼一看,原来是空调自燃了。所幸郭女士及时发现并第一时间带孩子离开,未造成伤亡。

案例解析:空调使用 3 年以上,用户要定期清洗空调,如清洗冷凝器、蒸发器、过滤网、换热器,擦除灰尘,防止散热器堵塞,避免火灾隐患。同时,还要定期检查线路,若发现线路松动或者接触不良,应及时找专业机构前来维修。此外空调安装的高度、方向、位置必须有利于空气循环和散热,并注意与窗帘等可燃物保持一定距离。空调运行时,应避免与其他物品靠得太近;空调必须使用专门的电源插座和线路,不能与照明或其他家用电器合用电源线。导线载流量和电度表容量要足够,插头与电器元件接触要紧密;空调要安装一次性熔断保护器,防止电容器击穿后引起温度上升而造成火灾。要求保险丝容量要合适,切不可用铁丝、铜丝代替。目前较多空调品牌也会设计定期清理提醒之类功能确保其使用安全。若家长未注意到以上问题,则极易导致儿童独自在家时造成事故,威胁孩子的生命安全。

案例 9——电视机

昭通市彝良县龙街乡的一家石料厂宿舍里,4 个小孩围坐在电视机旁,看得津津有味。没想到,突如其来的爆炸,却将孩子们淹没在熊熊大火中。火被扑灭后,4 个孩子奄奄一息。这场意外导致 1 个男孩和 1 个女孩死亡,另外两个女孩大面积烧伤,4 人中年纪最大的不过才 10 岁,年纪最小的才两岁半。事发后,经过调查,事故原因是电线起火导致电视爆炸。

案例解析:近年来发生的电视机爆炸事件对儿童人身安全造成巨大威胁。排除电视机自身质量问题之外,更多时候爆炸的发生是因为使用过程中对于一些细节的不注意。首先启用新买来的电视机时,要抽掉电视机下面的包装材料,如发泡塑料、纸板等易燃物质。同时尽可能保证电视机干燥通风,注意电源线插头与插座间的连接要紧密,接地线的安装要符合要求,切勿将接地线接在煤气管道上。清理时不要用水擦洗,使用过程中一旦出现异常情况应尽快断电并及时报警。

案例 10——电线

三亚鸿港市场院内出租屋发生一起触电事故,一名 2 岁女童在自家阳台上玩耍时,用手抓住被雨水淋湿的电线,意外触电身亡。

案例解析:夏天多雨,防止雨天触电尤为重要。雷雨天气不要靠近架空供电线路和变压器下。在户外行走时应尽量避开电线杆的斜拉铁线,因为拉线的上端离电力线很近,在恶劣天气里有时可能出现意外而使拉线带电。暴雨过后,有些地方路面积水,此时最好不要蹚水。如果发现供电线路断落在水中,千万不要自行处理,应当立即在周围做好标记,及时打电话通知供电部门。应告诫孩子独自一人遇到电力线恰巧断落在离自己很近的地面上的情况时,先不要惊慌,更不能撒腿就跑,此时应该用单腿跳跃着离开现场,否则很可能会在跨越电线时触电。

附录 2.2　接触纺织类工业品的常见事故类型及预防实例

案例 1——衣物拉带

2013 年 9 月 11 日,河南周口太康县一幼儿园发生一起悲剧,3 岁的浩浩在滑滑梯时突然晕倒,送到医院抢救无效死亡,而元凶竟是浩浩身穿的一件带后帽的卫衣。原来,浩浩向下滑滑梯时,卫衣帽上的绳子扭结在一起勒住了脖子,以至于食管反流,食道内的东西反流到食管里,浩浩因此被呛死。

案例分析:家长要检查头颈部、腰背部、裤腿处 3 个部位,尽量不要给幼童(7

岁以下)购买脖子或帽子上带有绳带的童装,或把绳带完全取下来后再给孩子穿。而腰部绳带超出服装底边的童装,或将其剪短后再给孩子穿。尽量不要购买背部有拉带伸出来的童装,或把拉带完全取下来后再给孩子穿。尽量不要购买绳带超出裤脚底边的裤子,或将其剪短后再给孩子穿。

案例 2——新衣物

市民徐女士几个月前给宝宝买了几套新衣服,宝宝穿后却出现了身上起红斑的症状,且越来越严重。经过多方检查才发现,原来罪魁祸首竟是那几套含有化学物质的新衣服。

案例分析:服装在生产制作过程中很容易受到污染,而服装每天都与人体直接接触,其污染物日积月累所造成的危害很大。例如,棉、麻等服装原料在种植过程中需大量使用杀虫剂和除草剂等;纺织原料在储存时要使用防腐剂、防霉剂、防蛀剂;在织布过程中使用的氧化剂、催化剂、去污剂等化学物质。而印染中使用的染料及甲醛、卤化物载体、重金属更成了健康杀手。所以,年轻的父母通过正规渠道给孩子选购新服装的时候,应注意衣物标签显示信息,查明织物成分,确保衣物符合安全标准。

案例 3——蒙布

22 岁的谢女士和丈夫生有一女,36 天左右,晚上睡觉的时候,宝宝把床边上的布蹭到脸上,母亲没有及时发现,导致窒息死亡。谢女士告诉医生,宝宝的小床在现有小床中属于大的那种,所以即使宝宝睡觉,也会留有很大的空间,为了图省事方便,她平时总爱把宝宝经常替换的衣物和毛巾放在床头。"以为宝宝还小,不会翻身,应该挺安全的。"那天夜里,宝宝的父亲在外上夜班,谢女士半夜起身下楼喝水。没过多久,谢女士听到小床上传来宝宝"嗯嗯啊啊"的声音,心想可能是宝宝肚子饿了。等她过了一会儿上楼发现,原先放在床边的两块布盖到了宝宝脸上,谢女士赶紧掀开,孩子好像没有呼吸了。医生说,宝宝送到医院的时候已经没有呼吸了,经抢救没能救活。谢女士和丈夫非常伤心,毕竟孩子两个月不到。

案例分析:谢女士宝宝遇到的就是"蒙被缺氧综合征",大多是父母怕孩子冻坏,过度包裹捂盖所致,是寒冬季节较常见的婴幼儿意外伤害疾病之一,多发生在 3 岁以下幼儿,特别是新生儿。这样的过度保暖,婴幼儿受捂后引起缺氧、高热、大汗及高渗性脱水,会让全身发生多系统的病理变化,严重的可致机体缺氧而发生惊厥抽搐或昏迷。若抢救不及时,会很快休克乃至死亡。即使是侥幸存活的患儿,也可能遗留下智力低下、运动障碍、呆傻、聋哑、癫痫等严重的脑损伤后遗症。

案例 4——手套

春节前,王大妈担心 20 几个月的孙子着凉感冒,就给孙子织了一副小手套。谬金剑说,本来是好事,不想竟酿成大祸。有一天,王大妈给孙子戴上手套,带他出去玩,回来的时候发现,孙子的手冰凉,感觉不对劲,立刻把孙子送到当地医院诊治。医生检查发现,这个小婴儿一只手因为被手套绷得太紧,导致缺血性坏死,保不住了,只好截肢。

案例分析:在平时生活中,父母可以稍微留心一点,如给孩子戴手套的时候,手套不宜过紧,同时还要看看手套里面有没有太长的线头,可能缠绕手指,最好翻开仔细检查。

附录 2.3　接触轻工类工业品的常见事故类型及预防实例

案例 1——自行车儿童座椅

2007 年 5 月 30 日上午上午 9 时,住在烟台白石村附近的于女士,骑自行车载着 3 岁的儿子经过一下坡路段时,于女士感到车轮被什么东西绞住了,同时听到儿子撕心裂肺的哭声。她慌忙停下车,发现儿子的右脚绞进了车轮里,鲜血已从袜子里渗出来。于女士小心翼翼地把儿子的脚从车轮里拿出来,打车来到烟台毓璜顶医院。医生检查发现,于女士儿子的脚已经骨折,需要住院治疗。该医院急救中心介绍说,像于女士这样的情况,每月都发生二三十例,受伤的儿童轻者皮肉损伤,重者出现骨折。新式的儿童自行车座椅脚两侧都安有防护栏,而老式或自行焊接的基本没有。于女士使用的就是用竹子编制的老式座椅。

案例解析:孩子坐自行车时一定要注意,不要以为购买了儿童专用的座椅就能够保证安全了,最好检查一下孩子脚的位置是否可以固定或者有东西保护。建议购买脚与后车轮有格挡的儿童专用车椅,成人在骑车过程中也要不断注意座椅上的孩子。

案例 2——儿童玩具

5 岁的宝宝从小对旋律音韵特别感兴趣,家里有一个五彩拼装的小喇叭,她总是喜欢边吹边舞。一次因为没有站稳,喇叭的一头撞在沙发上,含在嘴里的一头直接戳破了上颚,虽然伤得不重,但宝宝流着血大哭的样子让一家人心痛不已。

案例分析:玩具是宝宝日常生活中不可缺少的用品,家长除了采购时要严格把关,对于各式各样的玩具要能先预想宝宝在玩时的情景,有哪些危险性,如棍型的玩具尽量教导宝宝在不跑不跳的情况下玩耍。

案例3——剪刀

孩子每天的成长都揪着父母的心。有一天孩子用剪刀剪一张彩色卡片时,我有事没在旁边看着,结果孩子就剪伤了手指,听见哭声我赶快跑过来,就看见孩子的手指流血了,一时大意真是心疼死我了。

案例分析:在孩子使用剪刀时,家长一定要在旁边看着,以防发生危险。平时剪刀、小刀、指甲剪等物品一定要放到孩子拿不到的地方,还要经常对孩子讲使用这些物品时容易发生的危险,增强孩子自己的危机意识。

案例4——婴儿手推车

5岁宝宝平时活泼好动,稍不留神就有可能出意外。她一岁多的时候,爷爷有一次用手推车推她到公园玩。小宝宝在手推车里坐不住,老是站起来摇晃手推车想要跨出来。老人家可能精力不够,一不留神手推车被小家伙晃倒了,脸擦在地上留下了一道很长的伤痕。

案例分析:孩子毕竟不懂得什么是危险,所以大人和小孩出去玩的时候要格外留神。另外在购买类似的婴儿产品的时候,仔细想一下会发生什么意外,检查一下产品是否有足够的保险措施来防止意外的发生。

案例5——儿童床

虽然5岁宝宝是个女孩,但仍十分顽皮,白天不用说,晚上睡觉也不安稳。一天晚上,忽然"轰隆"一声,紧接着就是宝宝的大哭声,把我们从梦中惊醒。开灯一看,原来宝宝连人带被子从床上摔了下来,头上撞了3个包,哄了好一会才安然入睡。后来这样的事情又发生了几次,就不敢让她一个人睡了。

案例分析:为宝宝买一张带有围栏的单人床,四周都有保护,就再也不用担心宝宝半夜从床上掉下来了,最好买围栏可以脱卸的小床,长大了还可以卸下围栏继续使用。

案例6——直排滑轮鞋

自从给5岁的宝宝买了一双滑轮鞋后,他非常喜欢,经常穿着滑轮鞋在家里玩耍。我想只要孩子不外出,在家里总是安全的吧。一天宝宝在客厅里穿着滑轮鞋玩,一不小心上身向后一扬失去重心摔倒在地上,头撞在瓷砖上肿了很大一个包。虽然没有出血,孩子也很坚强的没有哭,但我看到了非常心疼,给孩子揉了很久。

案例分析:孩子有轮滑鞋的家长们要注意了,虽然轮滑鞋是可以单独购买的,但这并不意味着孩子玩轮滑时只需要一双鞋就足够了。实际上,孩子要穿齐全套装备才能够保证玩耍时的安全,这些装备包括头盔、手套、护膝、护肘等。自从买了这些装备后,虽然孩子偶尔还会摔跤跌倒,但再也没有发生严重的伤害了。

案例 7——儿童摩托车

5 岁宝宝从小活泼好动,是个超级车迷。家里各种各样的车他都能驾驶,什么学步车、摇马车、沙滩车、摩托车、单车等都不在话下,不到 2 岁时就经常将儿童摩托车开上路。这不,意外就发生了。那天我带宝宝出去玩,正好遇到宝宝同学的家长,就站在一旁聊天。突然宝宝没控制好车头方向,一下子撞上了绿化带的路基,车翻了,宝宝顺势摔倒在了草地上。幸好没有大碍,虚惊了一场。

案例分析:小孩子应该在适当的年龄玩适当的玩具。在户外活动时,家长要经常关注孩子,不能距离孩子太远。这次意外虽然没有对宝宝造成伤害,但也提醒了我凡事不能掉以轻心,做好安全预防最重要。

案例 8——运动护膝

6 岁的女儿非常喜欢轮滑,所以我给她买齐了全套的装备,头盔、手套、护膝、护肘一个不落。一次上轮滑课时,她像往常一样摔了一跤,可是半天没有起来。我见她戴了护具,以为没有什么。结果走过去一看,原来是右膝的护具不知道什么时候滑下去了,所以摔跤的时候没有保护住,膝盖上摔了一个大淤青,一周多才恢复好。

案例分析:运动时一定要做好防护,如玩轮滑、活力板之类的项目,一定要确保护具穿戴正确、完整才能开始。还应该时常提醒孩子,注意检查一下护具是否在正确的位置。家长在购买时也需要注意,护具尺寸是否适合自己的孩子,不要因为尺寸不适合而无法起到足够的保护作用。

案例 9——图钉

2008 年 7 月 31 日早上,西安一个 10 个月男婴的妈妈正在洗碗,一不注意,孩子就把墙上订的图钉摘下来吃了。送到唐都医院后,医生发现图钉正好卡在孩子食道的第一个狭窄的部位,图钉的尖很利,非常容易造成食道的划伤。医生通过电子胃镜,准备把图钉夹出来。5 min 后,图钉从孩子的食道滑进了胃里,医用钳一次次的靠近图钉,却因为胃液分泌过多,始终无法准确夹住,而孩子也因为疼痛不停的哭闹,现场气氛一度变得非常紧张。在排出胃液之后,第二轮抢救开始了。20 min 过后,医用钳再次靠近了图钉,终于把图钉夹了出来,孩子妈妈揪着的心也终于放了下来。

案例分析:家长注意像硬币、发卡、金戒指、回形针、图钉等一些小物件,千万不要放在小孩随手能拿到的地方。

附录 2.4　接触化学类工业品的常见事故类型及预防实例

案例 1——打火机

4 岁的娟娟经常和 2 岁的妹妹在一起玩。一天傍晚,娟娟找到一个打火机,一开一关,火苗跳跳的,很有意思。娟娟不停地打开关上,声音和火光逗得妹妹咯咯直笑。哪知道,当娟娟又一次打燃打火机的时候,很大一声响,吓了娟娟一跳。一看,妹妹正捂着右眼使劲地哭。娟娟也吓哭了,她的手上也流着血。妈妈赶紧过来,做了简单包扎后,就带着姐妹俩去了医院。还好,娟娟只是手被打火机的碎片割破了一个小口,而妹妹的眼皮也同样是被碎片割破了个小口子,医生上药后几天就能好。

案例分析:① 小心打火机会烧到手。小朋友拿东西有时候会不稳,再加上握打火机的位置不妥当,很容易就会烧到手,还容易引起火灾。② 打火机有可能会爆炸。有些打火机可能会在点燃的时候引发爆炸,给小朋友造成人身伤害。③ 不要咬打火机。打火机的材质多为塑料、金属,而且被很多人摸过,上面也会有细菌,所以不要用牙去咬。④ 别摔打火机。如果在地上摔打打火机,也很容易引起爆炸,因此小朋友不要把打火机随便往地上扔。

案例 2——硫酸

一个月前,刘某把儿子小龙寄放在邻居家,自己就忙着做家务了。突然,邻居家传来一声尖叫,并有人大喊:"不好了,出事了。"刘某感到事情不妙,马上冲向邻居家。只见小龙已经倒在地上,口吐白沫,当时就像死了一样。这一突如其来的状况把刘某给吓呆了。大人发现小龙手边有两个装着白色液体的雪碧瓶子,虽然瓶子是一模一样,液体颜色也相似,但一个瓶子里装的是雪碧,另一个装的则是硫酸。估计是小龙趁着邻居家大人不留神,把硫酸当雪碧喝了下去。当地医院对小龙进行洗胃等治疗后,又被送往长沙治疗。2006 年 2 月 26 日,小龙转入省儿童医院。据医生介绍,入院时,小龙的整个消化道都有明显烧伤的痕迹,胃部出现糜烂,经过一段时间的治疗,目前病情基本稳定。因为出现肠梗阻、肠粘连症状,小龙还必须接受手术治疗。庆幸的是,根据症状来看,小龙误服的并不是浓硫酸。

案例分析:大多数儿童喜欢喝饮料,但防范危险能力和鉴别真伪能力差。家长若使用饮料瓶盛有危险物,应把危险物放在儿童接触不到的地方。如果误服的是浓硫酸,千万不能让儿童喝水,否则后果将不堪设想。

案例 3——三聚氰胺

2008 年震惊全国的三鹿奶粉三聚氰胺事情引起了一轮对于全国乳制品的检

查,结果发现国内大部分乳制品均存在三聚氰胺超标的情况。许多儿童因为长期饮用这样劣质的奶粉导致患上胆结石、肾结石等严重疾病,甚至威胁生命。不少家长因而选择进口奶制品,但近年来新西兰等国家进口的奶制品也频频曝出质量不合格的新闻,这使得儿童所依赖的牛奶制品成为食品领域威胁儿童健康的最大隐患。

案例解析:由于目前检测技术的限制,牛奶制品中一些添加剂无法被检出,这使得一些不法商家在利益的驱动下添加有害儿童健康的物质。对于以奶制品为例的儿童食品领域,国家质检部门应该加大检查力度,严惩不法商家,尽可能地保证国内奶制品的质量。同时,家长也应该为儿童选择有质量保证的牛奶、奶粉等产品,引导孩子健康饮食。社会舆论还应该加大商家道德宣传力度,切实保障儿童生命安全。

案例 4——重金属

北京市民高女士说,"新的一年到了,为了图个吉祥如意,孩子的外婆送给孩子一对银手镯,就马上给戴上了。可才几个小时,孩子手腕上就起了许多红疹子。"她随后就赶紧带着刚刚两岁的孩子到医院检查,经过仔细查看,医生诊断是过敏,"应该是手镯里含有的重金属成分导致孩子过敏的,一般不建议这么小的孩子佩戴饰品。"

案例解析:根据国家质检总局抽查结果显示,目前市场上售卖的儿童金、银饰品绝大部分都没有单独的材料包装,也找不到成分标识,很多银饰品商家也无法出具相关产品的安全检测报告,大多是"裸卖"的形式。一些不法商家在制作银饰品的过程中掺杂铅、铬等重金属,儿童短期佩戴会造成过敏,长期佩戴通过皮肤吸收会造成儿童血铅超标,对于儿童的生命安全造成严重威胁。医生提醒家长尽量不要给宝宝佩戴首饰,尤其是一些看上去特别亮、特别光的银饰品,往往添加了一些有害的重金属。如果一定要戴,购买银饰时,要到正规商店购买有质量保证的产品,最好选择纯银饰品。

案例 5——氢气球

过节逛街时,爸妈给小宝买了一只红色的氢气球。顽皮的小宝,看气球又圆又鼓,就淘气朝气球咬了一口。结果气球爆裂,一块破碎片一下子被吸进了宝宝的口里,并且堵塞呼吸道,喘不上气来。由于孩子窒息时间太久,大脑皮层细胞大面积死亡,最终变成了植物人。

案例解析:气球存在多种隐患,首先是气球爆炸容易给孩子造成伤害,特别是氢气球,如果遇到火焰,还能引起剧烈的燃烧;其次是气球碎片一旦进入孩子的呼吸道,是很难取出的,直接威胁生命安全。因此,孩子玩气球时,家长要多加注意,如果气球被孩子抓破,要及时清理每一块碎片,以免被孩子吞食。

案例 6——碳酸钠与稀硫酸

近期有媒体报道,部分小学生在玩耍一种爆破类玩具手雷,该玩具手雷内含白色固体粉末和化学药剂,用脚一踩就会膨胀,直至包装袋爆裂发出声响。媒体反映,玩具手雷中的白色固体粉末是碳酸钠,化学药剂是稀硫酸,两者混合,会瞬间产生大量气体,胀破包装袋。孩子碰到这些化学药剂可能会烧伤皮肤,如溅到眼睛里或误食,容易造成人身伤害。

案例解析:现在的儿童玩具种类不断增多,一些商家为了吸引孩子们的眼球,制造售卖一些新奇刺激的玩具产品。但是商家往往忽略了这些玩具背后的巨大安全隐患。由于儿童的安全意识较为薄弱,在使用玩具的过程中可能会因动作过猛、使用不当等发生危险。家长在为儿童购买玩具时,一定要选择正规厂家生产的不具备安全隐患的玩具。一些劣质危险性的玩具会对儿童的健康构成极大的威胁。

案例 7——有机溶剂

2009 年,家住兰州市红古区的刘爱国从建材市场买了点木板和油漆,准备把老院子里的几间平房进行简单装修,当时小孙女丫丫还不足两岁。"没想到半年后,孩子就出事了。"起初,一向活泼好动的孩子出现食欲不振、精神萎靡,之后有一次孩子从床上跌落摔伤,继而多日嘴唇发紫,面色苍白,在医院检查后被诊断为"急性淋巴细胞白血病",病情来势凶猛,仅仅三个月后,两岁多的丫丫就离开人世。

案例解析:据全国医疗统计,大多数儿童白血病是源于装修污染,环境污染被认为是儿童白血病的重要诱因。家庭装修使用的各种室内建筑和装饰材料中的甲醛、油漆中的苯乙烯等有机溶剂,是世界卫生组织确认的致癌物,苯可以引起白血病和再生障碍性贫血,一些人造大理石、花岗岩中的氡则是更为可怕的"环境杀手"。儿童造血系统娇嫩,骨髓代谢活跃,由于他们在家中度过的时间也远多于成人,所以更容易受到这些污染物的侵害。

附录3 工业产品涉及儿童安全的标准汇总

附录3.1 机电类产品涉及儿童安全的标准汇总

产品名称	国别	序号	标准号	标准名称
灯具	中国	1	GB 7000.4—2007	灯具 第2-10部分:特殊要求儿童用可移式灯具
	国际	1	IEC 60598-2-10:1987	儿童感兴趣的可移式灯具安全要求
	欧盟	1	EN 60598-2-10-2003	儿童用便携灯具

附录3.2 纺织类产品涉及儿童安全的标准汇总

产品名称	国别	序号	标准号	标准名称
纺织品	中国	1	GB 18401—2003	国家纺织产品基本安全技术规范
		2	GB 18383—2007	絮用纤维制品通用技术要求
		3	GB 5296.4—1998	消费品使用说明 纺织品和服装使用说明
		4	GB/T 5455—1997	纺织品 燃烧性能试验 垂直法
		5	GB/T 17592—2006	纺织品 禁用偶氮染料的测定
		6	GB/T 5456—2009	纺织品 燃烧性能 垂直方向试样火焰蔓延性能的测定
		7	GB/T 8745—2001	纺织品 燃烧性能织物表面燃烧时间的测定
		8	GB/T 8746—2009	纺织品 燃烧性能 垂直方向试样易点燃性的测定
		9	GB/T 14644—1993	纺织织物 燃烧性能 45°方向燃烧速率测定
		10	GB/T 14645—1993	纺织织物燃烧性能45°方向损毁面积和接焰次数测定
	美国	1	ASTM D6545-2010	儿童睡衣裤用纺织品可燃性的标准试验方法
		2	ASTM D1230-2010	服装纺织品的易燃性的标准试验方法
	欧盟	1	EN 14878-2007	儿童睡衣的燃烧特性. 规范
		2	EN 14682-2007	儿童服装绳索及束带

续表

产品名称	国别	序号	标准号	标准名称
童装	中国	1	GB/T 22854—2009	针织学生服
		2	GB/T 22702—2008	儿童上衣拉带安全规格
		3	GB/T 22704—2008	提高机械安全性的儿童服装设计和生产实施规范
		4	GB/T 22705—2008	童装绳索和拉带安全要求
		5	GB/T 23155—2008	进出口儿童服装绳带安全要求及测试方法
		5	GB/T 23158—2008	进出口婴幼儿睡袋安全要求及测试方法
		6	GB/T 22044—2008	婴幼儿服装用人体测量的部位与方法
		7	GB/T 23328—2009	机织学生服
		8	GB/T 1335.3—2009	服装号型 儿童
		9	FZ/T 81003—2003	儿童服装、学生装
		10	FZ/T 81014—2008	婴幼儿服装
		11	FZ/T 73025—2006	婴幼儿针织服饰
		12	SN/T 1932.8—2008	进出口服装检验规程. 第8部分：儿童服装
		13	SN/T 1522—2005	儿童服装安全技术规范
	美国	1	ASTM F1816-2009	儿童外上衣拉绳的标准安全规格
		2	ASTM D 4910-07	婴幼儿人体测量标准表，0 至 24 码
	欧盟	1	EN 13210-2004	儿童安全带和绳及类似用品. 安全要求和试验方法
童鞋	中国	1	QB/T 2880—2007	儿童皮鞋
		2	GB 25036—2010	布面童胶鞋
		3	GB 30585—2014	儿童鞋安全技术规范
		4	QB/T 4331—2012	儿童旅游鞋

附录 3.3　轻工类产品涉及儿童安全的标准汇总

产品名称	国别	序号	标准号	标准名称
玩具	中国	1	GB 6675—2003	玩具安全技术规范
		2	GB 5296.5—2006	消费品使用说明 第5部分：玩具
		3	GB 19865—2005	电玩具的安全
		4	GB 24613—2009	玩具用涂料中有害物质限量
		5	GB/T 9832—2007	毛绒、布制玩具

续表

产品名称	国别	序号	标准号	标准名称
玩具	中国	6	GB/T 23154—2008	进出口玩具填充材料安全要求及测试方法
		7	GB/T 22753—2008	玩具表面涂层技术条件
		8	GB/T 22788—2008	玩具表面涂层中总铅含量的确定
		9	GB/T 22048—2008	玩具及儿童用品 聚氯乙烯塑料中邻苯二甲酸酯增塑剂的测定
		10	GB 28477—2012	儿童伞安全技术要求
		11	GB 30002—2013	儿童牙刷
		12	GB/T 27689—2011	儿童滑梯
		13	GB/T 23157—2008	进出口儿童可携持游泳浮力辅助器材安全要求及测试
		14	GB/T 23158—2008	进出口婴幼儿睡袋安全要求及测试方法
		15	GB 28482—2012	婴幼儿安抚奶嘴安全要求
		16	QB/T 2359—2008	玩具表面涂层技术条件
		17	QB/T 1096—1991	木制玩具通用技术条件
		18	QB/T 1095—1991	玩具硬塑件通用技术条件
		19	QB/T 2231—1996	充气玩具通用技术条件
		20	QB 1557—1992	充气水上玩具安全技术要求
		21	QB/T 2360—1998	发条玩具通用技术条件
		22	QB/T 2361—1998	惯性玩具通用技术条件
		23	QB/T 2362—1998	电动玩具通用技术条件
	国际	1	ISO 8124-1:2014	玩具安全性. 第 1 部分:与机械和物理性能相关的安全方面
		2	ISO 8124-2:2014	玩具安全. 第 2 部分:燃烧性能
		3	ISO 8124-3:2014	玩具安全. 第 3 部分:特点元素的迁移
		4	ISO 8124-4:2014	玩具安全性. 第 4 部分:室内和室外家庭用秋千、滑梯和类似活动玩具
		5	ISO 8124-5:2015	玩具中某些元素总含量的测定方法
		6	ISO 8124-6:2014	玩具安全. 第 6 部分:玩具和儿童产品中的特定邻苯二甲酸酯类
		7	ISO 8124-6:2014	玩具安全. 第 8 部分:年龄判定指南
		8	IEC 62115:2005	电动玩具. 安全

续表

产品名称	国别	序号	标准号	标准名称
玩具	美国	1	ASTM F963-2011	玩具安全的客户安全规范
		2	ASTM F1148-2012	家用运动场设备的标准消费者安全性能规范
		3	ASTM F1313-1990 (2011)	橡皮奶头上的橡胶短接管中挥发性 N-亚硝胺含量的等级
		4	ANSI/UL 696-2010	电动玩具的安全标准
	欧盟	1	EN 71-1：2011	玩具安全. 第1部分：物理和机械性测试
		2	EN 71-2：2011	玩具安全. 第2部分：易燃性测试
		3	EN 71-3：2013	玩具安全. 第3部分：特定元素的迁移
		4	EN 71-4：2013	玩具安全. 第4部分：化学和有关活动用的试验装置
		5	EN 71-5：2013	玩具安全. 第5部分：化学玩具(试验装置除外)
		6	EN 71-6-1994	玩具安全. 第6部分：年龄警告标志图形符号
		7	EN 71-7-2014	玩具安全. 第7部分：指画颜料. 要求和试验方法
		8	EN 71-8：2011	供户内和户外家庭娱乐用的摇摆、滑动和类似玩具
		9	EN 71-12：2013	玩具安全. 第12部分：N-亚硝胺和 N-亚硝基化合物
		10	EN 71-13：2014	对玩具中芳香剂的要求
		11	EN 62115：2012	电玩具. 安全
		12	EN 13138-2：2007	游泳教学用浮力辅助设备. 可握住的浮力辅助设备的安全要求和试验方法
		13	EN 1176-2008	儿童游乐设备和铺面设施
		14	EN 15649-2：2009＋A2：2013	水上玩具和船的安全标准
		15	EN 1400-2013	婴幼儿安抚奶嘴安全性要求和试验方法
		16	2009/48/EC	玩具安全性的指令
		17	法规 1907/2006	化学品的注册、评估、授权和限制(REACH)
		18	法规 1272/2008	欧盟物质和混合物的分类、标签和包装法规(CLP)
		19	指令 2011/65	关于限制在电子电器设备中使用某些有害成分的指令(RoHS)
		20	指令 2006/66/EC	电池指令
		21	指令 2006/95/EC	低电压指令

续表

产品名称	国别	序号	标准号	标准名称
童车	中国	1	GB 14746—2006	儿童自行车安全要求
		2	GB 14747—2006	儿童三轮车安全要求
		3	GB 14748—2006	儿童推车安全要求
		4	GB 14749—2006	儿童学步车安全要求
		5	QB/T 2232—2008	电动童车通用技术条件
		6	QB/T 2159—1995	儿童自行车整车通用技术条件
		7	QB/T 2160—1995	儿童三轮车整车通用技术条件
		8	QB/T 2161—1995	儿童推车整车通用技术条件
		9	QB/T 2162—1995	婴儿学步车整车通用技术条件
		10	QB/T 2121—1995	童车油漆技术条件
		11	QB/T 2122—1995	童车电镀技术条件
	国际	1	ISO 8098-2002	幼童用自行车的安全性要求
		2	ISO 9633-2001	自行车链条 特性和试验方法
	美国	1	ANSI Z315.1-2012	三轮车安全性要求
		2	ASTM F833-13b	婴儿卧式和坐式推车
	欧盟	1	EN 1888-2012	轮式童车安全性要求和试验方法
		2	EN 13209-2-2005	童车安全性要求和检验方法. 第 2 部分:柔软的童车
		3	EN 14765-2008	儿童自行车安全要求和试验方法
		4	EN 14344-2004	自行车用儿童座椅安全要求和试验方法
		5	EN 1273-2005	婴儿学步车安全性要求和试验方法
家具	中国	1	GB 22793.1—2008	家具 儿童高椅 第 1 部分:安全要求
		2	GB/T 22793.2—2008	家具 儿童高椅 第 2 部分:试验要求
		3	GB/T 24329—2009	出口儿童高椅安全要求及测试方法
		4	SN/T 2144—2008	儿童家具基本安全技术规范
		5	GB 26172.1—2010	折叠翻靠床 安全要求和试验方法 第 1 部分:安全要求
		6	GB/T 26172.2—2010	折叠翻靠床 安全要求和试验方法 第 2 部分:试验方法
		7	GB 28007—2011	儿童家具通用技术条件
		8	GB 27887—2011	机动车儿童乘员用约束系统

续表

产品名称	国别	序号	标准号	标准名称
家具	国际	1	ISO 7175-1-1997	居室用儿童床和折叠床 第1部分:安全要求
		2	ISO 7175-2-1997	居室用儿童床和折叠床 第2部分:试验方法
		3	ISO 9221-1-1992	家具 儿童高椅 第1部分:安全要求
		4	ISO 9221-2-1992	家具 儿童高椅 第2部分:试验方法
	美国	1	UL 2275-2001	全尺寸婴儿床
		2	ASTM F2640-2011a	儿童座椅的标准消费者安全规范
		3	ASTM F2613-2011	儿童折叠椅的消费者安全标准规范
		4	ASTM F1625-2000 (2008)	后悬挂式自行车儿童座椅的标准规范和试验方法
		5	ASTM F1838-1998 (2008)	户外用儿童塑料椅标准实施要求
		6	49 CFR571.213-09	儿童安全座椅防护系统
	欧盟	1	EN 716-1-2008	家具 家用儿童床和折叠床 第1部分:安全性要求
		2	EN 716-2-2008	家具 家用儿童床和折叠床 第2部分:试验方法
		3	EN 14988-1-2006	儿童的高脚椅子 第1部分:安全要求
		4	EN 14988-1-2006	儿童的高脚椅子 第2部分:测试方法
		5	ECE 法规 44-04	儿童安全座椅防护系统
		6	EN 1930-2011	安全护栏 安全要求和试验方法
文具	中国	1	GB 21027—2007	学生用品的安全通用要求
		2	GB 8771—2007	铅笔涂层中可溶性元素最大限量
		3	GB/T 22767—2008	手动削笔机
		4	GB/T 17227—1998	中小学生教科书卫生标准
		5	QB 1336—2000	蜡笔
		6	QB/T 2772—2006	笔袋
		7	QB/T 2773—2006	手动削笔机
		8	QB/T 2774—2006	铅笔
		9	QB/T 2775—2006	自来水笔
		10	QB/T 2776—2006	圆珠笔和笔芯
		11	QB/T 2777—2006	记号笔
		12	QB/T 2778—2006	荧光笔
		13	QB/T 2992—2008	笔类产品术语

续表

产品名称	国别	序号	标准号	标准名称
文具	中国	14	QB/T 2993—2008	可擦性油墨圆珠笔和笔芯
		15	QB/T 2625—2003	中性墨水笔和笔芯
		16	QB/T 1946—2007	圆珠笔用油墨
		17	QB/T 1655—2006	水性圆珠笔和笔芯
		18	QB/T 1023—2007	活动铅笔
		19	QB/T 1024—2007	活动铅笔用黑铅芯
		20	QB/T 2858—2007	学生书袋
		21	QB/T 2859—2007	白板用记号笔
		22	QB/T 3903—1999	自来水笔零部件系列
		23	QB/T 2293—1997	毛笔
		24	QB/T 2309—1997	塑料铅笔擦
		25	QB/T 2336—1997	橡胶铅笔擦
		26	QB/T 1745—1993	自来水笔用墨水
		27	QB/T 1749—1993	画笔
		28	QB/T 1337—1991	卷笔刀
		29	QB/T 1587—2006	塑料文具盒
		30	QB/T 2229—1996	学生圆规
		31	QB/T 2227—1996	金属文具盒

附录 3.4　化学类产品涉及儿童安全的标准汇总

产品名称	国别	序号	标准号	标准名称
打火机	中国	1	GB 25722—2010	打火机安全与质量
		2	GB 25723—2010	点火枪安全与质量
	国际	1	ISO 9994:2006＋A1:2008	打火机安全测试标准
	美国	1	ASTM F400-10	打火机的消费者安全规格
		2	ASTM F2201-10	通用打火机的消费者安全标准规范
	欧盟	1	EN 13869:2002	儿童禁用的打火机的安全要求和试验方法

附录 3.5　包装类产品涉及儿童安全的标准汇总

产品名称	国别	序号	标准号	标准名称
防儿童开启包装	中国	1	GB/T 13433—1992	产品标准中有关儿童安全的要求
		2	GB/T 17306—1998	包装标准消费者的需求
	国际	1	ISO 8317-2003	防儿童拆开的包装 可再次包装的要求和试验程序
	美国	1	ASTM D 3968-2002	ⅢA 型防儿童开启的关闭器的旋转力矩的试验方法
		2	ASTM D 3469-2002	防止儿童开启的可脱开的ⅡA 型突耳状闭锁器垂直力测定的试验方法
		3	ASTM D 3470-2002	防止儿童开启的ⅡA 型闭锁器可卸式耳状带的试验方法
		4	ASTM D 3472-2002	将防止儿童开启的ⅠA 型关闭器反向棘爪扭矩的试验方法
		5	ASTM D 3473-1988	启动某些防止儿童开启的快速闭合盖所需升力的试验方法
		6	ASTM D 3475-2003	防止儿童开启的包装品的分级方法
		7	ASTM D 3480-1988	防止儿童开启的快速啮合包装品所需开启或使活动的拉力的试验方法
		8	ASTM D 3481-2002	将防止儿童开启的两个同时反向运动的关闭器的两部分分开所需力的试验方法
		9	ASTM D 3810-2002	ⅠA 型防止儿童开启的关闭器的最小应用力矩的试验方法
	欧盟	1	EN 862-2001	防儿童拆开的包装。非药物产品用不能再封包的包装的要求和试验程序 注:不包括 2001 年 9 月的修改通知
		2	EN 28317-1992	防止儿童拆开的包装 可再次包装的要求和试验程序

附录 4 防儿童开启打火机研究报告

附录 4.1 防儿童开启打火机研究

（1）试验样品(附表 4-1)。

附表 4-1 防止儿童开启试验样品分类表

样品类别	样品组	型式代码	标号	试验样品
普通型 替代品	塑料磨轮 塑料压电 金属磨轮 金属压电	O(ordinary)	1 O 2 O 3 O 4 O	颜色、大小、形状与销售产品一致,但不装燃料,用可辨别的音频或视频信号来代替火焰
新颖型 替代品	塑料磨轮 塑料压电 金属磨轮 金属压电	N(novelty)	1 N-NH 2 N-NH 3 N-NH 4 N-NH	与普通型替代品一致,在打火机表面粘贴吸引儿童的小动物图案;打火位置明显——非隐蔽型
	塑料磨轮 塑料压电 金属磨轮 金属压电		1 N-H 2 N-H 3 N-H 4 N-H	与普通型替代品一致,在打火机表面粘贴吸引儿童的小动物图案;打火位置不明显——隐蔽型
加力型 替代品	塑料磨轮 塑料压电 金属磨轮 金属压电	F(force)	1 F 2 F 3 F 4 F	与普通型替代品一致,但全部设计为加力型,产生火焰的压力应大于或等于 15 N(注:压力可设定)
加装其他 CR 替代品	塑料磨轮 塑料压电 金属磨轮 金属压电	C(children)	1 C 2 C 3 C 4 C	与普通型替代品一致,全部加装 CR 装置,即两个分离、独立的动作来完成点火

续表

样品类别	样品组	型式代码	标号	试验样品
标签型 替代品	塑料磨轮	W（warning）	1 W	与普通型替代品一致，全部加贴颜色鲜明的警示标签，即有"远离儿童可及范围"文字与符号
	塑料压电		2 W	
	金属磨轮		3 W	
	金属压电		4 W	

注：根据代码规定，加力型替代品第4组第4号样品标记为4F4；加装其他CR替代品第1组第2号样品标记为1C2。

（2）试验组。

在天津、温州、宁波、广西四个地区各随机抽取6个幼儿园或托儿所，每个幼儿园或托儿所选择符合年龄、性别等条件的儿童，每个地区共600名儿童组成6个试验组，全国共24个试验组，每个试验组测试一种打火机替代品，具体分配情况见附表4-2。

附表 4-2　试验组分布情况表

试验组编号	测试样品编号	样品名称	地区
1	1C	塑料磨轮加其他 CR 型	天津
2	2C	塑料压电加其他 CR 型	宁波
3	3C	金属磨轮加其他 CR 型	温州
4	4C	金属压电加其他 CR 型	温州
5	1F	塑料磨轮加力型	天津
6	2F	塑料压电加力型	宁波
7	3F	金属磨轮加力型	天津
8	4F	金属压电加力型	宁波
9	1O	塑料磨轮型	温州
10	2O	塑料压电型	温州
11	3O	金属磨轮型	天津
12	4O	金属压电型	宁波
13	1 N-NH	塑料磨轮型	广西
14	2 N-NH	塑料压电型	广西
15	3 N-NH	金属磨轮型	广西
16	4 N-NH	金属压电型	天津
17	1 N-H	塑料磨轮型	宁波
18	2 N-H	塑料压电型	温州

试验组编号	测试样品编号	样品名称	地区
19	3 N-H	金属磨轮型	温州
20	4 N-H	金属压电型	天津
21	1W	塑料磨轮型	宁波
22	2W	塑料压电型	广西
23	3W	金属磨轮型	广西
24	4W	金属压电型	广西

（3）测试方法。

分别对 24 个试验组儿童用普通打火机替代品（O 型）、加贴警示标签打火机替代品（W 型）、加装其他 CR 打火机替代品（C 型）、加力型打火机替代品（F 型）以及隐蔽新颖型（N 型-H）、非隐蔽新颖型（N 型-NH）打火机替代品进行防止儿童开启试验（方法见美国《联邦法典》第 16 篇 1210 节），记录并比较各试验样品的成功开启情况。

（4）试验结果。

采用不同点火方式的普通型（O 型）、加力型（F 型）、加装其他 CR（C 型）、加贴警示标签（W 型）、非隐蔽新颖型（N 型-NH）以及隐蔽新颖型（N 型-H）打火机开启率对比柱形图，如附图 4-1 所示。

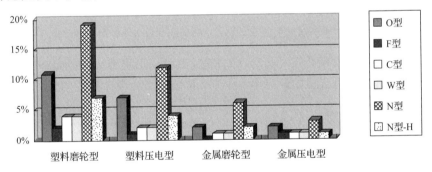

附图 4-1　不同点火方式的打火机开启率变化柱形图

由试验结果附图 4-1 可以看出加装 CR 比不装对防止儿童开启有效，其中 CR 类型中加力型比其他 CR 装置更有效；但是警示标签和加装 CR 装置的开启率不分上下。从附图 4-2 所示柱形图中可以看出，隐蔽新颖型比非隐蔽新颖型开启率要低得多。

综合比较并分析：

对比 4 种打火机加装 CR 前后的开启率变化趋势，如附图 4-3 所示。

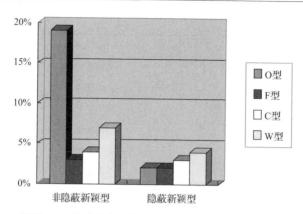

附图 4-2　隐蔽新颖型与非隐蔽新颖型开启率柱形图

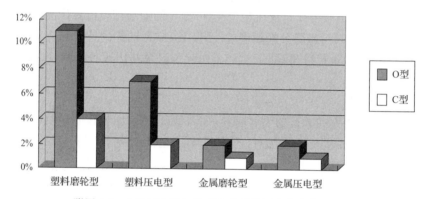

附图 4-3　4 种打火机加装 CR 前后的开启率变化柱形图

　　试验结果研究发现儿童对圆形,即磨轮比其他图形更感兴趣;加装 CR 装置可以实现降低儿童对打火机的开启率。个别 CR 装置因为设计独特,突出于外表面,更能引起儿童兴趣。

　　对比加力型与其他型儿童开启率,试验结果如附图 4-4 所示。

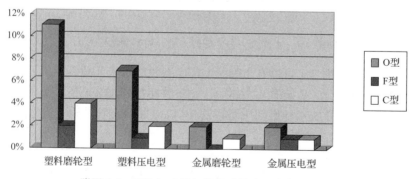

附图 4-4　对比加力型与其他型儿童开启率柱形图

　　试验结果表明不同点火方式的打火机采用加力型时开启率比较平稳,均明显低于普通型,效果同比优于 CR 型打火机。但是个别 CR 装置因为设计独特,突出于外表面,更能引起儿童兴趣。当把力调节下降至 9 磅力[①]以下(低于试验要求力),儿童普遍打不开。

　　通过试验结果研究 4 种打火机普通型的开启率变化趋势,如附图 4-5 所示。

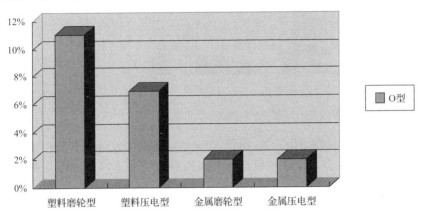

附图 4-5 　4 种打火机普通型的开启率变化柱形图

　　由试验结果可以看出普通型打火机中塑料磨轮开启率最高,金属压电开启率最低,其原因在于:儿童对圆形,即磨轮更感兴趣,对于金属压电型打火机因为普遍质量大,儿童易产生厌倦感,开启率低。

　　通过试验结果对比 4 种打火机加贴警示标签的开启率变化柱形图,如附图 4-6 所示。

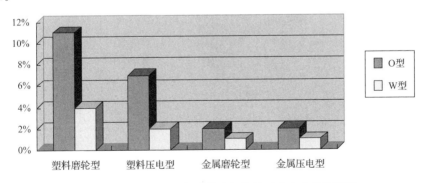

附图 4-6 　4 种打火机加贴警示标签的开启率变化柱形图

　　加贴警示标签型打火机开启率变化比较平缓,主要是由于家长对危险物品远

---

① 　磅力为力的单位,符号为 lbf,为非法定单位,1 lbf≈4.448 N。

列离儿童意识增强,可以降低儿童对打火机的开启率,但是范围意识还不够,仍然需加大宣传力度。进一步比较隐蔽型与非隐蔽型儿童开启率,如附图4-7所示。

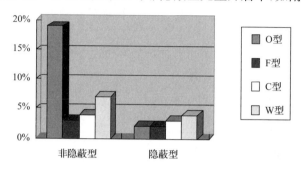

附图4-7　隐蔽型与非隐蔽型儿童开启率变化柱形图

研究发现儿童习惯动作为拔、扭等,但是有的隐蔽型设计成开关用手按住往上推,儿童普遍不能达到。隐蔽型设计开关与机身融为一体,较隐蔽,儿童一般不会轻易确定开关所在。

1)对于塑料磨轮型打火机

具体分析6种类型打火机儿童开启率情况及开启率比较,如附图4-8所示。由图可以看出普通型打火机在开启中所占比例最高;加力CR型打火机与隐蔽型打火机所占比例最低,效果最好;加贴警示标签型打火机开启所占比例与CR型所占比例接近,效果相近。

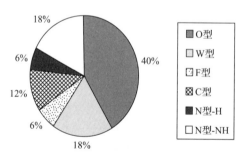

附图4-8　6种类型打火机儿童开启率饼形图

研究发现伴随调节加力装置力的增加,儿童开启率的变化趋势如附图4-9所示。随着加力装置力的增加,儿童开启率呈下降趋势。

单列出塑料磨轮型中的新颖型打火机,隐蔽型与非隐蔽型开启率的变化柱形图如附图4-10所示。隐蔽型设计开关与机身融为一体,较隐蔽,儿童一般不会轻易确定开关所在,因而与非隐蔽型相比,隐蔽性打火机开启率明显降低。

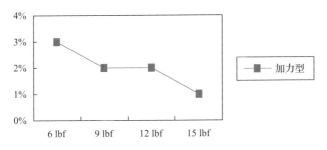

附图 4-9 加力装置力的增加与儿童开启率的变化趋势

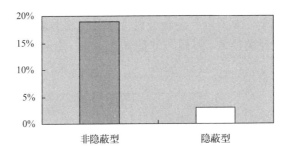

附图 4-10 隐蔽型与非隐蔽型开启率的变化柱形图

2) 对于塑料压电型打火机

具体分析 6 种类型打火机儿童开启率情况及开启率比较。由附图 4-11 可以看出普通型打火机在开启中所占比例最高;加力 CR 型打火机与隐蔽型打火机所占比例最低,效果最好;加贴警示标签型打火机开启所占比例与 CR 型所占比例接近,效果相近。

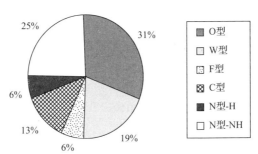

附图 4-11 6 种类型打火机儿童开启率饼形图

塑料压电型打火机随调节加力装置力的增加,儿童开启率的变化趋势如附图 4-12 所示。随着加力装置力的增加,儿童开启率呈下降趋势。

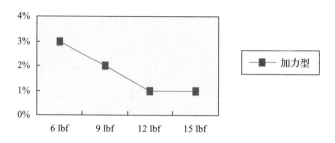

附图 4-12　塑料压电型打火机力的增加对开启率影响趋势

新颖型打火机中采用塑料压电点火装置的打火机,隐蔽型与非隐蔽型开启率的变化柱形图如附图 4-13 所示。隐蔽型设计开关与机身融为一体,较隐蔽,儿童一般不会轻易确定开关所在,因而与非隐蔽型相比,隐蔽性打火机开启率明显降低。

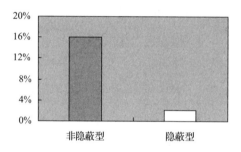

附图 4-13　塑料压电打火机的隐蔽型与非隐蔽型开启率的变化柱形图

3) 对于金属磨轮打火机

具体分析 6 种类型打火机儿童开启率情况及开启率比较。由附图 4-14 可以看出普通型打火机在开启中所占比例最高;加力 CR 型打火机与隐蔽型打火机所占比例最低,效果最好;加贴警示标签型打火机开启所占比例与 CR 型所占比例接近,效果相近。

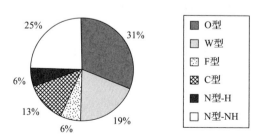

附图 4-14　6 种类型打火机儿童开启率饼形图

单列出伴随调节加力装置力的增加,儿童开启率的变化(表格及线形图显示)金属磨轮型打火机随调节加力装置力的增加,儿童开启率的变化趋势如附图 4-15所示。随着加力装置力的增加,儿童开启率呈下降趋势。

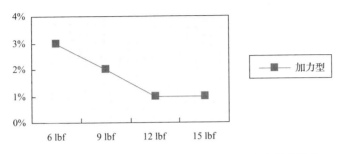

附图 4-15　金属磨轮型打火机力的增加对开启率影响趋势

新颖型打火机中采用金属磨轮型点火装置的打火机,隐蔽型与非隐蔽型开启率的变化柱形图如附图 4-16 所示。隐蔽型设计开关与机身融为一体,较隐蔽,儿童一般不会轻易确定开关所在,因而与非隐蔽型相比,隐蔽性打火机开启率明显降低。

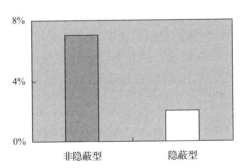

附图 4-16　金属磨轮打火机的隐蔽型与非隐蔽型开启率的变化柱形图

4) 对于金属压电打火机

具体分析 6 种类型打火机儿童开启率情况及开启率比较。由附图 4-17 可以看出普通型打火机在开启中所占比例最高;加力 CR 型打火机与隐蔽型打火机所占比例最低,效果最好;加贴警示标签型打火机开启所占比例与 CR 型所占比例接近,效果相近。

单列出伴随调节加力装置力的增加,儿童开启率的变化(表格及线形图显示)金属压电型打火机随调节加力装置力的增加,儿童开启率的变化趋势如附图 4-18所示。随着加力装置力的增加,儿童开启率呈下降趋势。

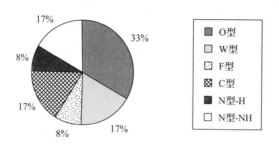

附图 4-17　6 种类型打火机儿童开启率饼形图

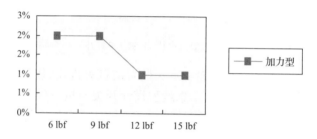

附图 4-18　金属磨轮型打火机力的增加对开启率影响趋势

新颖型打火机中采用金属磨轮型点火装置的打火机,隐蔽型与非隐蔽型开启率的变化柱形图如附图 4-19 所示。隐蔽型设计开关与机身融为一体,较隐蔽,儿童一般不会轻易确定开关所在,因而与非隐蔽型相比,隐蔽性打火机开启率明显降低。

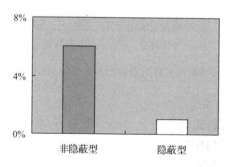

附图 4-19　金属压电打火机的隐蔽型与非隐蔽型开启率的变化柱形图

附录 4.2　CR 试验样品图片及现场图片

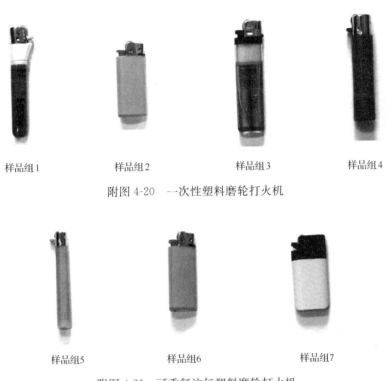

样品组1　　　　样品组2　　　　　样品组3　　　　　样品组4

附图 4-20　一次性塑料磨轮打火机

样品组5　　　　　　样品组6　　　　　　样品组7

附图 4-21　可重复注气塑料磨轮打火机

样品组8　　　　　样品组9　　　　　样品组10　　　　　样品组11

附图 4-22　一次性塑料压电打火机

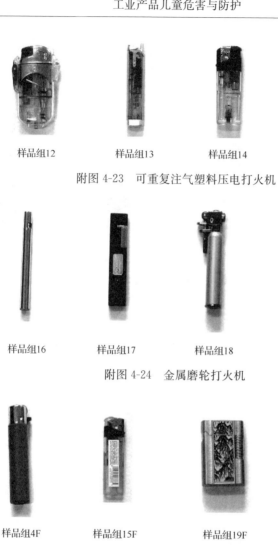

| 样品组12 | 样品组13 | 样品组14 | 样品组15 |

附图 4-23　可重复注气塑料压电打火机

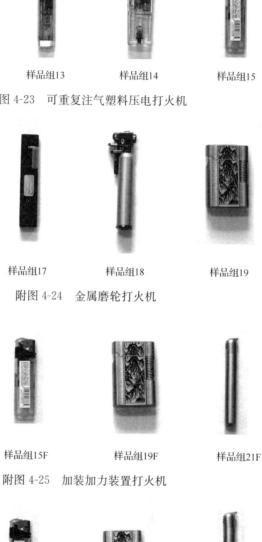

| 样品组16 | 样品组17 | 样品组18 | 样品组19 |

附图 4-24　金属磨轮打火机

| 样品组4F | 样品组15F | 样品组19F | 样品组21F |

附图 4-25　加装加力装置打火机

| 样品组4O | 样品组15O | 样品组19O | 样品组21O |

附图 4-26　普通型替代品打火机

附图 4-27 防止儿童开启试验(左)和新颖(玩具)型防止儿童开启试验(试验组 1,右)

附录 4.3 试验组 1 儿童基本情况表

编号	姓名	性别	年龄/月
1	李晨	男	42
2	王璐	女	43
3	张子琛	男	44
4	吕森	男	43
5	李媛媛	女	43
6	黄芹	女	44
7	陈刚	男	42
8	张旭	男	45
9	李楠	女	46
10	汪同同	女	48
11	张伟	男	47
12	钱小东	男	46
13	谢辰	男	48

续表

编号	姓名	性别	年龄/月
14	赵宜兰	女	45
15	王心	男	47
16	陈可欣	女	49
17	王力君	男	51
18	张涛	男	50
19	谢宁	男	49
20	王晶	女	50
21	项红红	女	43
22	张勇	男	44
23	孟微	女	43
24	陆刚	男	42
25	蒋枫	男	42
26	高平	男	44
27	葛岚	女	45
28	曲强	男	48
29	黄文新	女	47
30	刘丽	女	47
31	张宇	男	46
32	赵小力	男	45
33	吴军	男	48
34	崔哲	男	47
35	刘洲	男	45
36	江萍萍	女	49
37	王同	男	49
38	蔡勇	男	51
39	张波	男	50
40	刘莹	女	51
41	朱晓	男	43
42	宫洁	女	42
43	邵林	男	43
44	兰东东	男	44
45	孟非	男	42

续表

编号	姓名	性别	年龄/月
46	孙唯佳	女	44
47	董月清	女	45
48	陈晨	男	47
49	木振宇	男	48
50	陈子薇	女	46
51	刘一卓	女	47
52	陈伟	男	48
53	来宝和	男	46
54	李志刚	男	45
55	周晖	女	49
56	朱承华	男	51
57	王滨	男	50
58	曹一文	女	49
59	高力	男	49
60	张小东	男	50
61	沈小霞	女	44
62	崔楠	男	43
63	田泽	男	42
64	谢芹	女	44
65	李欧	男	43
66	刘明绅	男	43
67	郭小岑	女	48
68	安慧	女	47
69	刘辛波	男	46
70	李鹤	男	45
71	赵涛	男	47
72	焦华	男	46
73	宋博	男	48
74	管重	男	50
75	乐同	男	50
76	孙子进	男	51
77	陈阿敏	女	49

续表

编号	姓名	性别	年龄/月
78	姜刚	男	50
79	屠梦	女	50
80	祁军	男	51
81	罗名名	男	44
82	夏涛	男	43
83	梅群	女	42
84	段涛	男	42
85	李琳琳	女	44
86	倪刚	男	43
87	赵小丰	男	47
88	李峰	男	48
89	何晶	女	47
90	刘连	男	46
91	尚飞	男	45
92	冯立	男	48
93	张延平	女	48
94	崔旭	男	49
95	梁雷	男	51
96	李彤	男	50
97	张兰	女	49
98	陈芳	女	51
99	王乾琨	男	50
100	金鑫	女	49

附录 4.4　给家长的信

各位儿童家长：

　　你们好！

　　首先对您允许并支持您的孩子参加本研究的实验测试表示感谢，我们保证实验测试内容对儿童是安全的，实验结果将对打火机加装防止儿童开启装置，保护儿童安全提供客观依据。

　　本次测试所使用的打火机均无燃料，打火时仅发出声音，但不产生火焰。我们的试验过程如下：

（1）每次由两名儿童同时参与测试，测试地点为所在托儿所内较安静的房间。

（2）测试开始后，先让两名儿童听打火机打火时发出的声音。

（3）给每名儿童一个打火机，让他们打火。

（4）观察儿童开启情况5分钟。

（5）向两名儿童演示如何正确开启打火机。

（6）再观察儿童5分钟。

（7）告诉儿童：这个打火机是特殊的打火机，不会产生火焰。但真的打火机会产生火焰，可能会使你们受伤。你能向我们保证以后不玩真的打火机吗？

（8）带两名儿童离开测试房间。

以下是关于打火机警示标签与安全性关系的两个问题，请您协助我们作出回答。请您平时注意提醒孩子打火机有危险性，并将打火机放在儿童不可触及的地方。再次感谢您的合作。

问题一、您认为打火机上的警示标签有提醒作用吗？注意到警示标签后，您通常会如何做？

问题二、您认为目前打火机上的警示标签还存在哪些问题？对此您有什么建议？

附录 4.5　家长同意书

家长同意书

我已经了解试验的全部过程并同意我的孩子参与该项试验。我的孩子年龄符合试验要求（3岁半至4岁零3个月）。

儿童姓名：　　　　　　　男　　　　女

儿童出生日期：　　　　年　　　月　　　日

家长签字：

日期：　　　　　　　年　　　月　　　日